解析几何

周　坚　赵士银　赵向青　编

黑龙江大学出版社
HEILONGJIANG UNIVERSITY PRESS
哈尔滨

图书在版编目（CIP）数据

解析几何 / 周坚，赵士银，赵向青编． -- 哈尔滨 ：
黑龙江大学出版社，2024. 12. -- ISBN 978-7-5686
-1215-9

Ⅰ．O182

中国国家版本馆 CIP 数据核字第 2024UW5118 号

解析几何
JIEXI JIHE
周　坚　赵士银　赵向青　编

责任编辑　李　卉
出版发行　黑龙江大学出版社
地　　址　哈尔滨市南岗区学府三道街 36 号
印　　刷　哈尔滨市石桥印务有限公司
开　　本　787 毫米 ×1092 毫米　1/16
印　　张　18.25
字　　数　368 千
版　　次　2024 年 12 月第 1 版
印　　次　2024 年 12 月第 1 次印刷
书　　号　ISBN 978-7-5686-1215-9
定　　价　69.80 元

本书如有印装错误请与本社联系更换，联系电话：0451-86608666。

前　言

本教材适应国家对高等教育的新要求,面向应用型本科高校,发挥解析几何的基础性作用,体现数学的专业属性及与其他学科的交叉性,突出数学的应用性,培养学生建模意识。同时,对标一流课程建设,引入“基础+提升”的模块化内容组织,遵循学生个性化成长学习需求,体现教育教学改革最新成果。在内容体系方面,循序渐进,注重与中学几何的衔接,注重不同学科之间的融合,强调将学科前沿知识以案例的形式融入教材。该教材充分体现新工科背景下实用性特色,知识体系完备,概念表述准确,注重理论在实际中的应用。无论是内容科学性、结构合理性、知识适用性、高阶挑战性、使用灵活性、文字可读性,还是图表准确性等方面,都经过精心设计。本教材主要适用于应用型本科高校,内容选取由浅入深,理论体系简洁直观,包括向量代数、平面与空间直线、曲面与空间曲线、二次曲面的标准方程以及二次曲线的一般理论,逻辑主线清晰。内容编排以几何问题贯穿始终,辅以大量直观几何图形,将抽象理论具象化,有效降低理解难度,使读者易学易懂,轻松掌握知识要点。与已出版的同类教材相比,力求体现以下优势:

(1)优化知识架构,突显几何要点

在本书的编写过程中,编者对国内外近年来出版的同类教材进行了比较和分析,就教材体系、内容安排和例题配置等方面进行了广泛调研。为了突出解析几何的基本思想和方法,本教材对解析几何的知识结构进行了适当优化。定义和定理的表述既兼顾严谨性,又注重通俗易懂性。教材配备了高质量的图片、清晰的示意图和易于理解的理论推导,尽量使深奥的数学知识简单化、形象化。在培养学生的数学素养与应用能力的同时,给学生们提供便利。

(2)强化知识应用,促进学科融合

在教材内容的安排上,注重解析几何知识在实际生活中的应用,弱化证明或推导过程,增加不同学科之间内容融合的介绍,着重突出代数在几何中的作用;强化数学模型思想和 Maple 软件使用,在每章相应处安排应用实例及 Maple 解题示例,培养学生利用解析几何知识解决实际问题的能力。

(3)助力高阶成长,夯实学习根基

为了加强学生学习能力的培养,每章都提供了知识结构图。根据解析几何考试内容,每节都配备了“同步练习”,精选部分有代表性的题目,主要包括填空题、选择题、问答题、计算题和证明题。“同步练习”分为“基础题”和“提高题”两个部分。其中“基础题”一般不需要复杂的计算,可供教师在课堂讲授过程中进行提问和讨论,也可供读者课前预习,检测预习效果;“提高题”难度中等,可供读者课后检测,巩固学习效果。每一章都精选了总复习题,读者可以通过这些复习题进一步掌握解题要领,巩固和加深对整章内容的理解,提高解决问题的能力,同时检验自己对所学知识的掌握程度。

本书由周坚编写第一至第四章,并对各专题内容进行修订;赵向青编写第五章;赵士银编写章节习题并负责全书统稿事宜。在本书的编写和出版过程中,得到了张晗芳教授及黑龙江大学出版社诸位同人的倾囊相助,也得到了宿迁学院教务处与江苏高校“青蓝工程”项目的资助。此外,本书的编写还广泛借鉴了优秀同类教材的编写思路,在此,向他们表示衷心的感谢。

由于编者水平有限,加之编写时间仓促,书中难免存在不妥之处,诚盼广大读者不吝批评指正,您的宝贵意见将是我们持续前行、优化提升的动力源泉。

目　　录

第 1 章　向量代数

本章导读

解析几何也称坐标几何，是由笛卡儿（Descartes）和费马（Fermat）等数学家在 17 世纪初创立并发展的。其核心理念是利用代数方法探究几何问题，将向量视为基石，通过坐标法构建几何空间中的点与坐标之间一一对应的关系。这种映射不仅将几何图形与代数方程紧密相连，还为将几何问题转化为代数问题提供了可能。解析几何的诞生被视为数学发展史上的一大里程碑，为微积分的诞生铺设了道路。向量代数是研究空间解析几何的关键工具，本章将系统介绍向量的概念及其运算，并以此为基础构建坐标系。

§1.1　向量的概念及其线性运算

目的与要求

1. 掌握向量的有关概念、向量的加减法定义及运算规律、向量加减法的作图法；

2. 掌握数量乘向量的定义、运算规律及其在论证简单几何命题中的应用。

重点与难点

重点：向量的相关概念，向量的加减法定义及其运算规律，数量乘向量的定义及其运算规律。

难点：自由向量、共线向量、共面向量的概念，借助向量的运算论证简单几何命题。

1.1.1　向量的概念

在日常生活中，我们常常遇到一些量，如质量、时间、面积、温度等，一旦确定了度量单位,就可以用一个数来表示。这种只有大小没有方向的量叫作数量(或标量)。然而,还有一些量,如力、位移、速度、电场强度等,仅用一个实数无法准确表示,因为它们不仅有大小,还有方向。这种既有大小又有方向的量叫作向量(或矢量)。

定义 1.1.1 我们把既有大小又有方向的量称为**向量**(或称**矢量**,也简称**矢**)。

注 1 在中学阶段,我们学习过平面上的向量,而本章所讲的向量主要是空间中的向量。

我们用有向线段表示向量。有向线段的长度表示向量的大小,方向表示向量的方向;有向线段的起点叫作向量的起点,终点叫作向量的终点。起点为 A ,终点为 B 的向量记作 $\overrightarrow{AB}$ 。用斜黑体字母 $\boldsymbol{a}$, $\boldsymbol{b}$, $\boldsymbol{x}$ (有时用 $\vec{a}$, $\vec{b}$, $\vec{x}$)表示向量。本书中的斜黑体小写字母均表示向量,正黑体大写字母表示数集。

注 2 向量不能比较大小,如 $\overrightarrow{AB} > \overrightarrow{CD}$ 没有意义。

向量的大小称为**向量的模**。向量 $\overrightarrow{AB}$ 与 $\boldsymbol{a}$ 的模分别记为 $|\overrightarrow{AB}|$ 与 $|\boldsymbol{a}|$ 。

模等于零的向量叫作**零向量**,记为 $\mathbf{0}$ 或 $\vec{0}$,它是起点与终点重合的向量,零向量的方向是任意的。

模为 1 的向量叫作**单位向量**。

与非零向量 $\boldsymbol{a}$ 同方向的单位向量,称为 $\boldsymbol{a}$ 的单位向量,记为 $\boldsymbol{a}^0$。

定义 1.1.2 如果两个向量 $\boldsymbol{a}$ 与 $\boldsymbol{b}$ 的模相等且方向相同,则称为**相等向量**,记作 $\boldsymbol{a}=\boldsymbol{b}$。

注 3 所有的零向量都相等。

注 4 模相等的向量未必相等,因为它们的方向可能不同。

注 5 设 $\overrightarrow{AB}$ 与 $\overrightarrow{A'B'}$ 为不在同一直线上的非零向量,则 $\overrightarrow{AB} = \overrightarrow{A'B'}$,当且仅当四边形 $ABB'A'$ 为平行四边形。

实际上,根据向量相等的定义,对于不在同一直线上的非零向量 $\overrightarrow{AB}$ 与 $\overrightarrow{A'B'}$,若 $\overrightarrow{AB} = \overrightarrow{A'B'}$,用两条直线分别连接它们的起点 A 与 A' ,终点 B 与 B' ,得到一个平行四边形 $ABB'A'$ 。反之,对于两个向量,若用这种作图法得到一个平行四边形,那么由向量相等的定义可知这两个向量相等。

注 6 利用定义要证 $\boldsymbol{a} = \boldsymbol{b}$,只需要证它们的模与方向分别相等。

由两个向量相等的定义可知,两个向量是否相等与它们的起点无关,只由它们的模和方向决定。在以后的运用中,我们通常可以任意选择向量的起点,因为这些向量的模和方向确定了它们的位置。这种具有自由选择起点的向量通常称为**自由向量**,即可以任意平行移动,移动后仍然代表原来的向量。在自由向量的概念下,相等的向量都被视为同一向量。由于自由向量起点的任意性,根据需要,我们可以选取某一点作为一些向量的共同起点,在这种情况下,我们就说把这些向量归结到共同的起点。

定义 1.1.3　两个模相等，方向相反的向量互为**相反向量**，向量 $\boldsymbol{a}$ 的相反向量记为 $-\boldsymbol{a}$ 。显然，$\overrightarrow{AB}$ 与 $\overrightarrow{BA}$ 互为相反向量，即 $\overrightarrow{AB}=-\overrightarrow{BA}$ 或 $\overrightarrow{BA}=-\overrightarrow{AB}$ 。

若将平行于同一直线的一组向量归结到共同的起点，则这组向量一定位于同一直线上。同样，若将平行于同一平面的一组向量归结到共同的起点，则这组向量一定位于同一平面上。

定义 1.1.4　如图 1-1 所示，平行于同一直线的一组向量叫作**共线向量**。

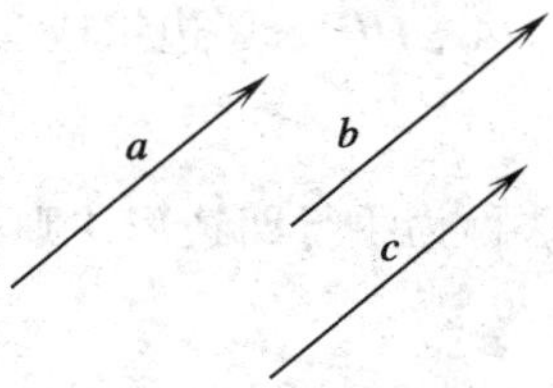

图 1-1

注 7　若将一组向量归结到共同的起点后，这组向量在同一直线上，我们就称这组向量为共线向量。规定，零向量与任意共线的向量组都是共线的。

定义 1.1.5　平行于同一平面的一组向量叫作**共面向量**。

注 8　共面向量是指这样一组向量，若将一组向量归结到共同的起点，这组向量在同一平面上，我们称这组向量为共面向量。规定，零向量与任意共面的向量组共面。

注 9　显然，共线向量组必定是共面向量组，三个向量中如果有两个向量共线，则这三个向量也必是共面的。

例 1.1.1　设在平面上给出一个四边形 $ABCD$ ，点 K , L , M , N 分别是边 AB , BC , CD , AD 的中点，求证：$\overrightarrow{KL}=\overrightarrow{NM}$ 。

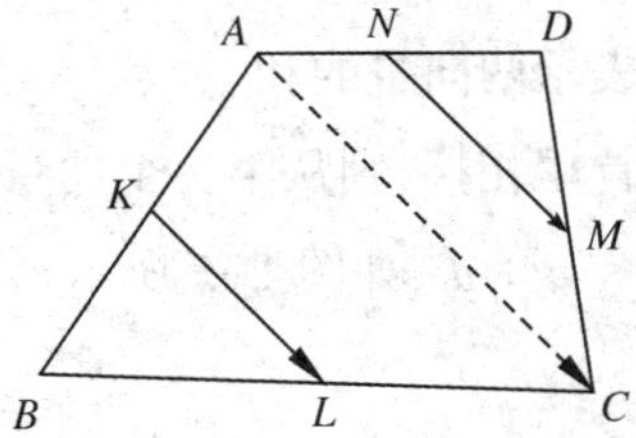

图 1-2

证　如图 1-2 所示，联结 AC ，则在 $\triangle BAC$ 中，$KL \underline{\underline{/\!/}} \frac{1}{2}AC$ ，$\overrightarrow{KL}$ 与 $\overrightarrow{AC}$ 方向相同；在 $\triangle DAC$ 中，$NM \underline{\underline{/\!/}} \frac{1}{2}AC$ ，$\overrightarrow{NM}$ 与 $\overrightarrow{AC}$ 方向相同，从而 $KL=NM$ 且 $\overrightarrow{KL}$ 与 $\overrightarrow{NM}$ 方向相同，所以 $\overrightarrow{KL}=\overrightarrow{NM}$ 。

1.1.2 向量的加法与减法

定义 1.1.6 设已知向量 $\boldsymbol{a}$, $\boldsymbol{b}$,以空间任意一点 O 为起点联结向量 $\overrightarrow{OA}=\boldsymbol{a}$, $\overrightarrow{AB}=\boldsymbol{b}$,得折线 OAB ,如图 1-3 所示。该折线的端点 O 到另一端点 B 的向量 $\overrightarrow{OB}=\boldsymbol{c}$,叫作向量 $\boldsymbol{a}$, $\boldsymbol{b}$ 的和,记作 $\boldsymbol{c}=\boldsymbol{a}+\boldsymbol{b}$,由两向量 $\boldsymbol{a}$ 与 $\boldsymbol{b}$ 求它们的和 $\boldsymbol{a}+\boldsymbol{b}$ 的运算叫作**向量的加法**。

定理 1.1.1 若以两个向量 $\overrightarrow{OA}$, $\overrightarrow{OB}$ 为邻边组成一个平行四边形 $OACB$,则对角线向量 $\overrightarrow{OC}=\overrightarrow{OA}+\overrightarrow{OB}$ 。

如图 1-4 所示,这种求和方法称为**平行四边形法则**。

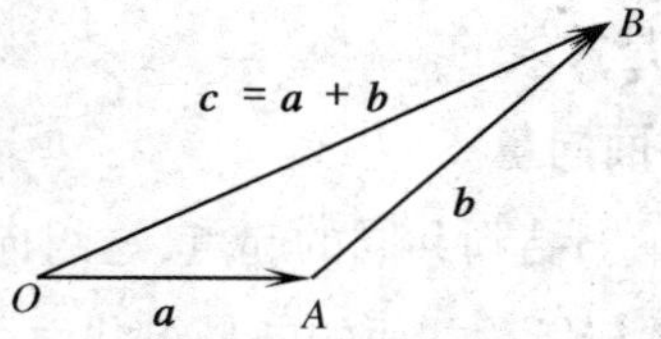

图 1-3

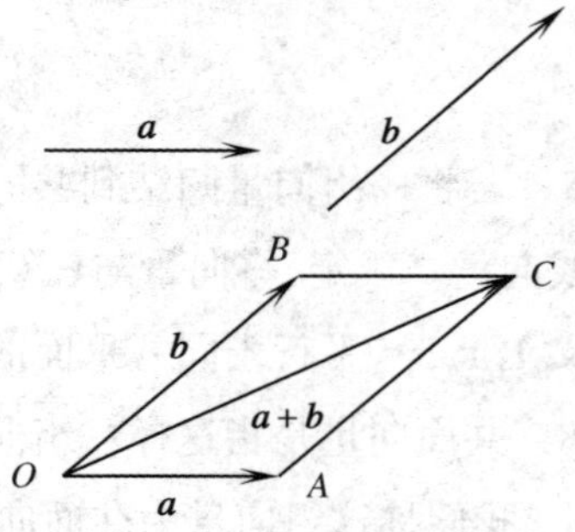

图 1-4

由于向量可以平移,若将向量 $\boldsymbol{b}$ 平移,使其起点与向量 $\boldsymbol{a}$ 的终点重合,则以 $\boldsymbol{a}$ 的起点为起点, $\boldsymbol{b}$ 的终点为终点的向量 $\boldsymbol{c}$ 就是 $\boldsymbol{a}$ 与 $\boldsymbol{b}$ 的和,如图 1-3 所示,该法则称为**三角形法则**。

注 10 向量加法的三角形法则实质为:将两个向量的起点和终点联结起来,联结这两个向量起点和终点的线段就表示两向量的和。

多个向量,如 $\boldsymbol{a}$, $\boldsymbol{b}$, $\boldsymbol{c}$, $\boldsymbol{d}$ 首尾相接,则从第一个向量的起点到最后一个向量的终点的向量就是它们的和,即 $\boldsymbol{a}+\boldsymbol{b}+\boldsymbol{c}+\boldsymbol{d}$,如图 1-5 所示。

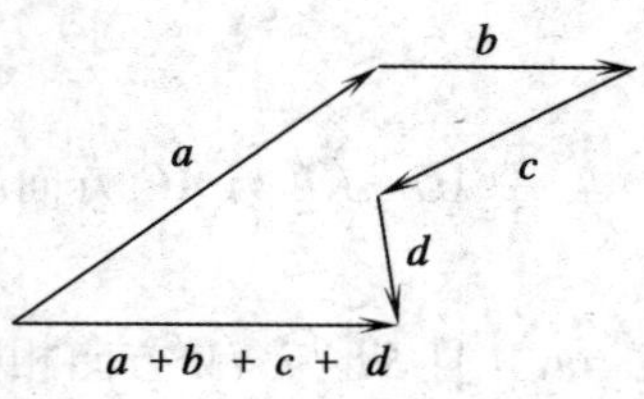

图 1-5

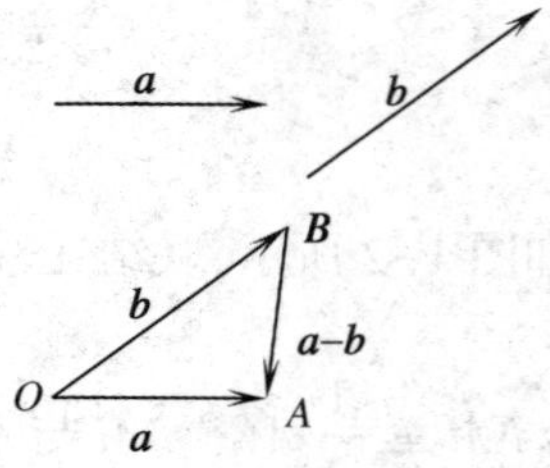

图 1-6

定理 1.1.2 对于任意向量 $\boldsymbol{a}$, $\boldsymbol{b}$, $\boldsymbol{c}$,向量加法有以下运算规律:

(1)交换律 $\boldsymbol{a}+\boldsymbol{b}=\boldsymbol{b}+\boldsymbol{a}$;

(2)结合律$(\boldsymbol{a}+\boldsymbol{b})+\boldsymbol{c}=\boldsymbol{a}+(\boldsymbol{b}+\boldsymbol{c})$;

(3) $\boldsymbol{a}+\boldsymbol{0}=\boldsymbol{a}$;

(4) $\boldsymbol{a}+(-\boldsymbol{a})=\boldsymbol{0}$。

其证明留给读者完成。

在力学问题中,经常需要研究多个力的合成与分解。向量减法可以帮助我们求出分力或合力的大小和方向。

定义 1.1.7　若 $\boldsymbol{b}+\boldsymbol{c}=\boldsymbol{a}$,则称 $\boldsymbol{c}$ 为 $\boldsymbol{a}$, $\boldsymbol{b}$ 的差,记为 $\boldsymbol{c}=\boldsymbol{a}-\boldsymbol{b}$ 。由 $\boldsymbol{a}$, $\boldsymbol{b}$ 求 $\boldsymbol{a}-\boldsymbol{b}$ 的运算叫作**向量的减法**。

自空间任一点 O 引向量 $\overrightarrow{OA}=\boldsymbol{a}$, $\overrightarrow{OB}=\boldsymbol{b}$,则 $\boldsymbol{b}+\overrightarrow{BA}=\boldsymbol{a}$,由减法定义得 $\overrightarrow{BA}=\boldsymbol{a}-\boldsymbol{b}$ 。也就是说,若向量 $\boldsymbol{a}$ 与 $\boldsymbol{b}$ 的起点放在一起,则 $\boldsymbol{a}$, $\boldsymbol{b}$ 的差向量就是以 $\boldsymbol{b}$ 的终点为起点,以 $\boldsymbol{a}$ 的终点为终点的向量,如图 1-6 所示。

注 11　若以向量 $\boldsymbol{a}$ 与 $\boldsymbol{b}$ 为邻边作平行四边形,则该平行四边形的两条对角线向量分别为 $\boldsymbol{a}+\boldsymbol{b}$ 与 $\boldsymbol{a}-\boldsymbol{b}$ 。

对任意的两个向量 $\boldsymbol{a}$, $\boldsymbol{b}$,有下列不等式

$$|\boldsymbol{a}+\boldsymbol{b}|\leqslant|\boldsymbol{a}|+|\boldsymbol{b}|$$

且等号成立的充要条件是 $\boldsymbol{a}$, $\boldsymbol{b}$ 中至少有一个为零向量或 $\boldsymbol{a}$, $\boldsymbol{b}$ 同向。

注 12　此不等式可推广到有限多个向量的形式:

$$|\boldsymbol{a}_1+\boldsymbol{a}_2+\cdots+\boldsymbol{a}_n|\leqslant|\boldsymbol{a}_1|+|\boldsymbol{a}_2|+\cdots+|\boldsymbol{a}_n|$$

例 1.1.2　设 $\boldsymbol{a}$, $\boldsymbol{b}$, $\boldsymbol{c}$ 两两不共线,证明:顺次将它们的终点与起点相连而成的一个三角形的充要条件是 $\boldsymbol{a}+\boldsymbol{b}+\boldsymbol{c}=\boldsymbol{0}$。

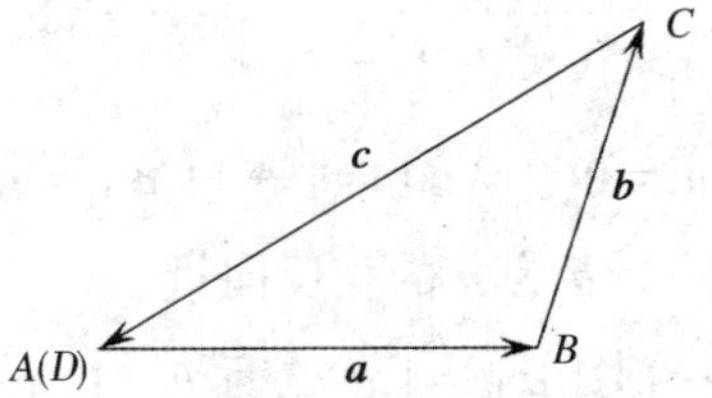

图 1-7

证　必要性:设 $\boldsymbol{a}$, $\boldsymbol{b}$, $\boldsymbol{c}$ 的终点与起点相连成$\triangle ABC$,如图 1-7 所示,则

$$\boldsymbol{a}+\boldsymbol{b}+\boldsymbol{c}=\overrightarrow{AB}+\overrightarrow{BC}+\overrightarrow{CA}=\overrightarrow{AC}+\overrightarrow{CA}=\overrightarrow{AA}=\boldsymbol{0}$$

充分性:作向量 $\overrightarrow{AB}=\boldsymbol{a}$, $\overrightarrow{BC}=\boldsymbol{b}$, $\overrightarrow{CD}=\boldsymbol{c}$,由于

$$\boldsymbol{0}=\boldsymbol{a}+\boldsymbol{b}+\boldsymbol{c}=\overrightarrow{AB}+\overrightarrow{BC}+\overrightarrow{CD}=\overrightarrow{AC}+\overrightarrow{CD}=\overrightarrow{AD}$$

所以点 A 与 D 重合,即三向量 $\boldsymbol{a}$, $\boldsymbol{b}$, $\boldsymbol{c}$ 的终点与起点相连构成一个三角形。

例 1.1.3　用向量法证明:对角线互相平分的四边形是平行四边形。

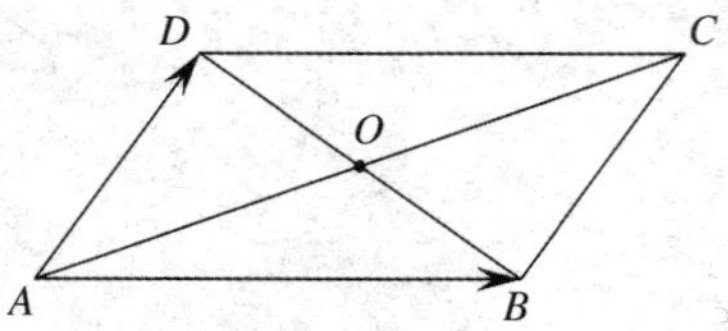

图 1-8

证 设四边形 $ABCD$ 的对角线 AC，BD 相交于点 O 且互相平分,如图 1-8 所示,由图可见

$$\overrightarrow{AB}=\overrightarrow{AO}+\overrightarrow{OB}=\overrightarrow{OC}+\overrightarrow{DO}=\overrightarrow{DC}$$

因此

$$\overrightarrow{AB}\parallel\overrightarrow{DC}\text{，且}|\overrightarrow{AB}|=|\overrightarrow{DC}|$$

故四边形 $ABCD$ 是平行四边形。

1.1.3 数量乘以向量

在向量的加法中,我们已看到,几个向量相加仍然是向量,特别是几个相同的非零向量 $\boldsymbol{a}$ 相加的情形,显然这时和向量的模为 $|\boldsymbol{a}|$ 的 n 倍,方向与 $\boldsymbol{a}$ 相同。n 个向量 $\boldsymbol{a}$ 相加的和常记作 $n\boldsymbol{a}$(或 $\boldsymbol{a}n$)。

定义 1.1.8 实数 λ 与 $\boldsymbol{a}$ 的乘积是一个向量,记为 $\lambda\boldsymbol{a}$，$|\lambda\boldsymbol{a}|=|\lambda||\boldsymbol{a}|$，当 $\lambda>0$ 时,$\lambda\boldsymbol{a}$ 与 $\boldsymbol{a}$ 同向,当 $\lambda<0$ 时,$\lambda\boldsymbol{a}$ 与 $\boldsymbol{a}$ 反向。我们把这种运算叫作**数量与向量的乘法**,简称**数乘**。

注 13 由数乘的定义可知

(1) $\lambda=0$ 或 $\boldsymbol{a}=\boldsymbol{0}$ 时,$\lambda\boldsymbol{a}=\boldsymbol{0}$($|\lambda\boldsymbol{a}|=|\lambda||\boldsymbol{a}|=0$)。

(2) $(-1)\boldsymbol{a}=-\boldsymbol{a}$，即 $(-1)\boldsymbol{a}$ 为 $\boldsymbol{a}$ 的相反向量。

这是因为 $|(-1)\boldsymbol{a}|=|-1||\boldsymbol{a}|=|\boldsymbol{a}|$，且 $(-1)\boldsymbol{a}$ 与 $\boldsymbol{a}$ 反向(数乘定义),所以由相反向量的定义可知,$(-1)\boldsymbol{a}$ 为 $\boldsymbol{a}$ 的相反向量,即 $(-1)\boldsymbol{a}=-\boldsymbol{a}$。

(3) $\boldsymbol{a}=|\boldsymbol{a}|\boldsymbol{a}^0$ 或 $\boldsymbol{a}^0=\dfrac{1}{|\boldsymbol{a}|}\boldsymbol{a}=\dfrac{\boldsymbol{a}}{|\boldsymbol{a}|}$。

事实上,$||\boldsymbol{a}|\boldsymbol{a}^0|=|\boldsymbol{a}||\boldsymbol{a}^0|=|\boldsymbol{a}|1=|\boldsymbol{a}|$，因为 $|\boldsymbol{a}|>0$,所以 $|\boldsymbol{a}|\boldsymbol{a}^0$ 与 $\boldsymbol{a}^0$ 同向,因为 $\boldsymbol{a}$ 与 $\boldsymbol{a}^0$ 同向,所以 $|\boldsymbol{a}|\boldsymbol{a}^0$ 与 $\boldsymbol{a}$ 同向,故 $\boldsymbol{a}=|\boldsymbol{a}|\boldsymbol{a}^0$。

若 $\boldsymbol{a}$ 为非零向量,进一步可得

$$\boldsymbol{a}^0=\frac{1}{|\boldsymbol{a}|}\boldsymbol{a}=\frac{\boldsymbol{a}}{|\boldsymbol{a}|}$$

注 14 一个非零向量除以它的模是一个与原向量同方向的单位向量。但是向量之

间并没有定义除法运算，因此不能将 $\boldsymbol{a}^0 = \dfrac{\boldsymbol{a}}{|\boldsymbol{a}|}$ 改写成 $|\boldsymbol{a}| = \dfrac{\boldsymbol{a}}{\boldsymbol{a}^0}$ 形式。一般地，向量不能作为除数出现，即 $\dfrac{|\boldsymbol{a}|}{\boldsymbol{a}}$，$\dfrac{2\boldsymbol{a}}{\boldsymbol{b}}$ 等等是没有意义的。

定理 1.1.3　数量与向量的乘法满足下面的运算规律：

(1) $1\boldsymbol{a} = \boldsymbol{a}$；

(2)结合律 $\lambda(\mu\boldsymbol{a}) = (\lambda\mu)\boldsymbol{a}$；

(3)第一分配律 $(\lambda + \mu)\boldsymbol{a} = \lambda\boldsymbol{a} + \mu\boldsymbol{a}$；

(4)第二分配律 $\lambda(\boldsymbol{a} + \boldsymbol{b}) = \lambda\boldsymbol{a} + \lambda\boldsymbol{b}$。

以上 $\boldsymbol{a}$，$\boldsymbol{b}$ 为任意向量，λ，μ 为任意实数。

证　以下只给出运算规律(1)，(2)的证明，运算规律(3)，(4)的证明留给读者思考。

(1)因为 $1\boldsymbol{a}$ 与 $\boldsymbol{a}$ 同向且 $|1\boldsymbol{a}| = |1||\boldsymbol{a}|$（数乘定义），所以 $1\boldsymbol{a} = \boldsymbol{a}$（两向量相等的定义）。

(2)当 $\boldsymbol{a} = \boldsymbol{0}$ 或 $\lambda\mu = 0$ 时，因为

$$|\lambda(\mu\boldsymbol{a})| = |\lambda||\mu\boldsymbol{a}| = |\lambda||\mu||\boldsymbol{a}| = |\lambda\mu||\boldsymbol{a}| = 0, \ |(\lambda\mu)\boldsymbol{a}| = |\lambda\mu||\boldsymbol{a}| = 0$$

所以有

$$\lambda(\mu\boldsymbol{a}) = \boldsymbol{0} = (\lambda\mu)\boldsymbol{a}$$

当 $\boldsymbol{a} \neq \boldsymbol{0}$ 且 $\lambda\mu \neq 0$ 时，若 $\lambda\mu > 0$，则 $(\lambda\mu)\boldsymbol{a}$ 与 $\boldsymbol{a}$ 同向，λ，μ 同号，所以 $\lambda(\mu\boldsymbol{a})$ 与 $\boldsymbol{a}$ 同向，故 $(\lambda\mu)\boldsymbol{a}$ 与 $\lambda(\mu\boldsymbol{a})$ 同向。

若 $\lambda\mu < 0$，则 $(\lambda\mu)\boldsymbol{a}$ 与 $\boldsymbol{a}$ 反向，因为 λ，μ 异号，所以 $\lambda(\mu\boldsymbol{a})$ 与 $\boldsymbol{a}$ 反向，故 $(\lambda\mu)\boldsymbol{a}$ 与 $\lambda(\mu\boldsymbol{a})$ 同向。

总之，$(\lambda\mu)\boldsymbol{a}$ 与 $\lambda(\mu\boldsymbol{a})$ 同向。又因

$$|(\lambda\mu)\boldsymbol{a}| = |\lambda\mu||\boldsymbol{a}| = |\lambda||\mu||\boldsymbol{a}| = |\lambda(\mu\boldsymbol{a})|$$

所以

$$(\lambda\mu)\boldsymbol{a} = \lambda(\mu\boldsymbol{a})$$

注 15　分配律(3)，(4)同样可以利用向量的加法及数乘的定义和性质证明，这里从略。

注 16　根据向量知识和数乘的定义，我们可以像实数和多项式一样对向量进行运算。

$$v_1(\lambda_1\boldsymbol{a} - \mu_1\boldsymbol{b}) + v_2(\lambda_2\boldsymbol{a} - \mu_2\boldsymbol{b}) = (\lambda_1 v_1 + \lambda_2 v_2)\boldsymbol{a} - (\mu_1 v_1 + \mu_2 v_2)\boldsymbol{b}$$

例 1.1.4　设 AM 是 $\triangle ABC$ 的中线，求证 $\overrightarrow{AM} = \dfrac{1}{2}(\overrightarrow{AB} + \overrightarrow{AC})$。

证　因为

$$\overrightarrow{AM} = \overrightarrow{AB} + \overrightarrow{BM}, \ \overrightarrow{AM} = \overrightarrow{AC} + \overrightarrow{CM}$$

所以

$$2\overrightarrow{AM}=(\overrightarrow{AB}+\overrightarrow{AC})+(\overrightarrow{BM}+\overrightarrow{CM})$$

但

$$\overrightarrow{BM}+\overrightarrow{CM}=\overrightarrow{BM}+\overrightarrow{MB}=\mathbf{0}$$

因而

$$2\overrightarrow{AM}=\overrightarrow{AB}+\overrightarrow{AC}$$

即

$$\overrightarrow{AM}=\frac{1}{2}(\overrightarrow{AB}+\overrightarrow{AC})$$

例 1.1.5 用向量法证明:联结三角形两边中点的线段平行于第三边且等于第三边的一半。

证 设 $\triangle ABC$ 的两边 AB , AC 的中点分别为 M , N ,那么

$$\overrightarrow{MN}=\overrightarrow{AN}-\overrightarrow{AM}=\frac{1}{2}(\overrightarrow{AC}-\overrightarrow{AB})=\frac{1}{2}\overrightarrow{BC}$$

因此

$$\overrightarrow{MN}\,/\!/\,\overrightarrow{BC}\text{ ,且 }|\overrightarrow{MN}|=\left|\frac{1}{2}\overrightarrow{BC}\right|=\frac{1}{2}|\overrightarrow{BC}|$$

注 17 由例 1.1.4 和例 1.1.5 可见,用向量运算可较简洁地证明一些几何问题。

例 1.1.6 已知在四边形 $ABCD$ 中, $\overrightarrow{AB}=\boldsymbol{a}-2\boldsymbol{c}$, $\overrightarrow{CD}=5\boldsymbol{a}+6\boldsymbol{b}-8\boldsymbol{c}$,对角线 $\overrightarrow{AC}$, $\overrightarrow{BD}$ 的中点分别为 E , F ,求 $\overrightarrow{EF}$ 。

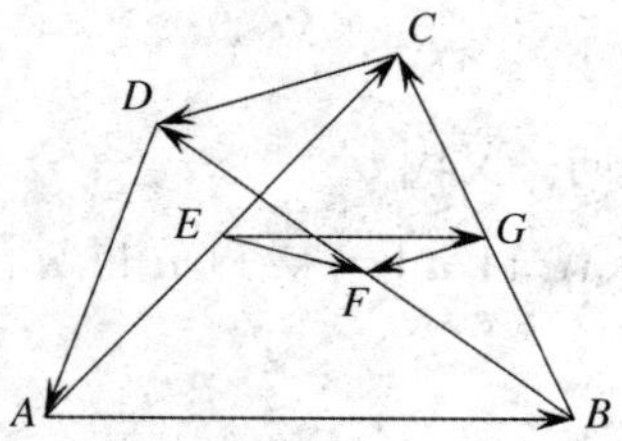

图 1-9

解 如图 1-9 所示,设 $\overrightarrow{BC}$ 的中点为 G ,则

$$\overrightarrow{EG}=\frac{1}{2}\overrightarrow{AB}\text{ , }\overrightarrow{GF}=\frac{1}{2}\overrightarrow{CD}$$

所以

$$\overrightarrow{EF}=\overrightarrow{EG}+\overrightarrow{GF}=\frac{1}{2}\overrightarrow{AB}+\frac{1}{2}\overrightarrow{CD}=\frac{1}{2}(\boldsymbol{a}-2\boldsymbol{c})+\frac{1}{2}(5\boldsymbol{a}+6\boldsymbol{b}-8\boldsymbol{c})=3\boldsymbol{a}+3\boldsymbol{b}-5\boldsymbol{c}$$

同步练习 1.1

基础题

1. 单选题

(1) 以下说法错误的是（　　）

A. 自由向量就是方向和模都任意的向量

B. 重量是数量,重力是向量

C. 若 $|\boldsymbol{a}+\boldsymbol{b}|=|\boldsymbol{a}-\boldsymbol{b}|$,则 $\boldsymbol{a}\perp\boldsymbol{b}$

D. 零向量和单位向量都不唯一

(2) 向量 $\boldsymbol{a}$, $\boldsymbol{b}$ 满足 $|\boldsymbol{a}+\boldsymbol{b}|=|\boldsymbol{a}-\boldsymbol{b}|$ 成立的条件为（　　）

A. $\boldsymbol{a}$, $\boldsymbol{b}$ 反向

B. $\boldsymbol{a}$, $\boldsymbol{b}$ 同向

C. $\boldsymbol{a}\perp\boldsymbol{b}$

D. $\boldsymbol{a}$, $\boldsymbol{b}$ 平行

(3) 向量 $\boldsymbol{a}$, $\boldsymbol{b}$ 是空间中任意两向量,下列四式中恒成立的是（　　）

A. $|\boldsymbol{a}+\boldsymbol{b}|=|\boldsymbol{a}|+|\boldsymbol{b}|$

B. $|\boldsymbol{a}+\boldsymbol{b}|\neq|\boldsymbol{a}|+|\boldsymbol{b}|$

C. $|\boldsymbol{a}+\boldsymbol{b}|\geqslant|\boldsymbol{a}|+|\boldsymbol{b}|$

D. $|\boldsymbol{a}+\boldsymbol{b}|\leqslant|\boldsymbol{a}|+|\boldsymbol{b}|$

(4) 把空间中一切单位矢量归结到共同的起点,它们的终点构成的图形为（　　）

A. 圆

B. 球面

C. 单位圆

D. 单位球面

(5) 设非零向量 $\boldsymbol{a}$,对于 $\dfrac{|\boldsymbol{a}|}{\boldsymbol{a}}$ 下列叙述正确的是（　　）

A. 它表示数 1 或 − 1

B. 它表示方向不确定的单位向量

C. 它表示与 $\boldsymbol{a}$ 方向相同的单位向量

D. 它表示与 $\boldsymbol{a}$ 方向相反的单位向量

(6) 化简 $\overrightarrow{AB}-\overrightarrow{AC}+\overrightarrow{BD}+\overrightarrow{DC}$ 的结果为（　　）

A. $\overrightarrow{AD}$

B. $\overrightarrow{AC}$

C. 0

D. $\boldsymbol{0}$

(7) 若向量 $\overrightarrow{AB}=\boldsymbol{a}-\boldsymbol{b}$,向量 $\overrightarrow{BC}=\boldsymbol{b}+\boldsymbol{c}$,则 $\overrightarrow{CA}=$（　　）

A. $\boldsymbol{a}-\boldsymbol{b}$

B. $2\boldsymbol{b}$

C. $-(\boldsymbol{a}+\boldsymbol{c})$

D. $2\boldsymbol{b}-(\boldsymbol{a}+\boldsymbol{c})$

2. 试证向量加法的结合律,即对任意向量 $\boldsymbol{a}$, $\boldsymbol{b}$, $\boldsymbol{c}$ 成立

$$(\boldsymbol{a}+\boldsymbol{b})+\boldsymbol{c}=\boldsymbol{a}+(\boldsymbol{b}+\boldsymbol{c})$$

3. 设 $\overrightarrow{AB}=\boldsymbol{a}+\boldsymbol{b}$, $\overrightarrow{BC}=-2\boldsymbol{a}+8\boldsymbol{b}$, $\overrightarrow{CD}=3(\boldsymbol{a}-\boldsymbol{b})$,证明:A , B , D 三点共线。

4. 用向量法证明梯形两腰中点连线平行于上、下两底边且等于它们长度和的一半。

5. 已知四边形 $ABCD$ 中, $\overrightarrow{AB}=\boldsymbol{a}-2\boldsymbol{c}$, $\overrightarrow{CD}=5\boldsymbol{a}+6\boldsymbol{b}-8\boldsymbol{c}$,对角线 $\overrightarrow{AC}$, $\overrightarrow{BD}$ 的中点分别为 E , F ,求 $\overrightarrow{EF}$ 。

提高题

1. 单选题

(1)若向量 $\boldsymbol{a} \perp \boldsymbol{b}$,则下列各式成立的是 (　　)

A. $|\boldsymbol{a}+\boldsymbol{b}|=|\boldsymbol{a}-\boldsymbol{b}|$　　B. $|\boldsymbol{a}+\boldsymbol{b}|=|\boldsymbol{a}|+|\boldsymbol{b}|$

C. $|\boldsymbol{a}+\boldsymbol{b}|=|\boldsymbol{a}|-|\boldsymbol{b}|$　　D. $|\boldsymbol{a}-\boldsymbol{b}|=|\boldsymbol{a}|+|\boldsymbol{b}|$

(2)四边形 $ABCD$ 中,若 $\overrightarrow{AB}+\overrightarrow{CD}=\boldsymbol{0}$,则四边形 $ABCD$ 的形状是 (　　)

A. 圆　　B. 平行四边形

C. 正方形　　D. 矩形

2. 设 L, M, N 是 $\triangle ABC$ 三边的中点,O 是任意一点,证明

$$\overrightarrow{OA}+\overrightarrow{OB}+\overrightarrow{OC}=\overrightarrow{OL}+\overrightarrow{OM}+\overrightarrow{ON}$$

3. 设 M 是平行四边形 $ABCD$ 的中心,O 是任意一点,证明

$$\overrightarrow{OA}+\overrightarrow{OB}+\overrightarrow{OC}+\overrightarrow{OD}=4\overrightarrow{OM}$$

4. 试证三角形的三条中线可以构成一个三角形。

§1.2　向量的线性关系与向量的分解

目的与要求

1. 掌握向量的线性组合以及向量组的线性相关性的概念;
2. 掌握向量的分解定理;
3. 会解答有关几何问题。

重点与难点

重点:向量的分解定理。

难点:向量组的线性相关性的概念。

当我们深入研究空间几何的性质与结构时,向量作为一种重要的数学工具,其作用越发突显。而向量的线性关系与分解则是解析几何中的关键概念,它们不仅有助于我们理解向量的内在关联,还能揭示空间中的向量如何相互作用以构成复杂的几何图形。

1.2.1　向量的线性组合

向量的加法和向量的数乘统称向量的线性运算。有限个向量经过线性运算后,其结果仍为向量。

由向量 $\boldsymbol{a}_1, \cdots, \boldsymbol{a}_n$ 与实数 $\lambda_1, \cdots, \lambda_n$ 所组成的向量 $\boldsymbol{a}=\lambda_1\boldsymbol{a}_1+\cdots+\lambda_n\boldsymbol{a}_n$ 称为向量

$\boldsymbol{a}_1, \cdots, \boldsymbol{a}_n$ 的线性组合，此时也称 $\lambda_1\boldsymbol{a}_1 + \cdots + \lambda_n\boldsymbol{a}_n$ 是 $\boldsymbol{a}$ 的线性表示，也说 $\boldsymbol{a}$ 可用 $\lambda_1\boldsymbol{a}_1 + \cdots + \lambda_n\boldsymbol{a}_n$ 线性表示，或者说 $\boldsymbol{a}$ 可分解成 $\boldsymbol{a}_1, \cdots, \boldsymbol{a}_n$ 的线性组合。

约定　称 $\lambda\boldsymbol{a}$ 是 $\boldsymbol{a}$ 的线性组合。

1.2.2　向量的分解

我们已经知道：零向量与任何向量共线；两个向量必共面；共线向量必共面。

定理 1.2.1　若向量 $\boldsymbol{e} \neq \boldsymbol{0}$，则 $\boldsymbol{r}$ 与 $\boldsymbol{e}$ 共线的充要条件是 $\boldsymbol{r}$ 可由 $\boldsymbol{e}$ 线性表示，即存在实数 x，使得 $\boldsymbol{r} = x\boldsymbol{e}$，数 x 被 $\boldsymbol{r}$ 与 $\boldsymbol{e}$ 唯一确定。

证　充分性：设 $\boldsymbol{r} = x\boldsymbol{e}$，由数乘的定义可知 $\boldsymbol{r}$ 与 $\boldsymbol{e}$ 共线。

必要性：设 $\boldsymbol{r}$ 与 $\boldsymbol{e}$ 共线。若 $\boldsymbol{r} = \boldsymbol{0}$，则存在 $x = 0$，使得 $\boldsymbol{r} = x\boldsymbol{e}$，结论成立。

若 $\boldsymbol{r} \neq \boldsymbol{0}$，则取 $|x| = \dfrac{|\boldsymbol{r}|}{|\boldsymbol{e}|}$，当 $\boldsymbol{r}$ 与 $\boldsymbol{e}$ 同向时 x 取正值，否则 x 取负值，即有 $\boldsymbol{r} = x\boldsymbol{e}$。

最后证 x 的唯一性。若 $\boldsymbol{r} = x\boldsymbol{e} = x'\boldsymbol{e}$，则 $(x - x')\boldsymbol{e} = \boldsymbol{0}$，而 $\boldsymbol{e} \neq \boldsymbol{0}$，所以 $x = x'$。

注 1　定理 1.2.1 中的 $\boldsymbol{e}$ 称为用线性组合来表示共线向量的基底。$\boldsymbol{r} = x\boldsymbol{e}$ 称为 $\boldsymbol{r}$ 关于直线上向量基底 $\boldsymbol{e}$ 的分解。

定理 1.2.2　若向量 $\boldsymbol{e}_1, \boldsymbol{e}_2$ 不共线，则 $\boldsymbol{r}$ 与 $\boldsymbol{e}_1, \boldsymbol{e}_2$ 共面的充要条件是 $\boldsymbol{r}$ 可用 $\boldsymbol{e}_1, \boldsymbol{e}_2$ 线性表示，或者说 $\boldsymbol{r}$ 可分解成 $\boldsymbol{e}_1, \boldsymbol{e}_2$ 线性组合，即 $\exists x, y \in \mathbf{R}$，使得 $\boldsymbol{r} = x\boldsymbol{e}_1 + y\boldsymbol{e}_2$，且系数 x，y 被 $\boldsymbol{r}$ 与 $\boldsymbol{e}_1, \boldsymbol{e}_2$ 唯一确定。

证　因为 $\boldsymbol{e}_1, \boldsymbol{e}_2$ 不共线，所以 $\boldsymbol{e}_1 \neq \boldsymbol{0}$，$\boldsymbol{e}_2 \neq \boldsymbol{0}$。

必要性：设 $\boldsymbol{r}$ 与 $\boldsymbol{e}_1, \boldsymbol{e}_2$ 共面。

(1)若 $\boldsymbol{r}$ 与 $\boldsymbol{e}_1$(或 $\boldsymbol{e}_2$)共线，则由定理 1.2.1 可知 $\boldsymbol{r} = x\boldsymbol{e}_1 + y\boldsymbol{e}_2$，其中 $y = 0$(或 $x = 0$)。

(2)若 $\boldsymbol{r}$ 与 $\boldsymbol{e}_1, \boldsymbol{e}_2$ 都不共线，如图 1-10 所示，把它们归结到共同的起点 O，并设 $\overrightarrow{OE_i} = \boldsymbol{e}_i\ (i = 1, 2)$，$\overrightarrow{OP} = \boldsymbol{r}$，过 P 分别作 OE_2，OE_1 的平行线，依次与直线 OE_1，OE_2 交于 A，B，由定理 1.2.1，可设 $\overrightarrow{OA} = x\boldsymbol{e}_1$，$\overrightarrow{OB} = y\boldsymbol{e}_2$，由向量加法及平行四边形法则可知 $\overrightarrow{OP} = \overrightarrow{OA} + \overrightarrow{OB}$，即 $\boldsymbol{r} = x\boldsymbol{e}_1 + y\boldsymbol{e}_2$。

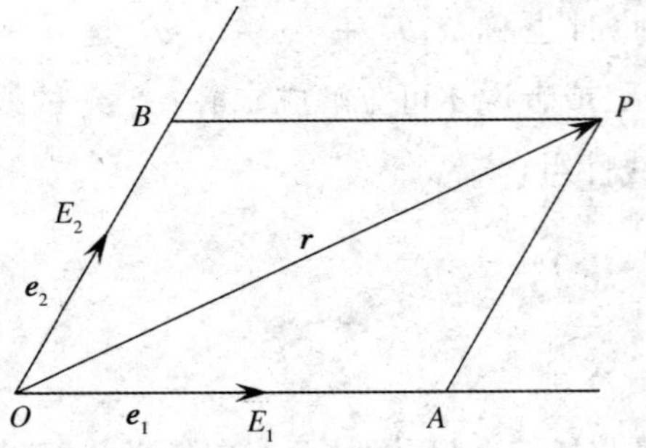

图 1-10

充分性：设 $\boldsymbol{r}=x\boldsymbol{e}_1+y\boldsymbol{e}_2$。

(1)若 x，y 有一个是零，例如 $x=0$，则 $\boldsymbol{r}=y\boldsymbol{e}_2$ 与 $\boldsymbol{e}_2$ 共线，因此 $\boldsymbol{r}$ 与 $\boldsymbol{e}_1$，$\boldsymbol{e}_2$ 共面。

(2)若 $xy\neq 0$，因 $\boldsymbol{r}=x\boldsymbol{e}_1+y\boldsymbol{e}_2$，由向量加法及平行四边形法则可知，$\boldsymbol{r}$ 是以 $x\boldsymbol{e}_1$ 与 $y\boldsymbol{e}_2$ 为邻边的平行四边形的对角线向量。当然 $\boldsymbol{r}$ 与 $x\boldsymbol{e}_1$ 和 $y\boldsymbol{e}_2$ 共面，因而 $x\boldsymbol{e}_1//\boldsymbol{e}_1$，$y\boldsymbol{e}_2//\boldsymbol{e}_2$，故 $\boldsymbol{r}$ 与 $\boldsymbol{e}_1$，$\boldsymbol{e}_2$ 共面。

最后证 x，y 的唯一性。

若 $\boldsymbol{r}=x\boldsymbol{e}_1+y\boldsymbol{e}_2=x'\boldsymbol{e}_1+y'\boldsymbol{e}_2$，则 $(x-x')\boldsymbol{e}_1+(y-y')\boldsymbol{e}_2=\boldsymbol{0}$。若 $x\neq x'$，那么 $\boldsymbol{e}_1=-\dfrac{y-y'}{x-x'}\boldsymbol{e}_2$，将有 $\boldsymbol{e}_1//\boldsymbol{e}_2$，与 $\boldsymbol{e}_1$，$\boldsymbol{e}_2$ 不共线矛盾，故 $x\neq x'$，同理 $y\neq y'$。因此 x,y 被唯一确定。

注 2 定理 1.2.2 中的 $\boldsymbol{e}_1$，$\boldsymbol{e}_2$ 叫作平面上向量的基底。$\boldsymbol{r}=x\boldsymbol{e}_1+y\boldsymbol{e}_2$ 称为 $\boldsymbol{r}$ 关于平面上向量的基底 $\boldsymbol{e}_1$，$\boldsymbol{e}_2$ 的分解。

定理 1.2.3 若 $\boldsymbol{e}_1$，$\boldsymbol{e}_2$，$\boldsymbol{e}_3$ 不共面，则空间任意向量 $\boldsymbol{r}$ 可由 $\boldsymbol{e}_1$，$\boldsymbol{e}_2$，$\boldsymbol{e}_3$ 线性表示，即存在 $x,y,z\in\mathbf{R}$，使得

$$\boldsymbol{r}=x\boldsymbol{e}_1+y\boldsymbol{e}_2+z\boldsymbol{e}_3 \tag{1.2-1}$$

且 x,y,z 被 $\boldsymbol{e}_1$，$\boldsymbol{e}_2$，$\boldsymbol{e}_3$，$\boldsymbol{r}$ 唯一确定。

证 因为 $\boldsymbol{e}_1$，$\boldsymbol{e}_2$，$\boldsymbol{e}_3$ 不共面，故 $\boldsymbol{e}_i\neq\boldsymbol{0}(i=1,2,3)$ 且它们彼此不共线。若 $\boldsymbol{r}$ 与 $\boldsymbol{e}_1$，$\boldsymbol{e}_2$，$\boldsymbol{e}_3$ 中两个向量共面，由定理 1.2.2 可知式(1.2-1)成立。如 $\boldsymbol{r}$ 与 $\boldsymbol{e}_1$，$\boldsymbol{e}_2$，$\boldsymbol{e}_3$ 共面，则有

$$\boldsymbol{r}=x\boldsymbol{e}_1+y\boldsymbol{e}_2+0\boldsymbol{e}_3$$

若 $\boldsymbol{r}$ 和 $\boldsymbol{e}_1$，$\boldsymbol{e}_2$，$\boldsymbol{e}_3$ 之中任意两个向量都不共面，将 $\boldsymbol{r}$ 和 $\boldsymbol{e}_1$，$\boldsymbol{e}_2$，$\boldsymbol{e}_3$ 归结到共同起点 O，若设 $\overrightarrow{OP}=\boldsymbol{r}$，$\overrightarrow{OE_i}=\boldsymbol{e}_i(i=1,2,3)$，过 P 作三平面分别与平面 OE_1E_2，OE_1E_3，OE_2E_3 平行，且分别和直线 OE_1，OE_2，OE_3 交于 A，B，C 三点，这样就构成了以 $\overrightarrow{OA}$，$\overrightarrow{OB}$，$\overrightarrow{OC}$ 为三棱，$\overrightarrow{OP}$ 为对角线的平行六面体，如图 1-11 所示。由共线的性质可知，存在数 $x,y,z\in\mathbf{R}$ 使得 $\overrightarrow{OA}=x\boldsymbol{e}_1$，$\overrightarrow{OB}=y\boldsymbol{e}_2$，$\overrightarrow{OC}=z\boldsymbol{e}_3$，于是得到

$$\boldsymbol{r}=\overrightarrow{OP}=\overrightarrow{OA}+\overrightarrow{AD}+\overrightarrow{DP}$$

$$=\overrightarrow{OA}+\overrightarrow{OB}+\overrightarrow{OC}$$
$$=xe_1+ye_2+ze_3$$

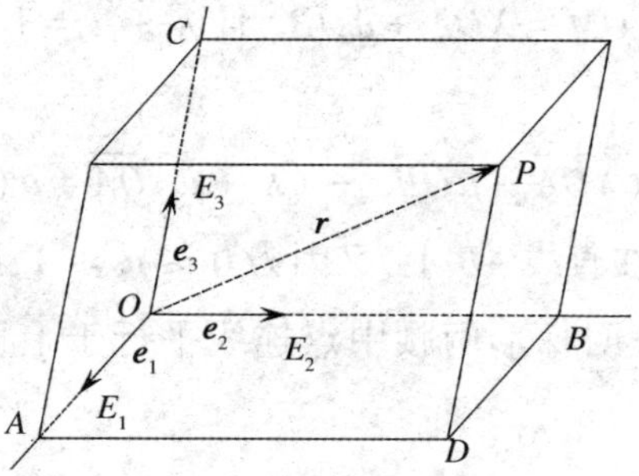

图 1-11

下证唯一性。

若 $\boldsymbol{r}=x\boldsymbol{e}_1+y\boldsymbol{e}_2+z\boldsymbol{e}_3=x'\boldsymbol{e}_1+y'\boldsymbol{e}_2+z'\boldsymbol{e}_3$，那么

$$(x-x')\boldsymbol{e}_1+(y-y')\boldsymbol{e}_2+(z-z')\boldsymbol{e}_3=\boldsymbol{0}$$

若 $x\neq x'$，则 $\boldsymbol{e}_1=-\dfrac{y-y'}{x-x'}\boldsymbol{e}_2-\dfrac{z-z'}{x-x'}\boldsymbol{e}_3$，由定理 1.2.2 可知 $\boldsymbol{e}_1,\boldsymbol{e}_2,\boldsymbol{e}_3$ 共面，与 $\boldsymbol{e}_1,\boldsymbol{e}_2,\boldsymbol{e}_3$ 不共面矛盾。故 $x=x'$，同理可证 $y=y'$，$z=z'$。因此 x，y，z 被 $\boldsymbol{e}_1,\boldsymbol{e}_2,\boldsymbol{e}_3,\boldsymbol{r}$ 唯一确定。

注 3　定理 1.2.3 中的 $\boldsymbol{e}_1,\boldsymbol{e}_2,\boldsymbol{e}_3$ 叫作空间上向量的基底，$\boldsymbol{r}=x\boldsymbol{e}_1+y\boldsymbol{e}_2+z\boldsymbol{e}_3$ 称为 $\boldsymbol{r}$ 关于平面上向量的基底 $\boldsymbol{e}_1,\boldsymbol{e}_2,\boldsymbol{e}_3$ 的分解。

例 1.2.1　设 $\overrightarrow{AB}=\boldsymbol{a}+5\boldsymbol{b}$，$\overrightarrow{BC}=-8\boldsymbol{a}+2\boldsymbol{b}$，$\overrightarrow{CD}=6(\boldsymbol{a}-2\boldsymbol{b})$，证明 A，B，D 共线。

证

$$\begin{aligned}\overrightarrow{BD}&=\overrightarrow{BC}+\overrightarrow{CD}\\&=-8\boldsymbol{a}+2\boldsymbol{b}+6(\boldsymbol{a}-2\boldsymbol{b})\\&=-2\boldsymbol{a}-10\boldsymbol{b}\\&=-2(\boldsymbol{a}+5\boldsymbol{b})\\&=-2\overrightarrow{AB}\end{aligned}$$

因此 $\overrightarrow{BD}$ 与 $\overrightarrow{AB}$ 共线，且 $\overrightarrow{BD}$ 与 $\overrightarrow{AB}$ 具有公共点 B，故 A,B,D 共线。

例 1.2.2　试证明：点 M 在线段 AB 上的充要条件是存在非负实数 λ，μ，使得 $\overrightarrow{OM}=\lambda\overrightarrow{OA}+\mu\overrightarrow{OB}$，且 $\lambda+\mu=1$，其中 O 是任意取定的一点。

证　必要性：设 OM 在线段 AB 上，则 $\overrightarrow{AM}$ 与 $\overrightarrow{AB}$ 同向，且 $0\leqslant|\overrightarrow{AM}|\leqslant|\overrightarrow{AB}|$，所以

$$\overrightarrow{AM}=k\overrightarrow{AB},\ 0\leqslant k\leqslant 1$$

任取一点 O，则

$$\overrightarrow{OM}-\overrightarrow{OA}=k(\overrightarrow{OB}-\overrightarrow{OA})$$

所以

$$\overrightarrow{OM}=(1-k)\overrightarrow{OA}+k\overrightarrow{OB}$$

取 $\lambda = 1 - k$，$\mu = k$，则 $\lambda + \mu = 1$，$\lambda \geqslant 0$，$\mu \geqslant 0$。

充分性：若对任一点 O 有非负实数 λ，μ 使得

$$\overrightarrow{OM} = \lambda\overrightarrow{OA} + \mu\overrightarrow{OB}，且 \lambda + \mu = 1$$

则

$$\overrightarrow{AM} = \overrightarrow{OM} - \overrightarrow{OA} = (\lambda\overrightarrow{OA} + \mu\overrightarrow{OB}) - (\lambda + \mu)\overrightarrow{OA} = \mu(\overrightarrow{OB} - \overrightarrow{OA}) = \mu\overrightarrow{AB}$$

所以 $\overrightarrow{AM}$ 与 $\overrightarrow{AB}$ 共线，即 M 在直线 AB 上，又因为 $0 \leqslant \mu \leqslant 1$，所以 M 在线段 AB 上。

例 1.2.3 用向量法证明梯形两腰中点连线平行于上、下底且等于它们长度和的一半。

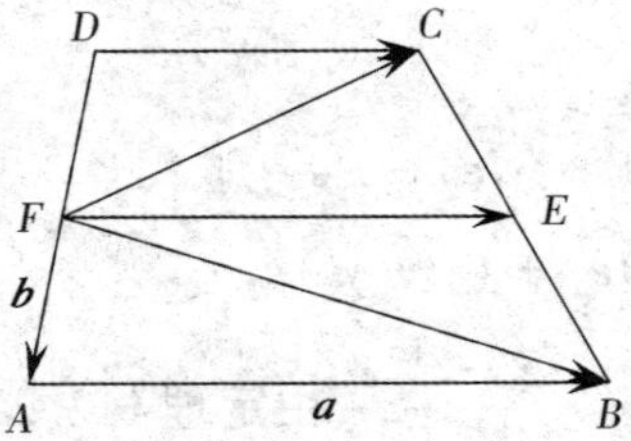

图 1-12

证 如图 1-12 所示，梯形 $ABCD$ 两腰 BC，AD 的中点分别为 E，F，记向量 $\overrightarrow{AB} = \boldsymbol{a}$，$\overrightarrow{FA} = \boldsymbol{b}$，则 $\overrightarrow{DF} = \boldsymbol{b}$ 而向量 $\overrightarrow{DC}$ 与 $\overrightarrow{AB}$ 共线且同向，所以存在实数 $\lambda > 0$ 使得 $\overrightarrow{DC} = \lambda\overrightarrow{AB}$。$\overrightarrow{FB} = \boldsymbol{b} + \boldsymbol{a}$，$\overrightarrow{FC} = -\boldsymbol{b} + \lambda\boldsymbol{a}$，由于 E 是 BC 的中点，所以

$$\overrightarrow{FE} = \frac{1}{2}(\overrightarrow{FB} + \overrightarrow{FC}) = \frac{1}{2}(\boldsymbol{a} + \boldsymbol{b} + \lambda\boldsymbol{a} - \boldsymbol{b}) = \frac{1}{2}(1 + \lambda)\boldsymbol{a} = \frac{1}{2}(1 + \lambda)\overrightarrow{AB}$$

并且

$$|\overrightarrow{FE}| = \frac{1}{2}(1 + \lambda)|\overrightarrow{AB}| = \frac{1}{2}(|\overrightarrow{AB}| + \lambda|\overrightarrow{AB}|) = \frac{1}{2}(|\overrightarrow{AB}| + |\overrightarrow{DC}|)$$

故梯形两腰中点连线平行于上、下底且等于它们长度和的一半。

1.2.3 向量的线性相关性

定义 1.2.1 对于 n 个向量 $\boldsymbol{a}_1, \cdots, \boldsymbol{a}_n$，若存在不全为零的数 $\lambda_1, \cdots, \lambda_n$，使得

$$\lambda_1\boldsymbol{a}_1 + \cdots + \lambda_n\boldsymbol{a}_n = \boldsymbol{0} \tag{1.2-2}$$

则 n 个向量 $\boldsymbol{a}_1, \cdots, \boldsymbol{a}_n$ 称为**线性相关**，否则称为**线性无关**。若 $\boldsymbol{a}_1, \cdots, \boldsymbol{a}_n$ 不是线性相关的，即不存在不全为零的数 $\lambda_1, \cdots, \lambda_n$ 使得式(1.2-2)成立，即只有当 $\lambda_1 = \cdots = \lambda_n = 0$ 时式(1.2-2)成立，则称 n 个向量 $\boldsymbol{a}_1, \cdots, \boldsymbol{a}_n$ 为线性无关的。

由定义 1.2.1 可知：一个向量 $\boldsymbol{a}$ 线性相关的充要条件为 $\boldsymbol{a} = \boldsymbol{0}$。

实际上,若 $\boldsymbol{a}$ 线性相关,则存在 $\lambda \neq 0$,使得 $\lambda\boldsymbol{a}=\boldsymbol{0}$,因此 $\boldsymbol{a}=\boldsymbol{0}$。反之,若 $\boldsymbol{a}=\boldsymbol{0}$,则 $1\boldsymbol{a}=\boldsymbol{0}$,因此 $\boldsymbol{a}$ 线性相关。

定理 1.2.4　$\boldsymbol{a}_1,\cdots,\boldsymbol{a}_n$ 线性相关的充要条件是 $\boldsymbol{a}_1,\cdots,\boldsymbol{a}_n$ 中至少有一个是其余向量的线性组合。

证　设 $\boldsymbol{a}_1,\cdots,\boldsymbol{a}_n$ 线性相关,则存在不为零的数 $\lambda_1,\cdots,\lambda_n$ 使得

$$\lambda_1\boldsymbol{a}_1+\cdots+\lambda_n\boldsymbol{a}_n=\boldsymbol{0}$$

不妨设 $\lambda_n\neq 0$,则

$$\boldsymbol{a}_n=-\frac{\lambda_1}{\lambda_n}\boldsymbol{a}_1-\cdots-\frac{\lambda_{n-1}}{\lambda_n}\boldsymbol{a}_{n-1}$$

反之,不妨设 $\boldsymbol{a}_n$ 是其余向量的线性组合,则存在 $\lambda_1,\cdots,\lambda_{n-1}$ 使得

$$\boldsymbol{a}_n=\lambda_1\boldsymbol{a}_1+\cdots+\lambda_{n-1}\boldsymbol{a}_{n-1}$$

从而

$$\lambda_1\boldsymbol{a}_1+\cdots+\lambda_{n-1}\boldsymbol{a}_{n-1}+(-1)\boldsymbol{a}_n=\boldsymbol{0}$$

因为 $\lambda_1,\cdots,\lambda_{n-1},-1$ 不全为零,(至少 $-1\neq 0$),所以 $\boldsymbol{a}_1,\cdots,\boldsymbol{a}_n$ 线性相关。

定理 1.2.5　若一组向量中的一部分向量线性相关,则这一组向量线性相关。

证　不妨设 $\boldsymbol{a}_1,\cdots,\boldsymbol{a}_s,\cdots,\boldsymbol{a}_r\ (s\leqslant r)$ 中 $\boldsymbol{a}_1,\cdots,\boldsymbol{a}_s$ 线性相关,则存在不全为零的数 $\lambda_1,\cdots,\lambda_s$ 使

$$\lambda_1\boldsymbol{a}_1+\cdots+\lambda_s\boldsymbol{a}_s=\boldsymbol{0}$$

由此得

$$\lambda_1\boldsymbol{a}_1+\cdots+\lambda_s\boldsymbol{a}_s+0\boldsymbol{a}_{s+1}+\cdots+0\boldsymbol{a}_r=\boldsymbol{0}$$

因为 $\lambda_1,\cdots,\lambda_s,0,\cdots,0$ 不全为零,故 $\boldsymbol{a}_1,\cdots,\boldsymbol{a}_s,\cdots,\boldsymbol{a}_r$ 线性相关。

推论　含零向量的向量组线性相关。

利用向量组线性相关的概念,可以把向量间的共线、共面的条件推广到更一般的形式。

定理 1.2.6　向量 $\boldsymbol{a},\boldsymbol{b}$ 共线的充要条件是 $\boldsymbol{a},\boldsymbol{b}$ 线性相关。

证　必要性:设 $\boldsymbol{a},\boldsymbol{b}$ 共线。

(1)若 $\boldsymbol{b}\neq\boldsymbol{0}$,则由定理 1.2.1 可知存在 $x\in\mathbf{R}$,使得 $\boldsymbol{a}=x\boldsymbol{b}$,且由定理 1.2.4 可知 $\boldsymbol{a}$,$\boldsymbol{b}$ 线性相关。

(2)若 $\boldsymbol{b}=\boldsymbol{0}$,由定理 1.2.5 的推论知 $\boldsymbol{a},\boldsymbol{b}$ 线性相关。

充分性:设 $\boldsymbol{a},\boldsymbol{b}$ 线性相关,则存在不全为零的数 λ,μ 使得

$$\lambda\boldsymbol{a}+\mu\boldsymbol{b}=\boldsymbol{0}$$

不妨设 $\lambda\neq 0$,则有

$$\boldsymbol{a}=-\frac{\mu}{\lambda}\boldsymbol{b}$$

(1)若 $\boldsymbol{b} \neq \boldsymbol{0}$,则由定理 1.2.1 可知 $\boldsymbol{a}$,$\boldsymbol{b}$ 共线。

(2)若 $\boldsymbol{b} = \boldsymbol{0}$,显然有 $\boldsymbol{a}$,$\boldsymbol{b}$ 共线。

注 4 由定理 1.2.6 可知 $\boldsymbol{a}$,$\boldsymbol{b}$ 不共线的充要条件是 $\boldsymbol{a}$,$\boldsymbol{b}$ 线性无关。

类似地,读者可以自己证明下面的定理。

定理 1.2.7 三向量共面的充要条件是它们线性相关。

对于空间四个或四个以上的向量,我们有下面的定理和推论。

定理 1.2.8 空间任意四个向量总是线性相关。

证 设 $\boldsymbol{a}$,$\boldsymbol{b}$,$\boldsymbol{c}$,$\boldsymbol{d}$ 为四个向量。

(1)若 $\boldsymbol{a}$,$\boldsymbol{b}$,$\boldsymbol{c}$ 共面,则由定理 1.2.7 可知 $\boldsymbol{a}$,$\boldsymbol{b}$,$\boldsymbol{c}$ 线性相关,再由定理 1.2.5 可知 $\boldsymbol{a}$,$\boldsymbol{b}$,$\boldsymbol{c}$,$\boldsymbol{d}$ 线性相关。

(2)若 $\boldsymbol{a}$,$\boldsymbol{b}$,$\boldsymbol{c}$ 不共面,则由定理 1.2.3 可知存在 x,y,$z \in \mathbf{R}$,使得 $\boldsymbol{d} = x\boldsymbol{a} + y\boldsymbol{b} + z\boldsymbol{c}$,再由定理 1.2.4 可知 $\boldsymbol{a}$,$\boldsymbol{b}$,$\boldsymbol{c}$,$\boldsymbol{d}$ 线性相关。

推论 空间四个以上向量总是线性相关。

例 1.2.4 设 $\boldsymbol{a}$,$\boldsymbol{b}$ 不共线,证明:$\boldsymbol{u} = x_1\boldsymbol{a} + y_1\boldsymbol{b}$,$\boldsymbol{v} = x_2\boldsymbol{a} + y_2\boldsymbol{b}$ 共线的充要条件是

$$\begin{vmatrix} x_1 & x_2 \\ y_1 & y_2 \end{vmatrix} = 0$$

证 由定理 1.2.6 知 $\boldsymbol{u}$,$\boldsymbol{v}$ 共线的充要条件是 $\boldsymbol{u}$,$\boldsymbol{v}$ 线性相关,即存在不全为零的数 λ,μ,使得

$$\lambda\boldsymbol{u} + \mu\boldsymbol{v} = \boldsymbol{0}$$

也就是存在不全为零的数 λ,μ,使得

$$(x_1\lambda + x_2\mu)\boldsymbol{a} + (y_1\lambda + y_2\mu)\boldsymbol{b} = \boldsymbol{0}$$

而 $\boldsymbol{a}$,$\boldsymbol{b}$ 线性无关,故

$$\begin{cases} x_1\lambda + x_2\mu = \boldsymbol{0} \\ y_1\lambda + y_2\mu = \boldsymbol{0} \end{cases}$$

所以向量 $\boldsymbol{u}$,$\boldsymbol{v}$ 共线的充要条件是

$$\begin{vmatrix} x_1 & x_2 \\ y_1 & y_2 \end{vmatrix} = 0$$

同步练习 1.2

基础题

1. 判断正误(对的在括号内打√,错误的打×)

(1)若一组向量中一部分线性相关,则这组向量一定线性相关。 (　　)

(2)若 $a//b$,则存在实数 x ,使得 $b = xa$ 。 (　　)

(3)若 a , b , c 共面,则必存在不全为零的实数 λ , μ ,使得 $c = \lambda a + \mu b$ 。 (　　)

(4)若 a , b , c 共面,则它们未必共线。 (　　)

(5)若 a , b , c 共面, c , d , e 共面,则 a , c , e 共面。 (　　)

(6)两个共线向量未必线性相关。 (　　)

(7)空间任意四个向量总是线性相关。 (　　)

(8)设 $a \neq 0$, $b \neq 0$,则 $a//b$ 的充要条件是 a , b 线性相关。 (　　)

(9)一个向量 a 线性相关的充要条件为 $a \neq 0$。 (　　)

2. 三个向量 $a = -e_1 + 3e_2 + 2e_3$, $b = 4e_1 - 6e_2 + 2e_3$, $c = -3e_1 + 12e_2 + 11e_3$(其中 e_1, e_2, e_3 分别是 x , y , z 轴上的单位向量),问 a 能否用 b , c 线性表示?如能表示,写出线性表示关系式。

3. 设 $\overrightarrow{OP_i} = r_i\ (i = 1, 2, 3)$,试证 P_1, P_2, P_3 三点共线的充要条件是存在不全为零的实数 λ_1, λ_2, λ_3,使得 $\lambda_1 r_1 + \lambda_2 r_2 + \lambda_3 r_3 = 0$,且 $\lambda_1 + \lambda_2 + \lambda_3 = 0$。

4. 用向量法证明: G 是 $\triangle ABC$ 重心的充要条件为

$$\overrightarrow{GA} + \overrightarrow{GB} + \overrightarrow{GC} = 0$$

5. 设一直线上三点 A,B,P 满足 $\overrightarrow{AP} = \lambda \overrightarrow{PB}\ (\lambda \neq -1)$, O 是空间任意一点,求证:

$$\overrightarrow{OP} = \frac{\overrightarrow{OA} + \lambda \overrightarrow{OB}}{1 + \lambda}$$

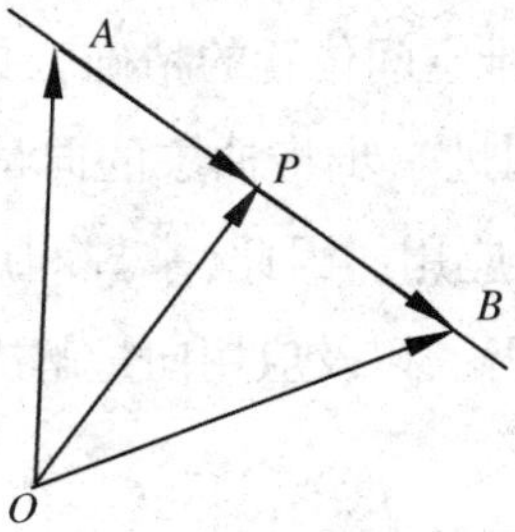

第5题图

6. 在 $\triangle ABC$ 中,设 $\overrightarrow{AB} = e_1$, $\overrightarrow{AC} = e_2$,

(1)设 D , E 是边 BC 三等分点,将 $\overrightarrow{AD}$, $\overrightarrow{AE}$ 分解为 e_1, e_2 的线性组合;

(2)设 AT 是角 A 的平分线且与 BC 交于 T 点,将 $\overrightarrow{AD}$ 分解为 e_1, e_2 的线性组合。

7. 证明:三向量共面的充要条件是它们线性相关。

8. 已知$\triangle OAB$,其中 $\overrightarrow{OA} = a$, $\overrightarrow{OB} = b$, M , N 分别是 OA , OB 上的点,且 $\overrightarrow{OM} = \lambda a$, $\overrightarrow{ON} = \mu b$,其中 $0 < \lambda < 1$, $0 < \mu < 1$,设 BM 与 AN 相交于 P ,试把 $\overrightarrow{OP} = p$ 分解成 a , b 的线性组合。

提高题

1. 在 $\triangle ABC$ 中，点 D，E 分别在边 BC 与 CA 上，且 $BD=\frac{1}{3}BC$，$CE=\frac{1}{3}CA$，AD 与 BE 相交于 R，试证：

$$RD=\frac{1}{7}AD,\ RE=\frac{4}{7}BE$$

§1.3　空间直角坐标系与向量的坐标

目的与要求

1. 掌握空间直角坐标系；
2. 掌握向量线性运算的坐标表示；
3. 掌握两向量共线与三向量共面的坐标刻画；
4. 掌握线段的定比分点坐标公式。

重点与难点

重点：向量坐标的概念，向量线性运算的坐标表示，两向量共线与三向量共面的坐标刻画。

难点：线段的定比分点坐标公式。

空间直角坐标系作为描述三维空间位置的精确工具，为我们提供了定量研究几何对象的基础。而向量的坐标表示，则进一步将抽象的向量概念具体化，使我们能够通过数值运算来深入探究向量的性质和应用。因此，掌握利用空间直角坐标系建立向量的坐标，对于我们深入理解解析几何理论，以及应用向量解决实际问题具有重要意义。

1.3.1　空间直角坐标系

我们使用数轴确定直线上某一点的位置，并用一个实数来标记该点的位置。同样，为了确定平面上一点的位置，我们建立了平面直角坐标系，用两个有序的实数对来标记该点的位置，从而将平面图形与数对的研究联系起来。如果想要确定空间中某一点的位置，进而联系空间图形与数组的研究，我们可以借鉴平面解析几何的方法，通过空间直角坐标系来建立空间中点与由三个实数组成的有序数组之间的关系，也就是空间中点与坐标之间的关系。

定义 1.3.1　过空间任意一点 O，作三条互相垂直且都具有相同长度单位的数轴 Ox，Oy，Oz，这样就构成了空间直角坐标系，记作 $O-xyz$。

即我们可以用三条具有公共点 O 的不共面的轴 Ox，Oy，Oz 来表示空间坐标系。这时，点 O 叫作空间坐标系的原点，Ox，Oy，Oz 叫作坐标轴，依次叫 x 轴（横轴），y 轴（纵轴）和 z 轴（竖轴），如图 1–13 所示。三轴的正向按**右手螺旋法则**确定，即以右手握住 z 轴，当右手四指从 x 轴正向以 $\frac{\pi}{2}$ 角度转向 y 轴正向时，右手拇指的指向就是 z 轴的正向，如图 1–14 所示。这样的三条坐标轴就组成了一个右手笛卡儿空间直角坐标系。

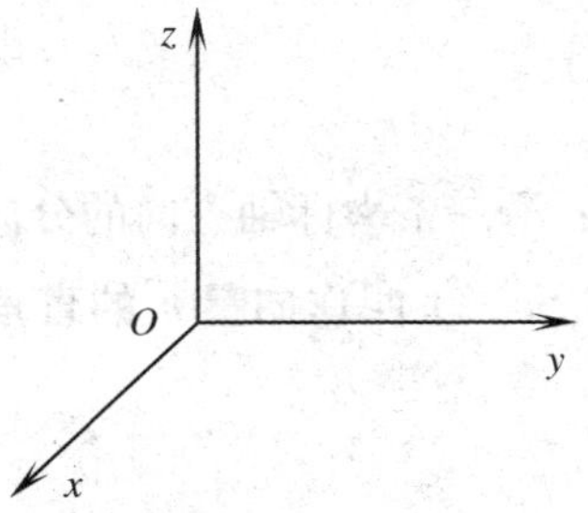

图 1–13

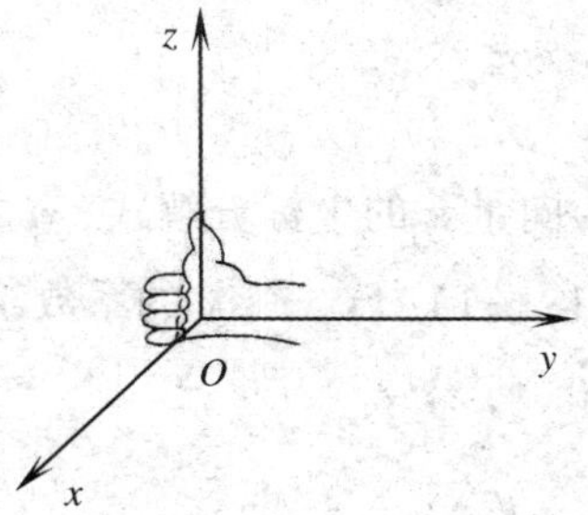

图 1–14

为使空间直角坐标系画得更富于立体感，通常把 x 轴与 y 轴间的夹角画成 130° 左右。当然，它们的实际夹角还是 90°。

每两条坐标轴所决定的平面叫作坐标面，按照坐标面所含的坐标轴，分别叫作 xOy 平面，yOz 平面，xOz 平面。

三个坐标面把空间分成八个区域，每个区域都叫作卦限，如图 1–15 所示，分别叫第 Ⅰ，Ⅱ，…，Ⅷ卦限。（思考：每个卦限中点的各个坐标的正负号情况是怎样的？）

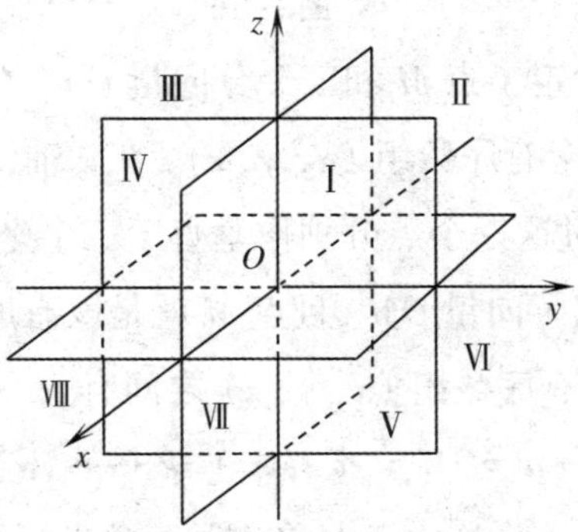

图 1–15

1.3.2　向量的坐标

取定空间直角坐标系之后，我们就可以建立起空间点、向量与有序数组之间的对应关系了。

取空间直角坐标系 $O-xyz$，在 x 轴，y 轴，z 轴上各取一个与坐标轴同向的单位向量，

依次记作 $\boldsymbol{i}$, $\boldsymbol{j}$, $\boldsymbol{k}$,它们称为**坐标向量**(或称为**基本单位向量**)。空间中任一向量 $\boldsymbol{a}$,它都可以唯一地表示为 $\boldsymbol{i}$, $\boldsymbol{j}$, $\boldsymbol{k}$ 数乘之和。事实上,设 $\boldsymbol{a}=\overrightarrow{OM}$,以 OM 为对角线,三条坐标轴为棱作长方体,如图 1-16 所示,

$$\boldsymbol{a}=\overrightarrow{OM}=\overrightarrow{OA}+\overrightarrow{AP}+\overrightarrow{PM}=\overrightarrow{OA}+\overrightarrow{OB}+\overrightarrow{OC}$$

由于 $\overrightarrow{OA}//\boldsymbol{i}$, $\overrightarrow{OB}//\boldsymbol{j}$, $\overrightarrow{OC}//\boldsymbol{k}$,所以,存在唯一的实数 x , y , z ,使得

$$\overrightarrow{OA}=x\boldsymbol{i},\ \overrightarrow{OB}=y\boldsymbol{j},\ \overrightarrow{OC}=z\boldsymbol{k}$$

从而

$$\boldsymbol{a}=x\boldsymbol{i}+y\boldsymbol{j}+z\boldsymbol{k} \tag{1.3-1}$$

称上式为向量 $\boldsymbol{a}$ 的坐标分解式, $x\boldsymbol{i}$, $y\boldsymbol{j}$, $z\boldsymbol{k}$ 称为向量 $\boldsymbol{a}$ 沿三条坐标轴方向的**分向量**。

式(1.3-1)中 $\boldsymbol{i}$, $\boldsymbol{j}$, $\boldsymbol{k}$ 的系数组成的有序数组 (x, y, z) 叫作**向量 $\boldsymbol{a}$ 的直角坐标**,记为 $\boldsymbol{a}=\{x, y, z\}$ 。

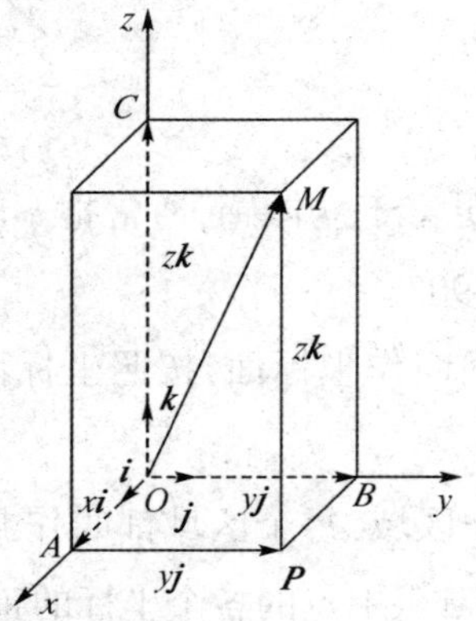

图 1-16

显然,给定向量 $\boldsymbol{a}$,就确定了点 M 和三个分向量 $\overrightarrow{OA}$, $\overrightarrow{OB}$ 和 $\overrightarrow{OC}$,进而确定了有序数组 (x, y, z) ;反之,任给一个有序数组 (x, y, z) ,在 x 轴, y 轴, z 轴上分别取坐标为 x , y , z 的三个点 A , B 和 C ,过这三个点分别作垂直于三个坐标轴的平面,这三个平面只有一个交点 M ,点 M 唯一确定了向量 $\overrightarrow{OM}$,且点 M 就是以有序数组 (x, y, z) 为坐标的点,因此空间的点 M ,向量 $\boldsymbol{a}$ 及有序数组 (x, y, z) 之间有一一对应的关系

$$M\longleftrightarrow \boldsymbol{a}=\overrightarrow{OM}=x\boldsymbol{i}+y\boldsymbol{j}+z\boldsymbol{k}\longleftrightarrow(x, y, z)$$

注 1　有序数组 (x, y, z) 也称为点 M 在空间直角坐标系中的坐标,记作 $M(x, y, z)$;设 $M(x, y, z)$ 为空间直角坐标系 $O-xyz$ 中的一点,则向量 $\overrightarrow{OM}$ 的坐标为 $\{x, y, z\}$,即向量 $\overrightarrow{OM}$ 的坐标与点 M 的坐标相同,我们把起点在原点的向量叫作**向径**(**定位向量**)。每个**向径**被它的终点决定。

例 1.3.1　设 $\boldsymbol{r}=\overrightarrow{P_1P_2}$, $P_1(x_1, y_1, z_1)$, $P_2(x_2, y_2, z_2)$,则

$$\boldsymbol{r}=\{x_2-x_1, y_2-y_1, z_2-z_1\}$$

证

$$\begin{aligned} \boldsymbol{r} &= \overrightarrow{OP_2} - \overrightarrow{OP_1} = (x_2\boldsymbol{i} + y_2\boldsymbol{j} + z_2\boldsymbol{k}) - (x_1\boldsymbol{i} + y_1\boldsymbol{j} + z_1\boldsymbol{k}) \\ &= (x_2 - x_1)\boldsymbol{i} + (y_2 - y_1)\boldsymbol{j} + (z_2 - z_1)\boldsymbol{k} \\ &= \{x_2 - x_1, y_2 - y_1, z_2 - z_1\} \end{aligned}$$

引入向量的坐标后,可以通过起点和终点的坐标来计算向量的坐标。这样一来,向量的运算就可以转化为代数运算,从而使计算变得更加方便。

首先,在有序数组 (x, y, z) 组成的集合中,规定:

如果

$$x_1 = x_2, y_1 = y_2, z_1 = z_2$$

则称有序数组 (x_1, y_1, z_1) 与 (x_2, y_2, z_2) **相等**,记作 $(x_1, y_1, z_1) = (x_2, y_2, z_2)$。

我们规定数组的加法、减法及数乘运算为:

(1) $(x_1, y_1, z_1) + (x_2, y_2, z_2) = (x_1 + x_2, y_1 + y_2, z_1 + z_2)$;

(2) $(x_1, y_1, z_1) - (x_2, y_2, z_2) = (x_1 - x_2, y_1 - y_2, z_1 - z_2)$;

(3) $k(x, y, z) = (kx, ky, kz), k \in \mathbf{R}$。

下面,我们来研究如何利用向量的坐标进行向量的线性运算。

定理 1.3.1　两向量和(差)的坐标等于两向量对应的坐标的和(差)。

证　设在空间直角坐标系 $O-xyz$ 中,向量 $\boldsymbol{a} = \{x_1, y_1, z_1\}$ 及 $\boldsymbol{b} = \{x_2, y_2, z_2\}$,则由向量坐标定义有

$$\boldsymbol{a} = x_1\boldsymbol{i} + y_1\boldsymbol{j} + z_1\boldsymbol{k}, \boldsymbol{b} = x_2\boldsymbol{i} + y_2\boldsymbol{j} + z_2\boldsymbol{k}$$

因此

$$\begin{aligned} \boldsymbol{a} \pm \boldsymbol{b} &= (x_1\boldsymbol{i} + y_1\boldsymbol{j} + z_1\boldsymbol{k}) \pm (x_2\boldsymbol{i} + y_2\boldsymbol{j} + z_2\boldsymbol{k}) \\ &= (x_1 \pm x_2)\boldsymbol{i} + (y_1 \pm y_2)\boldsymbol{j} + (z_1 \pm z_2)\boldsymbol{k} \end{aligned}$$

所以 $\boldsymbol{a} \pm \boldsymbol{b}$ 的坐标为 $\{x_1 \pm x_2, y_1 \pm y_2, z_1 \pm z_2\}$。

这表明,向量和(差)的坐标等于它们的坐标的和(差)。

定理 1.3.2　数乘向量的坐标等于这个数与向量的对应坐标的积。

证　设在空间直角坐标系 $O-xyz$ 中,向量 $\boldsymbol{a} = \{x_1, y_1, z_1\}$,则由向量坐标定义有

$$\boldsymbol{a} = x_1\boldsymbol{i} + y_1\boldsymbol{j} + z_1\boldsymbol{k}$$

所以

$$\lambda\boldsymbol{a} = \lambda(x_1\boldsymbol{i} + y_1\boldsymbol{j} + z_1\boldsymbol{k}) = \lambda x_1\boldsymbol{i} + \lambda y_1\boldsymbol{j} + \lambda z_1\boldsymbol{k}, \lambda \in \mathbf{R}$$

即 $\lambda\boldsymbol{a}$ 的坐标为 $\{\lambda x_1, \lambda y_1, \lambda z_1\}$。

也就是说,数乘向量 $\lambda\boldsymbol{a}$ 的坐标等于数 λ 乘以 $\boldsymbol{a}$ 的坐标。

接下来,我们继续研究向量共线与共面的坐标表示描述。

定理 1.3.3　两个非零向量 $\boldsymbol{a} = \{x_1, y_1, z_1\}$ 及 $\boldsymbol{b} = \{x_2, y_2, z_2\}$,它们共线的充要条

件是

$$\frac{x_1}{x_2}=\frac{y_1}{y_2}=\frac{z_1}{z_2}$$

证 根据定理 1.2.4,向量 $\boldsymbol{a}$, $\boldsymbol{b}$ 共线的充要条件是 $\boldsymbol{a}$, $\boldsymbol{b}$ 中至少有一向量可用另一向量线性表示,不妨设 $\boldsymbol{a}=\lambda\boldsymbol{b}$,于是

$$\{x_1, y_1, z_1\}=\lambda\{x_2, y_2, z_2\}$$

即

$$x_1=\lambda x_2, y_1=\lambda y_2, z_1=\lambda z_2$$

所以

$$\frac{x_1}{x_2}=\frac{y_1}{y_2}=\frac{z_1}{z_2}$$

推论 三个点 $A(x_1, y_1, z_1)$, $B(x_2, y_2, z_2)$, $C(x_3, y_3, z_3)$ 共线当且仅当

$$\frac{x_2-x_1}{x_3-x_1}=\frac{y_2-y_1}{y_3-y_1}=\frac{z_2-z_1}{z_3-z_1}$$

若某个分母为零时,我们约定相应的分子也为零。

定理 1.3.4 三个非零向量 $\boldsymbol{a}=\{x_1, y_1, z_1\}$, $\boldsymbol{b}=\{x_2, y_2, z_2\}$, $\boldsymbol{c}=\{x_3, y_3, z_3\}$ 共面当且仅当

$$\begin{vmatrix} x_1 & y_1 & z_1 \\ x_2 & y_2 & z_2 \\ x_3 & y_3 & z_3 \end{vmatrix}=0$$

证 根据定理 1.2.7,向量 $\boldsymbol{a}$, $\boldsymbol{b}$, $\boldsymbol{c}$ 共面的充要条件是 $\boldsymbol{a}$,$\boldsymbol{b}$,$\boldsymbol{c}$ 线性相关,即存在不全为零的实数 λ , μ , ν 使得 $\lambda\boldsymbol{a}+\mu\boldsymbol{b}+\nu\boldsymbol{c}=\mathbf{0}$, 即有

$$\{\lambda x_1+\mu x_2+\nu x_3, \lambda y_1+\mu y_2+\nu y_3, \lambda z_1+\mu z_2+\nu z_3\}=\{0, 0, 0\}$$

也即

$$\begin{cases} \lambda x_1+\mu x_2+\nu x_3=0 \\ \lambda y_1+\mu y_2+\nu y_3=0 \\ \lambda z_1+\mu z_2+\nu z_3=0 \end{cases}$$

将其看作关于 λ,μ,ν 的齐次线性方程组,因为 λ , μ , ν 不全为零,所以

$$\begin{vmatrix} x_1 & y_1 & z_1 \\ x_2 & y_2 & z_2 \\ x_3 & y_3 & z_3 \end{vmatrix}=0$$

推论 四个点 $A_i(x_i, y_i, z_i)$ $(i=1, 2, 3, 4)$ 共面的充要条件是

$$\begin{vmatrix} x_2-x_1 & y_2-y_1 & z_2-z_1 \\ x_3-x_1 & y_3-y_1 & z_3-z_1 \\ x_4-x_1 & y_4-y_1 & z_4-z_1 \end{vmatrix}=0$$

或

$$\begin{vmatrix} x_1 & y_1 & z_1 & 1 \\ x_2 & y_2 & z_2 & 1 \\ x_3 & y_3 & z_3 & 1 \\ x_4 & y_4 & z_4 & 1 \end{vmatrix}=0$$

例 1.3.2　判断三个向量 $\boldsymbol{a}=\{6,4,2\}$，$\boldsymbol{b}=\{-9,6,3\}$，$\boldsymbol{c}=\{-3,6,3\}$ 是否共面，能否将 $\boldsymbol{c}$ 表示成 $\boldsymbol{a}$，$\boldsymbol{b}$ 的线性组合？若能表示，写出表示式。

解　由于

$$\begin{vmatrix} 6 & 4 & 2 \\ -9 & 6 & 3 \\ -3 & 6 & 3 \end{vmatrix}=0$$

由定理 1.3.4，向量 $\boldsymbol{a}$，$\boldsymbol{b}$，$\boldsymbol{c}$ 共面。又 $\boldsymbol{a}$，$\boldsymbol{b}$ 不共线，根据定理 1.2.2，可设

$$\boldsymbol{c}=\lambda\boldsymbol{a}+\mu\boldsymbol{b}\ (\lambda,\mu\in\mathbf{R},\text{不全为零})$$

即

$$\{-3,6,3\}=\lambda\{6,4,2\}+\mu\{-9,6,3\}$$

则

$$\lambda=\frac{1}{2},\ \mu=\frac{2}{3}$$

所以

$$\boldsymbol{c}=\frac{1}{2}\boldsymbol{a}+\frac{2}{3}\boldsymbol{b}$$

即 $\boldsymbol{c}$ 可表示成 $\boldsymbol{a}$，$\boldsymbol{b}$ 的线性组合。

下面我们引入线段定比分点的概念和公式。

定义 1.3.2　对有向线段 $\overrightarrow{P_1P_2}$（$P_1\neq P_2$），若点 P 满足 $\overrightarrow{P_1P}=\lambda\overrightarrow{PP_2}$，则称 P 是把有向线段 $\overrightarrow{P_1P_2}$ 分成定比 λ 的**分点**。

注 2　由定义可知定比分点 $P\neq P_2$，否则 $\overrightarrow{P_1P_2}=\lambda\overrightarrow{P_2P_2}=\mathbf{0}$，因此 $P_1=P_2$，与 $P_1\neq P_2$ 矛盾。

注 3　$\lambda\neq-1$，否则有 $\overrightarrow{P_1P}=-\overrightarrow{PP_2}$，则 $\overrightarrow{OP}-\overrightarrow{OP_1}=-(\overrightarrow{OP_2}-\overrightarrow{OP})$，因此 $\overrightarrow{OP_1}=\overrightarrow{OP_2}$，从而 $P_1=P_2$ 与 $P_1\neq P_2$ 矛盾。

注 4　给定了点 P_1，P_2，定比分点 P 就由 λ 唯一确定，如图 1-17 所示。当 $\lambda>0$ 时，

$\overrightarrow{P_1P},\overrightarrow{PP_2}$同向，点$P$是线段$P_1P_2$内部的点；当$\lambda<0(\lambda\neq-1)$时，$\overrightarrow{P_1P},\overrightarrow{PP_2}$反向，点$P$是线段$\overrightarrow{P_1P_2}$外部的点；当$\lambda=0$时，$P,P_1$重合。

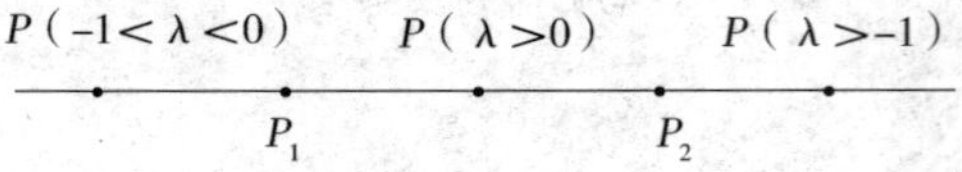

图 1-17

下面来研究分有向线段$\overrightarrow{P_1P_2}$成定比λ的分点P的坐标。

定理 1.3.5　设$P_i(x_i,\ y_i,\ z_i)(i=1,2)$，$P_1\neq P_2$则分有向线段$\overrightarrow{P_1P_2}$成定比$\lambda$ $(\lambda\neq-1)$的分点的坐标是：

$$x=\frac{x_1+\lambda x_2}{1+\lambda},y=\frac{y_1+\lambda y_2}{1+\lambda},z=\frac{z_1+\lambda z_2}{1+\lambda} \tag{1.3-2}$$

证　由题意知$\overrightarrow{P_1P}=\lambda\overrightarrow{PP_2}$，设$P$的坐标为$(x,y,z)$，则

$$\overrightarrow{P_1P}=\{x-x_1,y-y_1,z-z_1\}$$

那么

$$\lambda\overrightarrow{PP_2}=\{\lambda(x_2-x),\lambda(y_2-y),\lambda(z_2-z)\}$$

因此

$$x=\frac{x_1+\lambda x_2}{1+\lambda},y=\frac{y_1+\lambda y_2}{1+\lambda},z=\frac{z_1+\lambda z_2}{1+\lambda}$$

推论　线段P_1P_2的中点坐标是：

$$x=\frac{x_1+x_2}{2},y=\frac{y_1+y_2}{2},z=\frac{z_1+z_2}{2}$$

证　线段P_1P_2的中点是分有向线段$\overrightarrow{P_1P_2}$成定比$\lambda=1$的分点，故由定理1.3.5即得结论。

例 1.3.3　已知$\triangle P_1P_2P_3$三个顶点坐标$P_i(x_i,\ y_i,\ z_i)(i=1,2,3)$，求其重心$G$的坐标。

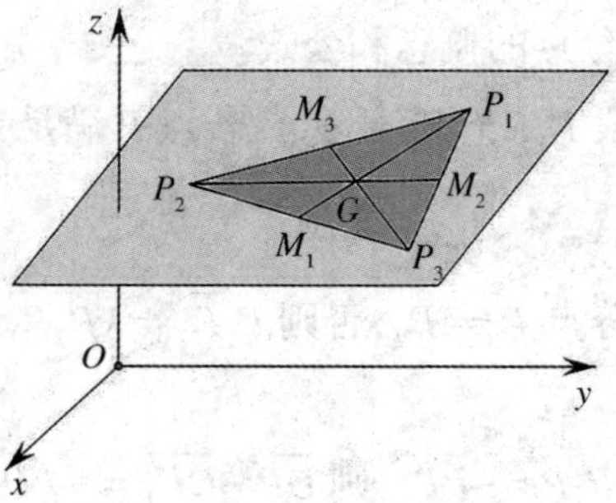

图 1-18

解　设$\triangle P_1P_2P_3$的三条中线为$P_iM_i(i=1,2,3)$，如图1-18所示，设G为$\triangle P_1P_2P_3$

的重心,则 $\overrightarrow{P_1G} = 2\overrightarrow{GM_1}$,因为 M_1 为 P_2P_3 的中点,所以 M_1 的坐标为:

$$M_1\left(\frac{x_2+x_3}{2}, \frac{y_2+y_3}{2}, \frac{z_2+z_3}{2}\right)$$

由有向线段的定比分点坐标公式得 $\triangle P_1P_2P_3$ 的重心 G 的坐标为:

$$x = \frac{x_1 + 2\times\dfrac{x_2+x_3}{2}}{1+2} = \frac{x_1+x_2+x_3}{3}$$

$$y = \frac{y_1 + 2\times\dfrac{y_2+y_3}{2}}{1+2} = \frac{y_1+y_2+y_3}{3}$$

$$z = \frac{z_1 + 2\times\dfrac{z_2+z_3}{2}}{1+2} = \frac{z_1+z_2+z_3}{3}$$

即

$$G\left(\frac{x_1+x_2+x_3}{3}, \frac{y_1+y_2+y_3}{3}, \frac{z_1+z_2+z_3}{3}\right)$$

同步练习 1.3

基础题

1. 判断正误(对的在括号内打√,错误的打×)

(1)空间直角坐标系的三张坐标平面将空间分成了八个卦限。 (　　)

(2)空间直角坐标系下,空间的点 M,向量 $\boldsymbol{a}$ 及有序数组 (x, y, z) 之间有一一对应的关系。 (　　)

(3)三个点 $P_1(x_1, y_1, z_1)$,$P_2(x_2, y_2, z_2)$,$P_3(x_3, y_3, z_3)$ 共线当且仅当 (　　)

$$\frac{x_2-x_3}{x_1-x_3} = \frac{y_2-y_3}{y_1-y_3} = \frac{z_2-z_3}{z_1-z_3}。$$

(4)四个点 $A_i(x_i, y_i, z_i)$ $(i=1, 2, 3, 4)$ 共面的充要条件是 (　　)

$$\begin{vmatrix} x_2-x_1 & y_2-y_1 & z_2-z_1 \\ x_3-x_2 & y_3-y_2 & z_3-z_2 \\ x_4-x_3 & y_4-y_3 & z_4-z_3 \end{vmatrix} = 0。$$

(5)$\triangle P_1P_2P_3$ 的顶点为 $P_1(x_1, y_1, z_1)$,$P_2(x_2, y_2, z_2)$,$P_3(x_3, y_3, z_3)$,则它的重心坐标为 (　　)

$$G\left(\frac{x_1+y_1+z_1}{3}, \frac{x_2+y_2+z_2}{3}, \frac{x_3+y_3+z_3}{3}\right)。$$

2. 讨论空间直角坐标系的八个卦限中的点的坐标的符号。
3. 在坐标轴上的点和在坐标平面上的点的坐标各有何特点?
4. 在空间直角坐标系中画出下列各点:

$$A=\{2,0,0\}\ ,B=\{0,-3,0\}\ ,C=\{3,0,1\}\ ,D=\{3,2,-1\}。$$

5. 求点 $(-1,2,3)$ 关于各坐标平面对称的点的坐标。
6. 求点 $(1,2,3)$ 关于各坐标轴对称的点的坐标。
7. 设 $\boldsymbol{a}=\{1,5,2\}$,$\boldsymbol{b}=\{0,-3,4\}$,$\boldsymbol{c}=\{-2,3,-1\}$,求下列向量的坐标:
   (1) $2\boldsymbol{a}-\boldsymbol{b}+\boldsymbol{c}$; (2) $2\boldsymbol{a}+\boldsymbol{b}-\boldsymbol{c}$。
8. 求坐标向量 $\boldsymbol{i}$,$\boldsymbol{j}$,$\boldsymbol{k}$ 的坐标。
9. 设在空间直角坐标系中有三点 $A=\{2,1,-11\}$,$B=\{4,-2,-3\}$,$C=\{0,0,2\}$,求向量 $\overrightarrow{AB}$,$\overrightarrow{BC}$ 。
10. 设向量 $\boldsymbol{a}=\{-1,2,1\}$,$\boldsymbol{b}=\{-3,-2,0\}$,求 $\boldsymbol{a}+\boldsymbol{b}$,$\boldsymbol{b}-\boldsymbol{a}$,$2\boldsymbol{a}+\frac{1}{3}\boldsymbol{b}$ 。

提高题

1. 判断下列各组的三个向量 $\boldsymbol{a}$,$\boldsymbol{b}$,$\boldsymbol{c}$ 是否共面,能否将 $\boldsymbol{c}$ 表示成 $\boldsymbol{a}$,$\boldsymbol{b}$ 的线性组合?若能表示,写出表示式。
   (1) $\boldsymbol{a}=(5,2,1)$,$\boldsymbol{b}=(-1,4,2)$,$\boldsymbol{c}=(-1,-1,5)$;
   (2) $\boldsymbol{a}=(1,2,-3)$,$\boldsymbol{b}=(-2,-4,6)$,$\boldsymbol{c}=(1,0,5)$ 。
2. 已知向量 $\boldsymbol{a}=5\boldsymbol{i}+\lambda\boldsymbol{j}-\boldsymbol{k}$ 与 $\boldsymbol{b}=-\boldsymbol{i}+2\boldsymbol{j}+\mu\boldsymbol{k}$ 平行,求 λ 与 μ 的值。
3. 证明:四面体每一个顶点与对面重心所连的线段共点,且这点到顶点的距离是它到对面重心距离的三倍。用四面体的顶点坐标把交点坐标表示出来。
4. 已知线段 AB 被点 $C(2,0,2)$ 和 $D(5,-2,0)$ 三等分,试求这个线段两端点 A 与 B 的坐标。

§1.4 向量的乘积运算

目的与要求:

1. 掌握向量在轴上的射影及有关结论;
2. 掌握数量积、向量积与混合积概念及运算规律;
3. 掌握数量积、向量积与混合积的直角坐标表示;
4. 掌握两向量的夹角公式,向量积与混合积的几何意义;
5. 理解有向角的概念与性质。

重点与难点：

重点：向量的数量积、向量积、混合积和向量的方向余弦的直角坐标表示。

难点：运用向量的数量积、向量积与混合积解决一些几何问题，两平面向量的有向角。

向量的乘积运算包括两个向量的内积与外积，三个向量之间的混合积与双重向量积，它们在长度、角度、面积和体积等度量的计算中起着重要的作用。在学习中既要注意它们与数量乘积运算的区别和联系，也要关注向量的几种乘积运算之间的关系。

1.4.1　向量在轴上的射影

物理学中常常要把一个向量分解成两个互相垂直的向量之和，向量的射影就是与这种“垂直分解”有关的几何概念，它是讨论内、外积的共同的准备知识。

定义 1.4.1　设 A 为空间的一点，l 为一轴，过 A 作垂直轴 l 的平面 α，α 与 l 的交点 A' 称为 A 在 l 上的**射影**，如图 1-19 所示。

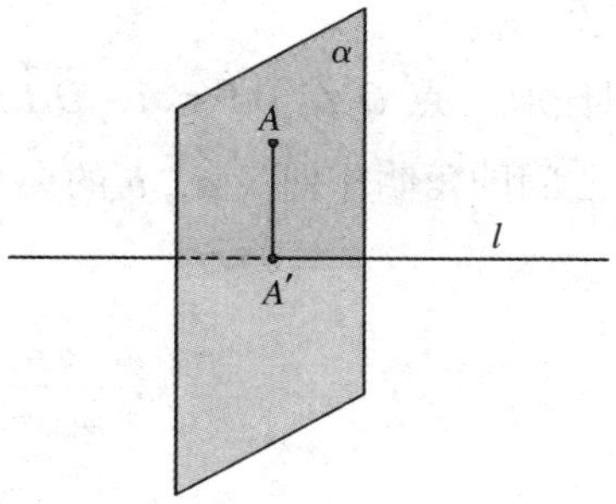

图 1-19

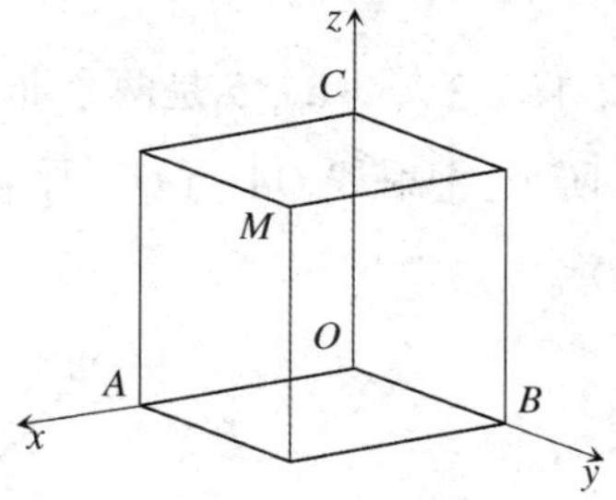

图 1-20

注 1　若 M 为空间直角坐标系中的一点，则 M 在 x 轴，y 轴，z 轴上的射影为 A，B，C，如图 1-20 所示。

定义 1.4.2　设向量 $\overrightarrow{AB}$ 的起点 A 和终点 B 在轴 l 上的射影分别为 A' 与 B'，则向量 $\overrightarrow{A'B'}$ 叫作 $\overrightarrow{AB}$ 在轴 l 上的**射影向量**，记为射影向量$_l\overrightarrow{AB}$，如图 1-21 所示。

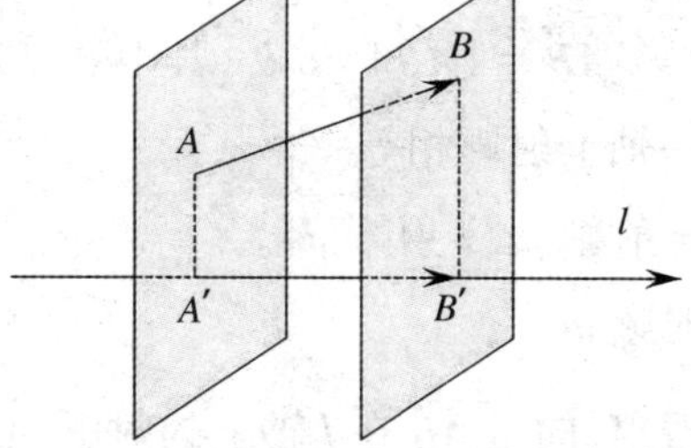

图 1-21

如果在轴 l 上取与轴同方向的单位向量 $\boldsymbol{e}$,则有

$$\text{射影向量}_l \overrightarrow{AB} = \overrightarrow{A'B'} = x\boldsymbol{e}$$

这里的 x 称为 $\overrightarrow{AB}$ 在轴 l 上的**射影**,记作射影 $_l\overrightarrow{AB}$,即

$$\text{射影}_l\overrightarrow{AB} = x$$

我们也可以把射影向量 $_l\overrightarrow{AB}$ 与射影 $_l\overrightarrow{AB}$ 分别写成

$$\text{射影向量}_{\boldsymbol{e}}\overrightarrow{AB} \text{ 与射影}_{\boldsymbol{e}}\overrightarrow{AB}$$

并且可以分别称为 $\overrightarrow{AB}$ 在向量 $\boldsymbol{e}$ 上的射影向量与 $\boldsymbol{e}$ 在向量 $\boldsymbol{e}$ 上的射影,两者之间的关系是

$$\text{射影向量}_{\boldsymbol{e}}\overrightarrow{AB} = (\text{射影}_{\boldsymbol{e}}\overrightarrow{AB})\,\boldsymbol{e}$$

注 2 向量在轴上射影是标量。

注 3 设 $\overrightarrow{AB}$ 为空间直角坐标系中的一个向量,点 A 的坐标为 (x_1,y_1,z_1) ,点 B 的坐标为 (x_2,y_2,z_2) ,显然,向量 $\overrightarrow{AB}$ 在三个坐标轴上的射影分别为 $x_2 - x_1$, $y_2 - y_1$, $z_2 - z_1$。

注 4 若 $\overrightarrow{A'B'}$ 与 $\boldsymbol{e}$ 同向,则射影 $_{\boldsymbol{e}}\overrightarrow{AB} = |\overrightarrow{A'B'}|$;反之,则射影 $_{\boldsymbol{e}}\overrightarrow{AB} = -|\overrightarrow{A'B'}|$ 。

注 5 显然,射影 $_{\boldsymbol{e}}\overrightarrow{AB}$ 与向量 $\overrightarrow{AB}$ 和 $\boldsymbol{e}$ 的夹角有关。

定义 1.4.3 设 $\boldsymbol{a}$, $\boldsymbol{b}$ 是两个非零向量,自空间任取一点 O 作 $\overrightarrow{OA} = \boldsymbol{a}$, $\overrightarrow{OB} = \boldsymbol{b}$,如图 1-22 所示,把射线 OA 与 OB 所构成的在 0 与 π 之间的角叫作向量 $\boldsymbol{a}$, $\boldsymbol{b}$ 的夹角,记为 $\angle(\boldsymbol{a}, \boldsymbol{b})$ 。

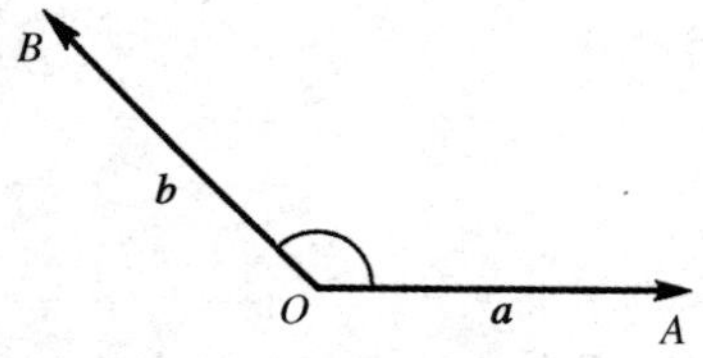

图 1-22

注 6 若 $\boldsymbol{a}$, $\boldsymbol{b}$ 同向,则 $\angle(\boldsymbol{a}, \boldsymbol{b})=0$;若 $\boldsymbol{a}$, $\boldsymbol{b}$ 反向,则 $\angle(\boldsymbol{a}, \boldsymbol{b})=\pi$;若 $\boldsymbol{a}$, $\boldsymbol{b}$ 不平行,则 $0 < \angle(\boldsymbol{a}, \boldsymbol{b}) < \pi$ 。

注 7 类似地,可规定向量与数轴间的夹角。

向量的射影有如下性质,这些性质的证明可以通过画图看出来。

性质 1 (射影定理) 射影 $_l\overrightarrow{AB} = |\overrightarrow{AB}|\cos\theta$,其中 $\theta = \angle(l, \overrightarrow{AB})$ 。

性质 2 相等向量在同一轴上射影相等。

性质 3 射影 $_l(\boldsymbol{a} + \boldsymbol{b}) =$ 射影 $_l\boldsymbol{a}$ + 射影 $_l\boldsymbol{b}$ 。

性质 4 射影 $_l\lambda\boldsymbol{a} = \lambda$ 射影 $_l\boldsymbol{a}$。

注 8 从性质 1 我们可看出,向量 $\overrightarrow{AB}$ 在 l 轴上的射影 $_l\overrightarrow{AB}$ 可以为任意实数,当 l 轴与向量 $\overrightarrow{AB}$ 的夹角 θ 为锐角时,射影为正数;当夹角 θ 为钝角时,射影为负数;当夹角 θ 为直

角时,射影为0。

注 9　性质3也可以推广到任意有限个向量的情形:

$$射影_l(\boldsymbol{a}_1+\boldsymbol{a}_2+\cdots+\boldsymbol{a}_n)=射影_l\boldsymbol{a}_1+射影_l\boldsymbol{a}_2+\cdots+射影_l\boldsymbol{a}_n$$

1.4.2　两向量的数量积

数量积运算不仅是解析几何课程中的一种重要运算,它的推广也是高等代数及泛函分析等课程中重要的基础概念和工具。

在物理中,一质点在恒力 F 的作用下,由 A 点沿直线移到 B 点,若力 F 与位移向量 $\overrightarrow{AB}$ 的夹角为 θ,则力 F 所做的功为

$$W=|F||\overrightarrow{AB}|\cos\angle(\overrightarrow{AB},F)$$

这里的功是由力 F 和 $\overrightarrow{AB}$ 按上式确定的一个数量。在现实生活中与此类似的情况时有发生,为此,我们仿照力做功的计算引入两向量的数量积。

定义 1.4.4　称 $|\boldsymbol{a}||\boldsymbol{b}|\cos\angle(\boldsymbol{a},\boldsymbol{b})$ 为 $\boldsymbol{a}$ 与 $\boldsymbol{b}$ 的**数量积**,记作 $\boldsymbol{a}\cdot\boldsymbol{b}$ 或 $\boldsymbol{ab}$,读作"$\boldsymbol{a}$ 点乘 $\boldsymbol{b}$"。

$$\boldsymbol{a}\cdot\boldsymbol{b}=|\boldsymbol{a}||\boldsymbol{b}|\cos\angle(\boldsymbol{a},\boldsymbol{b})$$

若 $\boldsymbol{a}$ 与 $\boldsymbol{b}$ 中有一个为 $\boldsymbol{0}$,则 $\boldsymbol{a}\cdot\boldsymbol{b}=0$。

注 10　数量积的记号用"·"来表示,数量积常常称为点积或内积。由定义看出,$\boldsymbol{a}$ 与 $\boldsymbol{b}$ 的数量积是一个数。前面提到的力 F 所做的功 W 就是 F 与 s 的数量积,即 $W=F\cdot s$。

注 11　当 $\boldsymbol{a}\neq\boldsymbol{0}$ 时,$\boldsymbol{a}\cdot\boldsymbol{b}=|\boldsymbol{a}||\boldsymbol{b}|\cos\angle(\boldsymbol{a},\boldsymbol{b})=|\boldsymbol{a}|(|\boldsymbol{b}|\cos\angle(\boldsymbol{a},\boldsymbol{b}))=|\boldsymbol{a}|射影_{\boldsymbol{a}}\boldsymbol{b}$;当 $\boldsymbol{b}\neq\boldsymbol{0}$ 时,$\boldsymbol{a}\cdot\boldsymbol{b}=|\boldsymbol{a}||\boldsymbol{b}|\cos\angle(\boldsymbol{a},\boldsymbol{b})=|\boldsymbol{b}|(|\boldsymbol{a}|\cos\angle(\boldsymbol{a},\boldsymbol{b}))=|\boldsymbol{b}|射影_{\boldsymbol{b}}\boldsymbol{a}$,特别地,当 $\boldsymbol{b}=\boldsymbol{e}$ 时,有 $\boldsymbol{a}\cdot\boldsymbol{e}=射影_{\boldsymbol{e}}\boldsymbol{a}$。

注 12　$\boldsymbol{a}\cdot\boldsymbol{a}=|\boldsymbol{a}|^2$($\boldsymbol{a}\cdot\boldsymbol{a}$ 称为 $\boldsymbol{a}$ 的数量平方,记为 $\boldsymbol{a}^2$)。

定理 1.4.1　两个向量 $\boldsymbol{a}$ 与 $\boldsymbol{b}$ 垂直的充要条件是 $\boldsymbol{a}\cdot\boldsymbol{b}=0$。

证　当 $\boldsymbol{a}=\boldsymbol{0}$ 或 $\boldsymbol{b}=\boldsymbol{0}$ 时,也可把零向量看为与任何向量垂直,则结论显然成立。

当 $\boldsymbol{a}\neq\boldsymbol{0}$ 且 $\boldsymbol{b}\neq\boldsymbol{0}$ 时,若 $\boldsymbol{a}\perp\boldsymbol{b}$,则 $\cos\angle(\boldsymbol{a},\boldsymbol{b})=0$,于是 $\boldsymbol{a}\cdot\boldsymbol{b}=0$;反之,若 $\boldsymbol{a}\cdot\boldsymbol{b}=0$,则 $|\boldsymbol{a}||\boldsymbol{b}|\cos\angle(\boldsymbol{a},\boldsymbol{b})=0$,于是 $\cos\angle(\boldsymbol{a},\boldsymbol{b})=0$,故 $\boldsymbol{a}\perp\boldsymbol{b}$。

注 13　由此定理可见 $\boldsymbol{a}\cdot\boldsymbol{b}=0$ 不能推出 $\boldsymbol{a}=\boldsymbol{0}$ 或 $\boldsymbol{b}=\boldsymbol{0}$。

注 14　通过数量积可以方便地计算两个向量的长度、夹角以及判断它们是否垂直。这些性质使得数量积在物理学和工程学等领域具有广泛应用。

定理 1.4.2　对于任意向量 $\boldsymbol{a},\boldsymbol{b}$ 及任意实数 λ,有

(1)交换律 $\boldsymbol{a}\cdot\boldsymbol{b}=\boldsymbol{b}\cdot\boldsymbol{a}$;

(2)与数乘结合律 $(\lambda \boldsymbol{a})\cdot \boldsymbol{b}=\lambda(\boldsymbol{a}\cdot \boldsymbol{b})=\boldsymbol{a}\cdot \lambda \boldsymbol{b}$；

(3)分配律 $(\boldsymbol{a}+\boldsymbol{b})\cdot \boldsymbol{c}=\boldsymbol{a}\cdot \boldsymbol{c}+\boldsymbol{b}\cdot \boldsymbol{c}$。

下面仅证(2)

证 当 $\lambda=0$ 时,式子两端都是0,自然成立。

当 $\lambda>0$ 时,

$$\cos\angle(\lambda \boldsymbol{a},\boldsymbol{b})=\cos\angle(\boldsymbol{a},\boldsymbol{b})$$

所以

$$\begin{aligned}(\lambda \boldsymbol{a})\cdot \boldsymbol{b}&=|\lambda \boldsymbol{a}||\boldsymbol{b}|\cos\angle(\lambda \boldsymbol{a},\boldsymbol{b})\\&=\lambda|\boldsymbol{a}||\boldsymbol{b}|\cos\angle(\boldsymbol{a},\boldsymbol{b})\\&=\lambda(\boldsymbol{a}\cdot \boldsymbol{b})\end{aligned}$$

因此

$$(\lambda \boldsymbol{a})\cdot \boldsymbol{b}=\lambda(\boldsymbol{a}\cdot \boldsymbol{b})$$

同样可以证明

$$\boldsymbol{a}(\lambda \boldsymbol{b})=\lambda(\boldsymbol{a}\cdot \boldsymbol{b})$$

故性质(2)成立。

由上面的性质(2)(3)易得:

推论 $(\lambda \boldsymbol{a}+\mu \boldsymbol{b})\cdot \boldsymbol{c}=\lambda(\boldsymbol{a}\cdot \boldsymbol{c})+\mu(\boldsymbol{b}\cdot \boldsymbol{c})$。

注15 由以上数量积的规律可知,向量数量积的运算可像多项式乘法那样展开。

例1.4.1 试证:若一条直线与一个平面内的两条相交直线都垂直,那么它和平面的任何直线都垂直,即它垂直于平面。

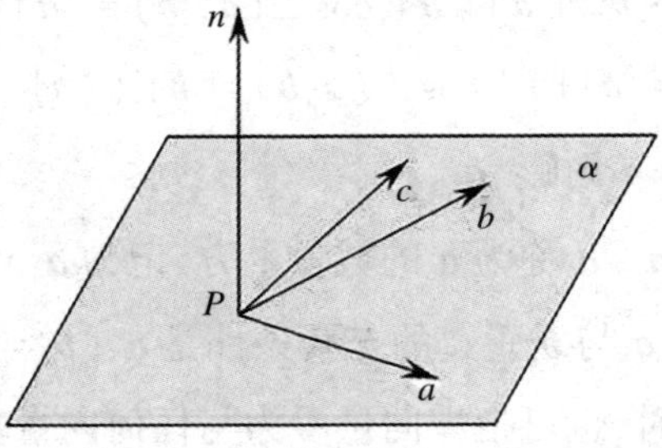

图1-23

证 如图1-23所示,设直线 n 与平面 α 内两相交直线 a,b 都垂直,设 c 为 α 内任一条直线,以下证明 $n\perp c$。

在直线 n,a,b,c 上分别取非零向量 $\boldsymbol{n}$,$\boldsymbol{a}$,$\boldsymbol{b}$,$\boldsymbol{c}$,则依条件有

$$\boldsymbol{n}\perp \boldsymbol{a},\ \boldsymbol{n}\perp \boldsymbol{b}$$

因此由定理1.4.1可知 $\boldsymbol{n}\cdot \boldsymbol{a}=0$,$\boldsymbol{n}\cdot \boldsymbol{b}=0$。因为 $\boldsymbol{a}$ 与 $\boldsymbol{b}$ 不平行且 $\boldsymbol{a}$,$\boldsymbol{b}$,$\boldsymbol{c}$ 共面,所以根据定理1.4.2,存在 λ,$\mu\in\mathbf{R}$ 使 $\boldsymbol{c}=\lambda \boldsymbol{a}+\mu \boldsymbol{b}$。于是

$$\boldsymbol{n}\cdot\boldsymbol{c}=\boldsymbol{n}\cdot(\lambda\boldsymbol{a}+\mu\boldsymbol{b})=\lambda(\boldsymbol{n}\boldsymbol{a})+\mu(\boldsymbol{n}\boldsymbol{b})=0$$

故 $n\perp c$。

例 1.4.2　已知 $|\boldsymbol{a}|=2$, $|\boldsymbol{b}|=3$, $\angle(\boldsymbol{a},\boldsymbol{b})=\frac{2}{3}\pi$，求 $\boldsymbol{a}\cdot\boldsymbol{b}$，$(\boldsymbol{a}-2\boldsymbol{b})\cdot(\boldsymbol{a}+\boldsymbol{b})$，$|\boldsymbol{a}+\boldsymbol{b}|$。

解　由两向量的数量积定义有

$$\boldsymbol{a}\cdot\boldsymbol{b}=|\boldsymbol{a}||\boldsymbol{b}|\cos\angle(\boldsymbol{a},\boldsymbol{b})=2\times3\times(-\frac{1}{2})=-3$$

$$(\boldsymbol{a}-2\boldsymbol{b})\cdot(\boldsymbol{a}+\boldsymbol{b})=|\boldsymbol{a}|^2-\boldsymbol{a}\cdot\boldsymbol{b}-2|\boldsymbol{b}|^2=2^2-(-3)-2\times3^2=-11$$

$$\begin{aligned}|\boldsymbol{a}+\boldsymbol{b}|^2&=(\boldsymbol{a}+\boldsymbol{b})\cdot(\boldsymbol{a}+\boldsymbol{b})=\boldsymbol{a}\cdot\boldsymbol{a}+\boldsymbol{a}\cdot\boldsymbol{b}+\boldsymbol{b}\cdot\boldsymbol{a}+\boldsymbol{b}\cdot\boldsymbol{b}\\&=|\boldsymbol{a}|^2+2\boldsymbol{a}\cdot\boldsymbol{b}+|\boldsymbol{b}|^2=2^2+2\times(-3)+3^2=7\end{aligned}$$

因此

$$|\boldsymbol{a}+\boldsymbol{b}|=\sqrt{7}$$

例 1.4.3　证明：对任意向量 $\boldsymbol{a}$，$\boldsymbol{b}$ 都有

$$|\boldsymbol{a}+\boldsymbol{b}|^2+|\boldsymbol{a}-\boldsymbol{b}|^2=2|\boldsymbol{a}|^2+2|\boldsymbol{b}|^2$$

当 $\boldsymbol{a}$ 与 $\boldsymbol{b}$ 不共线时，说明此等式的几何意义。

证　由于

$$|\boldsymbol{a}+\boldsymbol{b}|^2+|\boldsymbol{a}-\boldsymbol{b}|^2=(\boldsymbol{a}+\boldsymbol{b})^2+(\boldsymbol{a}-\boldsymbol{b})^2$$

且

$$(\boldsymbol{a}+\boldsymbol{b})^2=\boldsymbol{a}^2+2\boldsymbol{a}\cdot\boldsymbol{b}+\boldsymbol{b}^2$$

$$(\boldsymbol{a}-\boldsymbol{b})^2=\boldsymbol{a}^2-2\boldsymbol{a}\cdot\boldsymbol{b}+\boldsymbol{b}^2$$

所以

$$(\boldsymbol{a}+\boldsymbol{b})^2+(\boldsymbol{a}-\boldsymbol{b})^2=2\boldsymbol{a}^2+2\boldsymbol{b}^2$$

即

$$|\boldsymbol{a}+\boldsymbol{b}|^2+|\boldsymbol{a}-\boldsymbol{b}|^2=2|\boldsymbol{a}|^2+2|\boldsymbol{b}|^2$$

当 $\boldsymbol{a}$ 与 $\boldsymbol{b}$ 不共线时，此等式的几何意义是以 $\boldsymbol{a}$ 与 $\boldsymbol{b}$ 为邻边的平行四边形的两条对角线的平方和等于四边的平方和。

利用向量的直角坐标可方便计算向量的数量积，下面给出计算公式。

定理 1.4.3　在空间直角坐标系下，设向量 $\boldsymbol{a}=\{x_1,y_1,z_1\}$，$\boldsymbol{b}=\{x_2,y_2,z_2\}$，则

$$\boldsymbol{a}\cdot\boldsymbol{b}=x_1x_2+y_1y_2+z_1z_2$$

证　设 $\boldsymbol{i}$，$\boldsymbol{j}$，$\boldsymbol{k}$ 依次为 x，y，z 轴上的基本单位向量，则有

$$\boldsymbol{i}\cdot\boldsymbol{i}=\boldsymbol{j}\cdot\boldsymbol{j}=\boldsymbol{k}\cdot\boldsymbol{k}=1$$

$$\boldsymbol{i}\cdot\boldsymbol{j}=\boldsymbol{j}\cdot\boldsymbol{k}=\boldsymbol{k}\cdot\boldsymbol{i}=0$$

从而

$$\begin{aligned}\boldsymbol{a}\cdot\boldsymbol{b}&=(x_1\boldsymbol{i}+y_1\boldsymbol{j}+z_1\boldsymbol{k})\cdot(x_2\boldsymbol{i}+y_2\boldsymbol{j}+z_2\boldsymbol{k})\\&=x_1x_2\boldsymbol{i}\cdot\boldsymbol{i}+x_1y_2\boldsymbol{i}\cdot\boldsymbol{j}+x_1z_2\boldsymbol{i}\cdot\boldsymbol{k}\\&\quad+y_1x_2\boldsymbol{j}\cdot\boldsymbol{i}+y_1y_2\boldsymbol{j}\cdot\boldsymbol{j}+y_1z_2\boldsymbol{j}\cdot\boldsymbol{k}\\&\quad+z_1x_2\boldsymbol{k}\cdot\boldsymbol{i}+z_1y_2\boldsymbol{k}\cdot\boldsymbol{j}+z_1z_2\boldsymbol{k}\cdot\boldsymbol{k}\\&=x_1x_2+y_1y_2+z_1z_2\end{aligned}$$

也就是说,在直角坐标系下,两向量的数量积等于它们对应坐标分量的乘积之和。

推论 设 $\boldsymbol{a}=x\boldsymbol{i}+y\boldsymbol{j}+z\boldsymbol{k}$,则 $\boldsymbol{a}\cdot\boldsymbol{i}=x$, $\boldsymbol{a}\cdot\boldsymbol{j}=y$, $\boldsymbol{a}\cdot\boldsymbol{k}=z$ 。

证 实际上

$$\begin{aligned}\boldsymbol{i}\cdot\boldsymbol{a}=\boldsymbol{a}\cdot\boldsymbol{i}&=(x\boldsymbol{i}+y\boldsymbol{j}+z\boldsymbol{k})\cdot\boldsymbol{i}\\&=x(\boldsymbol{i}\cdot\boldsymbol{i})+y(\boldsymbol{i}\cdot\boldsymbol{j})+z(\boldsymbol{i}\cdot\boldsymbol{k})\\&=x\end{aligned}$$

利用向量的直角坐标,可以求出向量的模、空间两点间的距离、两向量的夹角以及判定两向量是否垂直等。

定理 1.4.4 设非零向量 $\boldsymbol{a}=\{x,y,z\}$,则

$$|\boldsymbol{a}|=\sqrt{x^2+y^2+z^2}$$

证 由向量的数量平方与定理 1.4.3 可得

$$|\boldsymbol{a}|^2=\boldsymbol{a}\cdot\boldsymbol{a}=(x\boldsymbol{i}+y\boldsymbol{j}+z\boldsymbol{k})\cdot(x\boldsymbol{i}+y\boldsymbol{j}+z\boldsymbol{k})=x^2+y^2+z^2$$

故

$$|\boldsymbol{a}|=\sqrt{x^2+y^2+z^2}$$

推论 空间两点 $P_1(x_1,y_1,z_1)$, $P_2(x_2,y_2,z_2)$ 间的距离是

$$d=\sqrt{(x_1-x_2)^2+(y_1-y_2)^2+(z_1-z_2)^2}$$

事实上,易知向量 $\overrightarrow{P_1P_2}=\{x_2-x_1,y_2-y_1,z_2-z_1\}$,所以由定理 1.4.4 可得上式。

在直角坐标系中,向量 $\boldsymbol{a}=\overrightarrow{OM}$ 与坐标轴的夹角 α,β,γ 称为向量 $\boldsymbol{a}$ 的方向角,如图 1-24 所示;方向角的余弦 $\cos\alpha$, $\cos\beta$, $\cos\gamma$ 称为 $\boldsymbol{a}$ 的方向余弦。

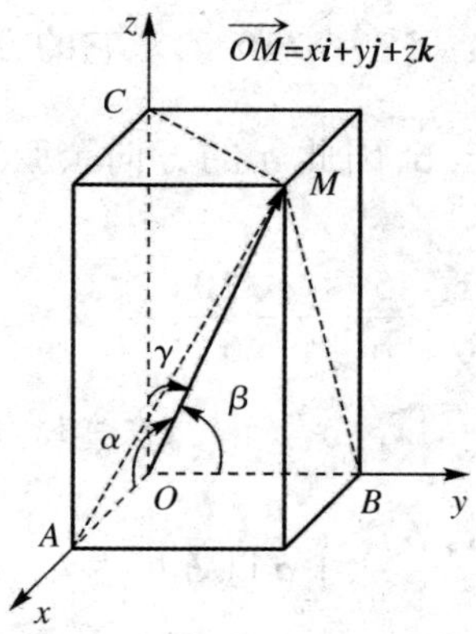

图 1-24

注 16　显然,一个向量的方向完全可由它的方向角或方向余弦决定。

定理 1.4.5　非零向量 $\boldsymbol{a} = x\boldsymbol{i} + y\boldsymbol{j} + z\boldsymbol{k}$ 的方向余弦是

$$\cos\alpha = \frac{x}{|\boldsymbol{a}|} = \frac{x}{\sqrt{x^2 + y^2 + z^2}}$$

$$\cos\beta = \frac{y}{|\boldsymbol{a}|} = \frac{y}{\sqrt{x^2 + y^2 + z^2}}$$

$$\cos\gamma = \frac{z}{|\boldsymbol{a}|} = \frac{z}{\sqrt{x^2 + y^2 + z^2}}$$

且

$$\cos^2\alpha + \cos^2\beta + \cos^2\gamma = 1$$

证　由数量积的坐标表示及数量积的定义得

$$x = \boldsymbol{a} \cdot \boldsymbol{i} = |\boldsymbol{a}||\boldsymbol{i}| \cos\angle(\boldsymbol{a},\boldsymbol{i}) = |\boldsymbol{a}| \cos\alpha$$

所以

$$\cos\alpha = \frac{x}{|\boldsymbol{a}|} = \frac{x}{\sqrt{x^2 + y^2 + z^2}}$$

同理可证其余两式,且

$$\cos^2\alpha + \cos^2\beta + \cos^2\gamma = \frac{x^2}{\sqrt{x^2 + y^2 + z^2}} + \frac{y^2}{\sqrt{x^2 + y^2 + z^2}} + \frac{z^2}{\sqrt{x^2 + y^2 + z^2}} = 1$$

推论　单位向量 $\boldsymbol{a}^0$ 的方向余弦等于它的直角坐标,即

$$\boldsymbol{a}^0 = \cos\alpha\boldsymbol{i} + \cos\beta\boldsymbol{j} + \cos\gamma\boldsymbol{k}$$

事实上,设 $\boldsymbol{a}^0 = x\boldsymbol{i} + y\boldsymbol{j} + z\boldsymbol{k}$,则

$$\cos\alpha = \frac{x}{|\boldsymbol{a}^0|} = x\ ,\ \cos\beta = \frac{y}{|\boldsymbol{a}^0|} = y\ ,\ \cos\gamma = \frac{z}{|\boldsymbol{a}^0|} = z$$

所以有

$$\boldsymbol{a}^0 = x\boldsymbol{i} + y\boldsymbol{j} + z\boldsymbol{k} = \cos\alpha\boldsymbol{i} + \cos\beta\boldsymbol{j} + \cos\gamma\boldsymbol{k}$$

例 1.4.4 已知向量 $\boldsymbol{a}=\{1,5,-\sqrt{10}\}$,求它的方向余弦和单位向量。

解 $|\boldsymbol{a}|=\sqrt{1+25+10}=6$,因此 $\boldsymbol{a}$ 的方向余弦 $\cos\alpha=\frac{1}{6}$, $\cos\beta=\frac{5}{6}$, $\cos\gamma=-\frac{\sqrt{10}}{6}$,于是 $\boldsymbol{a}$ 的单位向量是 $\left\{\frac{1}{6},\frac{5}{6},-\frac{\sqrt{10}}{6}\right\}$。

定理 1.4.6 设非零向量 $\boldsymbol{a}=\{x_1,y_1,z_1\}$,$\boldsymbol{b}=\{x_2,y_2,z_2\}$,则

$$\cos\angle(\boldsymbol{a},\boldsymbol{b})=\frac{\boldsymbol{a}\cdot\boldsymbol{b}}{|\boldsymbol{a}||\boldsymbol{b}|}$$

$$=\frac{x_1x_2+y_1y_2+z_1z_2}{\sqrt{x_1^2+y_1^2+z_1^2}\times\sqrt{x_2^2+y_2^2+z_2^2}}$$

证 因为

$$\boldsymbol{a}\cdot\boldsymbol{b}=|\boldsymbol{a}||\boldsymbol{b}|\cos\angle(\boldsymbol{a},\boldsymbol{b}),|\boldsymbol{a}||\boldsymbol{b}|\neq 0$$

所以

$$\cos\angle(\boldsymbol{a},\boldsymbol{b})=\frac{\boldsymbol{a}\cdot\boldsymbol{b}}{|\boldsymbol{a}||\boldsymbol{b}|}$$

而

$$\boldsymbol{a}\cdot\boldsymbol{b}=x_1x_2+y_1y_2+z_1z_2,|\boldsymbol{a}|=\sqrt{x_1^2+y_1^2+z_1^2},|\boldsymbol{b}|=\sqrt{x_2^2+y_2^2+z_2^2}$$

故定理结论成立。

推论 设向量 $\boldsymbol{a}=\{x_1,y_1,z_1\}$,$\boldsymbol{b}=\{x_2,y_2,z_2\}$,则 $\boldsymbol{a}\perp\boldsymbol{b}$ 的充要条件是

$$x_1x_2+y_1y_2+z_1z_2=0$$

注 17 在平面直角坐标系下,平面向量也有类似结论。

例 1.4.5 用向量法证明三角形的余弦定理:

$$a^2=b^2+c^2-2bc\cos A$$

证 如图 1-25 所示,在 $\triangle ABC$ 中,设 $\overrightarrow{AC}=\boldsymbol{b}$,$\overrightarrow{AB}=\boldsymbol{c}$,$\overrightarrow{BC}=\boldsymbol{a}$,且 $|\boldsymbol{a}|=a$,$|\boldsymbol{b}|=b$,$|\boldsymbol{c}|=c$ 。

则

$$\boldsymbol{a}=\boldsymbol{b}-\boldsymbol{c},\boldsymbol{a}^2=(\boldsymbol{b}-\boldsymbol{c})^2=\boldsymbol{b}^2+\boldsymbol{c}^2-2\boldsymbol{bc}=\boldsymbol{b}^2+\boldsymbol{c}^2-2|\boldsymbol{b}||\boldsymbol{c}|\cos A$$

此即

$$a^2=b^2+c^2-2bc\cos A$$

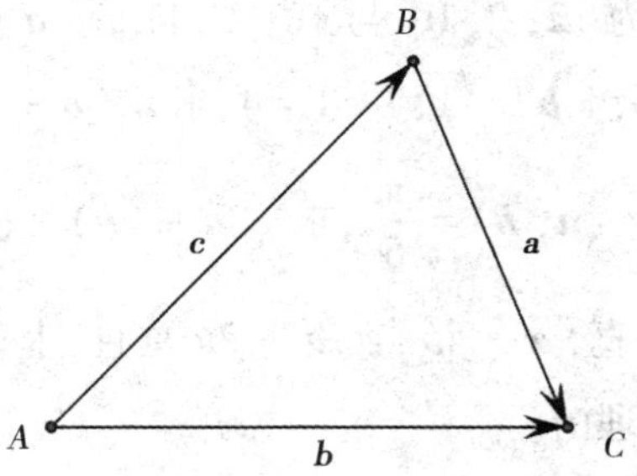

图 1-25

例 1.4.6　利用数量积证明柯西-施瓦茨不等式：

$$\left(\sum_{i=1}^{3} a_i b_i\right)^2 \leqslant \sum_{i=1}^{3} a_i^{\,2} \sum_{i=1}^{3} b_i^{\,2}$$

证　设 $\boldsymbol{a}=\{a_1,\ a_2,\ a_3\}$ ，$\boldsymbol{b}=\{b_1,\ b_2,\ b_3\}$ 。因为

$$\boldsymbol{a}\cdot\boldsymbol{b}=|\boldsymbol{a}||\boldsymbol{b}|\cos\angle(\boldsymbol{a},\boldsymbol{b})$$

而

$$\cos\angle(\boldsymbol{a},\boldsymbol{b})| \leqslant 1$$

所以

$$|\boldsymbol{a}\cdot\boldsymbol{b}| \leqslant |\boldsymbol{a}||\boldsymbol{b}|$$

由此得

$$\left|\sum_{i=1}^{3} a_i b_i\right| \leqslant \sqrt{\sum_{i=1}^{3} a_i^{\,2}}\sqrt{\sum_{i=1}^{3} b_i^{\,2}}$$

将上式两边平方就有

$$\left(\sum_{i=1}^{3} a_i b_i\right)^2 \leqslant \sum_{i=1}^{3} a_i^{\,2} \sum_{i=1}^{3} b_i^{\,2}$$

同步练习 1.4(1)

基础题

1. 判断正误(对的在括号内打√,错误的打×)

(1)对于两个向量 $\boldsymbol{a}$，$\boldsymbol{b}$，若 $\boldsymbol{a}\cdot\boldsymbol{b}=0$，则必有 $\boldsymbol{a}$ 与 $\boldsymbol{b}$ 垂直。（　）

(2)对于两个向量 $\boldsymbol{a}$，$\boldsymbol{b}$，若 $\boldsymbol{a}\cdot\boldsymbol{b}=0$，则必有 $\boldsymbol{a}=\boldsymbol{0}$ 或 $\boldsymbol{b}=\boldsymbol{0}$。（　）

(3) $\boldsymbol{a}\cdot\boldsymbol{a}=\boldsymbol{a}^2$，那么 $\boldsymbol{a}\cdot\boldsymbol{a}\cdot\boldsymbol{a}=\boldsymbol{a}^3$。（　）

(4)向量 $\boldsymbol{a}$ 的方向角 α,β,γ 满足 $\sin^2\alpha+\sin^2\beta+\sin^2\gamma=2$。（　）

(5)单位向量 $\boldsymbol{a}^0$ 的直角坐标等于它的方向余弦。（　）

2. 求向量 $\boldsymbol{a}=-3\boldsymbol{i}+\boldsymbol{j}-4\boldsymbol{k}$ 在三个坐标轴上的射影。

3. 已知两向量 $\boldsymbol{a}=\{-1,\ -1,\ 0\}$，$\boldsymbol{b}=\{2,\ 1,\ 1\}$，求 $\boldsymbol{a}$ 在 $\boldsymbol{b}$ 上的射影。

4. 设向量 $\boldsymbol{a}$ 与 $\boldsymbol{b}$ 的直角坐标为 $\{2, 2, 0\}$ 与 $\{0, 1, 1\}$，求 $\boldsymbol{a}\cdot\boldsymbol{b}$，$|\boldsymbol{a}|$，$|\boldsymbol{b}|$，$\angle(\boldsymbol{a}, \boldsymbol{b})$。

5. 设 $\boldsymbol{a}+\boldsymbol{b}+\boldsymbol{c}=\boldsymbol{0}$，$|\boldsymbol{a}|=3$，$|\boldsymbol{b}|=1$，$|\boldsymbol{c}|=4$，求 $\boldsymbol{a}\cdot\boldsymbol{b}+\boldsymbol{b}\cdot\boldsymbol{c}+\boldsymbol{c}\cdot\boldsymbol{a}$。

6. 已知 $|\boldsymbol{a}|=3$，$|\boldsymbol{b}|=2$，$\angle(\boldsymbol{a}, \boldsymbol{b})=\dfrac{\pi}{6}$，求 $(3\boldsymbol{a}+2\boldsymbol{b})\cdot(2\boldsymbol{a}-5\boldsymbol{b})$。

7. 已知 $\boldsymbol{a}+3\boldsymbol{b}$ 与 $7\boldsymbol{a}-5\boldsymbol{b}$ 垂直，$\boldsymbol{a}-4\boldsymbol{b}$ 与 $7\boldsymbol{a}-2\boldsymbol{b}$ 垂直，求 $\angle(\boldsymbol{a}, \boldsymbol{b})$。

8. 下列等式是否正确？说明理由。

(1) $|\boldsymbol{a}|\cdot\boldsymbol{a}=\boldsymbol{a}^2$；

(2) $\boldsymbol{a}(\boldsymbol{b}\cdot\boldsymbol{b})=\boldsymbol{a}\boldsymbol{b}^2$；

(3) $\boldsymbol{a}(\boldsymbol{a}\cdot\boldsymbol{b})=\boldsymbol{a}^2\boldsymbol{b}$；

(4) $(\boldsymbol{a}\cdot\boldsymbol{b})^2=\boldsymbol{a}^2\boldsymbol{b}^2$；

(5) $(\boldsymbol{a}\cdot\boldsymbol{b})\boldsymbol{c}=\boldsymbol{a}(\boldsymbol{b}\cdot\boldsymbol{c})$；

(6) $\boldsymbol{c}\cdot\boldsymbol{a}=\boldsymbol{c}\cdot\boldsymbol{b}$，$\boldsymbol{c}\neq\boldsymbol{0}$，则 $\boldsymbol{a}=\boldsymbol{b}$。

9. 已知 $M(1, 1, 1)$，$A(2, 2, 1)$，$B(2, 1, 2)$，求 $\angle AMB$。

10. 求下列各对点间的距离：

(1) $A(0, -1, 3)$ 与 $B(2, 1, 4)$；(2) $C(-1,4,2)$ 与 $D(2, 7, 3)$。

11. 在坐标平面 yOz 上求与三点 $A(3,1,2)$，$B(4, -2, -2)$ 和 $C(0,5,1)$ 等距的点。

12. 求点 $A(12, -3,4)$ 与原点、各坐标平面和各坐标轴的距离。

13. 计算下列各题

(1) 已知等边 $\triangle ABC$ 的边长为 1 且 $\overrightarrow{BC}=\boldsymbol{a}$，$\overrightarrow{CA}=\boldsymbol{b}$，$\overrightarrow{AB}=\boldsymbol{c}$，求 $\boldsymbol{ab}+\boldsymbol{bc}+\boldsymbol{ca}$；

(2) 已知 $\boldsymbol{a}$，$\boldsymbol{b}$，$\boldsymbol{c}$ 两两垂直，且 $|\boldsymbol{a}|=1$，$|\boldsymbol{b}|=2$，$|\boldsymbol{c}|=3$，求 $\boldsymbol{r}=\boldsymbol{a}+\boldsymbol{b}+\boldsymbol{c}$ 的长和它与 $\boldsymbol{a}$，$\boldsymbol{b}$，$\boldsymbol{c}$ 的夹角；

(3) 已知 $\boldsymbol{a}+3\boldsymbol{b}$ 与 $7\boldsymbol{a}-5\boldsymbol{b}$ 垂直，求 $\boldsymbol{a}$，$\boldsymbol{b}$ 的夹角；

(4) 已知 $|\boldsymbol{a}|=2$，$|\boldsymbol{b}|=5$，$\angle(\boldsymbol{a}, \boldsymbol{b})=\dfrac{2\pi}{3}$，$\boldsymbol{p}=3\boldsymbol{a}-\boldsymbol{b}$，$\boldsymbol{q}=\lambda\boldsymbol{a}+17\boldsymbol{b}$，系数 λ 取何值时 $\boldsymbol{p}\perp\boldsymbol{q}$？

提高题

1. 已知 $\triangle ABC$ 的三顶点 $A(0, 0, 3)$，$B(4, 0, 0)$，$C(0, 8, -3)$，试求：(1) $\triangle ABC$ 三边长；(2) $\triangle ABC$ 三内角；(3) $\triangle ABC$ 三中线长；(4) 角 A 的角平分线向量 $\overrightarrow{AD}$，并求 $\overrightarrow{AD}$ 的方向余弦和单位向量。

2. 用向量的方法证明平行四边形成为菱形的充要条件是对角线互相平分。

3. 证明：设 $\boldsymbol{a}$，$\boldsymbol{b}$，$\boldsymbol{c}$ 不共面，如果向量 $\boldsymbol{r}$ 满足 $\boldsymbol{r}\cdot\boldsymbol{a}=0$，$\boldsymbol{r}\cdot\boldsymbol{b}=0$，$\boldsymbol{r}\cdot\boldsymbol{c}=0$，则 $\boldsymbol{r}=\boldsymbol{0}$。

4. 试证三角形的三条高交于一点。

1.4.3　两向量的向量积

在物理学中，为了描述外力对物体转动产生的影响，我们使用力矩的概念。设一杠杆的一端 O 固定，力 F 作用于杠杆上的点 A 处，F 与 $\overrightarrow{OA}$ 的夹角为 θ，则杠杆在 F 的作用下绕 O 点转动，这时，可用力矩 $\boldsymbol{M}$ 来描述。力 F 对 O 的力矩 $\boldsymbol{M}$ 是个向量，$\boldsymbol{M}$ 的大小为

$$\boldsymbol{M} = |\overrightarrow{OA}||F|\sin\angle(\overrightarrow{OA}, F)$$

$\boldsymbol{M}$ 的方向与 $\overrightarrow{OA}$ 及 F 都垂直，且 $\overrightarrow{OA}$，F，$\boldsymbol{M}$ 成右手系，如图 1-26 所示。

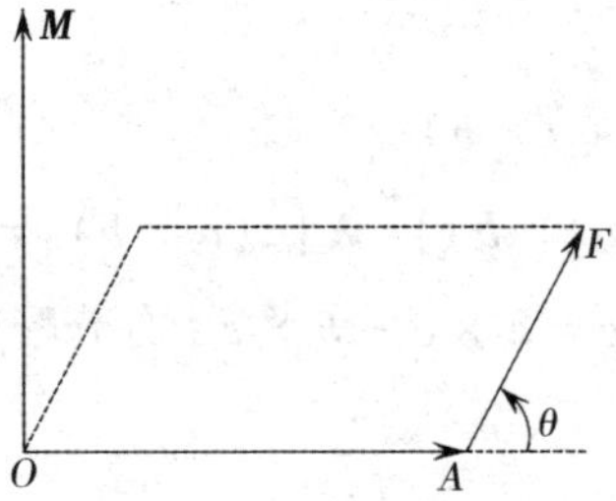

图 1-26

由此可见，力矩 $\boldsymbol{M}$ 是由两个已知向量 $\boldsymbol{F}$ 与 $\overrightarrow{OA}$ 所确定的。现实中还有很多与力矩类似的物理现象，我们根据力矩计算方法定义向量积。

定义 1.4.5　设 $\boldsymbol{a}$，$\boldsymbol{b}$ 为空间中的两个向量，若由 $\boldsymbol{a}$，$\boldsymbol{b}$ 所决定的向量 $\boldsymbol{c}$，其模为

$$|\boldsymbol{c}| = |\boldsymbol{a}||\boldsymbol{b}|\sin\angle(\boldsymbol{a}, \boldsymbol{b})$$

其方向与 $\boldsymbol{a}$，$\boldsymbol{b}$ 均垂直且 $\boldsymbol{a}$，$\boldsymbol{b}$，$\boldsymbol{c}$ 成右手系，则向量 $\boldsymbol{c}$ 叫作向量 $\boldsymbol{a}$ 与 $\boldsymbol{b}$ 的**向量积**（也称**外积**或**叉积**），记作 $\boldsymbol{a}\times\boldsymbol{b}$，读作“$\boldsymbol{a}$ 叉乘 $\boldsymbol{b}$”。两向量 $\boldsymbol{a}$ 与 $\boldsymbol{b}$ 的向量积是一个向量，记作 $\boldsymbol{a}\times\boldsymbol{b}$ 或 $[\boldsymbol{ab}]$。

注 18　若 $\boldsymbol{a}$，$\boldsymbol{b}$ 中有一个为 $\boldsymbol{0}$，则 $\boldsymbol{a}\times\boldsymbol{b} = \boldsymbol{0}$。

注 19　$\boldsymbol{a}\times\boldsymbol{a} = \boldsymbol{0}$。

因为平行四边形的面积等于它两邻边长的积乘夹角的正弦，所以由定义 1.4.5 得向量积的模的几何意义为：

定理 1.4.7　设 $\boldsymbol{a}$，$\boldsymbol{b}$ 不共线，则 $|\boldsymbol{a}\times\boldsymbol{b}|$ 等于以 $\boldsymbol{a}$，$\boldsymbol{b}$ 为邻边的平行四边形的面积。

定理 1.4.8　$\boldsymbol{a}$，$\boldsymbol{b}$ 共线的充要条件是 $\boldsymbol{a}\times\boldsymbol{b} = \boldsymbol{0}$。

证　设 $\boldsymbol{a}$，$\boldsymbol{b}$ 共线，若 $\boldsymbol{a} = \boldsymbol{0}$ 或 $\boldsymbol{b} = \boldsymbol{0}$，则 $\boldsymbol{a}\times\boldsymbol{b} = \boldsymbol{0}$。若 $\boldsymbol{a} \neq \boldsymbol{0}$ 且 $\boldsymbol{b} \neq \boldsymbol{0}$，则 $\sin\angle(\boldsymbol{a},\boldsymbol{b}) = \sin 0°$ 或 $\sin\pi$，那么 $|\boldsymbol{a}\times\boldsymbol{b}| = |\boldsymbol{a}||\boldsymbol{b}|\sin\angle(\boldsymbol{a}, \boldsymbol{b}) = 0$，故 $\boldsymbol{a}\times\boldsymbol{b} = \boldsymbol{0}$。

反过来，设 $\boldsymbol{a}\times\boldsymbol{b} = \boldsymbol{0}$，则由向量积的定义知 $|\boldsymbol{a}||\boldsymbol{b}|\sin\angle(\boldsymbol{a}, \boldsymbol{b}) = |\boldsymbol{a}\times\boldsymbol{b}| = 0$。因此 $\boldsymbol{a} = \boldsymbol{0}$ 或 $\boldsymbol{b} = \boldsymbol{0}$ 或 $\angle(\boldsymbol{a},\boldsymbol{b}) = 0°$ 或 $\angle(\boldsymbol{a},\boldsymbol{b}) = \pi$。因零向量可看作与任何向量共线，故总有 $\boldsymbol{a}$，$\boldsymbol{b}$ 共线。

注 20　由 $\boldsymbol{a}\times\boldsymbol{b} = \boldsymbol{0}$ 得不出 $\boldsymbol{a}$，$\boldsymbol{b}$ 中必有一个为零向量。

向量的向量积满足下面的运算规律：

定理 1.4.9　$\boldsymbol{a}\times\boldsymbol{b}=-\boldsymbol{b}\times\boldsymbol{a}$（向量积是反交换的）。

证　若 $\boldsymbol{a}$，$\boldsymbol{b}$ 共线，则由定理 1.4.8 可知 $\boldsymbol{a}\times\boldsymbol{b}=\boldsymbol{0}$，$\boldsymbol{b}\times\boldsymbol{a}=\boldsymbol{0}$，故等式显然成立。若 $\boldsymbol{a}$，$\boldsymbol{b}$ 不共线，则 $|\boldsymbol{a}\times\boldsymbol{b}|=|\boldsymbol{a}||\boldsymbol{b}|\sin\angle(\boldsymbol{a},\boldsymbol{b})=|\boldsymbol{b}||\boldsymbol{a}|\sin\angle(\boldsymbol{b},\boldsymbol{a})=|\boldsymbol{b}\times\boldsymbol{a}|$。因为 $\boldsymbol{a}\times\boldsymbol{b}$ 与 $\boldsymbol{b}\times\boldsymbol{a}$ 都同时垂直于 $\boldsymbol{a}$，$\boldsymbol{b}$，所以 $\boldsymbol{a}\times\boldsymbol{b}$ 与 $\boldsymbol{b}\times\boldsymbol{a}$ 共线。按照右手法则，右手的四指由 $\boldsymbol{a}$ 转向 $\boldsymbol{b}$ 时拇指的指向与由 $\boldsymbol{b}$ 转向 $\boldsymbol{a}$ 时拇指的指向相反，因此 $\boldsymbol{a}\times\boldsymbol{b}$ 的方向与 $\boldsymbol{b}\times\boldsymbol{a}$ 的方向相反，所以 $\boldsymbol{a}\times\boldsymbol{b}=-\boldsymbol{b}\times\boldsymbol{a}$。

定理 1.4.10　$(\lambda\boldsymbol{a})\times\boldsymbol{b}=\lambda(\boldsymbol{a}\times\boldsymbol{b})=\boldsymbol{a}\times(\lambda\boldsymbol{b})$（关于数因子 λ 满足结合律）。

证明从略。

推论　$(\lambda\boldsymbol{a})\times(\mu\boldsymbol{b})=\lambda\mu(\boldsymbol{a}\times\boldsymbol{b})$。

证　$(\lambda\boldsymbol{a})\times(\mu\boldsymbol{b})=\lambda[(\boldsymbol{a}\times\mu\boldsymbol{b})]=\lambda[\mu(\boldsymbol{a}\times\boldsymbol{b})]=(\lambda\mu)(\boldsymbol{a}\times\boldsymbol{b})$。

定理 1.4.11　$(\boldsymbol{a}+\boldsymbol{b})\times\boldsymbol{c}=\boldsymbol{a}\times\boldsymbol{c}+\boldsymbol{b}\times\boldsymbol{c}$（右分配律）。

证明从略。

推论　$\boldsymbol{c}\times(\boldsymbol{a}+\boldsymbol{b})=\boldsymbol{c}\times\boldsymbol{a}+\boldsymbol{c}\times\boldsymbol{b}$。

证　利用定理 1.4.11 可得

$$\boldsymbol{c}\times(\boldsymbol{a}+\boldsymbol{b})=-[(\boldsymbol{a}+\boldsymbol{b})\times\boldsymbol{c}]=-\boldsymbol{a}\times\boldsymbol{c}-\boldsymbol{b}\times\boldsymbol{c}=\boldsymbol{c}\times\boldsymbol{a}+\boldsymbol{c}\times\boldsymbol{b}。$$

注 21　由向量的向量积运算规律可知，对外积可像多项式那样展开。

例 1.4.7　在直角坐标系中，已知坐标向量 $\boldsymbol{i}$，$\boldsymbol{j}$，$\boldsymbol{k}$，求 $\boldsymbol{i}\times\boldsymbol{i}$，$\boldsymbol{j}\times\boldsymbol{j}$，$\boldsymbol{k}\times\boldsymbol{k}$，$\boldsymbol{i}\times\boldsymbol{j}$，$\boldsymbol{j}\times\boldsymbol{k}$，$\boldsymbol{k}\times\boldsymbol{i}$。

解　由定理 1.4.8 可知

$$\boldsymbol{i}\times\boldsymbol{i}=\boldsymbol{j}\times\boldsymbol{j}=\boldsymbol{k}\times\boldsymbol{k}=\boldsymbol{0}$$

易知

$$\boldsymbol{i}\times\boldsymbol{j}=\boldsymbol{k},\boldsymbol{j}\times\boldsymbol{k}=\boldsymbol{i},\boldsymbol{k}\times\boldsymbol{i}=\boldsymbol{j}$$

向量积的计算比数量积复杂，因为它不仅需要计算大小，还需要确定方向。为了简化向量积的计算问题，我们可以使用向量的坐标表示。

在介绍向量积的直角坐标表示之前，先简要介绍一下二阶行列式和三阶行列式的相关内容。

把四个数排成形如 $\begin{vmatrix} x_1 & y_1 \\ x_2 & y_2 \end{vmatrix}$ 的式子，叫作**二阶行列式**，其中的每个数叫作行列式的元素，且约定

$$\begin{vmatrix} x_1 & y_1 \\ x_2 & y_2 \end{vmatrix}=\{x_1y_2-x_2y_1\}$$

上式等号右边称为二阶行列式的展开式。

把九个数排成形如

$$\begin{vmatrix} x_1 & y_1 & z_1 \\ x_2 & y_2 & z_2 \\ x_3 & y_3 & z_3 \end{vmatrix}$$

的式子,叫作**三阶行列式**,且约定

$$\begin{vmatrix} x_1 & y_1 & z_1 \\ x_2 & y_2 & z_2 \\ x_3 & y_3 & z_3 \end{vmatrix} = x_1 \begin{vmatrix} y_2 & z_2 \\ y_3 & z_3 \end{vmatrix} - y_1 \begin{vmatrix} x_2 & z_2 \\ x_3 & z_3 \end{vmatrix} + z_1 \begin{vmatrix} x_2 & y_2 \\ x_3 & y_3 \end{vmatrix}$$

上式等号右边称为三阶行列式按第一行元素展开的展开式。

借助行列式,我们可以非常简洁地用向量的坐标来表示向量积。

定理 1.4.12　若向量 $\boldsymbol{a} = \{x_1, y_1, z_1\}$,向量 $\boldsymbol{b} = \{x_2, y_2, z_2\}$,即

$$\boldsymbol{a} = x_1\boldsymbol{i} + y_1\boldsymbol{j} + z_1\boldsymbol{k}\ ,\ \boldsymbol{b} = x_2\boldsymbol{i} + y_2\boldsymbol{j} + z_2\boldsymbol{k}$$

则

$$\boldsymbol{a} \times \boldsymbol{b} = \begin{vmatrix} y_1 & z_1 \\ y_2 & z_2 \end{vmatrix}\boldsymbol{i} - \begin{vmatrix} x_1 & z_1 \\ x_2 & z_2 \end{vmatrix}\boldsymbol{j} + \begin{vmatrix} x_1 & y_1 \\ x_2 & y_2 \end{vmatrix}\boldsymbol{k}$$

或写成

$$\boldsymbol{a} \times \boldsymbol{b} = \begin{vmatrix} \boldsymbol{i} & \boldsymbol{j} & \boldsymbol{k} \\ x_1 & y_1 & z_1 \\ x_2 & y_2 & z_2 \end{vmatrix}$$

证　由向量外积的定义可知

$$\begin{aligned} \boldsymbol{a} \times \boldsymbol{b} &= (x_1\boldsymbol{i} + y_1\boldsymbol{j} + z_1\boldsymbol{k}) \times (x_2\boldsymbol{i} + y_2\boldsymbol{j} + z_2\boldsymbol{k}) \\ &= x_1x_2(\boldsymbol{i} \times \boldsymbol{i}) + x_1y_2(\boldsymbol{i} \times \boldsymbol{j}) + x_1z_2(\boldsymbol{i} \times \boldsymbol{k}) \\ &\quad + y_1x_2(\boldsymbol{j} \times \boldsymbol{i}) + y_1y_2(\boldsymbol{j} \times \boldsymbol{j}) + y_1z_2(\boldsymbol{j} \times \boldsymbol{k}) \\ &\quad + z_1x_2(\boldsymbol{k} \times \boldsymbol{i}) + z_1y_2(\boldsymbol{k} \times \boldsymbol{j}) + z_1z_2(\boldsymbol{k} \times \boldsymbol{k}) \\ &= (x_1y_2 - y_1x_2)(\boldsymbol{i} \times \boldsymbol{j}) + (y_1z_2 - z_1y_2)(\boldsymbol{j} \times \boldsymbol{k}) - (x_1z_2 - z_1x_2)(\boldsymbol{k} \times \boldsymbol{i}) \\ &= (y_1z_2 - z_1y_2)\boldsymbol{i} - (x_1z_2 - z_1x_2)\boldsymbol{j} + (x_1y_2 - y_1x_2)\boldsymbol{k} \\ &= \begin{vmatrix} y_1 & z_1 \\ y_2 & z_2 \end{vmatrix}\boldsymbol{i} - \begin{vmatrix} x_1 & z_1 \\ x_2 & z_2 \end{vmatrix}\boldsymbol{j} + \begin{vmatrix} x_1 & y_1 \\ x_2 & y_2 \end{vmatrix}\boldsymbol{k} \\ &= \begin{vmatrix} \boldsymbol{i} & \boldsymbol{j} & \boldsymbol{k} \\ x_1 & y_1 & z_1 \\ x_2 & y_2 & z_2 \end{vmatrix} \end{aligned}$$

例 1.4.8　设向量 $\boldsymbol{a} = \{3, -4, 12\}$, $\boldsymbol{b} = \{-1, 2, -2\}$,求 $\boldsymbol{a} \times \boldsymbol{b}$ 的直角坐标。

解 $$\boldsymbol{a}\times\boldsymbol{b}=\begin{vmatrix}\boldsymbol{i}&\boldsymbol{j}&\boldsymbol{k}\\3&-4&12\\-1&2&-2\end{vmatrix}=\begin{vmatrix}-4&12\\2&-2\end{vmatrix}\boldsymbol{i}-\begin{vmatrix}3&12\\-1&-2\end{vmatrix}\boldsymbol{j}+\begin{vmatrix}3&-4\\-1&2\end{vmatrix}\boldsymbol{k}$$

$$=-16\boldsymbol{i}-6\boldsymbol{j}+2\boldsymbol{k}$$

因此 $\boldsymbol{a}\times\boldsymbol{b}$ 的直角坐标为 $\{-16,\ -6,\ 2\}$ 。

例 1.4.9　在空间直角坐标系中,设向量 $\boldsymbol{a}=\{3,\ 0,\ 2\}$,$\boldsymbol{b}=\{-1,\ 1,\ -1\}$,求同时垂直于向量 $\boldsymbol{a}$ 与 $\boldsymbol{b}$ 的单位向量。

解　设向量 $\boldsymbol{c}=\boldsymbol{a}\times\boldsymbol{b}$,则 $\boldsymbol{c}$ 同时与 $\boldsymbol{a}$, $\boldsymbol{b}$ 垂直,而

$$\boldsymbol{c}=\boldsymbol{a}\times\boldsymbol{b}=\begin{vmatrix}\boldsymbol{i}&\boldsymbol{j}&\boldsymbol{k}\\3&0&2\\-1&1&-1\end{vmatrix}=-2\boldsymbol{i}+\boldsymbol{j}+3\boldsymbol{k}$$

所以向量 $\boldsymbol{c}$ 的坐标为 $\{-2,\ 1,\ 3\}$ 。

再将 $\boldsymbol{c}$ 单位化,得

$$\boldsymbol{c}^0=\frac{1}{\sqrt{(-2)^2+1^2+3^2}}\{-2,1,3\}=\left\{-\frac{2}{\sqrt{14}},\frac{1}{\sqrt{14}},\frac{3}{\sqrt{14}}\right\}$$

即 $\pm\left\{-\frac{2}{\sqrt{14}},\frac{1}{\sqrt{14}},\frac{3}{\sqrt{14}}\right\}$ 为所求的向量。

例 1.4.10　已知 $\triangle ABC$ 的顶点分别是 $A(4,\ -1,\ 2)$,$B(1,\ 2,\ -2)$,$C(2,\ 0,\ 1)$,求 $\triangle ABC$ 的面积。

解　由两向量积的模的几何意义知,以 $\overrightarrow{AB}$,$\overrightarrow{AC}$ 为邻边的平行四边形的面积为 $|\overrightarrow{AB}\times\overrightarrow{AC}|$,由于

$$\overrightarrow{AB}=\{-3,\ 3,\ -4\}\ ,\ \overrightarrow{AC}=\{-2,\ 1,\ -1\}$$

因此

$$\overrightarrow{AB}\times\overrightarrow{AC}=\begin{vmatrix}\boldsymbol{i}&\boldsymbol{j}&\boldsymbol{k}\\-3&3&-4\\-2&1&-1\end{vmatrix}=\boldsymbol{i}+5\boldsymbol{j}+3\boldsymbol{k}$$

所以

$$|\overrightarrow{AB}\times\overrightarrow{AC}|=\sqrt{1^2+5^2+3^2}=\sqrt{35}$$

故 $\triangle ABC$ 的面积 $S_{\triangle ABC}=\frac{\sqrt{35}}{2}$ 。

同步练习 1.4(2)

基础题

1. 判断正误(对的在括号内打√,错误的打×)

(1) $\boldsymbol{a}\times\boldsymbol{b}=\boldsymbol{0}$ 则 $\boldsymbol{a}$, $\boldsymbol{b}$ 中必有一个为零。 (　　)

(2) 若 $\boldsymbol{a}=\{a_x, a_y, a_z\}$, $\boldsymbol{b}=\{b_x, b_y, b_z\}$,且 $\boldsymbol{a}$,$\boldsymbol{b}$ 共线,则 $\dfrac{a_x}{b_x}=\dfrac{a_y}{b_y}=\dfrac{a_z}{b_z}$。 (　　)

(3) $\boldsymbol{a}\times\boldsymbol{a}=\boldsymbol{a}^2$。 (　　)

(4) $\boldsymbol{a}\times\boldsymbol{b}=\boldsymbol{b}\times\boldsymbol{a}$。 (　　)

(5) 若 $\boldsymbol{a}\times\boldsymbol{b}=\boldsymbol{c}\times\boldsymbol{b}$ 且 $\boldsymbol{b}\neq\boldsymbol{0}$,则 $\boldsymbol{a}=\boldsymbol{c}$。 (　　)

2. 已知 $|\boldsymbol{a}|=1$, $|\boldsymbol{b}|=5$, $\boldsymbol{a}\cdot\boldsymbol{b}=3$,试求:

(1) $|\boldsymbol{a}\times\boldsymbol{b}|$；(2) $[(\boldsymbol{a}+\boldsymbol{b})\times(\boldsymbol{a}-\boldsymbol{b})]^2$；(3) $[(\boldsymbol{a}-2\boldsymbol{b})\times(\boldsymbol{b}-2\boldsymbol{a})]^2$。

3. 在直角坐标系中,已知 $\boldsymbol{a}=\{2, 1, -3\}$, $\boldsymbol{b}=\{1, -2, 3\}$,求与 $\boldsymbol{a}$, $\boldsymbol{b}$ 都垂直且满足如下条件之一的向量 $\boldsymbol{c}$:

(1) $\boldsymbol{c}$ 为单位向量;

(2) $\boldsymbol{c}\cdot\boldsymbol{d}=10$,其中 $\boldsymbol{d}=\{2, 1, -7\}$。

4. 在直角坐标系内,已知三点 $A(5, 1, 1)$, $B(0, -4, 3)$, $C(1, -3, 7)$,试求:

(1) 三角形 ABC 的面积;

(2) 三角形 ABC 的三条高的长。

5. 证明:$(\boldsymbol{a}\times\boldsymbol{b})^2=\boldsymbol{a}^2\boldsymbol{b}^2-(\boldsymbol{a}\cdot\boldsymbol{b})^2$。

6. 设向量 $\boldsymbol{a}=\{2,1,-1\}$, $\boldsymbol{b}=\{-1,3,0\}$,求 $\boldsymbol{a}\times\boldsymbol{b}$。

7. 求同时垂直于向量 $\boldsymbol{a}\times\boldsymbol{b}=\boldsymbol{c}\times\boldsymbol{d}$ 和纵轴的单位向量。

8. 证明:设 $\boldsymbol{a}'$ 表示向量 $\boldsymbol{a}$ 在与向量 $\boldsymbol{b}\neq\boldsymbol{0}$ 垂直的平面上的射影,则有 $\boldsymbol{a}\times\boldsymbol{b}=\boldsymbol{a}'\times\boldsymbol{b}$。

9. 已知向量 $\boldsymbol{a}$ 与向量 $\boldsymbol{b}=3\boldsymbol{i}+6\boldsymbol{j}+8\boldsymbol{k}$ 及 x 轴垂直,且 $|\boldsymbol{a}|=2$,求向量 $\boldsymbol{a}$。

提高题

1. 证明:若 $\boldsymbol{a}\times\boldsymbol{b}=\boldsymbol{c}\times\boldsymbol{d}$, $\boldsymbol{a}\times\boldsymbol{c}=\boldsymbol{b}\times\boldsymbol{d}$,则 $\boldsymbol{a}-\boldsymbol{d}$ 与 $\boldsymbol{b}-\boldsymbol{c}$ 共线。

2. 证明:$(\boldsymbol{a}-\boldsymbol{b})\times(\boldsymbol{a}+\boldsymbol{b})=2(\boldsymbol{a}\times\boldsymbol{b})$,并说明其几何意义。

3. 用向量法证明:

(1) 三角形的正弦定理 $\dfrac{\sin A}{a}=\dfrac{\sin B}{b}=\dfrac{\sin C}{c}$;

(2) 三角形面积的海伦(Heron)公式

$$S=\sqrt{p(p-a)(p-b)(p-c)}$$

式中 $p=\dfrac{a+b+c}{2}$，a，b，c 为三角形三边的长。

4. 设 $\boldsymbol{a}\neq\boldsymbol{0}$，$\overrightarrow{OP}=x$，求满足方程 $\boldsymbol{a}\times x=\boldsymbol{b}$ 的点 P 的轨迹。

1.4.4 三向量的混合积

在实际生活中，我们经常需要计算空间体积，例如计算不规则物体的体积或确定多面体的体积。在这些情况下，“三向量的混合积”概念显得尤为重要。混合积能够帮助我们通过向量运算直接求得由这三个向量确定的平行六面体的体积，从而为解决这类实际问题提供了有力的数学工具。

两个向量 $\boldsymbol{a}$，$\boldsymbol{b}$ 的外积 $(\boldsymbol{a}\times\boldsymbol{b})$ 仍是一个向量，因此这个向量还可以与第三个向量 $\boldsymbol{c}$ 作内积，所得结果 $(\boldsymbol{a}\times\boldsymbol{b})\cdot\boldsymbol{c}$ 是一个数量，我们称为三向量的混合积。

定义 1.4.6 $(\boldsymbol{a}\times\boldsymbol{b})\cdot\boldsymbol{c}$ 称为 $\boldsymbol{a}$，$\boldsymbol{b}$，$\boldsymbol{c}$ 的**混合积**，记为 $(\boldsymbol{a},\boldsymbol{b},\boldsymbol{c})$ 或 $(\boldsymbol{a}\,\boldsymbol{b}\,\boldsymbol{c})$。

向量的混合积具有以下性质。

定理 1.4.13 三个不共面向量 $\boldsymbol{a}$，$\boldsymbol{b}$，$\boldsymbol{c}$ 的混合积的绝对值等于以 $\boldsymbol{a}$，$\boldsymbol{b}$，$\boldsymbol{c}$ 为棱的平行六面体的体积，并且当 $\boldsymbol{a}$，$\boldsymbol{b}$，$\boldsymbol{c}$ 构成右手系时混合积是正数，当 $\boldsymbol{a}$，$\boldsymbol{b}$，$\boldsymbol{c}$ 构成左手系时混合积是负数，也就是有 $(\boldsymbol{a},\boldsymbol{b},\boldsymbol{c})=\varepsilon V$，当 $(\boldsymbol{a},\boldsymbol{b},\boldsymbol{c})$ 构成右手系时 $\varepsilon=1$，当 $\boldsymbol{a}$，$\boldsymbol{b}$，$\boldsymbol{c}$ 构成左手系时 $\varepsilon=-1$。

证 由于 $\boldsymbol{a}$，$\boldsymbol{b}$，$\boldsymbol{c}$ 不共面。把它们归结到共同的起点 O，构成以 $\boldsymbol{a}$，$\boldsymbol{b}$，$\boldsymbol{c}$ 为棱的平行六面体，如图 1-27 所示。$V=|(\boldsymbol{a}\times\boldsymbol{b})||\overrightarrow{OH}|$。

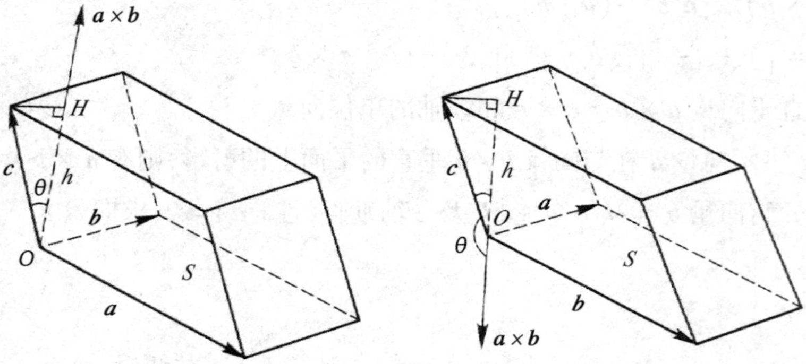

图 1-27

当 $\boldsymbol{a}$，$\boldsymbol{b}$，$\boldsymbol{c}$ 成右手系时，

$$(\boldsymbol{a},\boldsymbol{b},\boldsymbol{c})=(\boldsymbol{a}\times\boldsymbol{b})\cdot\boldsymbol{c}=|\boldsymbol{a}\times\boldsymbol{b}||\boldsymbol{c}|\cos\theta=|\boldsymbol{a}\times\boldsymbol{b}||\overrightarrow{OH}|=V$$

当 $\boldsymbol{a}$，$\boldsymbol{b}$，$\boldsymbol{c}$ 成左手系时，

$$(\boldsymbol{a},\boldsymbol{b},\boldsymbol{c})=(\boldsymbol{a}\times\boldsymbol{b})\cdot\boldsymbol{c}=|\boldsymbol{a}\times\boldsymbol{b}||\boldsymbol{c}|\cos\theta=|\boldsymbol{a}\times\boldsymbol{b}|(-|\overrightarrow{OH}|)=-V$$

所以有 $(\boldsymbol{a},\boldsymbol{b},\boldsymbol{c})=\varepsilon V$。

定理 1.4.14　三个向量 $\boldsymbol{a}$, $\boldsymbol{b}$, $\boldsymbol{c}$ 共面的充要条件为 $(\boldsymbol{a},\boldsymbol{b},\boldsymbol{c})=0$。

证　当 $\boldsymbol{a},\boldsymbol{b},\boldsymbol{c}$ 中有零向量或有两个向量共线时,显然 $\boldsymbol{a}$, $\boldsymbol{b}$, $\boldsymbol{c}$ 共面且有 $(\boldsymbol{a},\boldsymbol{b},\boldsymbol{c})=0$ 。下设 $\boldsymbol{a}$, $\boldsymbol{b}$, $\boldsymbol{c}$ 均为非零向量且两两不共线。

设 $\boldsymbol{a}$, $\boldsymbol{b}$, $\boldsymbol{c}$ 共面,因 $\boldsymbol{a}$ 与 $\boldsymbol{b}$ 不共线,所以存在 $\lambda,\mu\in\mathbf{R}$ 使 $\boldsymbol{c}=\lambda\boldsymbol{a}+\mu\boldsymbol{b}$ 。从而

$$
\begin{aligned}
(\boldsymbol{a},\boldsymbol{b},\boldsymbol{c})&=(\boldsymbol{a}\times\boldsymbol{b})\cdot\boldsymbol{c}=(\boldsymbol{a}\times\boldsymbol{b})\cdot(\lambda\boldsymbol{a}+\mu\boldsymbol{b})\\
&=\lambda[(\boldsymbol{a}\times\boldsymbol{b})\cdot\boldsymbol{a}]+\mu[(\boldsymbol{a}\times\boldsymbol{b})\cdot\boldsymbol{b}]\\
&=\lambda 0+\mu 0=0
\end{aligned}
$$

反过来,设 $(\boldsymbol{a},\boldsymbol{b},\boldsymbol{c})=0$,则 $(\boldsymbol{a}\times\boldsymbol{b})\cdot\boldsymbol{c}=0$,由于 $\boldsymbol{a},\boldsymbol{b}$ 不共线且 $\boldsymbol{c}\neq\boldsymbol{0}$,因此 $\boldsymbol{a}\times\boldsymbol{b}\perp\boldsymbol{c}$,又因为 $\boldsymbol{a}\times\boldsymbol{b}\perp\boldsymbol{a}$, $\boldsymbol{a}\times\boldsymbol{b}\perp\boldsymbol{b}$,且 $\boldsymbol{a}\times\boldsymbol{b}\neq\boldsymbol{0}$,故 $\boldsymbol{a}$, $\boldsymbol{b}$, $\boldsymbol{c}$ 共面。

定理 1.4.15　$(\boldsymbol{abc})=(\boldsymbol{bca})=(\boldsymbol{cab})=-(\boldsymbol{bac})=-(\boldsymbol{cba})=-(\boldsymbol{acb})$ 。

即轮换混合积的三个因子,并不改变它们的值;对调两个因子要改变符号。

推论　$(\boldsymbol{a}\times\boldsymbol{b})\cdot\boldsymbol{c}=\boldsymbol{a}\cdot(\boldsymbol{b}\times\boldsymbol{c})$ 。

证　$(\boldsymbol{a}\times\boldsymbol{b})\cdot\boldsymbol{c}=(\boldsymbol{abc})=(\boldsymbol{bca})=(\boldsymbol{b}\times\boldsymbol{c})\cdot\boldsymbol{a}=\boldsymbol{a}\cdot(\boldsymbol{b}\times\boldsymbol{c})$ 。

注 22　上式说明,保持向量 $\boldsymbol{a}$, $\boldsymbol{b}$, $\boldsymbol{c}$ 的次序不变,只交换两种运算“ × ”与“ · ”的次序,对应混合积的值不变。

在右手空间直角坐标系下,我们可以方便地用行列式来表示混合积。

定理 1.4.16　若向量 $\boldsymbol{a}=\{x_1,y_1,z_1\}$,向量 $\boldsymbol{b}=\{x_2,y_2,z_2\}$,向量 $\boldsymbol{c}=\{x_3,y_3,z_3\}$,即

$$
\boldsymbol{a}=x_1\boldsymbol{i}+y_1\boldsymbol{j}+z_1\boldsymbol{k}\ ,\ \boldsymbol{b}=x_2\boldsymbol{i}+y_2\boldsymbol{j}+z_2\boldsymbol{k}\ ,\ \boldsymbol{c}=x_3\boldsymbol{i}+y_3\boldsymbol{j}+z_3\boldsymbol{k}
$$

则

$$
(\boldsymbol{abc})=\begin{vmatrix} x_1 & y_1 & z_1\\ x_2 & y_2 & z_2\\ x_3 & y_3 & z_3\end{vmatrix}
$$

证　因为

$$
\boldsymbol{a}\times\boldsymbol{b}=\left\{\begin{vmatrix} y_1 & z_1\\ y_2 & z_2\end{vmatrix},\begin{vmatrix} z_1 & x_1\\ z_2 & x_2\end{vmatrix},\begin{vmatrix} x_1 & y_1\\ x_2 & y_2\end{vmatrix}\right\}\ ,\ \boldsymbol{c}=\{x_3,y_3,z_3\}
$$

所以

$$
\begin{aligned}
(\boldsymbol{a},\boldsymbol{b},\boldsymbol{c})&=(\boldsymbol{a}\times\boldsymbol{b})\cdot\boldsymbol{c}\\
&=x_3\begin{vmatrix} y_1 & z_1\\ y_2 & z_2\end{vmatrix}+y_3\begin{vmatrix} z_1 & x_1\\ z_2 & x_2\end{vmatrix}+z_3\begin{vmatrix} x_1 & y_1\\ x_2 & y_2\end{vmatrix}\\
&=\begin{vmatrix} x_1 & y_1 & z_1\\ x_2 & y_2 & z_2\\ x_3 & y_3 & z_3\end{vmatrix}
\end{aligned}
$$

推论 设 $\boldsymbol{a}_i=\{x_i, y_i, z_i\}(i=1,2,3)$，则 $\boldsymbol{a}_1, \boldsymbol{a}_2, \boldsymbol{a}_3$ 共面的充要条件是

$$\begin{vmatrix} x_1 & y_1 & z_1 \\ x_2 & y_2 & z_2 \\ x_3 & y_3 & z_3 \end{vmatrix}=0$$

例 1.4.11 设 $\boldsymbol{a}\times\boldsymbol{b}+\boldsymbol{b}\times\boldsymbol{c}+\boldsymbol{c}\times\boldsymbol{a}=\boldsymbol{0}$,试证 $\boldsymbol{a}, \boldsymbol{b}, \boldsymbol{c}$ 共面。

证 因为 $\boldsymbol{a}\times\boldsymbol{b}+\boldsymbol{b}\times\boldsymbol{c}+\boldsymbol{c}\times\boldsymbol{a}=\boldsymbol{0}$,所以

$$(\boldsymbol{a}\times\boldsymbol{b}+\boldsymbol{b}\times\boldsymbol{c}+\boldsymbol{c}\times\boldsymbol{a})\cdot\boldsymbol{c}=\boldsymbol{0}\cdot\boldsymbol{c}$$

从而

$$(\boldsymbol{a}\times\boldsymbol{b})\cdot\boldsymbol{c}+(\boldsymbol{b}\times\boldsymbol{c})\cdot\boldsymbol{c}+(\boldsymbol{c}\times\boldsymbol{a})\cdot\boldsymbol{c}=0$$

即

$$(\boldsymbol{abc})+(\boldsymbol{bcc})+(\boldsymbol{cac})=0$$

又因为 $(\boldsymbol{bcc})=0$, $(\boldsymbol{cac})=0$,所以, $(\boldsymbol{abc})=0$,从而由定理 1.4.14 可知三个向量 $\boldsymbol{a}, \boldsymbol{b}, \boldsymbol{c}$ 共面。

例 1.4.12 已知四面体 $ABCD$ 的顶点 $A(0, 0, 0)$, $B(6, 0, 6)$, $C(4, 3, 0)$, $D(2, -1, 3)$,求它的体积。

解 由初等几何可知,四面体的体积 V 等于以 AB, AC, AD 为棱的平行六面体的体积的六分之一,该六面体的体积为 $|(\overrightarrow{AB}, \overrightarrow{AC}, \overrightarrow{AD})|$。因为 $A(0, 0, 0)$, $B(6, 0, 6)$, $C(4, 3, 0)$, $D(2, -1, 3)$,所以

$$(\overrightarrow{AB}, \overrightarrow{AC}, \overrightarrow{AD})=\begin{vmatrix} 6 & 0 & 6 \\ 4 & 3 & 0 \\ 2 & -1 & 3 \end{vmatrix}=\begin{vmatrix} 6 & 0 & 0 \\ 4 & 3 & -4 \\ 2 & -1 & 1 \end{vmatrix}=6\begin{vmatrix} 3 & -4 \\ -1 & 1 \end{vmatrix}=-6$$

由此可得四面体的体积为

$$V=\frac{1}{6}|(\overrightarrow{AB}, \overrightarrow{AC}, \overrightarrow{AD})|=1$$

例 1.4.13 设 $\boldsymbol{a}, \boldsymbol{b}, \boldsymbol{c}$ 为三个不共面的向量,求向量 $\boldsymbol{d}$ 关于 $\boldsymbol{a}, \boldsymbol{b}, \boldsymbol{c}$ 的分解式。

解 因为 $\boldsymbol{a}, \boldsymbol{b}, \boldsymbol{c}$ 不共面,所以存在 $x, y, z\in\mathbf{R}$,使得 $\boldsymbol{d}=x\boldsymbol{a}+y\boldsymbol{b}+z\boldsymbol{c}$,此式两边与 $\boldsymbol{b}\times\boldsymbol{c}$ 作数量积得

$$(\boldsymbol{dbc})=x(\boldsymbol{abc})+y(\boldsymbol{bbc})+z(\boldsymbol{cbc})$$

因为 $(\boldsymbol{bbc})=(\boldsymbol{cbc})=0$,所以 $(\boldsymbol{dbc})=x(\boldsymbol{abc})$。因为 $\boldsymbol{a}, \boldsymbol{b}, \boldsymbol{c}$ 不共面,所以 $(\boldsymbol{abc})\neq 0$,这样

$$x=\frac{(\boldsymbol{dbc})}{(\boldsymbol{abc})}$$

类似地,对 $\boldsymbol{d}=x\boldsymbol{a}+y\boldsymbol{b}+z\boldsymbol{c}$ 两边分别与 $\boldsymbol{c}\times\boldsymbol{a}$, $\boldsymbol{a}\times\boldsymbol{b}$ 作数量积得到

$$y = \frac{(\boldsymbol{dca})}{(\boldsymbol{bca})},\ z = \frac{(\boldsymbol{dab})}{(\boldsymbol{cab})}$$

注 23　在空间直角坐标系中,设向量 $\boldsymbol{a}$, $\boldsymbol{b}$, $\boldsymbol{c}$, $\boldsymbol{d}$ 的坐标分别为

$$\boldsymbol{a} = \{a_1, a_2, a_3\},\ \boldsymbol{b} = \{b_1, b_2, b_3\},\ \boldsymbol{c} = \{c_1, c_2, c_3\},\ \boldsymbol{d} = \{d_1, d_2, d_3\}$$

将这些坐标代入上面向量 $\boldsymbol{d}$ 关于 $\boldsymbol{a}$, $\boldsymbol{b}$, $\boldsymbol{c}$ 的分解式及 x,y,z 的表达式后,立即看出上面的解法就是高等代数中学过的解线性方程组的**克拉默(Cramer)法则**。

例 1.4.14　设向量 $\boldsymbol{a}=\{-4, 2, 3\}$, $\boldsymbol{b}=\{0, 1, 3\}$,向量 $\boldsymbol{c}$ 与 $\boldsymbol{a}$, $\boldsymbol{b}$ 均垂直, $\boldsymbol{c}$ 与 z 轴正方向的夹角是锐角,并且以 $\boldsymbol{a}$, $\boldsymbol{b}$, $\boldsymbol{c}$ 为棱所构成的四面体的体积是 169,试求向量 $\boldsymbol{c}$ 的坐标。

解　因为 $\boldsymbol{a}\times\boldsymbol{b}=\{3, 12, -4\}$,由条件设 $\boldsymbol{c}=\lambda(\boldsymbol{a}\times\boldsymbol{b})=\{3\lambda, 12\lambda, -4\lambda\}$,因为

$$V_{\text{四面体}} = \frac{1}{6}|(\boldsymbol{a},\boldsymbol{b},\boldsymbol{c})| = 169$$

即

$$\frac{1}{6}\left|\begin{vmatrix} -4 & 2 & 3 \\ 0 & 1 & 3 \\ 3\lambda & 12\lambda & -4\lambda \end{vmatrix}\right| = 169$$

于是 $\lambda = \pm 6$,由于 $\boldsymbol{c}$ 与 z 轴正方向的夹角 θ 是锐角,所以

$$\cos\theta = \frac{\{3\lambda, 12\lambda, -4\lambda\}\cdot\{0, 0, 1\}}{|\{3\lambda, 12\lambda, -4\lambda\}||\{0, 0, 1\}|} > 0$$

不难分析出这里的 $\lambda < 0$,所以 $\lambda =-6$,于是

$$\boldsymbol{c} = \{3\lambda, 12\lambda, -4\lambda\} = \{-18, -72, 24\}$$

例 1.4.15　已知 $\boldsymbol{a}=\{0, -1, 2\}$, $\boldsymbol{b}=\{0, 2, -4\}$, $\boldsymbol{c}=\{1, 2, -1\}$,试判别它们是否共面,能否将 $\boldsymbol{c}$ 表示成 $\boldsymbol{a}$, $\boldsymbol{b}$ 的线性组合？若能表示,写出表示式。

解　因为

$$\begin{vmatrix} 0 & -1 & 2 \\ 0 & 2 & -4 \\ 1 & 2 & -1 \end{vmatrix} = 0$$

所以三个向量 $\boldsymbol{a}$, $\boldsymbol{b}$, $\boldsymbol{c}$ 共面。

又因为 $\boldsymbol{a}$, $\boldsymbol{b}$ 的对应坐标成比例, $\boldsymbol{a}$, $\boldsymbol{b}$ 共线,但 $\boldsymbol{a}$, $\boldsymbol{c}$ 不共线,故不能将 $\boldsymbol{c}$ 表示成 $\boldsymbol{a}$, $\boldsymbol{b}$ 的线性组合。

同步练习 1.4(3)

基础题

1. 判断正误(对的在括号内打√,错误的打×)

(1)三向量 $\boldsymbol{a}$, $\boldsymbol{b}$, $\boldsymbol{c}$ 的混合积是指 $(\boldsymbol{a}\cdot\boldsymbol{b})\times\boldsymbol{c}$ 。 (   )

(2)以 $\boldsymbol{a}$, $\boldsymbol{b}$, $\boldsymbol{c}$ 为棱的平行六面体的体积必可表示为 $(\boldsymbol{a}, \boldsymbol{b}, \boldsymbol{c})$ 。 (   )

(3)三向量 $\boldsymbol{a}$, $\boldsymbol{b}$, $\boldsymbol{c}$ 满足 $(\boldsymbol{a}, \boldsymbol{b}, \boldsymbol{c})\neq 0$,则 $\boldsymbol{a}$, $\boldsymbol{b}$, $\boldsymbol{c}$ 不共面。 (   )

(4) $(\boldsymbol{bac})=(\boldsymbol{cba})=(\boldsymbol{acb})$ 。 (   )

(5) $\boldsymbol{a}\times(\boldsymbol{b}\cdot\boldsymbol{c})=(\boldsymbol{a}\cdot\boldsymbol{b})\times\boldsymbol{c}$ 。 (   )

2. 证明:$(\boldsymbol{abc})=(\boldsymbol{bca})=(\boldsymbol{cab})$ 。

3. 证明:$\boldsymbol{a}$, $\boldsymbol{b}$, $\boldsymbol{c}$ 不共面当且仅当 $\boldsymbol{a}\times\boldsymbol{b}$, $\boldsymbol{b}\times\boldsymbol{c}$, $\boldsymbol{c}\times\boldsymbol{a}$ 不共面。

4. 在右手直角坐标系中,四面体的顶点为 $A(1, 2, 0)$, $B(-1, 3, 4)$, $C(-1, -2, -3)$, $D(0, -1, 3)$,求它的体积。

5. 证明:$(\boldsymbol{a}+\boldsymbol{b}, \boldsymbol{b}+\boldsymbol{c}, \boldsymbol{c}+\boldsymbol{a})=2(\boldsymbol{a}, \boldsymbol{b}, \boldsymbol{c})$ 。

6. 证明:$(\boldsymbol{a}, \boldsymbol{b}, \boldsymbol{c}\times\boldsymbol{d})+(\boldsymbol{b}, \boldsymbol{c}, \boldsymbol{a}\times\boldsymbol{d})+(\boldsymbol{c}, \boldsymbol{a}, \boldsymbol{b}\times\boldsymbol{d})=0$。

提高题

1. 证明:对任意四个向量 $\boldsymbol{a}$, $\boldsymbol{b}$, $\boldsymbol{c}$, $\boldsymbol{d}$ 有

$$(\boldsymbol{b}, \boldsymbol{c}, \boldsymbol{d})\boldsymbol{a}+(\boldsymbol{c}, \boldsymbol{a}, \boldsymbol{d})\boldsymbol{b}+(\boldsymbol{a}, \boldsymbol{b}, \boldsymbol{d})\boldsymbol{c}+(\boldsymbol{b}, \boldsymbol{a}, \boldsymbol{c})\boldsymbol{d}=\boldsymbol{0}$$

2. 证明:若向量 $\boldsymbol{a}$, $\boldsymbol{b}$ 不共线,则 $\boldsymbol{a}\times(\boldsymbol{a}\times\boldsymbol{b})$ 与 $\boldsymbol{b}\times(\boldsymbol{a}\times\boldsymbol{b})$ 不共线。

3. 已知直角坐标系内向量 $\boldsymbol{a}$, $\boldsymbol{b}$, $\boldsymbol{c}$ 的分量,判别这些向量是否共面,如果不共面,求出以它们为三邻边作成的平行六面体体积。

(1) $\boldsymbol{a}=\{3, 4, 5\}$, $\boldsymbol{b}=\{1, 2, 2\}$, $\boldsymbol{c}=\{9, 14, 16\}$;

(2) $\boldsymbol{a}=\{3, 0, -1\}$, $\boldsymbol{b}=\{2, -4, 3\}$, $\boldsymbol{c}=\{-1, -2, 2\}$ 。

4. 已知直角坐标系内 A,B,C,D 四点坐标,判别它们是否共面,如果不共面,求以它们为顶点的四面体体积和从顶点 D 所引出的高的长。

(1) $A(1, 0, 1)$, $B(4, 4, 6)$, $C(2, 2, 3)$, $D(10, 14, 17)$;

(2) $A(2, 3, 1)$, $B(4, 1, -2)$, $C(6, 3, 7)$, $D(-5, 4, 8)$ 。

5. 已知 $\boldsymbol{a}=2\boldsymbol{i}-\boldsymbol{j}+3\boldsymbol{k}$, $\boldsymbol{b}=3\boldsymbol{i}+\boldsymbol{j}-\boldsymbol{k}$, $\boldsymbol{c}=\boldsymbol{i}+2\boldsymbol{j}-3\boldsymbol{k}$,求 $\boldsymbol{a}\cdot(\boldsymbol{b}\times\boldsymbol{c})$ 。

6. 试求以 $A(2, 0, 0)$, $B(-1, 2, 3)$, $C(4, 1, 0)$, $D(5, 0, 1)$ 为顶点的四面体的体积。

§ 1.5　应用举例

向量是解决几何问题的一种有效工具,也是联系多种学科内容的重要媒介。向量不仅具有丰富的实际背景,还具有广泛的应用功能,在物理、日常生活和现代科学技术中都有着重要的应用。本节将通过几个例子,展示向量在实际生活及物理等学科中的具体应用。

例 1.5.1　帆船运动是一项水上运动,运动员通过操控风帆使帆船在特定距离内竞速。帆船的动力主要来源于伯努利效应。假设一艘帆船在伯努利效应作用下,以 20 km/h 的速度向北偏东 30° 方向行驶,同时水流向正东,流速为 20 km/h。若不考虑其他因素,求帆船的实际速度与方向。

分析　帆船在水中行驶,由两个速度决定:伯努利效应产生力的效果为使船向北偏东 30°,速度是 20 km/h,水的流向是正东,流速为 20 km/h。这两个速度的合速度就是帆船行驶的速度。根据题意,建立数学模型,运用向量的坐标运算来解决问题。

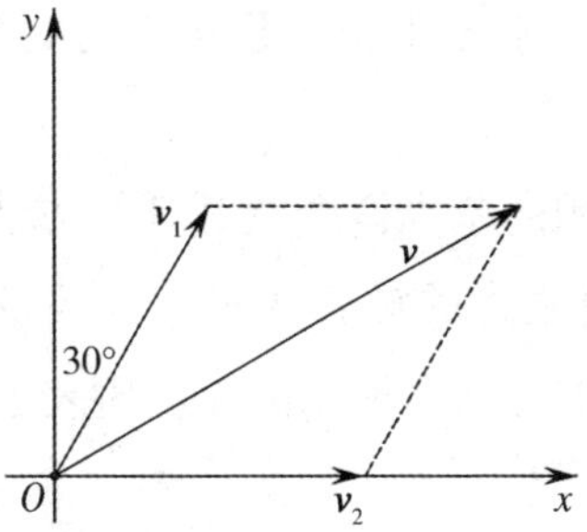

图 1-28

解　设北偏东 30° 且大小为 20 km/h 的向量为 $\boldsymbol{v}_1$,大小为 20 km/h 的水流速为向量 $\boldsymbol{v}_2$,帆船行驶的方向向量为 $\boldsymbol{v}$,则 $\boldsymbol{v}=\boldsymbol{v}_1+\boldsymbol{v}_2$,如图 1-28 所示。

建立直角坐标系,由题意可得向量 $\boldsymbol{v}_1$ 的坐标为 $(20\cos 60°,\ 20\sin 60°)$,即 $\boldsymbol{v}_1=(10,\ 10\sqrt{3})$,向量 $\boldsymbol{v}_2$ 的坐标为 $(20,0)$ 。则帆船行驶速度的向量坐标为

$$\boldsymbol{v}=\boldsymbol{v}_1+\boldsymbol{v}_2=(10,\ 10\sqrt{3})+(20,\ 0)=(30,\ 10\sqrt{3})$$

所以

$$|\boldsymbol{v}|=\sqrt{30^2+(10\sqrt{3})^2}=20\sqrt{3}\approx 34.64$$

由于 $|\boldsymbol{v}_1|=|\boldsymbol{v}_2|=20$,故 $\angle(\boldsymbol{v},\boldsymbol{v}_1)=30°$,由此可知帆船的行驶方向是北偏东 60° 且速度是 $20\sqrt{3}$ km/h(约 34.64 km/h)。

利用向量的坐标运算解决生活中的问题时的思路为:首先,根据具体情况设定一个合适的向量模型;其次,在直角坐标系中确定各向量的坐标;再次,根据向量运算的规则

进行计算;最后,得到解答,从而解决实际问题。

例 1.5.2 某同学购买了 x 支 A 型笔, y 支 B 型笔, z 支 C 型笔,A 型笔的价格为 m 元,B 型笔的价格为 n 元,C 型笔的价格为 p 元。把购买 A,B,C 型笔的数量 x , y , z 构成数量向量 $\boldsymbol{a} = \{x, y, z\}$,把价格 m , n , p 构成价格向量 $\boldsymbol{b} = \{m, n, p\}$,则向量 $\boldsymbol{a}$ 与 $\boldsymbol{b}$ 的数量积表示的意义是____________。

解 此题根据购买 A,B,C 三种型号的笔的数量与价格构成了一个三元向量 $\boldsymbol{a}$ 与 $\boldsymbol{b}$,根据向量的数量积的运算公式可得 $\boldsymbol{a} \cdot \boldsymbol{b} = xm + yn + zp$ 。而 xm 表示购买 A 型笔所用的钱数, yn 表示购买 B 型笔所用的钱数, zp 表示购买 C 型笔所用的钱数。所以向量 $\boldsymbol{a}$ 与 $\boldsymbol{b}$ 的数量积表示的意义是购买三种笔所用的总钱数。

本题巧妙地将日常购物问题转换成向量的数量积,通过坐标运算迅速计算出购买商品的总费用。这种方法不仅展示了数学在解决现实问题中的实用性,也让计算过程更为高效和准确。这种方法不仅适用于单一商品,还可以推广到多种商品的情况。

例 1.5.3 刚体以等角速度 $\boldsymbol{w}$ 绕 l 轴旋转,试表示刚体上一点 M 的线速度。

解 设点 M 到旋转轴 l 的距离为 a ,再在 l 轴上任取一点 O 作向量 $\boldsymbol{r} = \overrightarrow{OM}$,并以 θ 表示 l 与 $\boldsymbol{r}$ 的夹角,那么 $a = |\boldsymbol{r}| \sin\theta$ 。设线速度为 $\boldsymbol{v}$,那么由物理学可知 $|\boldsymbol{v}| = |\boldsymbol{w}| a = |\boldsymbol{w}| |\boldsymbol{r}| \sin\theta$, $\boldsymbol{v}$ 垂直于 $\boldsymbol{w}$ 与 $\boldsymbol{r}$,且 $\boldsymbol{v}$ 的指向是 $\boldsymbol{w}$, $\boldsymbol{r}$, $\boldsymbol{v}$ 符合右手规则,如图 1-29 所示,因此有 $\boldsymbol{v} = \boldsymbol{w} \times \boldsymbol{r}$ 。

这道物理题目涵盖了向量积的基本概念及其计算方法。向量积本身也是一个向量。在高中物理中,像安培力和洛伦兹力的计算实际上也涉及了向量积运算。安培力 $\Delta \boldsymbol{F} = \boldsymbol{I} \Delta \boldsymbol{l} \times \Delta \boldsymbol{B}$,洛伦兹力 $\boldsymbol{f} = q(\boldsymbol{v} \times \boldsymbol{B})$,而向量积的模实质表示以 $\boldsymbol{a}$ 与 $\boldsymbol{b}$ 为邻边的平行四边形的面积。

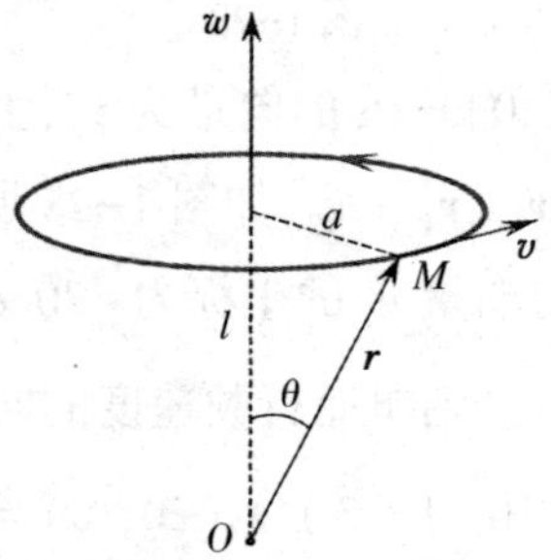

图 1-29

在物理中运用向量时,我们实际上采用的是数学模型的方法。把物理学中的向量看作数学中的向量,我们可以从数学的角度深入探索物理问题,并推导出关于物理问题的数学关系式。这种处理方法建立了一个有效的数学模型,能够清晰地展现出相关物理量之间的数量关系,从而提供了解决物理问题的有力工具。

例 1.5.4 某地有一座煤矿、一个发电厂和一条铁路,经成本核算,每生产价值 1 元钱的煤需消耗 0.3 元的电；为了把这 1 元钱的煤运出去需花费 0.2 元的运费；每生产 1 元的电需 0.6 元的煤作燃料；为了运行电厂的辅助设备需消耗本身 0.1 元的电，还需要花费 0.1 元的运费；作为铁路局，每提供 1 元运费的运输需消耗 0.5 元的煤，辅助设备要消耗 0.1 元的电。现煤矿接到外地 6 万元煤的订货，电厂有 10 万元电的外地需求，问：煤矿和电厂各生产多少才能满足需求？

解　设煤矿，电厂，铁路分别产出 x，y，z 元刚好满足需求，根据需求，应有：

$$\begin{cases} x-(0.6y+0.5z)=60000 \\ y-(0.3x+0.1y+0.1z)=100000 \\ z-(0.2x+0.1y)=0 \end{cases}$$

即

$$\begin{cases} 10x-6y-5z=600000 \\ -3x+9y-z=1000000 \\ -2x-y+10z=0 \end{cases}$$

通过向量代数的方法或计算机代数软件 Maple 可算出该线性方程组的解为

$$\begin{cases} x=\dfrac{118400000}{593}\approx 199662.7319 \\ y=\dfrac{109200000}{593}\approx 184148.3980 \\ z=\dfrac{34600000}{593}\approx 58347.3862 \end{cases}$$

即煤矿要生产 199 663 元的煤，电厂要生产 184 149 元的电恰好满足需求。

§1.6　用 Maple 解题举例

作为三大数学软件之一的 Maple，它的功能强大，我们知道它能够进行数值计算、符号运算、绘图及编程。因此对于向量代数方面的一些运算及向量场的绘图当然也在其所能涉及的范围之内。

1.6.1　用 Maple 软件生成向量

通常情况下，向量分为行向量与列向量，所以在 Maple 中生成向量的方法也分为两种，即行向量与列向量。不过，由于空间解析几何在一般情况下不使用列向量，所以这里我们只说明行向量在 Maple 中的生成方法。

(1)不输入向量维数:在 Maple 的 New Worksheet 窗口中输入

>a := Vector[row]([1, 5, 6, 8, 9]); # 回车运行,返回

a:=[1 5 6 8 9]

(2)输入向量维数:在 Maple 的 New Worksheet 窗口中输入

>b := Vector[row](4, [5, 3, 7, -2]); #返回

B:=[5 3 7 -2]

需要注意的是,在输入向量的分量时,两个分量之间需要用逗号隔开,但是按回车后,Maple 生成的行向量中两个分量之间没有逗号,只是空了一个字符。

1.6.2 向量的运算与应用实例

在 Maple 软件中,设两个同维数的向量 $\boldsymbol{u}$ 与 $\boldsymbol{v}$,则此二向量的加法、内积、外积运算如表 1 所示。

表 1 向量运算表

运算	指令	功能与说明
加法	matadd(u,v)	表示两个同维数的向量 $\boldsymbol{u}$ 与 $\boldsymbol{v}$ 的加法
内积	innerprod(u,v)	表示两个同维数的向量 $\boldsymbol{u}$ 与 $\boldsymbol{v}$ 的内积
外积	corssprod(u,v)	表示两个三维向量 $\boldsymbol{u}$ 与 $\boldsymbol{v}$ 的外积
模	VectorNorm(u, 2)	表示向量 $\boldsymbol{u}$ 的模

下面我们借助上表中给出的指令看 Maple 在向量计算中的应用。

例 1.6.1 用 Maple 软件完成下面任务:

(1)用不输入向量维数的方法创建向量 $\boldsymbol{a}=\{4,2,3,1\}$;

(2)用输入向量维数的方法创建向量 $\boldsymbol{b}=\{1,3,5,7\}$;

(3)设向量 $\boldsymbol{a}$ 与 $\boldsymbol{b}$ 的和为向量 $\boldsymbol{c}$,求向量 $\boldsymbol{c}$;

(4)作向量 $\boldsymbol{a}$ 与 $\boldsymbol{b}$ 的数量积;

(5)求向量 $\boldsymbol{u}=\{2,-1,3\}$ 与 $\boldsymbol{v}=\{0,1,1\}$ 以及 $\boldsymbol{u}+\boldsymbol{v}$ 的混合积。

解 在 Maple 中, 首先调宏包(或叫作软件包)

>with(linalg):

(1)>a:=Vector[row]([4,2,3,1]);

a: =[4 2 3 1]

(2)>b:=Vector[row](4,[1,3,5,7])

b: =[1 3 5 7]

(3)>c:=matadd(a,b)

c：=[5 5 8 8]

(4)>innerprod(a, b)

32

(5)>u := Vector[row]([2, -1, 3]); v := Vector[row]([0, 1, 1]);

u：=[2 - 1 3]

v：=[0 1 1]

>innerprod(crossprod(u, v), matadd(u, v))

0

例 1.6.2　已知两个向量 $\boldsymbol{u}=\{3,0\}$ ，$\boldsymbol{v}=\{3,\sqrt{3}\}$,求它们的夹角。

解　首先调软件包

>with(linalg):

>u := Vector[3, 0]; # 输入向量 u

u :=[3,0];

>v := Vector([3,√3]); # 输入向量 v

v :=[3,√3];

>angle(u,v);　#求二向量的夹角

$$\arccos\left(\sqrt{9} * \frac{\sqrt{12}}{12}\right);$$

>simplify(%) #化简上一步

$$\frac{\pi}{6}$$

所以二向量 $\boldsymbol{u}$, $\boldsymbol{v}$ 的夹角是 $\dfrac{\pi}{6}$ 。

第 1 章知识结构图

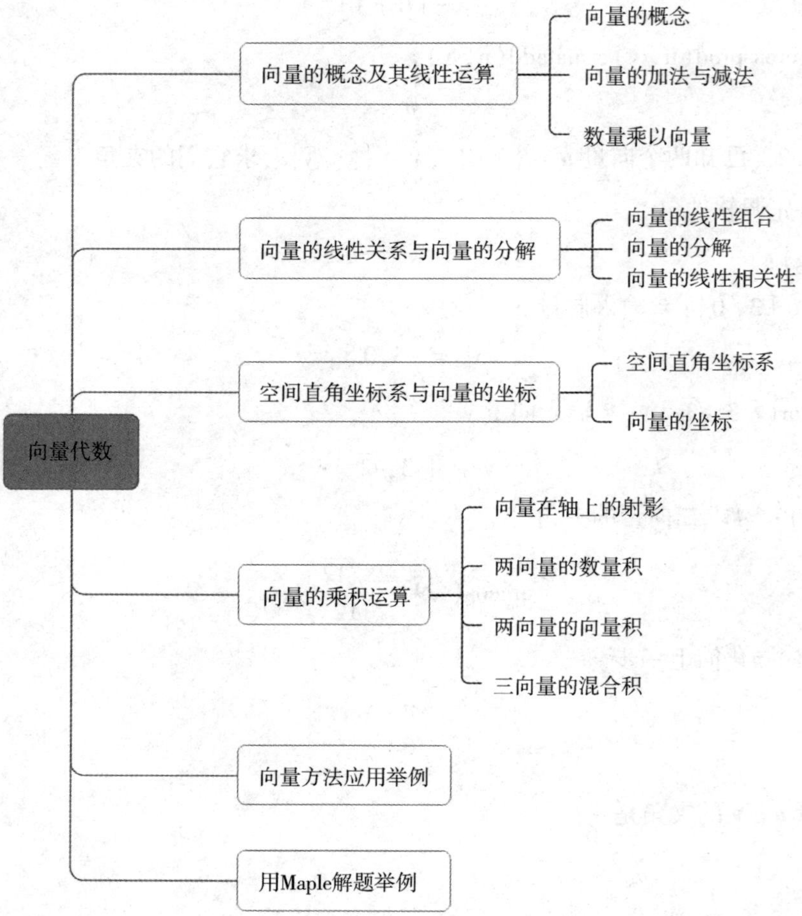
向量代数
向量的概念及其线性运算
向量的概念
向量的加法与减法
数量乘以向量
向量的线性关系与向量的分解
向量的线性组合
向量的分解
向量的线性相关性
空间直角坐标系与向量的坐标
空间直角坐标系
向量的坐标
向量的乘积运算
向量在轴上的射影
两向量的数量积
两向量的向量积
三向量的混合积
向量方法应用举例
用Maple解题举例

第 1 章总复习题

1. 填空题

(1) 点 (1, 1, 1) 关于 xOy 面对称的点为__________，关于 yOz 面对称的点为__________，关于 xOz 面对称的点为__________。

(2) 点 (2, -1, 2) 关于 x 轴对称的点为__________，关于 y 轴对称的点为__________，关于 z 轴对称的点为__________，关于坐标原点对称的点为__________。

2. 已知两点 $M_1(1, 1, 1)$ 和 $M_2(2, 2, 1)$，计算向量 $\overrightarrow{M_1M_2}$ 的模，方向余弦和方向角。

3. 在 yOz 平面上，求与 $A(1, 1, 1)$，$B(2, 1, 2)$，$C(3, 3, 3)$ 等距离的点。

4. 求平行于向量 $\boldsymbol{a} = 2\boldsymbol{i} + 3\boldsymbol{j} - 4\boldsymbol{k}$ 的单位向量的分解式。

5. 设 $\boldsymbol{m} = \boldsymbol{i} + 2\boldsymbol{j} - 2\boldsymbol{k}$，$\boldsymbol{n} = 2\boldsymbol{i} + \boldsymbol{j} + \boldsymbol{k}$，求向量 $\boldsymbol{a} = 4\boldsymbol{m} + \boldsymbol{n}$ 在坐标轴上的射影及分向量。

6. 在 yOz 平面上，求与 $A(1, 2, 1)$，$B(2, 1, 0)$ 和 $C(1, -1, 1)$ 等距离的点。

7. 已知点 $B(1, -2, 6)$ 且向量 $\overrightarrow{AB}$ 在 x 轴，y 轴和 z 轴上的射影为 $-4, 4, 1$，求点 A 的坐标。

8. 证明：三角形的垂直平分线交于一点，且交点到三顶点的距离相等。

9. 若 $|\boldsymbol{a}| = 3$，$|\boldsymbol{b}| = 4$，$\angle(a,b) = \dfrac{\pi}{3}$，求 $\boldsymbol{c} = 3\boldsymbol{a} - 2\boldsymbol{b}$ 的模。

10. 已知 $|\boldsymbol{a} + \boldsymbol{b}| = |\boldsymbol{a} - \boldsymbol{b}|$，证明：$\boldsymbol{a} \cdot \boldsymbol{b} = 0$。

11. 已知 $|\boldsymbol{a}| = 10$，$|\boldsymbol{b}| = 18$，$|\boldsymbol{a} + \boldsymbol{b}| = 20$，求 $|\boldsymbol{a} - \boldsymbol{b}|$。

12. 已知 $\boldsymbol{a} = (1, 2, 4)$，$\boldsymbol{b} = (3, -3, 3)$，求 $\boldsymbol{a}$ 与 $\boldsymbol{b}$ 的夹角及 $\boldsymbol{a}$ 在 $\boldsymbol{b}$ 上的射影。

13. 已知 $\boldsymbol{a}$，$\boldsymbol{b}$，$\boldsymbol{c}$ 为单位向量，且满足 $\boldsymbol{a} + \boldsymbol{b} + \boldsymbol{c} = \boldsymbol{0}$，计算 $\boldsymbol{a} \cdot \boldsymbol{b} + \boldsymbol{b} \cdot \boldsymbol{c} + \boldsymbol{c} \cdot \boldsymbol{a}$。

14. 求与 $\boldsymbol{a} = \boldsymbol{i} + 2\boldsymbol{j} + \boldsymbol{k}$，$\boldsymbol{b} = 2\boldsymbol{i} + \boldsymbol{j} - 3\boldsymbol{k}$ 都垂直的单位向量。

15. 设 $\overrightarrow{AB} = \boldsymbol{a} + 5\boldsymbol{b}$，$\overrightarrow{BC} = -6\boldsymbol{a} + 18\boldsymbol{b}$，$\overrightarrow{CD} = 8(\boldsymbol{a} - \boldsymbol{b})$，试证 A，B，D 三点共线。

16. 已知 $\boldsymbol{a} = (1, -2, 3)$，$\boldsymbol{b} = (2, m, 0)$，$\boldsymbol{c} = (9, -3, 9)$，

(1) 确定 m 的值，使得 $\boldsymbol{a} + \boldsymbol{b}$ 与 $\boldsymbol{c}$ 平行；

(2) 确定 m 的值，使得 $\boldsymbol{a} - \boldsymbol{b}$ 与 $\boldsymbol{c}$ 垂直。

17. 已知点 $A(1, 1, 0)$ 和点 $B(0, 1, 2)$，试在 x 轴上求一点 C，使得 $\triangle ABC$ 的面积最小。

18. 已知 α，β 都是非零实数，向量 $\boldsymbol{a}$，$\boldsymbol{b}$，$\boldsymbol{c}$ 的混合积 $(\boldsymbol{a}, \boldsymbol{b}, \boldsymbol{c}) = \alpha\beta$，如果 $\boldsymbol{r}$ 满足

$$\boldsymbol{r} \cdot \boldsymbol{a} = \alpha, \quad \boldsymbol{r} \cdot \boldsymbol{b} = \beta, \quad \boldsymbol{r} \cdot \boldsymbol{c} = 0$$

求此向量 $\boldsymbol{r}$。

第2章　平面与空间直线

本章导读

平面与空间直线是本课程的主要内容之一。构建空间直角坐标系,能够为空间中的点和向量赋予坐标,进而用数学的方式精确地描述它们。在此基础上,直线和空间平面这些由点集合构成的几何对象也能与坐标系统产生紧密的联系。本章以向量为核心工具,推导和建立空间直线与平面的多种方程形式。借助这些方程,深入地探讨和分析空间中点、平面、直线之间的位置关系以及度量性质。最后给出平面、空间直线的应用举例及应用 Maple 的解题举例。

§2.1　平面的方程

目的与要求

1. 掌握平面方程的几种形式,即点位式、三点式、截距式、一般式、点法式以及法式方程;

2. 掌握平面的一般方程的法式化。

重点与难点

重点:平面方程的求法。

难点:平面各种形式的方程之间的转化。

本节将利用向量这个工具,根据不同的几何条件,在空间直角坐标系中建立平面的各种形式的方程,包括点位式、截距式、法式以及一般式方程等。

2.1.1　点位式方程

在空间直角坐标系中,给定一点 $M_0(x_0,\ y_0,\ z_0)$ 与两个不共线的向量 $\boldsymbol{a}=\{x_1,\ y_1,$

$z_1\}$, $\boldsymbol{b}=\{x_2, y_2, z_2\}$,则通过点 $M_0(x_0, y_0, z_0)$ 且与向量 $\boldsymbol{a}$, $\boldsymbol{b}$ 平行的平面 π 就被唯一确定。向量 $\boldsymbol{a}$, $\boldsymbol{b}$ 称为平面 π 的方位向量。任意一对与 π 平行且不共线的向量都可以作为平面 π 的方位向量。

在空间直角坐标系中,设平面 π 过点 $M_0(x_0, y_0, z_0)$,一对方位向量 $\boldsymbol{a}=\{x_1, y_1, z_1\}$, $\boldsymbol{b}=\{x_2, y_2, z_2\}$ 。点 $M(x, y, z)$ 为平面 π 上一点的充要条件是$\overrightarrow{M_0M}$ 与 $\boldsymbol{a}$,$\boldsymbol{b}$ 共面,设 $\overrightarrow{OM_0}=\boldsymbol{r}_0$, $\overrightarrow{OM}=\boldsymbol{r}$,如图 2-1 所示,因为 $\boldsymbol{a}$, $\boldsymbol{b}$ 不共线,所以 $\overrightarrow{M_0M}$, $\boldsymbol{a}$,$\boldsymbol{b}$ 共面的充要条件是有唯一的一对实数 λ,μ 使得

$$\overrightarrow{M_0M}=\lambda\boldsymbol{a}+\mu\boldsymbol{b}$$

即

$$\boldsymbol{r}-\boldsymbol{r}_0=\lambda\boldsymbol{a}+\mu\boldsymbol{b}$$

故

$$\boldsymbol{r}=\boldsymbol{r}_0+\lambda\boldsymbol{a}+\mu\boldsymbol{b} \tag{2.1-1}$$

这就是平面 π 的**向量式参数方程**(λ,μ 为参数)。

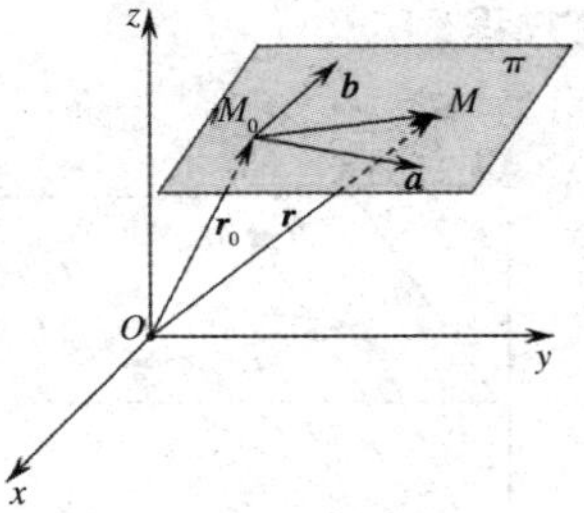

图 2-1

将坐标代入式(2.1-1)得

$$\begin{cases}x=x_0+\lambda x_1+\mu x_2\\y=y_0+\lambda y_1+\mu y_2\\z=z_0+\lambda z_1+\mu z_2\end{cases} \tag{2.1-2}$$

此方程称为平面 π 的**坐标式参数方程**(λ,μ 为参数)。

根据三向量共面的混合积条件, $\overrightarrow{M_0M}$, $\boldsymbol{a}$, $\boldsymbol{b}$ 共面也可以写成

$$(\boldsymbol{r}-\boldsymbol{r}_0, \boldsymbol{a}, \boldsymbol{b})=0 \tag{2.1-3}$$

将坐标代入式(2.1-3)得

$$\begin{vmatrix}x-x_0 & y-y_0 & z-z_0\\x_1 & y_1 & z_1\\x_2 & y_2 & z_2\end{vmatrix}=0 \tag{2.1-4}$$

式(2.1-1)~式(2.1-4)都叫作**平面 π 的点位式方程**。

例 2.1.1 利用三向量共面的混合积条件推证：通过不共线三点 $M_i(x_i, y_i, z_i)(i=1,2,3)$ 的平面方程为

$$\begin{vmatrix} x-x_1 & y-y_1 & z-z_1 \\ x_2-x_1 & y_2-y_1 & z_2-z_1 \\ x_3-x_1 & y_3-y_1 & z_3-z_1 \end{vmatrix}=0$$

证 取平面 π 的方位向量为

$$\boldsymbol{a}=\overrightarrow{M_1M_2}=\{x_2-x_1, y_2-y_1, z_2-z_1\}$$

$$\boldsymbol{b}=\overrightarrow{M_1M_3}=\{x_3-x_1, y_3-y_1, z_3-z_1\}$$

并设 $M(x, y, z)$ 为平面 π 上的任一点，如图 2-2 所示，则三向量 $\overrightarrow{M_1M_2}$, $\overrightarrow{M_1M_3}$, $\overrightarrow{M_1M}$ 共面，由三向量共面的混合积条件得

$$\begin{vmatrix} x-x_1 & y-y_1 & z-z_1 \\ x_2-x_1 & y_2-y_1 & z_2-z_1 \\ x_3-x_1 & y_3-y_1 & z_3-z_1 \end{vmatrix}=0 \tag{2.1-5}$$

式(2.1-5)叫作**平面 π 的三点式方程**。

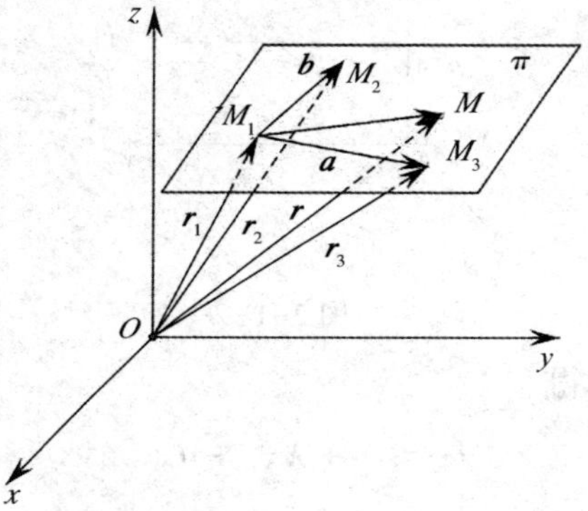

图 2-2

设平面 π 与三坐标轴的交点 $M_1(a, 0, 0)$，$M_2(0, b, 0)$，$M_3(0, 0, c)$ $(abc\neq 0)$，如图 2-3 所示，那么由式(2.1-5)得

$$\begin{vmatrix} x-a & y & z \\ -a & b & 0 \\ -a & 0 & c \end{vmatrix}=0$$

把上式展开可改写为

$$\frac{x}{a}+\frac{y}{b}+\frac{z}{c}=1 \tag{2.1-6}$$

式(2.1-6)叫作平面的**截距式方程**，其中 a, b, c 分别叫作平面在三坐标轴上的**截距**。

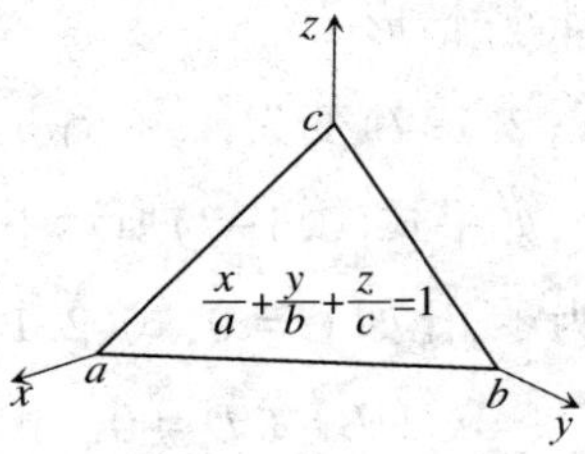

图 2-3

注 1　利用截距式方程可以方便地绘制不经过原点的平面图像:首先确定平面与三坐标轴的交点,联结这三个点便形成了要求的平面图像,如图 2-3 所示。

2.1.2　一般式方程

定理 2.1.1(平面基本定理)　任何一个平面的方程都可以表示为一个三元一次方程。反过来,任何一个三元一次方程也都对应一个平面。

证　因为空间任一平面都可以由它上面的一点 $M_0(x_0, y_0, z_0)$ 和它的一对方位向量 $\boldsymbol{a}=\{x_1, y_1, z_1\}$, $\boldsymbol{b}=\{x_2, y_2, z_2\}$ 确定,所以任一平面都可以用式(2.1-4)表示,把式(2.1-4)展开即可写成三元一次方程

$$Ax+By+Cz+D=0\ (A,\ B,\ C\ \text{不全为零}) \tag{2.1-7}$$

这里

$$A=\begin{vmatrix} y_1 & z_1 \\ y_2 & z_2 \end{vmatrix},\ B=\begin{vmatrix} z_1 & x_1 \\ z_2 & x_2 \end{vmatrix},\ C=\begin{vmatrix} x_1 & y_1 \\ x_2 & y_2 \end{vmatrix},\ D=-\begin{vmatrix} x_0 & y_0 & z_0 \\ x_1 & y_1 & z_1 \\ x_2 & y_2 & z_2 \end{vmatrix}$$

因为 $\boldsymbol{a}$, $\boldsymbol{b}$ 不共线,所以 A , B , C 不全为零,这就说明空间任一平面都是关于 x , y , z 的三元一次方程。

反过来,任一关于 x , y , z 的三元一次方程 $Ax+By+Cz+D=0$,不妨设 $A\neq 0$,取点 $M_0\left(-\dfrac{D}{A}, 0, 0\right)$ 和方位向量 $\{B, -A, 0\}$, $\{C, 0, -A\}$,则由此点和该组方位向量确定的平面方程是

$$\begin{vmatrix} x+\dfrac{D}{A} & y & z \\ B & -A & 0 \\ C & 0 & -A \end{vmatrix}=0$$

即 $Ax+By+Cz+D=0$,这表明三元一次方程 $Ax+By+Cz+D=0$ 表示空间中的一个平面。

方程 $Ax+By+Cz+D=0$ 叫作**平面的一般方程**。

下面讨论式(2.1-7)的几种特殊情形。

(1)常数项为零,即 $D=0$,式(2.1-7)变为 $Ax+By+Cz=0$,此时原点 $O(0,\ 0,\ 0)$ 满足方程,故平面通过原点;反过来,如果式(2.1-7)所示平面通过原点,则显然有 $D=0$。

(2) x , y , z 的系数有一个为零,比如 $C=0$,式(2.1-7)变为

$$Ax+By+D=0$$

若 $D\neq 0$, z 轴上的任一点 $(0,0,z)$ 都不满足该方程,所以平面平行于 z 轴;若 $D=0$, z 轴上的任一点都满足该方程,此时 z 轴在平面上,即平面过 z 轴。反过来易知,当式(2.1-7)所示平面平行于 z 轴时, $D\neq 0,\ C=0$;当式(2.1-7)所示平面过 z 轴时, $D=C=0$。

对于 $A=0$ 或 $B=0$ 的情形,可以得出类似的结论。

综上所述:

式(2.1-7)所示平面通过原点当且仅当 $D=0$;

式(2.1-7)所示平面平行于 z 轴(x 轴或 y 轴)当且仅当 $C=0$($A=0$ 或 $B=0$);

式(2.1-7)所示平面经过 z 轴(x 轴或 y 轴)当且仅当 $C=D=0$($A=D=0$ 或 $B=D=0$)。

(3) x , y , z 的系数有两个为零,综合上述两种情况:

式(2.1-7)所示平面平行于 yOz 坐标面(xOz 坐标面或 xOy 坐标面)当且仅当 $B=C=0$($A=C=0$ 或 $A=B=0$)。

式(2.1-7)所示平面变为 yOz 坐标面(xOz 坐标面或 xOy 坐标面)当且仅当 $B=C=D=0$ ($A=C=D=0$ 或 $A=B=D=0$)。

2.1.3 法式方程

若一个非零向量 $\boldsymbol{n}$ 垂直于平面 π ,则称非零向量 $\boldsymbol{n}$ 为平面 π 的一个**法向量**。显然,若 $\boldsymbol{n}$ 是平面 π 的一个法向量,则 $\lambda\boldsymbol{n}$ (λ 为任意非零实数)都是 π 的法向量。由中学的立体几何知识我们知道,过一个定点 $M_0(x_0,\ y_0,\ z_0)$ 且垂直于一个非零向量 $\boldsymbol{n}=\{A,\ B,\ C\}$ 有且只有一个平面 π 。

下面推导平面 π 的方程。

设 $M(x,\ y,\ z)$ 为平面 π 上的任一点,由于 $\boldsymbol{n}\perp\pi$,因此 $\boldsymbol{n}\perp\overrightarrow{M_0M}$,如图 2-4 所示。由两向量垂直的充要条件,得

$$\boldsymbol{n}\cdot\overrightarrow{M_0M}=0 \tag{2.1-8}$$

然而

$$\overrightarrow{M_0M}=\{x-x_0,\ y-y_0,\ z-z_0\}\ ,\ \boldsymbol{n}=\{A,\ B,\ C\}$$

所以式(2.1-8)又可表示成

$$A(x-x_0)+B(y-y_0)+C(z-z_0)=0 \tag{2.1-9}$$

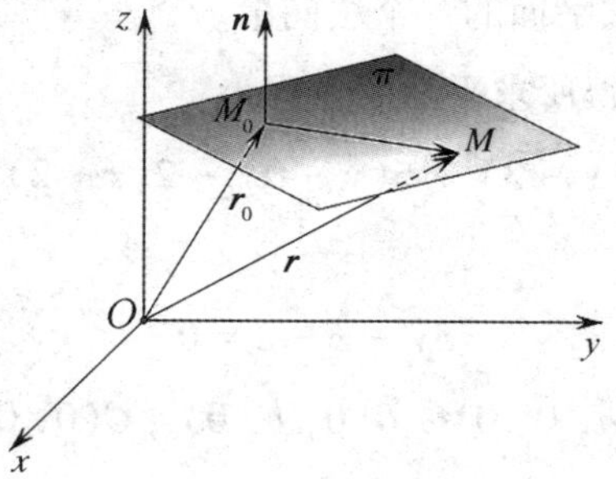

图 2-4

由于式(2.1-8)和式(2.1-9)是由给定点 $M_0(x_0, y_0, z_0)$ 和法向量 $\boldsymbol{n}=\{A, B, C\}$ 所确定的,因而式(2.1-8)和式(2.1-9)都叫作**平面 π 的点法式方程**。

若记 $D=-(Ax_0+By_0+Cz_0)$,则式(2.1-9)即为

$$Ax+By+Cz+D=0$$

由此可见,在直角坐标系下,平面 π 的一般方程即式(2.1-7)中一次项系数有简明的几何意义,它们是平面 π 的一个法向量的坐标。

例 2.1.2　求通过点 $M_0(1, -2, 4)$ 且垂直于向量 $\boldsymbol{n}=\{3, -2, 1\}$ 的平面方程。

解　由于 $\boldsymbol{n}=\{3, -2, 1\}$ 为所求平面的一个法向量,平面又过点 $M_0(1, -2, 4)$,所以,由平面的点法式方程即式(2.1-9)可得所求平面的方程为

$$3\cdot(x-1)-2\cdot(y+2)+1\cdot(z-4)=0$$

整理得

$$3x-2y+z-11=0$$

例 2.1.3　求通过点 $M_0(-1, 2, -3)$ 且与 xOy 平面平行的平面方程。

解　显然 $k=\{0, 0, 1\}$ 为所求平面的一个法向量,因此所求平面的方程为

$$0\cdot(x+1)+0\cdot(y-2)+1\cdot(z+3)=0$$

即

$$z+3=0$$

例 2.1.4　求过两点 $A(3, 0, -2)$, $B(-1, 2, 4)$ 且与 x 轴平行的平面方程。

解　要求出平面的方程,关键要找出平面所过的一个点以及平面的一个法向量 $\boldsymbol{n}$ 。

由已知,所求平面的法向量同时与 $\overrightarrow{AB}$ 和 x 轴垂直,即法向量同时与向量

$$\overrightarrow{AB}=\{-4, 2, 6\}, \boldsymbol{i}=\{1, 0, 0\}$$

垂直。因此,可取 $\overrightarrow{AB}\times\boldsymbol{i}$ 作为该平面的一个法向量

$$\boldsymbol{n}=\overrightarrow{AB}\times\boldsymbol{i}=\begin{vmatrix}\boldsymbol{i} & \boldsymbol{j} & \boldsymbol{k}\\ -4 & 2 & 6\\ 1 & 0 & 0\end{vmatrix}=\begin{vmatrix}2 & 6\\ 0 & 0\end{vmatrix}\boldsymbol{i}-\begin{vmatrix}-4 & 6\\ 1 & 0\end{vmatrix}\boldsymbol{j}+\begin{vmatrix}-4 & 2\\ 1 & 0\end{vmatrix}\boldsymbol{k}$$

$$= 0\boldsymbol{i} + 6\boldsymbol{j} - 2\boldsymbol{k}$$

所以 $\boldsymbol{n} = \{0, 6, -2\}$ 为所求平面的一个法向量。

再由平面的点法式方程得所求平面的方程为

$$0 \cdot (x-3) + 6(y-0) - 2(z+2) = 0$$

整理得

$$3y - z - 2 = 0$$

例 2.1.5 求过三点 $A(a, 0, 0)$，$B(0, b, 0)$，$C(0, 0, c)$ $(abc \neq 0)$ 的平面 π 的点法式方程。

解 所求平面 π 的法向量必定同时垂直于 $\overrightarrow{AB}$ 与 $\overrightarrow{AC}$。因此可取 $\overrightarrow{AB}$ 与 $\overrightarrow{AC}$ 的向量积 $\overrightarrow{AB} \times \overrightarrow{AC}$ 为该平面的一个法向量 $\boldsymbol{n}$，即

$$\boldsymbol{n} = \overrightarrow{AB} \times \overrightarrow{AC}$$

由于

$$\overrightarrow{AB} = \{-a, b, 0\}, \overrightarrow{AC} = \{-a, 0, c\}$$

因此

$$\boldsymbol{n} = \overrightarrow{AB} \times \overrightarrow{AC} = \begin{vmatrix} \boldsymbol{i} & \boldsymbol{j} & \boldsymbol{k} \\ -a & b & 0 \\ -a & 0 & c \end{vmatrix}$$

$$= bc\boldsymbol{i} + ac\boldsymbol{j} + ab\boldsymbol{k}$$

即

$$\boldsymbol{n} = \{bc, ac, ab\}$$

因此所求平面 π 的方程为

$$bc(x-a) + ac(y-0) + ab(z-0) = 0$$

化简得

$$bcx + acy + abz = abc$$

由于 $abc \neq 0$，将两边同除以 abc，即得平面 π 的截距式方程

$$\frac{x}{a} + \frac{y}{b} + \frac{z}{c} = 1$$

在确定平面的点法式方程时，特别地，设点 M_0 取自原点 O 向平面 π 所引垂线的垂足 P，平面 π 的法向量取单位法向量 $\boldsymbol{n}^0$，且 $\boldsymbol{n}^0$ 的正向与向量 $\overrightarrow{OP}$ 同向（平面不过原点），$\boldsymbol{n}^0$ 的正向在垂直于平面的两个方向中任选一个（平面过原点）。

设点 $M(x, y, z)$ 为平面 π 上任一点，$\overrightarrow{OM} = \boldsymbol{r}$，$|\overrightarrow{OP}| = p$，如图 2-5 所示，则由于 $\overrightarrow{OP} = \boldsymbol{n}^0 p$，从而平面 π 的方程为

$$\boldsymbol{n}^0(\boldsymbol{r} - \boldsymbol{n}^0 p) = 0$$

从而

$$\boldsymbol{n}^0\boldsymbol{r} - p = 0 \tag{2.1-10}$$

式(2.1-10)称为平面的**向量式法式方程**。若取

$$\boldsymbol{r} = \{x,\ y,\ z\}\ ,\ \boldsymbol{n}^0 = \{\cos\alpha,\ \cos\beta,\ \cos\gamma\}$$

则由式(2.1-10)得

$$x\cos\alpha + y\cos\beta + z\cos\gamma - p = 0 \tag{2.1-11}$$

式(2.1-11)叫作平面的**坐标式法式方程**,简称**法式方程**。

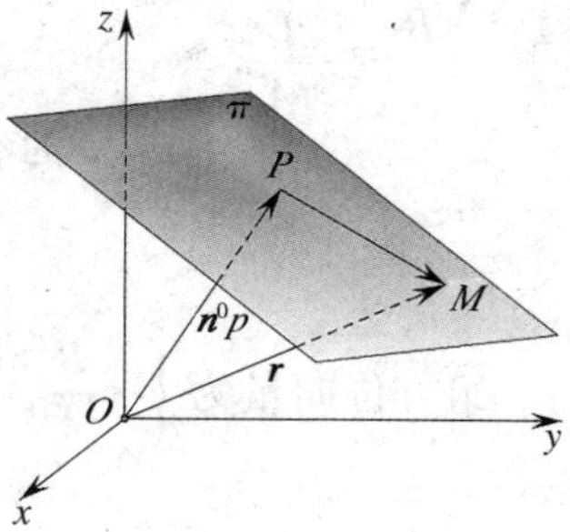

图 2-5

容易看出,这里 p 为原点到平面 π 的距离, $\cos\alpha$, $\cos\beta$, $\cos\gamma$ 为平面 π 的法向量的方向余弦。

平面的法式方程具有下列两个特点:

(1)一次项系数是单位向量的分量,平方和等于 1;

(2)常数项 $-p \leqslant 0$。

2.1.4　平面方程的互化

在一定条件下,不同形式的平面方程可以相互转换。下面我们主要讨论如何将一般式方程转换为法式方程和点位式方程。

1. 一般式方程化为法式方程

在直角坐标系中,平面的一般方程 $Ax + By + Cz + D = 0$ 可表示为 $\boldsymbol{nr} + D = 0$。再在方程两边同时乘以 λ

$$\lambda = \frac{1}{\pm|\boldsymbol{n}|} = \pm\frac{1}{\sqrt{A^2 + B^2 + C^2}}$$

便得到法式方程 $\boldsymbol{n}^0\boldsymbol{r} - p = 0$,即

$$\frac{Ax}{\pm\sqrt{A^2 + B^2 + C^2}} + \frac{By}{\pm\sqrt{A^2 + B^2 + C^2}} + \frac{Cz}{\pm\sqrt{A^2 + B^2 + C^2}} + \frac{D}{\pm\sqrt{A^2 + B^2 + C^2}} = 0$$

其中 λ 的符号选取一个,使得 $\lambda D = -p \leqslant 0$(当 $D \neq 0$ 时, λ 与 D 异号,当 $D = 0$ 时, λ 符

号可以任意选取）。

以上过程称为平面方程的**法式化**，将 $\lambda = \frac{1}{\pm|\boldsymbol{n}|} = \pm\frac{1}{\sqrt{A^2+B^2+C^2}}$ 称为**法式化因子**。

2. 一般式方程与点位式方程的互化

显然，将平面的点位式方程展开整理即可得到平面的一般式方程。若要将平面的一般式方程转换为点位式方程，可以按照如下步骤进行：首先将一般式 $Ax+By+Cz+D=0$ 化为参数方程（不妨设 $A\neq 0$，令 $y=u$，$z=v$）

$$\begin{cases} x=-\dfrac{D}{A}-\dfrac{B}{A}u-\dfrac{C}{A}v \\ y=u \\ z=v \end{cases} \quad (u, v \text{ 为参数})$$

则得到经过点 $M_0\left(-\frac{D}{A}, 0, 0\right)$，一组方位向量为 $\left\{-\frac{B}{A}, 1, 0\right\}$，$\left\{-\frac{C}{A}, 0, 1\right\}$ 的平面，改写成点位式方程

$$\begin{vmatrix} x+\dfrac{D}{A} & y & z \\ -\dfrac{B}{A} & 1 & 0 \\ -\dfrac{C}{A} & 0 & 1 \end{vmatrix}=0$$

即

$$\begin{vmatrix} x+\dfrac{D}{A} & y & z \\ B & -A & 0 \\ C & 0 & -A \end{vmatrix}=0$$

例 2.1.6 求通过点 $M_1(2, -1, 1)$，$M_2(3, -2, 1)$ 且平行于 z 轴的平面方程。

解 设平行于 z 轴的平面方程为 $Ax+By+D=0$，因为它又要通过 $M_1(2, -1, 1)$，$M_2(3, -2, 1)$，所以有 $2A-B+D=0$，$3A-2B+D=0$，由上两式得

$$A:B:D=\begin{vmatrix} -1 & 1 \\ -2 & 1 \end{vmatrix}:\begin{vmatrix} 1 & 2 \\ 1 & 3 \end{vmatrix}:\begin{vmatrix} 2 & -1 \\ 3 & -2 \end{vmatrix}=1:1:(-1)$$

所求平面方程为 $x+y-1=0$。

例 2.1.7 已知两点 $M_1(1, -2, 3)$，$M_2(3, 0, -1)$，求线段 M_1M_2 垂直平分平面 π 的方程。

解 $\boldsymbol{n}=\overrightarrow{M_1M_2}=2\{1, 1, -2\}$，且 M_1M_2 的中点坐标为 $M_0(2, -1, 1)$，故所求平面的点法式方程为

$$1 \cdot (x-2) + 1 \cdot (y+1) + (-2) \cdot (z-1) = 0$$

整理得

$$x + y - 2z + 1 = 0$$

例 2.1.8　把平面 π：$3x - 2y + 6z + 14 = 0$ 化为法式方程,并求出原点指向平面的单位法向量。

解　$A = 3, B = -2, C = 6, D = 14 > 0, \lambda = -\dfrac{1}{\sqrt{A^2 + B^2 + C^2}} = -\dfrac{1}{7}$,所以法式方程为

$$-\frac{3}{7}x + \frac{2}{7}y - \frac{6}{7}z - 2 = 0$$

原点指向平面的单位法向量为

$$\boldsymbol{n}^0 = \left\{-\frac{3}{7}, \frac{2}{7}, -\frac{6}{7}\right\}$$

同步练习 2.1

基础题

1. 判断正误(对的在括号内打√,错误的打×)。

(1) 平面 π 有无穷多组方位向量,因为任意一对与 π 平行的向量都可以作为平面 π 的方位向量。　(　　)

(2) 方程 $Ax + Cz + D = 0$ 表示一个平行于 y 轴的平面。　(　　)

(3) 平行于 xOy 坐标面的平面方程可以设为 $z = k(k \neq 0)$。　(　　)

(4) 平面 π 过 $A(a, 0, 0)$, $B(0, b, 0)$, $C(0, 0, c)$ $(abc \neq 0)$,则可取平面 π 的一个法向量为 $\boldsymbol{n} = \overrightarrow{AB} \times \overrightarrow{AC}$。　(　　)

(5) 法式方程 $x\cos\alpha + y\cos\beta + z\cos\gamma - p = 0$ 中,p 为原点到平面的距离,故 $p \geqslant 0$。　(　　)

2. 求通过两点 $A(2, 3, 4)$ 和 $B(5, 2, -1)$ 的直线方程。

3. 求下列各平面的坐标式参数方程和一般方程:

(1) 过点 $(-1, 2, 0)$, $(-2, -1, 4)$, $(3, 1, -5)$;

(2) 过点 $(3, 1, -2)$ 和 z 轴;

(3) 过点 $(2, 0, -1)$ 和 $(-1, 3, 4)$,平行于 y 轴;

(4) 过点 $(-1, -5, 4)$,平行于平面 $3x - 2y + 5 = 0$;

(5) 通过点 $M_1(3, 1, -1)$ 和点 $M_2(1, -1, 0)$ 且平行于向量 $\{-1, 0, 2\}$ 的平面;

(6) 通过点 $M_1(1, -5, 1)$ 和点 $M_2(3, 2, -2)$ 且垂直于 xOy 坐标面的平面。

4. 在直角坐标系中,求通过点 $(1, 0, -2)$ 并与平面 π_1: $2x+y-z-2=0$ 和 π_2: $x-y-z-3=0$ 均垂直的平面方程。

5. 在直角坐标系中,求通过点 $M_1(3, -1, 4)$, $M_2(1, 0, -3)$,垂直于平面 $2x+5y+z+1=0$ 的平面方程。

6. 化平面 π 的一般方程 $x+2y-z+4=0$ 为截距式与参数式。

7. 证明向量 $\boldsymbol{v}=\{m, n, p\}$ 平行于平面 $Ax+By+Cz+D=0$ 的充要条件为:

$$Am+Bn+Cp=0$$

8. 已知连接两点 $A(3, 10, -5)$, $B(0, 12, z)$ 的线段平行于平面 $7x+4y-z-1=0$,求 B 点的坐标 z。

9. 将平面 π : $3x-2y+6z+14=0$ 化为法式方程,求自原点指向平面 π 的单位法向量及其方向余弦,并求原点到平面的距离。

提高题

1. 已知四点 $A(5, 1, 3)$, $B(1, 6, 2)$, $C(5, 0, 4)$, $D(4, 0, 6)$。求通过直线 AB 且平行于直线 CD 的平面,并求通过直线 AB 且与 $\triangle ABC$ 所在平面垂直的平面。

2. 设平面的法式方程为 $x\cos\alpha+y\cos\beta+z\cos\gamma-p=0$,它在三个坐标轴上的截距分别是 a,b,c,试证:$\dfrac{1}{a^2}+\dfrac{1}{b^2}+\dfrac{1}{c^2}=\dfrac{1}{p^2}$。

3. 在直角坐标系中,设平面 π 的方程为 $Ax+By+Cz+D=0$,其中 $ABCD\neq 0$。设此平面与三坐标轴分别交于 M_1, M_2, M_3,求 $\triangle M_1M_2M_3$ 的面积和四面体 $OM_1M_2M_3$ 的体积。

4. 设平面 π:$Ax+By+Cz+D=0$ 与连接两点 $M_1(x_1, y_1, z_1)$, $M_2(x_2, y_2, z_2)$ 的线段相交于点 M,且 $\overrightarrow{M_1M}=k\overrightarrow{MM_2}$,证明 $k=-\dfrac{Ax_1+By_1+Cz_1+D}{Ax_2+By_2+Cz_2+D}$。

§2.2 空间直线的方程

目的与要求

1. 掌握空间直线的点向式方程、两点式方程、一般式方程及射影式方程的求法;

2. 学会空间直线标准方程和一般方程的互化。

重点与难点

重点:空间直线的各种方程的求法。

难点:空间直线标准方程和一般方程的互化。

2.2.1　点向式方程

众所周知,一个点和一个方向可以确定一条直线,而方向可以用一个非零向量来表示。因此,一个点和一个非零向量就能唯一确定一条直线。

如果一个非零向量 $\boldsymbol{s}$ 与直线 L 平行,则称向量 $\boldsymbol{s}$ 是直线 L 的一个**方向向量**。

注 1　显然,若 $\boldsymbol{s}$ 是直线 L 的一个方向向量,则 $\lambda\boldsymbol{s}$ (λ 为任意非零实数)都是 L 的方向向量。

注 2　直线 L 的方向向量 $\boldsymbol{s}$ 的坐标 x , y , z 或与它成比例的一组数 l , m , n ($l:m:n=x:y:z$) 称为直线 L 的方向数,也称为 L 的方向。由于 L 的方向数与 L 的方向向量的坐标 x , y , z 成比例,故我们用 $x:y:z$ 表示以 $\boldsymbol{s}=\{m, n, p\}$ 为方向向量的直线的**方向数**。

在空间直角坐标系中,若 $M_0(x_0, y_0, z_0)$ 是直线 L 上的一个点, $\boldsymbol{s}=\{m, n, p\}$ 为 L 的一个方向向量,下面求直线 L 的方程。

点 $M(x, y, z)$ 在直线 L 上的充要条件是 $\overrightarrow{M_0M}$ 与 $\boldsymbol{s}$ 共线,如图 2-6 所示,所以存在一个实数 λ ,使得 $\overrightarrow{M_0M}=\lambda\boldsymbol{s}$,设 $\overrightarrow{OM_0}=\boldsymbol{\gamma}_0$, $\overrightarrow{OM}=\boldsymbol{\gamma}$,则由上式得

$$\boldsymbol{\gamma}=\boldsymbol{\gamma}_0+\lambda\boldsymbol{s} \tag{2.2-1}$$

式(2.2-1)称为直线 L 的向量式参数方程,其中 λ 为参数,而 $\overrightarrow{M_0M}$ 的坐标为 $\{x-x_0, y-y_0, z-z_0\}$,因此有

$$\begin{cases} x-x_0=\lambda m \\ y-y_0=\lambda n \\ z-z_0=\lambda p \end{cases} \tag{2.2-2}$$

称其为 L 的**坐标式参数方程**。

式(2.2-2)消去 λ ,得

$$\frac{x-x_0}{m}=\frac{y-y_0}{n}=\frac{z-z_0}{p} \tag{2.2-3}$$

称其为 L 的**标准式方程**或**对称式方程**。式(2.2-2)和式(2.2-3)都称为 L 的**点向式方程**。

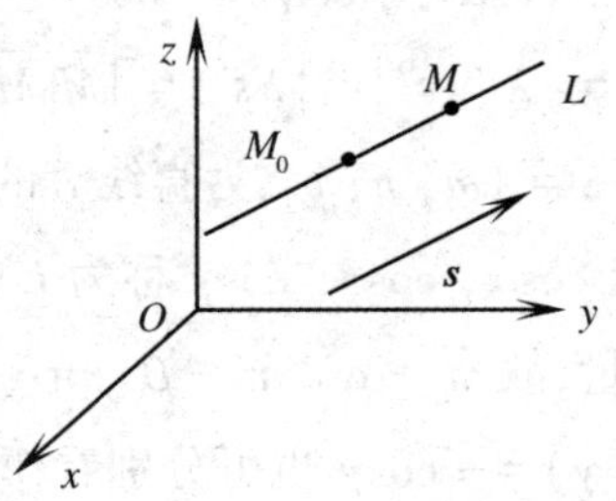

图 2-6

注 3 若已知直线 L 过 $M_0(x_0, y_0, z_0)$，方向向量为 $\boldsymbol{s}=\{m, n, p\}$，可立即写出 L 的方程式(2.2-1)、式(2.2-2)和式(2.2-3)。

注 4 由于直线 L 的方向向量 $\boldsymbol{s}\neq 0$，所以 m, n, p 不全为零，但当有一个为零时，如 $m=0$ 时，式(2.2-3)应理解为

$$\begin{cases} x-x_0=0 \\ \dfrac{y-y_0}{n}=\dfrac{z-z_0}{p} \end{cases}$$

该直线与 yOz 平面平行。

当有两个为零时，如 $m=n=0$ 时，式(2.2-3)应理解为

$$\begin{cases} x-x_0=0 \\ y-y_0=0 \end{cases}$$

该直线与 z 轴平行。

设直线 L 过空间两点 $M_1(x_1, y_1, z_1)$，$M_2(x_2, y_2, z_2)$，取 M_1 为定点，直线 L 的一个方向向量为 $\overrightarrow{M_1M_2}$，则

$$\overrightarrow{M_1M_2}=\{x_2-x_1, y_2-y_1, z_2-z_1\}$$

由直线的点向式方程即式(2.2-3)可得 L 的方程为

$$\frac{x-x_1}{x_2-x_1}=\frac{y-y_1}{y_2-y_1}=\frac{z-z_1}{z_2-z_1} \tag{2.2-4}$$

式(2.2-4)称为直线的**两点式方程**。

注 5 在直角坐标系下，直线 L 的方向向量常取单位向量 $\boldsymbol{s}^0=\{\cos\alpha, \cos\beta, \cos\gamma\}$，此时 $\overrightarrow{M_0M}=\lambda\boldsymbol{s}^0$。$L$ 的参数方程为

$$\begin{cases} x-x_0=\lambda\cos\alpha \\ y-y_0=\lambda\cos\beta \\ z-z_0=\lambda\cos\gamma \end{cases} \tag{2.2-5}$$

L 的对称方程为

$$\frac{x-x_0}{\cos\alpha}=\frac{y-y_0}{\cos\beta}=\frac{z-z_0}{\cos\gamma} \tag{2.2-6}$$

参数 λ 的几何意义为 $|\lambda|=|\lambda||\boldsymbol{s}^0|=|\lambda\boldsymbol{s}^0|=|\overrightarrow{M_0M}|$，即为 M_0 和 M 的距离。

注 6 在直角坐标系下，设 $\boldsymbol{s}=\{m, n, p\}$ 为直线 L 的方向向量，$\boldsymbol{s}$ 的方向角 α, β, γ 称为 L 的**方向角**，$\boldsymbol{s}$ 的方向余弦 $\cos\alpha, \cos\beta, \cos\gamma$ 称为 L 的**方向余弦**。

由于 $-\boldsymbol{s}$ 也是 L 的方向向量，故 $\pi-\alpha$，$\pi-\beta$，$\pi-\gamma$ 以及 $\cos(\pi-\alpha)=-\cos\alpha$，$\cos(\pi-\beta)=-\cos\beta$，$\cos(\pi-\gamma)=-\cos\gamma$ 也可分别看作 L 的方向角与方向余弦。

设 m，n，p 为直线 L 的方向数，则 $\{m, n, p\}$ 或 $\{-m, -n, -p\}$ 为 L 的方向向

量,定义 $\{m, n, p\}$ 或 $\{-m, -n, -p\}$ 的方向余弦即为 L 的方向余弦。故 L 的方向余弦与方向数之间有以下关系

$$\cos\alpha = \frac{m}{\sqrt{m^2 + n^2 + p^2}}, \cos\beta = \frac{n}{\sqrt{m^2 + n^2 + p^2}}, \cos\gamma = \frac{p}{\sqrt{m^2 + n^2 + p^2}}$$

或

$$\cos\alpha = \frac{-m}{\sqrt{m^2 + n^2 + p^2}}, \cos\beta = \frac{-n}{\sqrt{m^2 + n^2 + p^2}}, \cos\gamma = \frac{-p}{\sqrt{m^2 + n^2 + p^2}}$$

例 2.2.1　设直线 L 过两点 $A(-1, 2, 3)$ 和 $B(2, 0, -1)$,求直线 L 的方程。

解　直线 L 的一个方向向量为 $\overrightarrow{AB} = \{3, -2, -4\}$,则由直线的点向式方程即式(2.2-3)可得 L 的方程为

$$\frac{x+1}{3} = \frac{y-2}{-2} = \frac{z-3}{-4}$$

例 2.2.2　求过点 $M(1, 0, -2)$ 且与两平面 $\pi_1: x + z = 5$ 和 $\pi_2: 2x - 3y + z = 18$ 都平行的直线方程。

解　所求的直线与 π_1 与 π_2 都平行,即与 π_1, π_2 的法向量 $\boldsymbol{n}_1$, $\boldsymbol{n}_2$ 都垂直,其中

$$\boldsymbol{n}_1 = \{1, 0, 1\}, \boldsymbol{n}_2 = \{2, -3, 1\}$$

因此可用 $\boldsymbol{n}_1 \times \boldsymbol{n}_2$ 作为直线的一个方向向量 $\boldsymbol{s}$

$$\boldsymbol{s} = \boldsymbol{n}_1 \times \boldsymbol{n}_2 = \begin{vmatrix} \boldsymbol{i} & \boldsymbol{j} & \boldsymbol{k} \\ 1 & 0 & 1 \\ 2 & -3 & 1 \end{vmatrix} = 3\boldsymbol{i} + \boldsymbol{j} - 3\boldsymbol{k}$$

即

$$\boldsymbol{s} = \{3, 1, -3\}$$

所求直线的方程为

$$\frac{x-1}{3} = \frac{y-0}{1} = \frac{z+2}{-3}$$

2.2.2　一般式方程

空间中的任意一条直线可以看作是通过该直线的两个平面的交线。同时,两个相交平面可以唯一确定一条直线。因此,将两个平面方程联立起来就可以表示空间直线的方程。

设两个平面的方程为

$$\pi_1: A_1x + B_1y + C_1z + D_1 = 0$$
$$\pi_2: A_2x + B_2y + C_2z + D_2 = 0$$

则

$$\begin{cases}A_1x + B_1y + C_1z + D_1 = 0\\A_2x + B_2y + C_2z + D_2 = 0\end{cases}\tag{2.2-7}$$

表示一条直线,其中 A_1, B_1, C_1 与 A_2, B_2, C_2 不成比例。称式(2.2-7)为直线的**一般式方程**。

一般情况下,通过空间中一条直线的平面有无数个,我们只需从这些平面中任选两个,将它们的方程联立起来,就可以用于表示该空间直线。

注 7 直线的方向向量 $\boldsymbol{s} = \{m, n, p\}$ 与两个平面法向量的关系是 $\boldsymbol{s} \perp \boldsymbol{n}_1, \boldsymbol{s} \perp \boldsymbol{n}_2$,从而 $\boldsymbol{s} = \lambda \boldsymbol{n}_1 \times \boldsymbol{n}_2$,且 $\boldsymbol{n}_1$ 与 $\boldsymbol{n}_2$ 不共线,即 $A_1 : B_1 : C_1 \neq A_2 : B_2 : C_2$。

例 2.2.3 求平面 $2x - y + 5z - 3 = 0$ 与 xOy 平面相交的直线方程。

解 xOy 平面的方程为

$$z = 0$$

因此,所求的直线方程为

$$\begin{cases}2x - y + 5z - 3 = 0\\z = 0\end{cases}$$

2.2.3 射影式方程

设直线 L

$$\frac{x - x_0}{m} = \frac{y - y_0}{n} = \frac{z - z_0}{p}$$

由于 m, n, p 不全为零,不妨设 $p \neq 0$。将其改写为

$$\begin{cases}\dfrac{x - x_0}{m} = \dfrac{z - z_0}{p}\\[2ex]\dfrac{y - y_0}{n} = \dfrac{z - z_0}{p}\end{cases}$$

或

$$\begin{cases}x = x_0 + \dfrac{m}{p}z - \dfrac{m}{p}z_0\\[2ex]y = y_0 + \dfrac{n}{p}z - \dfrac{n}{p}z_0\end{cases}$$

令 $a = \dfrac{m}{p}, c = x_0 - \dfrac{m}{p}z_0, b = \dfrac{n}{p}, d = y_0 - \dfrac{n}{p}z_0$,则

$$\begin{cases}x = az + c\\y = bz + d\end{cases}\tag{2.2-8}$$

显然这是一种特殊的一般方程。

由上述讨论发现式(2.2-3)表示的直线 L 可以看作式(2.2-8)中两个方程表示的两个平面的交线。这两个平面通过该交线分别平行于 Oy 轴和 Ox 轴。在直角坐标系下,平面 $x = az + c$ 与坐标面 xOz 垂直(因为 $1 \times 0 + 0 \times 1 + a \cdot 0 = 0$),称为直线 L 关于 xOz 坐标面的射影平面,平面 $y = bz + d$ 与坐标面 yOz 垂直,称为直线 L 关于 yOz 坐标面的射影平面(射影平面的概念可参见本书"空间曲线的射影柱面"的概念),故称式(2.2-8)为 L 的射影式方程。由以上讨论可知如何将 L 的标准方程化为射影式方程。

2.2.4　直线方程的互化

在探讨各种不同的直线问题时,经常需要进行直线方程的互化。由于射影式方程是一般式方程的特殊形式,参数式方程和两点式方程与标准式方程之间的互化也较为简单,因此下面主要讨论直线的一般方程与标准方程的互化。

由上述射影式方程的定义过程可知如何将 L 的标准方程化为射影式方程。

直线的一般方程式(2.2-7)也可化成标准方程式(2.2-3)的形式,下面证明。

方法 1　设 L 的一般方程为

$$\begin{cases} A_1x + B_1y + C_1z + D_1 = 0 \\ A_2x + B_2y + C_2z + D_2 = 0 \end{cases}$$

则 $A_1 : B_1 : C_1 \neq A_2 : B_2 : C_2$。因此 $\begin{vmatrix} B_1 & C_1 \\ B_2 & C_2 \end{vmatrix}$, $\begin{vmatrix} C_1 & A_1 \\ C_2 & A_2 \end{vmatrix}$, $\begin{vmatrix} A_1 & B_1 \\ A_2 & B_2 \end{vmatrix}$ 不全为零。否则,由 $\begin{vmatrix} B_1 & C_1 \\ B_2 & C_2 \end{vmatrix} = 0$ 得 $B_1C_2 = B_2C_1$,即 $\dfrac{B_1}{B_2} = \dfrac{C_1}{C_2}$。由 $\begin{vmatrix} C_1 & A_1 \\ C_2 & A_2 \end{vmatrix} = 0$ 得 $C_1A_2 = C_2A_1$,即 $\dfrac{C_1}{C_2} = \dfrac{A_1}{A_2}$。故 $\dfrac{A_1}{A_2} = \dfrac{B_1}{B_2} = \dfrac{C_1}{C_2}$,即 $A_1 : B_1 : C_1 = A_2 : B_2 : C_2$,与 $A_1 : B_1 : C_1 \neq A_2 : B_2 : C_2$ 矛盾。

不失一般性,设 $\begin{vmatrix} A_1 & B_1 \\ A_2 & B_2 \end{vmatrix} \neq 0$,其中 $\begin{vmatrix} A_1 & B_1 \\ A_2 & B_2 \end{vmatrix}$ 为 x, y 的系数行列式,那么由式(2.2-7)可分别消去 x, y 得到 L 的射影式方程。

将式(2.2-7)写成

$$\begin{cases} A_1x + B_1y = - C_1z - D_1 \\ A_2x + B_2y = - C_2z - D_2 \end{cases} \tag{2.2-9}$$

由克拉默法则解出 x, y 得

$$\begin{cases} x = \dfrac{\begin{vmatrix} -C_1z-D_1 & B_1 \\ -C_2z-D_2 & B_2 \end{vmatrix}}{\begin{vmatrix} A_1 & B_1 \\ A_2 & B_2 \end{vmatrix}} = \dfrac{-\begin{vmatrix} C_1 & B_1 \\ C_2 & B_2 \end{vmatrix} z - \begin{vmatrix} D_1 & B_1 \\ D_2 & B_2 \end{vmatrix}}{\begin{vmatrix} A_1 & B_1 \\ A_2 & B_2 \end{vmatrix}} = \dfrac{\begin{vmatrix} B_1 & C_1 \\ B_2 & C_2 \end{vmatrix}}{\begin{vmatrix} A_1 & B_1 \\ A_2 & B_2 \end{vmatrix}} z + \dfrac{\begin{vmatrix} B_1 & D_1 \\ B_2 & D_2 \end{vmatrix}}{\begin{vmatrix} A_1 & B_1 \\ A_2 & B_2 \end{vmatrix}} \\ y = \dfrac{\begin{vmatrix} A_1 & -C_1z-D_1 \\ A_2 & -C_2z-D_2 \end{vmatrix}}{\begin{vmatrix} A_1 & B_1 \\ A_2 & B_2 \end{vmatrix}} = \dfrac{\begin{vmatrix} C_1 & A_1 \\ C_2 & A_2 \end{vmatrix}}{\begin{vmatrix} A_1 & B_1 \\ A_2 & B_2 \end{vmatrix}} z + \dfrac{\begin{vmatrix} D_1 & A_1 \\ D_2 & A_2 \end{vmatrix}}{\begin{vmatrix} A_1 & B_1 \\ A_2 & B_2 \end{vmatrix}} \end{cases}$$

以上为 L 的射影式方程,令

$$\dfrac{\begin{vmatrix} B_1 & D_1 \\ B_2 & D_2 \end{vmatrix}}{\begin{vmatrix} A_1 & B_1 \\ A_2 & B_2 \end{vmatrix}} = x_0,\ \dfrac{\begin{vmatrix} D_1 & A_1 \\ D_2 & A_2 \end{vmatrix}}{\begin{vmatrix} A_1 & B_1 \\ A_2 & B_2 \end{vmatrix}} = y_0,\ z_0 = 0$$

则得 L 的标准方程

$$\dfrac{x-x_0}{\begin{vmatrix} B_1 & C_1 \\ B_2 & C_2 \end{vmatrix}} = \dfrac{y-y_0}{\begin{vmatrix} C_1 & A_1 \\ C_2 & A_2 \end{vmatrix}} = \dfrac{z-z_0}{\begin{vmatrix} A_1 & B_1 \\ A_2 & B_2 \end{vmatrix}} \tag{2.2-10}$$

注 8 由上述 L 的标准方程式(2.2-10)可知,若 L 的一般方程为式(2.2-7),则

$$\begin{vmatrix} B_1 & C_1 \\ B_2 & C_2 \end{vmatrix},\ \begin{vmatrix} C_1 & A_1 \\ C_2 & A_2 \end{vmatrix},\ \begin{vmatrix} A_1 & B_1 \\ A_2 & B_2 \end{vmatrix}$$

为 L 的一个方向向量的坐标,即为 L 的一组方向数。

注 9 以上的证明给出了化直线的一般方程为射影式方程和标准方程的方法:哪两个变量的系数行列式不为零,分别消去这两个变量即得 L 的射影式方程,再由射影式方程得标准方程。

方法 2 对于直线方程式(2.2-7),不妨设 $\begin{vmatrix} A_1 & B_1 \\ A_2 & B_2 \end{vmatrix} \neq 0$,在方程组式(2.2-9)中取 z 为任意指定的值 $z = z_0$(特别地可取 $z = 0$)。解方程组式(2.2-9)得 $x = x_0$, $y = y_0$,那么 (x_0, y_0, z_0) 为方程组式(2.2-7)的一个解。点 $M_0(x_0, y_0, z_0)$ 在 L 上。再由注 8 得一组方向数。于是得 L 的标准方程为式(2.2-10)。

方法 3 设直线 L 的一般方程为

$$\begin{cases} A_1x + B_1y + C_1z + D_1 = 0 \\ A_2x + B_2y + C_2z + D_2 = 0 \end{cases}$$

则

$\pi_1: A_1x + B_1y + C_1z + D_1 = 0$ 的一个法向量为 $\boldsymbol{n}_1 = \{A_1, B_1, C_1\}$。

$\pi_2: A_2x + B_2y + C_2z + D_2 = 0$ 的一个法向量为 $\boldsymbol{n}_2 = \{A_2, B_2, C_2\}$。

因为 $L \in \pi_1 \cap \pi_2$，所以 $L \perp \boldsymbol{n}_1$ 且 $L \perp \boldsymbol{n}_2$，所以 $(\boldsymbol{n}_1 \times \boldsymbol{n}_2) // L$，故 $k(\boldsymbol{n}_1 \times \boldsymbol{n}_2)(k \neq 0)$ 可取为 L 的方向向量，再由方法 2 求得 L 上的一个点 (x_0, y_0, z_0)，即可得 L 的标准方程。

例 2.2.4　化直线 L 的一般方程

$$\begin{cases} 2x + y + z - 5 = 0 \\ 2x + y - 3z - 1 = 0 \end{cases}$$

为射影式方程和标准方程，并求出直线的方向余弦。

解 1　L 的方向数为

$$\begin{vmatrix} 1 & 1 \\ 1 & -3 \end{vmatrix} : \begin{vmatrix} 1 & 2 \\ -3 & 2 \end{vmatrix} : \begin{vmatrix} 2 & 1 \\ 2 & 1 \end{vmatrix} = -4 : 8 : 0 = 1 : (-2) : 0$$

因为 y，z 的系数行列式 $\begin{vmatrix} 1 & 1 \\ 1 & -3 \end{vmatrix} = -4 \neq 0$（取 x 为自由未知量），所以取 $x = 0$ 得

$$\begin{cases} y + z = 5 \\ y - 3z = 1 \end{cases}$$

解得 $y = 4$，$z = 1$，故取 $M_0(0, 4, 1)$ 为 L 上一点。故 L 的标准方程为

$$\frac{x}{1} = \frac{y-4}{-2} = \frac{z-1}{0}$$

由 $\frac{x}{1} = \frac{y-4}{-2}$ 得 $x = -\frac{1}{2}y + 2$，由 $\frac{x}{1} = \frac{z-1}{0}$ 得 $z = 1$，于是 L 的射影式方程为

$$\begin{cases} y = -2x + 4 \\ z = 1 \end{cases}$$

解 2　由所给直线 L 的一般方程消去 z 得

$$8x + 4y - 16 = 0 \text{ 或 } y = -2x + 4$$

由所给直线 L 的一般方程消去 y 得

$$4z - 4 = 0 \text{ 或 } z = 1$$

所以 L 的射影式方程为

$$\begin{cases} y = -2x + 4 \\ z = 1 \end{cases}$$

另外，由于所给直线 L 的一般方程中 y，z 的系数行列式 $\begin{vmatrix} 1 & 1 \\ 1 & -3 \end{vmatrix} = -4 \neq 0$，所以可将所给方程组表示为

$$\begin{cases} y + z = 5 - 2x \\ y - 3z = 1 - 2x \end{cases}$$

由此得

$$\begin{cases} y = \dfrac{\begin{vmatrix} 5-2x & 1 \\ 1-2x & -3 \end{vmatrix}}{\begin{vmatrix} 1 & 1 \\ 1 & -3 \end{vmatrix}} = \dfrac{-15+6x-1+2x}{-4} = -2x+4 \\ z = \dfrac{\begin{vmatrix} 1 & 5-2x \\ 1 & 1-2x \end{vmatrix}}{\begin{vmatrix} 1 & 1 \\ 1 & -3 \end{vmatrix}} = \dfrac{1-2x-5+2x}{-4} = 1 \end{cases}$$

即

$$\begin{cases} y = -2x + 4 \\ z = 1 \end{cases}$$

为 L 的射影式方程(因为 $z=1$ 既是 L 对 yOz 面又是对 xOz 面的射影平面,故 L 只有一个射影式方程)。

由 $y=-2x+4$ 得 $\dfrac{y-4}{-2}=\dfrac{x}{1}$;由 $z=1$ 得 $z-1=0$,也可写为 $\dfrac{z-1}{0}=\dfrac{x}{1}$,故 L 的标准方程为

$$\frac{x}{1}=\frac{y-4}{-2}=\frac{z-1}{0}$$

解 3 如解 1,取 $M_0(0,4,1)$ 为 L 上一点,再求直线的一个方向向量。由于 $\boldsymbol{n}_1=\{2,1,1\}$,$\boldsymbol{n}_2=\{2,1,-3\}$,$\boldsymbol{n}_1\times\boldsymbol{n}_2=\{-4,8,0\}$,因此取 $\boldsymbol{s}=\{1,-2,0\}$ 为直线的方向向量,于是该直线的标准方程为

$$\frac{x}{1}=\frac{y-4}{-2}=\frac{z-1}{0}$$

将此标准方程转化为射影式方程的过程见解 1。L 的方向余弦为

$$\cos\alpha=\frac{1}{\sqrt{5}},\cos\beta=\frac{2}{\sqrt{5}},\cos\gamma=0$$

同步练习 2.2

基础题

1. 判断正误(对的在括号内打√,错误的打×)

(1)若向量 $\boldsymbol{s}$ 与直线 L 平行,则 $\lambda\boldsymbol{s}$(λ 为任意非零实数)都是 L 的方向向量。( )

(2) 平面方程都是三元一次方程，空间直线方程都可归结为三元一次方程组。（　　）

(3) 空间直线 L 的射影式方程是直线 L 关于任意两个坐标平面的射影平面的交线。（　　）

(4) 设直线 L 的一般方程为 $\begin{cases} A_1x + B_1y + C_1z + D_1 = 0 \\ A_2x + B_2y + C_2z + D_2 = 0 \end{cases}$，则可取直线 L 的方向向量为 $\boldsymbol{s} = \left\{ \begin{vmatrix} B_1 & C_1 \\ B_2 & C_2 \end{vmatrix}, \begin{vmatrix} C_1 & A_1 \\ C_2 & A_2 \end{vmatrix}, \begin{vmatrix} A_1 & B_1 \\ A_2 & B_2 \end{vmatrix} \right\}$。（　　）

(5) $L: \dfrac{x - x_0}{m} = \dfrac{y - y_0}{n} = \dfrac{z - z_0}{p}$ 的方向余弦 $\cos\alpha$，$\cos\beta$，$\cos\gamma$ 唯一存在。（　　）

2. 求下列各直线的方程：

(1) 通过点 $M(-1, 2, 9)$ 且与平面 $3x + 2y - z - 5 = 0$ 垂直的直线；

(2) 通过点 $M_0(x_0, y_0, z_0)$ 且平行于两相交平面 $\pi_i: A_ix + B_iy + C_iz + D_i = 0\ (i = 1, 2)$ 的直线；

(3) 通过点 $M(1, -5, 3)$ 且与 x，y，z 三轴分别成 $60°$，$45°$，$120°$ 角的直线；

(4) 通过 $M(1, 0, -2)$ 且与 $\dfrac{x-1}{1} = \dfrac{y}{1} = \dfrac{z+1}{-1}$ 和 $\dfrac{x}{1} = \dfrac{y-1}{-1} = \dfrac{z+1}{0}$ 都垂直的直线；

(5) 通过点 $A(-3, 0, 1)$ 和点 $B(2, -5, 1)$ 的直线；

(6) 通过点 $M_0(2, 4, -1)$ 且与三坐标轴夹角相等的直线。

3. 化下列直线的一般方程为射影式方程与标准方程，并求出直线的方向余弦：

(1) $\begin{cases} 2x + y - z + 1 = 0 \\ 3x - y - 2z - 3 = 0 \end{cases}$；(2) $\begin{cases} x + z - 6 = 0 \\ 2x - 4y - z + 6 = 0 \end{cases}$；(3) $\begin{cases} x + y - z = 0 \\ x = 2 \end{cases}$。

提高题

1. 求以下各点的坐标：

(1) 在直线 $\dfrac{x-1}{2} = \dfrac{y-8}{1} = \dfrac{z-8}{3}$ 上与原点相距 25 个单位的点；

(2) 关于直线 $\begin{cases} x - y - 4z + 12 = 0 \\ 2x + y - 2z + 3 = 0 \end{cases}$ 与点 $P(2, 0, -1)$ 对称的点。

2. 求下列各平面的方程：

(1) 通过点 $P(2, 0, -1)$ 且通过直线 $\dfrac{x+1}{2} = \dfrac{y}{-1} = \dfrac{z-2}{3}$ 的平面；

(2) 通过直线 $\dfrac{x-2}{1} = \dfrac{y+3}{-5} = \dfrac{z+1}{-1}$ 且与直线 $\begin{cases} 2x - y - z - 3 = 0 \\ x + 2y - z - 5 = 0 \end{cases}$ 平行的平面；

(3)通过直线 $\frac{x-1}{2}=\frac{y+2}{-3}=\frac{z-2}{2}$ 且与平面 $3x+2y-z-5=0$ 垂直的平面；

(4)通过直线 $\begin{cases}5x+8y-3z+9=0\\2x-4y+z-1=0\end{cases}$ 向三坐标面所引的三个射影平面。

3. 求通过点 $N_0(1,4,-2)$ 且与两平面 $\pi_1:6x+2y+2z+3=0$, $\pi_2:3x-5y-2z-1=0$ 均平行的直线方程。

§2.3　点与平面及直线的关系

目的与要求：

1. 掌握平面与点、平面与平面相关位置的判定条件；
2. 掌握直线与平面、直线与直线相关位置的分类及其判定条件；
3. 掌握两异面直线间的公垂线方程求法；
4. 掌握点与平面的距离公式、点到直线的距离公式、两异面直线间的距离公式；
5. 掌握平面与平面、直线与平面、直线与直线的夹角公式。

重点与难点：

重点：直线与平面的相关位置的分类及其判定；空间两直线相关位置的分类及其判定，平面与平面、直线与平面、直线与直线的夹角公式；两异面直线间的距离公式。

难点：两平面的相关位置判定；两异面直线的公垂线方程；直线与平面的夹角公式；两异面直线间的距离公式。

2.3.1　点与直线及平面间的位置关系

在空间坐标系中，点与平面(或直线)之间的位置关系只有两种可能：点在平面(或直线)上，或点不在平面(或直线)上。一个点位于平面(或直线)上的充分且必要条件是该点的坐标满足相应的平面(或直线)方程。接下来，我们将通过方程来探讨空间中直线与平面之间的相互位置关系。

1. 平面与平面的位置关系

平面与平面之间的位置关系有三种可能：相交、平行和重合。两个平面相交的条件是它们至少有一部分公共点。当两个平面没有任何公共点时，它们是平行的。若一个平面上的所有点同时也位于另一个平面上，则这两个平面重合。

设有两个平面 π_1 与 π_2，它们的方程为

$$\pi_1: A_1x+B_1y+C_1z+D_1=0\ (A_1, B_1, C_1\text{ 不同时为零})$$

$$\pi_2: A_2x + B_2y + C_2z + D_2 = 0\ (A_2, B_2, C_2 \text{ 不同时为零})$$

两平面 π_1 与 π_2 的相互位置关系取决于 π_1 与 π_2 两个平面方程联立构成的方程组是有解、无解还是两个平面方程仅相差一个不为零的数因子，由此可得如下定理。

定理 2.3.1　两平面 π_1 与 π_2 相交的充要条件是

$$A_1 : B_1 : C_1 \neq A_2 : B_2 : C_2 \tag{2.3-1}$$

平行的充要条件是

$$\frac{A_1}{A_2} = \frac{B_1}{B_2} = \frac{C_1}{C_2} \neq \frac{D_1}{D_2} \tag{2.3-2}$$

重合的充要条件是

$$\frac{A_1}{A_2} = \frac{B_1}{B_2} = \frac{C_1}{C_2} = \frac{D_1}{D_2} \tag{2.3-3}$$

判定平面与平面相互位置关系的条件具有明确的几何意义。

两平面 π_1 与 π_2 的法向量分别为：

$$\boldsymbol{n}_1 = \{A_1, B_1, C_1\},\ \boldsymbol{n}_2 = \{A_2, B_2, C_2\}$$

两平面 π_1 与 π_2 相交的充要条件是式(2.3-1)，即 $\boldsymbol{n}_1$ 不平行于 $\boldsymbol{n}_2$；

π_1 与 π_2 平行的充要条件是式(2.3-2)，即 $\boldsymbol{n}_1 /\!/ \boldsymbol{n}_2$；

π_1 与 π_2 重合的充要条件是式(2.3-3)，即 $\boldsymbol{n}_1$ 与 $\boldsymbol{n}_2$ 共线（不平行）。

注 1　平面 π_1 与 π_2 互相垂直的充要条件是 $\boldsymbol{n}_1 \cdot \boldsymbol{n}_2 = 0$，即 $A_1A_2 + B_1B_2 + C_1C_2 = 0$。

2. 直线与平面的位置关系

空间中直线与平面之间的位置关系可以分为三种情形：相交、平行、直线完全位于平面上。直线与平面相交的条件是它们有一个唯一的交点。如果直线与平面没有任何交点，则它们是平行的。当直线完全位于平面上时，它们将有无穷多个交点。

设直线

$$L: \frac{x - x_0}{m} = \frac{y - y_0}{n} = \frac{z - z_0}{p} \tag{2.3-4}$$

平面

$$\pi: Ax + By + Cz + D = 0 \tag{2.3-5}$$

将其联立起来的方程组为

$$\begin{cases} \dfrac{x - x_0}{m} = \dfrac{y - y_0}{n} = \dfrac{z - z_0}{p} \\ Ax + By + Cz + D = 0 \end{cases}$$

由定义，讨论 L 与 π 的相互位置关系即讨论 L 与 π 的交点的存在性和唯一性，即讨论上述方程组的解的存在性和唯一性，以下讨论之。

将直线 L 的方程即式(2.3-4)改写为参数式

$$\begin{cases} x = x_0 + mt \\ y = y_0 + nt \\ z = z_0 + pt \end{cases} \tag{2.3-6}$$

将式(2.3-6)代入式(2.3-5),整理可得

$$(Am + Bn + Cp)t = -(Ax_0 + By_0 + Cz_0 + D) \tag{2.3-7}$$

验证易见 $x = x_0 + mt_0$, $y = y_0 + nt_0$, $z = z_0 + pt_0$ 为式(2.3-5)的解当且仅当 t_0 为式(2.3-7)的解。因此,当且仅当 $Am + Bn + Cp \neq 0$ 时,式(2.3-7)有唯一解,此时直线 L 与平面 π 有唯一公共点;当且仅当 $Am + Bn + Cp = 0$, $Ax_0 + By_0 + Cz_0 + D \neq 0$ 时,式(2.3-7)无解,此时直线 L 与平面 π 没有公共点;当且仅当 $Am + Bn + Cp = 0$, $Ax_0 + By_0 + Cz_0 + D = 0$ 时,式(2.3-7)有无穷多解,此时直线 L 与平面 π 有无穷多公共点,即直线 L 在平面 π 上。综上所述,我们已证明了如下定理:

定理 2.3.2　L 与 π 相交的充要条件是

$$mA + nB + pC \neq 0 \tag{2.3-8}$$

L 与 π 平行的充要条件是

$$mA + nB + pC = 0 \text{ 且 } Ax_0 + By_0 + Cz_0 + D \neq 0 \tag{2.3-9}$$

L 在 π 上的充要条件是

$$mA + nB + pC = 0 \text{ 且 } Ax_0 + By_0 + Cz_0 + D = 0 \tag{2.3-10}$$

判定直线与平面相互位置关系的条件具有明确的几何意义。

设 $\boldsymbol{s} = \{m, n, p\}$ 为直线 L 的一个方向向量,平面 π 的一个法向量为 $\boldsymbol{n} = \{A, B, C\}$,故有如下结论成立:

L 与 π 相交当且仅当式(2.3-8)成立,即 $\boldsymbol{s} \cdot \boldsymbol{n} \neq 0$,也就是 $\boldsymbol{s}$ 与 $\boldsymbol{n}$ 不垂直;L 与 π 平行当且仅当式(2.3-9)成立,即 $\boldsymbol{s} \perp \boldsymbol{n}$ 且 L 上的点 (x_0, y_0, z_0) 不在平面 π 上;L 在 π 上当且仅当式(2.3-10)成立,即 $\boldsymbol{s} \perp \boldsymbol{n}$ 且 L 上的点 (x_0, y_0, z_0) 在平面 π 上。

例 2.3.1　若以下两方程 $(l-3)x + (m+1)y + (n-3)z + 8 = 0$ 和 $(m+3)x + (n-9)y + (l-3)z - 16 = 0$

表示同一平面,试确定 l, m, n 的值。

解　欲使所给的两个方程表示同一平面,则

$$\frac{l-3}{m+3} = \frac{m+1}{n-9} = \frac{n-3}{l-3} = \frac{8}{-16}$$

即

$$\begin{cases} m + 2l - 3 = 0 \\ n + 2m - 7 = 0 \\ l + 2n - 9 = 0 \end{cases}$$

从而

$$l=\frac{7}{9},\ m=\frac{13}{9},\ n=\frac{37}{9}$$

例 2.3.2　判断下列直线 L 与平面 π 的位置关系,若相交,求出交点坐标。

(1) $\pi:2x+y-z=0,\ L:\dfrac{x-1}{1}=\dfrac{y+1}{1}=\dfrac{z}{3}$;

(2) $\pi:x-y+2z=0,\ L:\begin{cases}x+y+z=1\\2x+3z=1\end{cases}$;

(3) $\pi:x+2y-5z-11=0,\ L:\dfrac{x-5}{2}=\dfrac{y+3}{-2}=\dfrac{z-1}{3}$。

解(1)设

$$\frac{x-1}{1}=\frac{y+1}{1}=\frac{z}{3}=t$$

则

$$\begin{cases}x=t+1\\y=t-1\\z=3t\end{cases}$$

代入

$$2x+y-z=0$$

得

$$2(t+1)+(t-1)-3t=0$$

即

$$1=0\ (\text{无解})$$

因此直线 L 与平面 π 平行。

(2)显然方程组

$$\begin{cases}x-y+2z=0\\x+y+z=1\\2x+3z=1\end{cases}$$

有无穷组解,因此 L 在 π 上。

(3)解方程组

$$\begin{cases}x+2y-5z-11=0\\\dfrac{x-5}{2}=\dfrac{y+3}{-2}=\dfrac{z-1}{3}\end{cases}$$

得

$$x=3,\ y=-1,\ z=-2$$

因此，L 与 π 相交，且交点坐标为 $(3,-1,-2)$。

3. 直线与直线的位置关系

在空间中，两条直线的位置关系可以分为共面和异面两种情况。如果两条直线在同一个平面上，则它们共面。在共面的情况下，这两条直线可能是平行的、相交的或重合的。而当两条直线不在同一个平面上时，则它们是异面的。

我们可以通过解由这两条直线的方程组成的方程组来确定它们的位置关系。

设两条直线 L_1 与 L_2 的方程为

$$L_1: \frac{x-x_1}{m_1}=\frac{y-y_1}{n_1}=\frac{z-z_1}{p_1} \tag{2.3-11}$$

$$L_2: \frac{x-x_2}{m_2}=\frac{y-y_2}{n_2}=\frac{z-z_2}{p_2} \tag{2.3-12}$$

点 $M_1(x_1, y_1, z_1) \in L_1$，$L_1$ 的方向向量 $\boldsymbol{s}_1=\{m_1, n_1, p_1\}$，点 $M_2(x_2, y_2, z_2) \in L_2$，$L_2$ 的方向向量 $\boldsymbol{s}_2=\{m_2, n_2, p_2\}$。由它们的方程构成的方程组为

$$\begin{cases} \dfrac{x-x_1}{m_1}=\dfrac{y-y_1}{n_1}=\dfrac{z-z_1}{p_1} \\ \dfrac{x-x_2}{m_2}=\dfrac{y-y_2}{n_2}=\dfrac{z-z_2}{p_2} \end{cases}$$

若上述方程组有无穷组解，则 L_1 与 L_2 重合；若上述方程组只有一组解，则 L_1 与 L_2 相交，且方程组的解即为 L_1 与 L_2 的交点坐标；若上述方程组无解，且 $\boldsymbol{s}_1 /\!/ \boldsymbol{s}_2$，即 $\boldsymbol{s}_1 \times \boldsymbol{s}_2=\boldsymbol{0}$，则 L_1 与 L_2 平行；若上述方程组无解，且 $\boldsymbol{s}_1 \times \boldsymbol{s}_2 \neq \boldsymbol{0}$，则 L_1 与 L_2 为异面直线。

如图 2-7 所示，两直线 L_1 与 L_2 的位置关系取决于三向量 $\overrightarrow{M_1M_2}$，$\boldsymbol{s}_1$，$\boldsymbol{s}_2$ 的相互关系，因此可以把直线 L_1 与 L_2 的位置关系转化为三向量 $\overrightarrow{M_1M_2}$，$\boldsymbol{s}_1$，$\boldsymbol{s}_2$ 的关系，讨论如下：

当且仅当 $\overrightarrow{M_1M_2}$，$\boldsymbol{s}_1$，$\boldsymbol{s}_2$ 不共面时，L_1 与 L_2 异面；当且仅当 $\overrightarrow{M_1M_2}$，$\boldsymbol{s}_1$，$\boldsymbol{s}_2$ 共面时，L_1 与 L_2 共面。在共面的情况下，若 $\boldsymbol{s}_1$，$\boldsymbol{s}_2$ 不共线，则 L_1 与 L_2 相交；若 $\boldsymbol{s}_1$，$\boldsymbol{s}_2$ 共线且 $\boldsymbol{s}_2$ 与 $\overrightarrow{M_1M_2}$ 不共线，则直线 L_1 与 L_2 平行；若 $\boldsymbol{s}_1$，$\boldsymbol{s}_2$，$\overrightarrow{M_1M_2}$ 三者共线，则直线 L_1 与 L_2 重合。

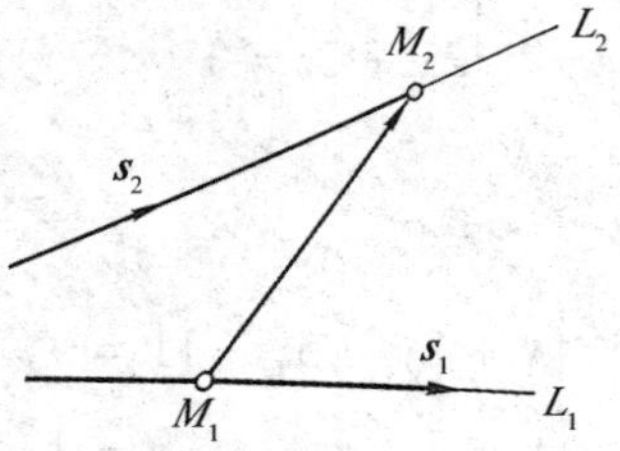

图 2-7

综上易得：

定理 2.3.3　设直线 L_1 与 L_2 的方程分别为式(2.3-11)和式(2.3-12)，且

$$\Delta = (\overrightarrow{M_1M_2}, s_1, s_2) = \begin{vmatrix} x_2 - x_1 & y_2 - y_1 & z_2 - z_1 \\ m_1 & n_1 & p_1 \\ m_2 & n_2 & p_2 \end{vmatrix}$$

则

L_1 与 L_2 异面的充要条件是

$$\Delta \neq 0$$

L_1 与 L_2 共面的充要条件是

$$\Delta = 0$$

L_1 与 L_2 相交的充要条件是

$$\Delta = 0 \text{ 且 } m_1 : n_1 : p_1 \neq m_2 : n_2 : p_2$$

L_1 与 L_2 平行的充要条件是

$$m_1 : n_1 : p_1 = m_2 : n_2 : p_2 \neq (x_2 - x_1) : (y_2 - y_1) : (z_2 - z_1)$$

L_1 与 L_2 重合的充要条件是

$$m_1 : n_1 : p_1 = m_2 : n_2 : p_2 = (x_2 - x_1) : (y_2 - y_1) : (z_2 - z_1)$$

例 2.3.3　求通过 $P(1, 1, 1)$ 且与 $L_1: \dfrac{x}{1} = \dfrac{y}{2} = \dfrac{z}{3}$，$L_2: \dfrac{x-1}{2} = \dfrac{y-2}{1} = \dfrac{z-3}{4}$ 都相交的直线方程。

解 1　设所求直线 L 的一个方向向量为 $s = \{m, n, p\}$，又因为 $P(1, 1, 1) \in L$，那么

$$L: \frac{x-1}{m} = \frac{y-1}{n} = \frac{z-1}{p}$$

因为 L 与 L_1 相交，且 $M_1(0, 0, 0) \in L_1$，$s_1 = \{1, 2, 3\}$ 为 L_1 的一个方向向量，$\overrightarrow{M_1P} = \{1, 1, 1\}$，所以有

$$\Delta_1 = \begin{vmatrix} 1 & 1 & 1 \\ 1 & 2 & 3 \\ m & n & p \end{vmatrix} = 0 \text{ 且 } m : n : p \neq 1 : 2 : 3$$

即

$$m - 2n + p = 0 \text{ 且 } m : n : p \neq 1 : 2 : 3$$

因为 L 与 L_2 相交，且 $M_2(1, 2, 3) \in L_2$，$s_2 = \{2, 1, 4\}$ 为 L_2 的一个方向向量，$\overrightarrow{M_2P} = \{0, -1, -2\}$，所以有

$$\Delta_2 = \begin{vmatrix} 0 & -1 & -2 \\ 2 & 1 & 4 \\ m & n & p \end{vmatrix} = 0 \text{ 且 } m : n : p \neq 2 : 1 : 4$$

即

$$m+2n-p=0 \text{ 且 } m:n:p\neq 2:1:4$$

这样，L 与 L_1，L_2 都相交的充要条件是

$$\begin{cases}m-2n+p=0\\ m+2n-p=0\end{cases} \text{且} \begin{cases}m:n:p\neq 1:2:3\\ m:n:p\neq 2:1:4\end{cases}$$

解之得

$$m:n:p=\begin{vmatrix}-2 & 1\\ 2 & -1\end{vmatrix}:\begin{vmatrix}1 & 1\\ -1 & 1\end{vmatrix}:\begin{vmatrix}1 & -2\\ 1 & 2\end{vmatrix}=0:2:4=0:1:2$$

故所求直线 L 的方程为

$$\frac{x-1}{0}=\frac{y-1}{1}=\frac{z-1}{2}$$

解 2 设所求直线为 L，则 $P(1,1,1)\in L$，$P_1(0,0,0)\in L_1$，$\boldsymbol{s}_1=\{1,2,3\}//L_1$，$P_2(1,2,3)\in L_2$，$\boldsymbol{s}_2=\{2,1,4\}//L_2$。

设 L 与 L_1 决定的平面为 π_1，则 $\boldsymbol{s}_1//\pi_1$，$\overrightarrow{P_1P}=\{1,1,1\}//\pi_1$，且 $\boldsymbol{s}_1$ 与 $\overrightarrow{P_1P}$ 不平行，故 $\boldsymbol{s}_1$ 与 $\overrightarrow{P_1P}$ 可作为平面 π_1 的一组方位向量，又 $P_1(0,0,0)\in L_1\subset\pi_1$，故平面 π_1 的点位式方程为

$$\begin{vmatrix}x & y & z\\ 1 & 2 & 3\\ 1 & 1 & 1\end{vmatrix}=0$$

即

$$x-2y+z=0$$

设 L 与 L_2 决定的平面为 π_2，类似地，过点 $P(1,1,1)$，以 $\boldsymbol{s}_2$ 与 $\overrightarrow{P_2P}$ 为一组方位向量的平面 π_2 的方程为

$$\begin{vmatrix}x-1 & y-1 & z-1\\ 2 & 1 & 4\\ 0 & -1 & -2\end{vmatrix}=0$$

即

$$x+2y-z-2=0$$

因为 $1:(-2):1\neq 1:2:(-1)$，所以 π_1 与 π_2 相交，故 L 为相交平面 π_1 与 π_2 的一条交线，所求直线 L 可用以下的一般式方程表示

$$\begin{cases}x-2y+z=0\\ x+2y-z-2=0\end{cases}$$

下面继续在空间直角坐标系中探讨异面直线的公垂线。

定义 2.3.1 与两条异面直线都垂直相交的直线称为两异面直线的公垂线。

注 2　异面直线的公垂线唯一存在。

设有异面直线 L_1, L_2，令 π_1 为由 L_1 与它们的公垂线 L_0 决定的平面，则 $\boldsymbol{s}_1, \boldsymbol{s}_1\times\boldsymbol{s}_2$ 为 π_1 的方位向量，且 $M_1(x_1, y_1, z_1)\in\pi_1$。令 π_2 为由 L_2 与它们的公垂线 L_0 决定的平面，则 $\boldsymbol{s}_2, \boldsymbol{s}_1\times\boldsymbol{s}_2$ 为 π_2 的方位向量，且 $M_2(x_2, y_2, z_2)\in\pi_2$，如图 2-8 所示。

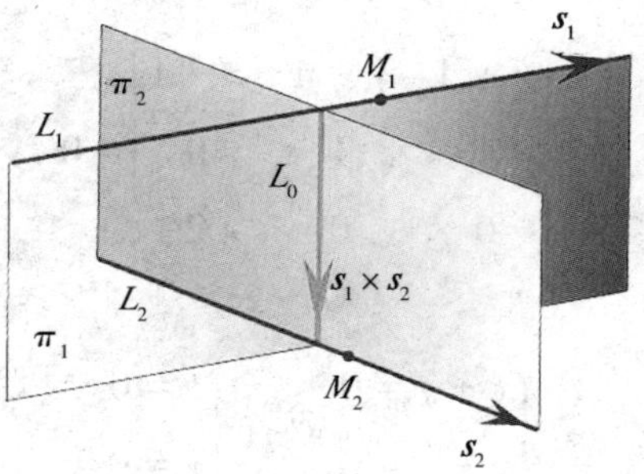

图 2-8

显然，$L_0=\pi_1\cap\pi_2$。

因为 L_1 与 L_2 异面，所以 π_1 与 π_2 相交(否则，π_1 与 π_2 重合，这样 L_1 与 L_2 共面，这同 L_1 与 L_2 异面矛盾)。于是，L_0 为 π_1 与 π_2 的交线，故公垂线 L_0 的方程为

$$\begin{cases}\begin{vmatrix} x-x_1 & y-y_1 & z-z_1 \\ m_1 & n_1 & p_1 \\ m & n & p\end{vmatrix}=0 \\ \begin{vmatrix} x-x_2 & y-y_2 & z-z_2 \\ m_2 & n_2 & p_2 \\ m & n & p\end{vmatrix}=0\end{cases} \tag{2.3-13}$$

其中 $\{m, n, p\}=\boldsymbol{s}_1\times\boldsymbol{s}_2=\begin{vmatrix}\boldsymbol{i} & \boldsymbol{j} & \boldsymbol{k} \\ m_1 & n_1 & p_1 \\ m_2 & n_2 & p_2\end{vmatrix}=\left\{\begin{vmatrix} n_1 & p_1 \\ n_2 & p_2\end{vmatrix}, \begin{vmatrix} p_1 & m_1 \\ p_2 & m_2\end{vmatrix}, \begin{vmatrix} m_1 & n_1 \\ m_2 & n_2\end{vmatrix}\right\}$，即为 L_0 的方向向量。

例 2.3.4　已知两直线 $L_1: \dfrac{x}{1}=\dfrac{y}{-1}=\dfrac{z+1}{0}$，$L_2: \dfrac{x-1}{1}=\dfrac{y-1}{1}=\dfrac{z-1}{0}$，试证明 L_1 与 L_2 为异面直线，并求 L_1 与 L_2 的公垂线方程。

解　易知，$\overrightarrow{M_1M_2}=\{1, 1, 2\}$，$M_1(0, 0, -1)\in L_1$，$\boldsymbol{s}_1=\{1, -1, 0\}$ 为 L_1 的一个方向向量，$M_2(1, 1, 1)\in L_2$，$\boldsymbol{s}_2=\{1, 1, 0\}$ 为 L_2 的一个方向向量，因为

$$\Delta=|(\overrightarrow{M_1M_2}, \boldsymbol{s}_1, \boldsymbol{s}_2)|=\begin{vmatrix}1 & 1 & 2 \\ 1 & -1 & 0 \\ 1 & 1 & 0\end{vmatrix}=4\neq 0$$

所以 L_1 与 L_2 为异面直线。

据式(2.3-13),公垂线 L_0 的方程可写为

$$\begin{cases}\begin{vmatrix} x & y & z+1 \\ 1 & -1 & 0 \\ 0 & 0 & 2 \end{vmatrix}=0 \\ \begin{vmatrix} x-1 & y-1 & z-1 \\ 1 & 1 & 0 \\ 0 & 0 & 2 \end{vmatrix}=0 \end{cases}$$

即

$$\begin{cases} x+y=0 \\ x-y=0 \end{cases} \text{或者} \begin{cases} x=0 \\ y=0 \end{cases}$$

显然它为 z 轴。

2.3.2 点与直线及平面间的度量关系

在处理平面相交、直线与平面相交以及两直线相交或异面的情况时,我们需要考虑它们之间的夹角关系。我们可以利用向量的内积来研究这些夹角。

1. 两平面间的夹角

设平面 π_1 与 π_2 的法向量分别为 $\boldsymbol{n}_1$, $\boldsymbol{n}_2$,当两平面相交时,把它们的夹角 θ 定义为其法向量的夹角 $\angle(\boldsymbol{n}_1, \boldsymbol{n}_2)$,且规定 $0 \leqslant \theta \leqslant \frac{\pi}{2}$。两平面 π_1 与 π_2 的二面角用 $\angle(\pi_1,\pi_2)$ 来表示,如图 2-9 所示,显然有 $\angle(\pi_1,\pi_2)=\theta$ 或 $\angle(\pi_1,\pi_2)=\pi-\theta$。即

$$\cos\angle(\pi_1,\pi_2)=|\cos\theta|=|\cos\angle(\boldsymbol{n}_1, \boldsymbol{n}_2)|=\frac{|\boldsymbol{n}_1\cdot\boldsymbol{n}_2|}{|\boldsymbol{n}_1||\boldsymbol{n}_2|}$$

$$=\frac{|A_1A_2+B_1B_2+C_1C_2|}{\sqrt{A_1^2+B_1^2+C_1^2}\cdot\sqrt{A_2^2+B_2^2+C_2^2}} \qquad (2.3\text{-}14)$$

特别地,当 $\pi_1 \perp \pi_2$ 时, $\angle(\pi_1,\pi_2)=\frac{\pi}{2}$,则由式(2.3-14)可知

$$A_1A_2+B_1B_2+C_1C_2=0$$

反之亦然,所以两平面 π_1 与 π_2 垂直的充要条件是

$$A_1A_2+B_1B_2+C_1C_2=0 \qquad (2.3\text{-}15)$$

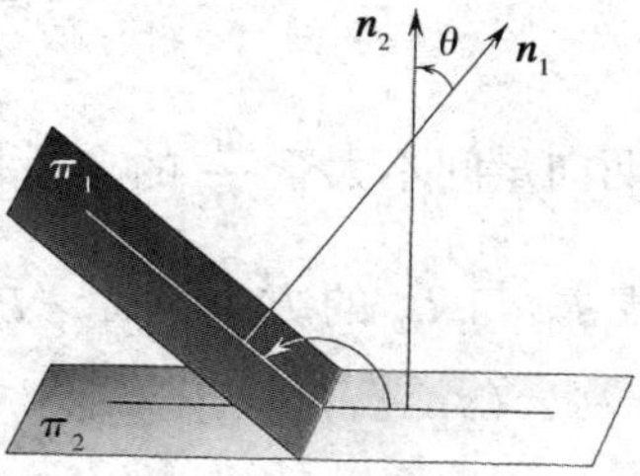

图 2-9

2. 直线与平面间的夹角

现在我们讨论直线 L 与平面 π 的夹角的求法。直线与它在平面上的射影之间的夹角 $\varphi\left(0\leqslant\varphi\leqslant\frac{\pi}{2}\right)$,称为**直线与平面的夹角**。

若直线 $L:\frac{x-x_0}{m}=\frac{y-y_0}{n}=\frac{z-z_0}{p}$,平面 $\pi:Ax+By+Cz+D=0$,则直线 L 的方向向量为 $\boldsymbol{s}=\{m,n,p\}$,平面 π 的法向量为 $\boldsymbol{n}=\{A,B,C\}$。设直线 L 的方向向量 $\boldsymbol{s}$ 与平面 π 的法向量 $\boldsymbol{n}$ 之间的夹角为 $\theta\ (0\leqslant\theta\leqslant\pi)$,如图 2-10 所示,则

$$\varphi=\frac{\pi}{2}-\theta\left(0\leqslant\theta\leqslant\frac{\pi}{2}\right)$$

或

$$\varphi=\theta-\frac{\pi}{2}\left(\frac{\pi}{2}\leqslant\theta\leqslant\pi\right)$$

所以

$$\sin\varphi=|\cos\theta|=\frac{|\boldsymbol{s}\cdot\boldsymbol{n}|}{|\boldsymbol{s}|\cdot|\boldsymbol{n}|}=\frac{|Am+Bn+Cp|}{\sqrt{m^2+n^2+p^2}\cdot\sqrt{A^2+B^2+C^2}}\tag{2.3-16}$$

特别地,从式(2.3-10)直接可得直线 L 与平面 π 垂直的充要条件是 $\boldsymbol{s}/\!/\boldsymbol{n}$,即

$$\frac{m}{A}=\frac{n}{B}=\frac{p}{C}\tag{2.3-17}$$

而直线 L 与平面 π 平行或直线 L 在平面 π 上的充要条件是 $\boldsymbol{s}\cdot\boldsymbol{n}=0$,即

$$Am+Bn+Cp=0\tag{2.3-18}$$

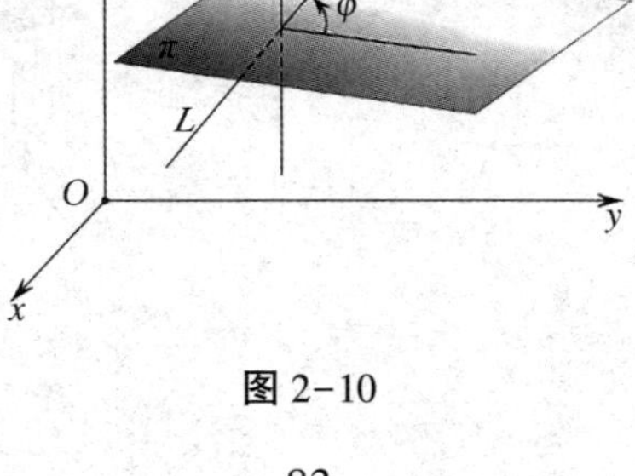

图 2-10

3. 空间两直线的夹角

平行于两直线 L_1 与 L_2 的两向量间不大于 $\frac{\pi}{2}$ 的夹角 θ 叫作这**两条直线的夹角**。

设 $\boldsymbol{s}_1, \boldsymbol{s}_2$ 分别为空间直线 L_1 与 L_2 的方向向量，L_1 与 L_2 的夹角 $\angle(L_1, L_2) \triangleq \angle(\boldsymbol{s}_1, \boldsymbol{s}_2)$ 或 $\angle(L_1, L_2) \triangleq \pi - \angle(\boldsymbol{s}_1, \boldsymbol{s}_2)$。

注 3 这里 L_1 与 L_2 为空间中任意两条直线，它们不一定相交。显然有

$$\cos\angle(L_1, L_2) = |\cos\angle(\boldsymbol{s}_1, \boldsymbol{s}_2)| = \frac{|\boldsymbol{s}_1 \cdot \boldsymbol{s}_2|}{|\boldsymbol{s}_1||\boldsymbol{s}_2|} \tag{2.3-19}$$

注 4 若 $L_1 /\!/ L_2$，规定 L_1 与 L_2 的夹角为 0。

注 5 $L_1 \perp L_2$ 的充要条件为 $\boldsymbol{s}_1 \cdot \boldsymbol{s}_2 = 0$，即 $m_1m_2 + n_1n_2 + p_1p_2 = 0$。

例 2.3.5 求两直线 $L_1: \frac{x-2}{5} = \frac{y+1}{1} = \frac{z-1}{-3}$ 与 $L_2: \begin{cases} x = 2 \\ y = 1 \end{cases}$ 之间的夹角。

解 易知 L_1 的一个方向向量为 $\boldsymbol{s}_1 = \{5, 1, -3\}$，$L_2$ 的一个方向向量为 $\boldsymbol{s}_2 = \{0, 0, 1\}$，而 $\cos\angle(\boldsymbol{s}_1, \boldsymbol{s}_2) = \frac{\boldsymbol{s}_1 \cdot \boldsymbol{s}_2}{|\boldsymbol{s}_1||\boldsymbol{s}_2|} = \frac{-3}{\sqrt{35} \cdot \sqrt{1}} = -\frac{3}{\sqrt{35}}$，故 $\angle(L_1, L_2) = \arccos\frac{3}{\sqrt{35}}$。

现在我们继续在空间直角坐标系下讨论空间点、直线、平面间的距离。

4. 点到平面的距离

定义 2.3.2 一点与平面上的点之间的最短距离，叫作该**点与平面之间的距离**。

定义 2.3.3 如果自点 M_0 到平面 π 引垂线，其垂足为 Q，那么向量 $\overrightarrow{QM_0}$ 在平面 π 的单位法向量 $\boldsymbol{n}^0$ 上的射影叫作点 M_0 与平面 π 之间的**离差**，记作

$$\delta = \text{射影}_{\boldsymbol{n}^0}\overrightarrow{QM_0} \tag{2.3-20}$$

可见，点关于平面 π 的离差 δ：$\delta > 0$ 当且仅当 M_0 位于 $\boldsymbol{n}^0$ 所指向的同一侧，如图 2-11 所示，即 $\overrightarrow{QM_0}$ 与 $\boldsymbol{n}^0$ 同向；$\delta < 0$ 当且仅当 M_0 位于 $\boldsymbol{n}^0$ 所指向的另一侧，如图 2-12 所示，即 $\overrightarrow{QM_0}$ 与 $\boldsymbol{n}^0$ 反向；$\delta = 0$ 当且仅当 M_0 位于平面 π 上。

离差的绝对值 $|\delta|$，就是 M_0 与平面 π 之间的距离 d。

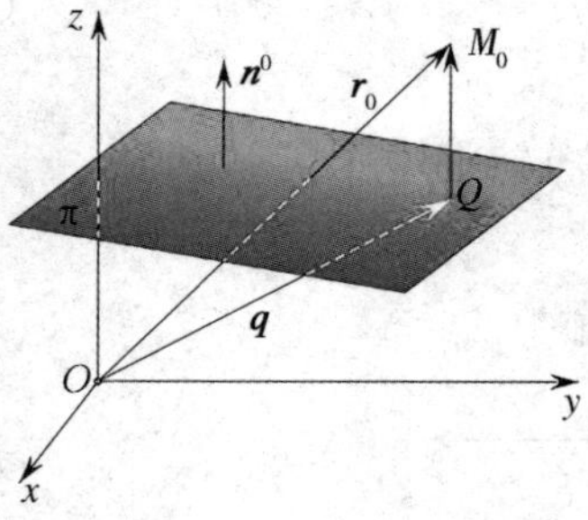

图 2-11

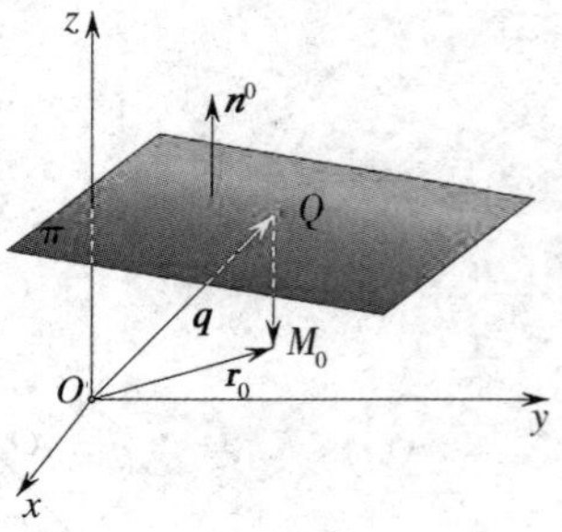

图 2-12

定理 2.3.4　点 M_0 与平面 $\boldsymbol{n}^0 \cdot \boldsymbol{r} - p = 0$ 间的离差为

$$\delta = \boldsymbol{n}^0 \cdot \boldsymbol{r}_0 - p \tag{2.3-21}$$

这里 $\boldsymbol{r}_0 = \overrightarrow{OM_0}$, $p = |\overrightarrow{OP}|$ 。

证　根据离差的定义, $\delta = 射影_{\boldsymbol{n}^0}\overrightarrow{QM_0} = \boldsymbol{n}^0 \cdot (\overrightarrow{OM_0} - \overrightarrow{OQ}) = \boldsymbol{n}_0 \cdot (\boldsymbol{r}_0 - \boldsymbol{q})$,而点 Q 在平面 π 上,因此 $\boldsymbol{n}^0 \cdot \boldsymbol{q} = p$,所以 $\delta = \boldsymbol{n}^0 \cdot \boldsymbol{r}_0 - p$ 。

推论 1　点 $M_0(x_0, y_0, z_0)$ 与平面 π 间的离差

$$\delta = x_0\cos\alpha + y_0\cos\beta + z_0\cos\gamma - p$$

推论 2　点 $M_0(x_0, y_0, z_0)$ 与平面 π : $Ax + By + Cz + D = 0$(A , B , C 不全为零)之间的距离为

$$d = \frac{|Ax_0 + By_0 + Cz_0 + D|}{\sqrt{A^2 + B^2 + C^2}} \tag{2.3-22}$$

例 2.3.6　求点 $P\left(2, 0, -\frac{1}{2}\right)$ 到平面 π : $4x - 4y + 2z + 17 = 0$ 的距离。

解　由式(2.3-22)得

$$d = \frac{\left|2 \times 4 + 0 \times (-4) + \left(-\frac{1}{2}\right) \times 2 + 17\right|}{\sqrt{4^2 + (-4)^2 + 2^2}} = \frac{24}{6} = 4$$

例 2.3.7　求两个平行平面 $x - y + 3z + 1 = 0$ 与 $x - y + 3z - 5 = 0$ 间的距离。

解　在一个平面 $x - y + 3z + 1 = 0$ 上任取一点,如取点 $P(-1, 0, 0)$,则点 P 到另一平面的距离即为两平行平面间的距离。所以

$$d = \frac{|-1-5|}{\sqrt{1^2 + (-1)^2 + 3^2}} = \frac{6}{\sqrt{11}} = \frac{6}{11}\sqrt{11}$$

利用离差的概念可以探讨平面如何划分空间的问题,从而赋予三元一次不等式几何意义。

设平面 π 的一般方程为 $Ax + By + Cz + D = 0$,那么空间任何一点 $M(x, y, z)$ 对平面的离差为 $\delta = \lambda(Ax + By + Cz + D)$,其中 λ 为平面 π 的法化因子,又有

$$Ax + By + Cz + D = \frac{\delta}{\lambda}$$

(1)平面 π 同侧的点,它们的离差 δ 符号相同(当 M_1, M_2 是 π 同侧的点时, $\overrightarrow{Q_1M_1}$ 与 $\overrightarrow{Q_2M_2}$ 同向);

(2)平面 π 异侧的点,它们的离差 δ 符号不同(当 M_1, M_2 是 π 异侧的点时, $\overrightarrow{Q_1M_1}$ 与 $\overrightarrow{Q_2M_2}$ 反向)。

可见,平面 π : $Ax + By + Cz + D = 0$ 把空间划分为三个部分:

与法向同侧的点 $Ax + By + Cz + D > 0$;

与法向异侧的点 $Ax + By + Cz + D < 0$;

平面上的点 $Ax + By + Cz + D = 0$。

由此可得如下结论:

若点 $M_1(x_1, y_1, z_1)$,$M_2(x_2, y_2, z_2)$ 不在平面 $\pi: Ax + By + Cz + D = 0$ 上,则 M_1, M_2 位于平面 π 同(异)侧的充要条件是

$$F_1 = Ax_1 + By_1 + Cz_1 + D \text{ 与 } F_2 = Ax_2 + By_2 + Cz_2 + D \text{ 同(异)号}$$

注 6 判别两点 $M_1(x_1, y_1, z_1)$,$M_2(x_2, y_2, z_2)$ 与平面 $\pi_1: A_1x + B_1y + C_1z + D = 0$, $\pi_2: A_2x + B_2y + C_2z + D = 0$ 的位置关系,将点 M_1, M_2 的坐标分别代入 π_1, π_2 方程左边,即

$$F_1 = A_1x_1 + B_1y_1 + C_1z_1 + D, \ F_2 = A_1x_2 + B_1y_2 + C_1z_2 + D,$$
$$F_3 = A_2x_1 + B_2y_1 + C_2z_1 + D, \ F_4 = A_2x_2 + B_2y_2 + C_2z_2 + D$$

那么

如果 $F_1F_2 > 0, F_3F_4 < 0$ 表明点 M_1, M_2 在 π_1, π_2 所构成的相邻二面角内;

如果 $F_1F_2 > 0, F_3F_4 > 0$ 表明点 M_1, M_2 在 π_1, π_2 所构成的同一二面角内;

如果 $F_1F_2 < 0, F_3F_4 < 0$ 表明点 M_1, M_2 在 π_1, π_2 所构成的对顶二面角内。

5. 点到直线的距离

定义 2.3.4 一点与空间直线上的点之间的最短距离叫作该**点与空间直线间的距离**。

如图 2-13 所示,给定空间一点 $M_0(x_0, y_0, z_0)$ 和直线 $L: \dfrac{x - x_1}{m} = \dfrac{y - y_1}{n} = \dfrac{z - z_1}{p}$, $M_1(x_1, y_1, z_1)$ 为 L 上一点,则直线 L 的方向向量为 $\boldsymbol{s} = \{m, n, p\}$,并且

$$\overrightarrow{M_1M_0} = \{x_0 - x_1, y_0 - y_1, z_0 - z_1\}$$

由平行四边形面积公式

$$|\boldsymbol{s} \times \overrightarrow{M_1M_0}| = |\boldsymbol{s}| d$$

得到点到直线的距离为

$$d = \frac{|\boldsymbol{s} \times \overrightarrow{M_1M_0}|}{|\boldsymbol{s}|} = \frac{\sqrt{\begin{vmatrix} y_0 - y_1 & z_0 - z_1 \\ n & p \end{vmatrix}^2 + \begin{vmatrix} z_0 - z_1 & x_0 - x_1 \\ p & m \end{vmatrix}^2 + \begin{vmatrix} x_0 - x_1 & y_0 - y_1 \\ m & n \end{vmatrix}^2}}{\sqrt{m^2 + n^2 + p^2}}$$

在实际计算中,通常只需要关注公式的前半部分,而不必考虑等号后面的部分。这是因为前面部分其几何意义明显,容易理解,而后面部分只不过是前面部分写成坐标形式后的表达式。

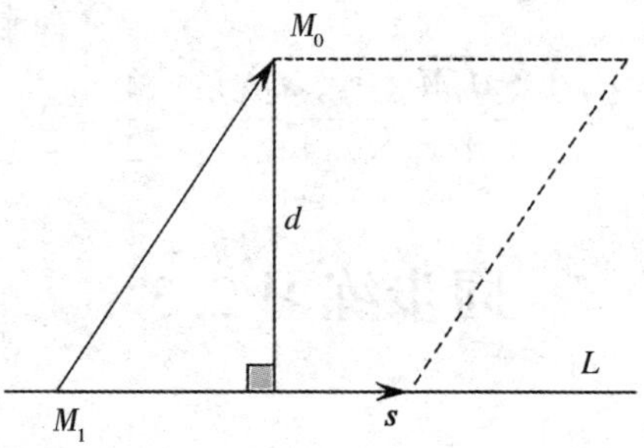

图 2-13

6. 两直线间的距离

两直线之间的距离是两条直线上点的最短距离。当两条直线相交或重合时,它们之间的距离为零。而当两条直线平行时,它们之间的距离等于其中一条直线上的任意一点到另一条直线的距离。

定义 2.3.5　公垂线与两异面直线交点间的线段长称为公垂线的长。

定理 2.3.5　两异面直线间的距离等于它们的公垂线的长。

在空间直角坐标系下设有异面直线

$$L_1:\frac{x-x_1}{m_1}=\frac{y-y_1}{n_1}=\frac{z-z_1}{p_1},\ L_2:\frac{x-x_2}{m_2}=\frac{y-y_2}{n_2}=\frac{z-z_2}{p_2}$$

L_1, L_2 的方向向量分别为 $\boldsymbol{s}_1=\{m_1, n_1, p_1\}$, $\boldsymbol{s}_2=\{m_2, n_2, p_2\}$, $M_1(x_1, y_1, z_1)$ 为 L_1 上一点, $M_2(x_2, y_2, z_2)$ 为 L_2 上一点,则异面直线 L_1 与 L_2 之间的距离为

$$d=\frac{|(\overrightarrow{M_1M_2}, \boldsymbol{s}_1, \boldsymbol{s}_2)|}{|\boldsymbol{s}_1\times\boldsymbol{s}_2|} \tag{2.3-23}$$

几何意义:两条异面直线 L_1, L_2 之间的距离等于以 $\overrightarrow{M_1M_2}$, $\boldsymbol{s}_1$, $\boldsymbol{s}_2$ 为棱的平行六面体的体积除以 $\boldsymbol{s}_1$, $\boldsymbol{s}_2$ 为邻边的平行四边形的面积,如图 2-14 所示。

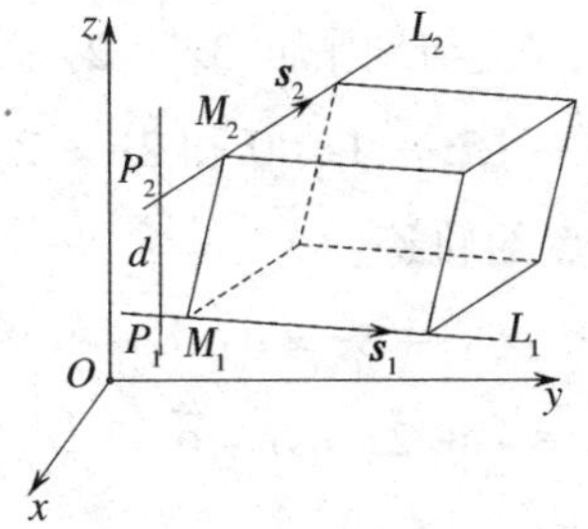

图 2-14

例 2.3.8　求例 2.3.4 中两异面直线 L_1 与 L_2 间的距离。

解　因为

$$\boldsymbol{s}_1\times\boldsymbol{s}_2=\left\{\begin{vmatrix}-1 & 0\\ 1 & 0\end{vmatrix}, \begin{vmatrix}0 & 1\\ 0 & 1\end{vmatrix}, \begin{vmatrix}1 & -1\\ 1 & 1\end{vmatrix}\right\}=\{0, 0, 2\}$$

所以，由式(2.3-23)可得

$$d = \frac{|(\overrightarrow{M_1M_2}, s_1, s_2)|}{|s_1 \times s_2|} = \frac{4}{2} = 2$$

同步练习 2.3

基础题

1. 判断正误(对的在括号内打√，错误的打×)

(1)若两平面的法向量 $\boldsymbol{n}_1$ 与 $\boldsymbol{n}_2$ 不共线，则两平面 π_1 与 π_2 相交。 (　　)

(2)若直线 L 的方向向量 $\boldsymbol{s}$ 与平面 π 的法向量 $\boldsymbol{n}$ 垂直，且 L 上的点 (x_0, y_0, z_0) 不在平面 π 上，则直线 L 与平面 π 平行。 (　　)

(3)直线 $\begin{cases} A_1x + B_1y + C_1z + D_1 = 0 \\ A_2x + B_2y + C_2z + D_2 = 0 \end{cases}$ 通过坐标原点的条件是 $D_1 = D_2 = 0$。 (　　)

(4)直线 $\begin{cases} A_1x + B_1y + C_1z + D_1 = 0 \\ A_2x + B_2y + C_2z + D_2 = 0 \end{cases}$ 与 x 轴平行，则 $A_1 = A_2 = D_1 = D_2 = 0$。 (　　)

(5)平面 $Ax + By + Cz + D_1 = 0$ 与 $Ax + By + Cz + D_2 = 0$ 的距离为 $\dfrac{|D_1 - D_2|}{\sqrt{A^2 + B^2 + C^2}}$。

(　　)

2. 计算下列点和平面间的离差和距离：

(1) $M(-2, 4, 3)$，π：$2x - y + 2z + 3 = 0$；

(2) $M(1, 2, -3)$，π：$5x - 3y + z + 4 = 0$。

3. 求下列各点的坐标：

(1)在 y 轴上且到平面 $2x + 2y - 2z - 2 = 0$ 的距离等于 4 个单位的点；

(2)在 z 轴上且到点 $M(1, -2, 0)$ 与到平面 $3x - 2y + 6z - 9 = 0$ 距离相等的点；

(3)在 x 轴上到平面 $12x - 16y + 15z + 1 = 0$ 和 $2x + 2y - z - 1 = 0$ 距离相等的点。

4. 求与下列各对平面距离相等的点的轨迹：

(1) $3x + 6y - 2z - 7 = 0$ 和 $4x - 3y - 5z = 0$；

(2) $9x - y + 2z - 14 = 0$ 和 $9x - y + 2z + 6 = 0$。

5. 判断下列各对平面的相关位置：

(1) $x - 2y + z - 2 = 0$ 与 $3x + y - 2z - 1 = 0$；

(2) $3x + 9y - 6z + 2 = 0$ 与 $2x + 6y - 4z + \dfrac{4}{3} = 0$；

(3) $x + 2y - z - 1 = 0$ 与 $\dfrac{1}{2}x + y - \dfrac{1}{2}z + 2 = 0$。

6. 求下列各组平面成的角：

(1) $x+y-11=0$ 和 $3x+8y=0$；

(2) $2x-3y+6z-12=0$ 和 $x+2y+2z-7=0$。

7. 在直角坐标系中，求平面 $ax+by-z+c=0$ 与坐标面 xOy 的夹角。

8. 求与平面 $Ax+By+Cz+D=0$ 平行且与它的距离为 d 的平面方程。

9. 求下列平面的方程：

(1)通过点 $M_1(0,0,1)$ 和 $M_2(3,0,0)$ 且与坐标面 xOy 成 $60°$ 角的平面；

(2)过 z 轴且与平面 $2x+y-\sqrt{5}z-7=0$ 成 $60°$ 角的平面。

10. 求直线 $\begin{cases}x=z+2\\y=1-3z\end{cases}$ 与平面 $x-2y-7=0$ 的交点。

11. 求下列直线与平面的夹角：

(1) $\dfrac{x-1}{2}=\dfrac{y}{1}=\dfrac{z+1}{-1}$ 和 $x-2y+4z-1=0$；

(2) $\begin{cases}x-y-z+2=0\\2x-3y+3=0\end{cases}$ 和 $2x-z+1=0$。

12. 试验证直线 $l:\dfrac{x}{-1}=\dfrac{y-1}{1}=\dfrac{z-1}{2}$ 与平面 $\pi:2x+y-z-3=0$ 相交，并求出它们的交点和交角。

13. 求点 $M_1(3,-1,2)$ 到直线 $\begin{cases}2x-y+z-1=0\\x+y-z+1=0\end{cases}$ 的距离。

14. 判断下列各对直线的位置：

(1) $\dfrac{x+1}{3}=\dfrac{y-1}{3}=\dfrac{z-2}{1}$ 和 $\dfrac{x}{-1}=\dfrac{y-6}{2}=\dfrac{z+5}{3}$；

(2) $\begin{cases}x+y+z=0\\y+z+1=0\end{cases}$ 和 $\begin{cases}x+z+1=0\\x+y+1=0\end{cases}$。

15. 求下列各对直线之间的距离：

(1) $\dfrac{x+1}{-1}=\dfrac{y-1}{3}=\dfrac{z+5}{2}$ 和 $\dfrac{x}{3}=\dfrac{y-6}{-9}=\dfrac{z+5}{-6}$；

(2) $\dfrac{x}{2}=\dfrac{y+2}{-2}=\dfrac{z-1}{1}$ 和 $\dfrac{x-1}{4}=\dfrac{y-3}{2}=\dfrac{z+1}{-1}$；

(3) $\begin{cases}x+y-z+1=0\\x+y=0\end{cases}$ 和 $\begin{cases}x-2y+3z-6=0\\2x-y+3z-6=0\end{cases}$。

16. 求下列各对直线的公垂线的方程：

(1) $x-1=\dfrac{y}{-3}=\dfrac{z}{3}$ 与 $\dfrac{x}{2}=\dfrac{y}{1}=\dfrac{z}{-2}$；

(2) $\begin{cases} x+y-1=0 \\ z=0 \end{cases}$ 与 $\begin{cases} x-z+1=0 \\ 2y+z-2=0 \end{cases}$。

17. 求下列各对直线的夹角：

(1) $\frac{x-1}{-1}=\frac{y-3}{1}=\frac{z+4}{2}$ 和 $\frac{x-1}{-2}=\frac{y}{4}=\frac{z-1}{-3}$；

(2) $\begin{cases} x+y+z-1=0 \\ x+y+2z+1=0 \end{cases}$ 和 $\begin{cases} 3x+y+1=0 \\ y+3z+2=0 \end{cases}$。

提高题

1. 求通过 x 轴与点 $M(5, 4, 13)$ 相距 8 个单位的平面方程。

2. 分别在下列条件下确定 l，m，n 的值：

(1) 使 $(l-3)x+(m+1)y+(n-3)z+8=0$ 和 $(m+3)x+(n-9)y+(l-3)z-16=0$ 表示同一平面；

(2) 使 $2x+my+3z-5=0$ 与 $lx-6y-6z+2=0$ 表示两个互相平行的平面；

(3) 使 $lx+y-3z+1=0$ 与 $7x+2y-z=0$ 表示两个互相垂直的平面。

3. 求下列两平行平面间的距离：

(1) $19x-4y+8z+21=0$，$19x-4y+8z+42=0$；

(2) $3x+6y-2z-7=0$，$3x+6y-2z+14=0$。

4. 确定 l，m 的值：

(1) 使直线 $\frac{x-1}{4}=\frac{y+2}{3}=\frac{z}{1}$ 与平面 $lx+3y-5z+1=0$ 平行；

(2) 使直线 $\begin{cases} x=2t+2 \\ y=-4t-5 \\ z=3t-1 \end{cases}$ 与平面 $lx+my+6z-7=0$ 垂直。

5. 已知四面体的四个顶点为 $S(0, 6, 4)$，$A(3, 5, 3)$，$B(-2, 11, -5)$，$C(1, -1, 4)$，计算从顶点 S 向底面 ABC 所引的高。

6. 求中心在 $C(3, -5, 2)$ 且与平面 $2x-y-3z+11=0$ 相切的球面方程。

7. 直线 $\begin{cases} A_1x+B_1y+C_1z+D_1=0 \\ A_2x+B_2y+C_2z+D_2=0 \end{cases}$ 通过原点的条件是什么？

8. 确定 λ 值使下列两直线相交：

(1) $\begin{cases} 3x-y+2z-6=0 \\ x+4y+\lambda z-15=0 \end{cases}$ 与 z 轴；

(2) $\frac{x-1}{1}=\frac{y+1}{2}=\frac{z-1}{\lambda}$ 与 $x+1=y=1-z$。

9. 给定两异面直线：$\frac{x-3}{2}=\frac{y}{1}=\frac{z-1}{0}$ 与 $\frac{x+1}{1}=\frac{y-2}{0}=\frac{z}{1}$，试求它们的公垂线方程。

10. 试证：给定直线 $L_1:\begin{cases}A_1x+B_1y+C_1z+D_1=0\\A_2x+B_2y+C_2z+D_2=0\end{cases}$ 和 $L_2:\begin{cases}A_3x+B_3y+C_3z+D_3=0\\A_4x+B_4y+C_4z+D_4=0\end{cases}$，如果直线 L_1 与 L_2 交于一点，那么

$$\begin{vmatrix}A_1 & B_1 & C_1 & D_1\\A_2 & B_2 & C_2 & D_2\\A_3 & B_3 & C_3 & D_3\\A_4 & B_4 & C_4 & D_4\end{vmatrix}=0$$

11. 求过点 $P(1,0,-2)$ 与平面 $3x-y+2z-1=0$ 平行，又与直线 $\frac{x-1}{4}=\frac{y-3}{-2}=\frac{z}{1}$ 相交的直线方程。

12. 求通过点 $P(4,0,-1)$ 且与两直线 $\begin{cases}x+y+z=1\\2x-y-z=2\end{cases}$ 和 $\begin{cases}x-y-z=3\\2x+4y-z=4\end{cases}$ 都相交的直线方程。

13. 求过点 $P(2,1,0)$ 与直线 $\frac{x-5}{3}=\frac{y}{2}=\frac{z+25}{-2}$ 相交且垂直的直线方程。

§2.4　平面束

目的与要求

1. 掌握有轴平面束的概念及其方程；
2. 掌握平行平面束的概念及其方程；
3. 会灵活运用平面束的观点建立平面的方程。

重点与难点

重点：有轴平面束和平行平面束的方程。

难点：运用平面束的观点建立平面的方程。

定义 2.4.1　空间中通过同一直线的所有平面的集合叫作**有轴平面束**，该直线叫作平面束的**轴**。

定理 2.4.1　若两个平面

$$\pi_1:A_1x+B_1y+C_1z+D_1=0\ ,\ \pi_2:A_2x+B_2y+C_2z+D_2=0$$

交于一直线 L，则以 L 为轴的**有轴平面束的方程**是

$$\lambda(A_1x+B_1y+C_1z+D_1)+\mu(A_2x+B_2y+C_2z+D_2)=0 \qquad (2.4\text{-}1)$$

其中 λ ,μ 是不全为零的任意实数。

注 1 定理 2.4.1 的意思是以 L 为轴的有轴平面束中全体平面可以由式(2.4-1)来表示。

证 首先证明对任意一对取定的不全为零的实数 $\lambda=\lambda_0,\mu=\mu_0$

$$\lambda_0(A_1x+B_1y+C_1z+D_1)+\mu_0(A_2x+B_2y+C_2z+D_2)=0$$

表示以 L 为轴的有轴平面束的一个平面。将其改写为

$$(\lambda_0A_1+\mu_0A_2)x+(\lambda_0B_1+\mu_0B_2)y+(\lambda_0C_1+\mu_0C_2)z+(\lambda_0D_1+\mu_0D_2)=0 \tag{2.4-1'}$$

其中 $\lambda_0A_1+\mu_0A_2,\lambda_0B_1+\mu_0B_2,\lambda_0C_1+\mu_0C_2$ 不全为零,否则有 $\dfrac{A_1}{A_2}\neq\dfrac{B_1}{B_2}\neq\dfrac{C_1}{C_2}$,这和 π_1,π_2 相交矛盾,从而式(2.4-1′)或式(2.4-1)是关于 x,y,z 的一次方程,故表示一个平面。

因为 L 为 π_1,π_2 的交线,所以 L 上的点的坐标同时满足 π_1,π_2 的方程,从而也满足式(2.4-1),那么 $L\subset\pi$,π 过 L(即 π 为以 L 为轴的平面束中的一个平面),这样,式(2.4-1)表示以 L 为轴的有轴平面束中的任意一个平面 π 。

反过来证明对以 L 为轴的平面束中的任意一个平面 π ,我们都能确定 l,m ,使 π 的方程为式(2.4-1)的形式。

取 $P(x_0,y_0,z_0)\in\pi$ 且 $P\notin L$ 。

先证在式(2.4-1)表示的平面的集合 $\boldsymbol{\Sigma}$ 中有一个平面 π_0 过 $P(x_0,y_0,z_0)$ 。存在 $\pi_0\in\boldsymbol{\Sigma}$ 使 $P\notin\pi_0$ 当且仅当存在不全为零的 λ_0,μ_0 使

$$\lambda_0(A_1x+B_1y+C_1z+D_1)+\mu_0(A_2x+B_2y+C_2z+D_2)=0$$

即存在不全为零的 λ_0,μ_0 使

$$\lambda_0:\mu_0=(A_2x+B_2y+C_2z+D_2):[-(A_1x+B_1y+C_1z+D_1)]$$

因为 $P\notin L$,则 $A_1x+B_1y+C_1z+D_1,A_2x+B_2y+C_2z+D_2$ 不全为零(否则,与 $P\in\pi_1\cap\pi_2=L$ 和 $P\notin L$ 矛盾)。

所以存在不全为零的 λ_0,μ_0 使

$$\lambda_0:\mu_0=(A_2x+B_2y+C_2z+D_2):[-(A_1x+B_1y+C_1z+D_1)]$$

从而存在 $\pi_0\in\boldsymbol{\Sigma}$ 使 $P\in\pi_0$

$$\pi_0:\lambda_0(A_1x+B_1y+C_1z+D_1)+\mu_0(A_2x+B_2y+C_2z+D_2)=0$$

再证 π 的方程具有式 (2.4-1) 的形式。

由第一部分的证明可知 $\boldsymbol{\Sigma}$ 中的平面 π_0 过 L ,这样 π,π_0 都过 L 和 P ,因为过 L 和 P 的平面是唯一的,所以 $\pi=\pi_0$。

因此 π 的方程为:$\lambda_0(A_1x+B_1y+C_1z+D_1)+\mu_0(A_2x+B_2y+C_2z+D_2)=0$,具有式

(2.4-1)的形式。

注 2　当 $\lambda=1$ 时,即

$$A_1x+B_1y+C_1z+D_1+\mu(A_2x+B_2y+C_2z+D_2)=0$$

表示除了平面 $\pi_2:A_2x+B_2y+C_2z+D_2=0$ 之外的平面束中的任一平面。

例 2.4.1　试证两直线

$$L_1:\begin{cases}\pi_1:A_1x+B_1y+C_1z+D_1=0\\ \pi_2:A_2x+B_2y+C_2z+D_2=0\end{cases}$$

与

$$L_2:\begin{cases}\pi_3:A_3x+B_3y+C_3z+D_3=0\\ \pi_4:A_4x+B_4y+C_4z+D_4=0\end{cases}$$

在同一平面上的充要条件是

$$\begin{vmatrix}A_1&B_1&C_1&D_1\\A_2&B_2&C_2&D_2\\A_3&B_3&C_3&D_3\\A_4&B_4&C_4&D_4\end{vmatrix}=0$$

证　L_1 与 L_2 共面于 π 的充要条件是 π 过 L_1 且 π 过 L_2,故 π 为以 L_1 为轴的平面束中的一个平面,同时 π 也是以 L_2 为轴的平面束中的一个平面,所以存在不全为零的 λ_1, λ_2 使 π 的方程为

(Ⅰ) $\lambda_1(A_1x+B_1y+C_1z+D_1)+\lambda_2(A_2x+B_2y+C_2z+D_2)=0$

存在不全为零的 λ_3, λ_4 使 π 的方程为

(Ⅱ) $\lambda_3(A_3x+B_3y+C_3z+D_3)+\lambda_4(A_4x+B_4y+C_4z+D_4)=0$

即存在不全为零的 λ_1, λ_2 与 λ_3, λ_4,使平面(Ⅰ)与(Ⅱ)重合。

也就是存在不全为零的 λ_1, λ_2 与 λ_3, λ_4 使(Ⅰ)与(Ⅱ)中的 x , y , z 的系数及常数项对应成比例,设比为 m ,即

$$\begin{cases}\lambda_1A_1+\lambda_2A_2-m\lambda_3A_3-m\lambda_4A_4=0\\ \lambda_1B_1+\lambda_2B_2-m\lambda_3B_3-m\lambda_4B_4=0\\ \lambda_1C_1+\lambda_2C_2-m\lambda_3C_3-m\lambda_4C_4=0\\ \lambda_1D_1+\lambda_2D_2-m\lambda_3D_3-m\lambda_4D_4=0\end{cases}\quad(m\neq0)$$

所以 x , y , z 的方程组

$$\begin{cases}A_1x+A_2y-mA_3z-mA_4w=0\\ B_1x+B_2y-mB_3z-mB_4w=0\\ C_1x+C_2y-mC_3z-mC_4w=0\\ D_1x+D_2y-mD_3z-mD_4w=0\end{cases}$$

存在非零解，故

$$\begin{vmatrix} A_1 & A_2 & -mA_3 & -mA_4 \\ B_1 & B_2 & -mB_3 & -mB_4 \\ C_1 & C_2 & -mC_3 & -mC_4 \\ D_1 & D_2 & -mD_3 & -mD_4 \end{vmatrix} = 0$$

而 $m \neq 0$，因此

$$\begin{vmatrix} A_1 & A_2 & A_3 & A_4 \\ B_1 & B_2 & B_3 & B_4 \\ C_1 & C_2 & C_3 & C_4 \\ D_1 & D_2 & D_3 & D_4 \end{vmatrix} = 0$$

即

$$\begin{vmatrix} A_1 & B_1 & C_1 & D_1 \\ A_2 & B_2 & C_2 & D_2 \\ A_3 & B_3 & C_3 & D_3 \\ A_4 & B_4 & C_4 & D_4 \end{vmatrix} = 0$$

定义 2.4.2 空间中平行于同一平面的所有平面的集合叫作**平行平面束**。

定理 2.4.2 若两个平面 $\pi_1: A_1x + B_1y + C_1z + D_1 = 0$，$\pi_2: A_2x + B_2y + C_2z + D_2 = 0$ 为平行平面 $\left(\frac{A_1}{A_2} = \frac{B_1}{B_2} = \frac{C_1}{C_2}\right)$，则方程

$$l(A_1x + B_1y + C_1z + D_1) + m(A_2x + B_2y + C_2z + D_2) = 0 \qquad (2.4\text{-}2)$$

表示平行平面束，平面束里任何一个平面都和 π_1 或 π_2 平行，其中 l，m 是不全为零的任意实数，且 $-\frac{l}{m} \neq \frac{A_1}{A_2} = \frac{B_1}{B_2} = \frac{C_1}{C_2}$。

此定理的证明方法与定理 2.4.1 的证明类似，留给读者完成。

推论 由平面 $\pi: Ax + By + Cz + D = 0$ 决定的平面束(即与平面 π 平行的全体平面)的方程为：$Ax + By + Cz + \lambda = 0$，其中 λ 是任意实数(当 λ 取定一个值时，就表示与 π 平行的一个平面)。

例 2.4.2 求与平面 $3x + y - z + 4 = 0$ 平行且在 Oz 轴上的截距等于 -2 的平面方程。

解 因为所求平面 π 与平面 $3x + y - z + 4 = 0$ 平行(即为由平面 $3x + y - z + 4 = 0$ 所决定的平行平面束中的一个平面)，所以可设 π 的方程为

$$3x + y - z + \lambda = 0 \ (\lambda \text{ 为实数})$$

因为 π 在 Oz 轴上的截距等于 -2，所以 π 过点 $(0, 0, -2)$。由此

$$2 + \lambda = 0, \ \lambda = -2$$

故 π 的方程为

$$3x + y - z - 2 = 0$$

例 2.4.3　求直线 $L:\begin{cases}x + y + z - 1 = 0\\2x - y + z + 1 = 0\end{cases}$ 在平面 $\pi: x - y + z = 0$ 上的射影直线的方程。

解　先求出过直线 L 且垂直于平面 π 的射影平面 π_1。过直线 L 的平面束为

$$x + y + z - 1 + \lambda(2x - y + z + 1) = 0$$

即

$$(1 + 2\lambda)x + (1 - \lambda)y + (1 + \lambda)z - 1 + \lambda = 0$$

则平面 π_1 也在上述方程所表示的平面中,于是由平面 π 与平面 π_1 垂直可知

$$(1 + 2\lambda) - (1 - \lambda) + (1 + \lambda) = 0$$

解得

$$\lambda = -\frac{1}{4}$$

因此平面 π_1 的方程为

$$\frac{1}{2}x + \frac{5}{4}y + \frac{3}{4}z - \frac{5}{4} = 0$$

即

$$2x + 5y + 3z - 5 = 0$$

所以射影直线的方程为

$$\begin{cases}2x + 5y + 3z - 5 = 0\\x - y + z = 0\end{cases}$$

同步练习 2.4

基础题

1. 求通过平面 $4x - y + 3z - 1 = 0$ 和 $x + 5y - z + 2 = 0$ 交线且满足下列条件之一的平面:(1)通过原点;(2)与 y 轴平行;(3)与平面 $2x - y + 5z - 3 = 0$ 垂直。
2. 求经过点 $(-2, 1, 3)$ 并且通过两平面 $2x - 7y + 4z - 3 = 0$ 与 $3x - 5y + 4z + 11 = 0$ 的交线的平面方程。
3. 求通过直线 $L_1:\begin{cases}3x - 4y + 5z - 10 = 0\\2x + 2y - 3z - 4 = 0\end{cases}$ 且与直线 $L_2: x = 2y = 3z$ 平行的平面方程。
4. 求通过直线 $\begin{cases}x + 5y + z = 0\\x - z + 4 = 0\end{cases}$ 且与平面 $x - 4y - 8z + 12 = 0$ 成 $\frac{\pi}{4}$ 的平面。

提高题

1. 求平面束 $(x+3y-5)+\lambda(x-y-2z+4)=0$ 在 x，y 两轴上截距相等的平面。

2. 求通过直线 $\frac{x+1}{0}=\frac{y+2}{2}=\frac{z}{-3}$ 且与点 $P(4,1,2)$ 的距离等于 3 的平面。

§2.5　应用举例

例 2.5.1　一多面体零件如图 2-15 所示。在制造时,需要求出二面角 $D-AE-B$，$A-BE-F$，$E-BF-C$ 和 $G-EF-B$ 的角度 θ_1，θ_2，θ_3 和 θ_4，以便制造测量样板,试求 θ_1，θ_2，θ_3 和 θ_4 的值。

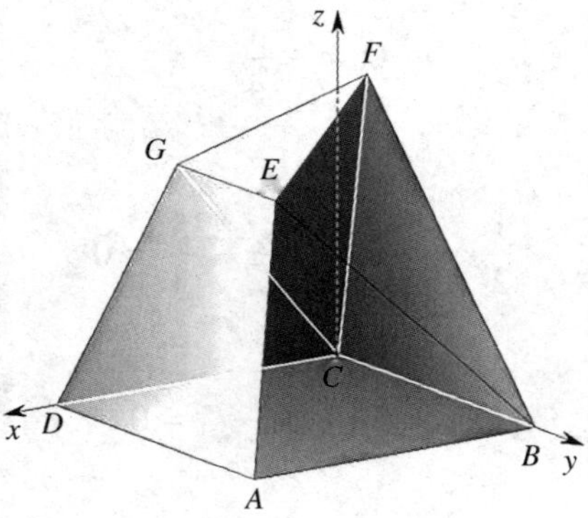

图 2-15

解　可以应用前面学过的知识解此问题。如图 2-15 所示,取坐标原点为 C，建立直角坐标系 $C-xyz$。已知各点的坐标为 $A(600,600,0)$，$B(0,600,0)$，$C(0,0,0)$，$D(600,0,0)$，$E(450,450,300)$，$F(150,300,400)$，$G(450,150,300)$。求各平面的方程。

我们知道,过点 (x_0,y_0,z_0) 的平面方程为

$$A(x-x_0)+B(y-y_0)+C(z-z_0)=0$$

于是过点 $E(450,450,300)$ 的平面方程为

$$A(x-450)+B(y-450)+C(z-300)=0$$

将点 D，点 A 的坐标代入上式,有

$$\begin{cases}150A-450B-300C=0\\150A+150B-300C=0\end{cases}$$

解此方程,得 $A=2$，$B=0$，$C=1$，于是求得平面 DAE 的方程为 $2x+z-1200=0$，类似,可求得平面 BAE 的方程为

$$2y + z - 1200 = 0$$

平面 FBE 的方程为

$$3x - 13.5y - 11.25z - 8100 = 0$$

平面 CBF 的方程为

$$8x - 3z = 0$$

平面 GEF 的方程为

$$x - 3z - 1350 = 0$$

最后,由平面夹角的余弦公式

$$\cos\theta = \frac{A_1A_2 + B_1B_2 + C_1C_2}{\sqrt{A_1^2 + B_1^2 + C_1^2}\sqrt{A_2^2 + B_2^2 + C_2^2}}$$

可求得平面 DAE 和 BAE 的夹角 θ_1 的余弦为

$$\cos\theta_1 = \frac{2 \times 0 + 0 \times 2 + 1 \times 1}{\sqrt{2^2 + 0^2 + 1^2}\sqrt{0^2 + 2^2 + 1^2}} = 0.2$$

故

$$\theta_1 = \arccos(0.2) \approx 78°28'$$

平面 ABE 和 FBE 的夹角 θ_2 的余弦为

$$\cos\theta_2 = \frac{0 \times 3 + 2 \times (-13.5) + 1 \times (-11.25)}{\sqrt{0^2 + 2^2 + 1^2}\sqrt{3^2 + (-13.5)^2 + (-11.25)^2}} \approx -0.9595$$

故

$$\theta_2 = \arccos(-0.9595) \approx 163.7°$$

平面 EBF 和 CBF 的夹角 θ_3 的余弦为

$$\cos\theta_3 = \frac{8 \times 3 + 0 \times (-13.5) + (-3) \times (-11.25)}{\sqrt{8^2 + 0^2 + (-3)^2}\sqrt{3^2 + (-13.5)^2 + (-11.25)^2}} \approx 0.38$$

故

$$\theta_3 = \arccos(0.38) \approx 67.65°$$

平面 GEF 和 BEF 的夹角 θ_4 的余弦为

$$\cos\theta_4 = \frac{1 \times 3 + 0 \times (-13.5) + (3) \times (-11.25)}{\sqrt{1^2 + 0^2 + 3^2}\sqrt{3^2 + (-13.5)^2 + (-11.25)^2}} \approx -0.5473$$

故

$$\theta_4 = \arccos(-0.5473) \approx 123.2°$$

例 2.5.2 求交叉管道的距离。

在工程中有时要将两条交叉管道连通,需求出连接管的最短长度和连接位置。这个问题在几何学上可以归结为求解两条异面直线的距离。两条异面直线的距离可以通过计算这两条直线的公垂线段的长度来确定。

设两交叉管道 AB 与 CD 所在直线方程依次为

$$AB:\frac{x-x_1}{m_1}=\frac{y-y_1}{n_1}=\frac{z-z_1}{p_1},\ CD:\frac{x-x_2}{m_2}=\frac{y-y_2}{n_2}=\frac{z-z_2}{p_2}$$

试求直线 AB 与 CD 的距离。

先过直线 CD 作平行于直线 AB 的平面,则其方程为

$$\begin{vmatrix} x-x_2 & y-y_2 & z-z_2 \\ m_1 & n_1 & p_1 \\ m_2 & n_2 & p_2 \end{vmatrix}=0$$

将上式左端的三阶行列式按第 1 行展开,得

$$\begin{vmatrix} n_1 & p_1 \\ n_2 & p_2 \end{vmatrix}x-\begin{vmatrix} m_1 & p_1 \\ m_2 & p_2 \end{vmatrix}y+\begin{vmatrix} m_1 & n_1 \\ m_2 & n_2 \end{vmatrix}z-x_2\begin{vmatrix} n_1 & p_1 \\ n_2 & p_2 \end{vmatrix}+y_2\begin{vmatrix} m_1 & p_1 \\ m_2 & p_2 \end{vmatrix}-z_2\begin{vmatrix} m_1 & n_1 \\ m_2 & n_2 \end{vmatrix}=0$$

因为直线 AB 平行于平面,故直线 AB 上任意一点到平面的距离即是两直线 AB 与 CD 的公垂线的长度。因此,直线 AB 上的点 $E(x_1,y_1,z_1)$ 到平面 π 的距离为

$$d=\frac{|Ax_1+By_1+Cz_1+D|}{\sqrt{A^2+B^2+C^2}}$$

$$=\frac{\left|(x_2-x_1)\begin{vmatrix} n_1 & p_1 \\ n_2 & p_2 \end{vmatrix}+(y_2-y_1)\begin{vmatrix} p_1 & m_1 \\ p_2 & m_2 \end{vmatrix}+(m_2-m_1)\begin{vmatrix} m_1 & n_1 \\ m_2 & n_2 \end{vmatrix}\right|}{\sqrt{\begin{vmatrix} n_1 & p_1 \\ n_2 & p_2 \end{vmatrix}^2+\begin{vmatrix} p_1 & m_1 \\ p_2 & m_2 \end{vmatrix}^2+\begin{vmatrix} m_1 & n_1 \\ m_2 & n_2 \end{vmatrix}^2}}$$

这就是直线 AB 与 CD 之间的距离。

§2.6 用 Maple 解题举例

2.6.1 用 Maple 软件求点到直线的距离

例 2.6.1 求点 $M_1(2,1,2)$ 到直线 $\frac{x-1}{1}=\frac{y+1}{-1}=\frac{z}{-2}$ 的距离。

解　点 $M_1(x_1,y_1,z_1)$ 到直线 $L:\dfrac{x-x_0}{m}=\dfrac{y-y_0}{n}=\dfrac{z-z_0}{p}$ 的距离为

$$d=\frac{|\boldsymbol{V}\times\overrightarrow{M_0M_1}|}{|\boldsymbol{V}|}$$

其中，$\boldsymbol{V}$ 为直线的方向向量，M_0 为直线 L 上异于 $M_1(x_1,y_1,z_1)$ 的任意一点，用 Maple 求解上述问题，编写代码如下：

```
>with(linalg): # 调软件包
>u := vector([1,-1,0]); v := vector([2,1,2]); w := vector([1,-1,-2]);
```

$$u:=[1\ \ -1\ \ 0]$$

$$v:=[2\ \ 1\ \ 2]$$

$$w:=[1\ \ -1\ \ 2]$$

```
>p := matadd(v,u,1,-1);   # v-u=(1)v+(-1)u
```

$$p:=[1\ \ 2\ \ 2]$$

这里需要将向量 w 与 p 改写成列向量的形式，即

```
> w: = vector( [1, - 1, - 2] ); p: = vector( [1,2,2] );
```

$$w:=\begin{bmatrix}1\\-1\\-2\end{bmatrix}$$

$$p:=\begin{bmatrix}1\\2\\2\end{bmatrix}$$

由点到直线的距离公式

$$d=\frac{|w\times p|}{|w|}$$

可给出 Maple 的指令

```
> Norm(CrossProduct(w,p),2)/Norm(w,2);
```

$$\frac{\sqrt{29}\sqrt{6}}{6}$$

> evalf($\dfrac{\sqrt{29}\sqrt{6}}{6}$)

$$2.198484327$$

所以，点 $M_1(2,1,2)$ 到直线 $\dfrac{x-1}{1}=\dfrac{y+1}{-1}=\dfrac{z}{-2}$ 的距离为 $d=\dfrac{\sqrt{29}}{\sqrt{6}}\approx 2.198484327$。

2.6.2 用 Maple 软件判定图形的空间位置关系

1. 直线与平面的位置关系

直线与平面有相交、平行、直线在平面上三种位置关系，通过 Maple 软件的绘图和修饰函数，将不同的直线和平面显示在同一个图形窗口中，可以很容易地观察它们的各种关系，下面通过实例说明。

例 2.6.2 已知直线 $L:\frac{x}{1}=\frac{y-1}{3}=\frac{z-1}{2}$ 与平面 $\pi:2x+3y-z-4=0$，判定直线 L 与平面 π 的位置关系。

解 先将 L 化成参数方程，得

$$\begin{cases}x=t\\y=3t+1\\z=2t+1\end{cases}$$

直线与平面的程序代码如下：

```
>with(plots):
>a:=implicitplot3d(2*x+3*y-z-4=0,x=-2..4,y=-3..4,z=-4..4, style = patchnogrid, color = cyan);
>b:=spacecurve([t,3*t+1,2*t+1],t=-2..2,thickness = 3, color = red);
>display(a, b, orientation =[-29,81,0]);
```

程序运行结果如图 2-16 所示。

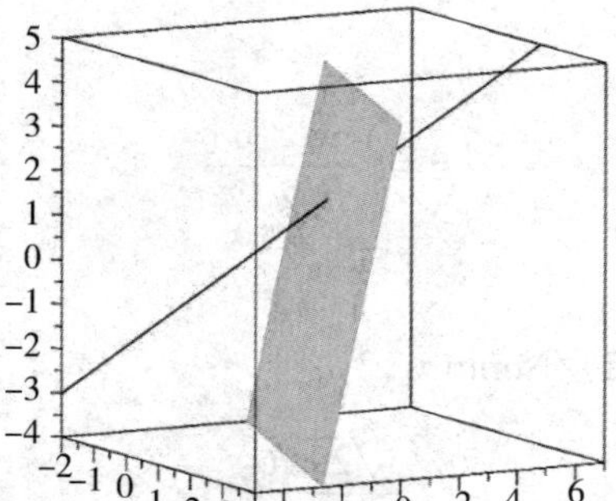

图 2-16

2. 平面与平面的位置关系

空间两平面有相交、平行、重合三种关系，通过 Maple 软件的绘图和修饰函数，可以绘制出直观、形象的图形，将两平面的位置关系展现出来。

例 2.6.3 判断平面 $\pi_1:2x-y-2z-5=0$ 和 $\pi_2:x+3y-z-1=0$ 的位置关系。

解　编写绘制题中两平面的 Maple 程序代码如下：

```
>with(plots):
>a:=implicitplot3d(2*x-y-2*z-5=0,x=-4..4,y=-4..4,z=-10..10, style = patchnogrid);
>b:=implicitplot3d(x+3*y-z-1=0,x=-4..4,y=-4..4,z=-8..7, style = patchnogrid);
>display(a,b);
```

程序运行结果如图 2-17 所示，两平面位置关系为相交。

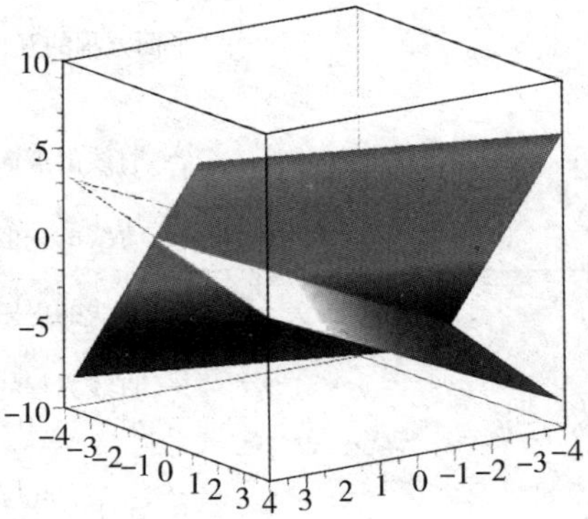

图 2-17

第 2 章知识结构图

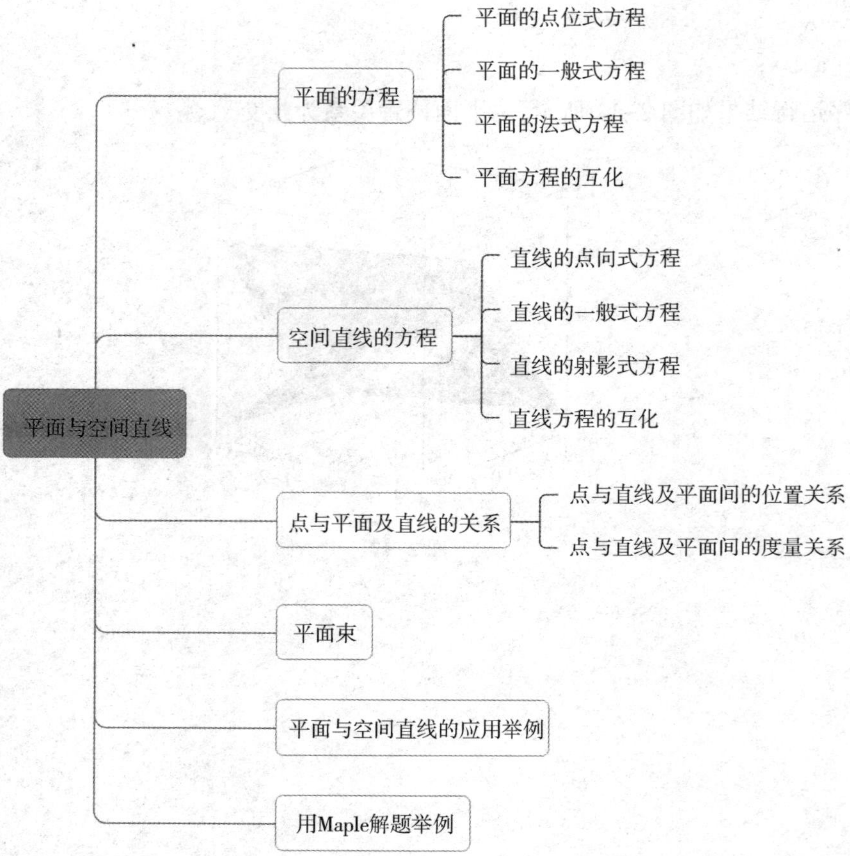

第 2 章总复习题

1. 填空题

(1)一平面过点 $(1, 1, -4)$ 且平行于向量 $\boldsymbol{a}=(2, 1, -1)$ 和 $\boldsymbol{b}=(1, 0, 1)$，则平面的点位式方程为__________，平面的一般式方程为__________，平面的截距式方程为__________，平面的一个单位法向量为____________________。

(2)设直线 L 的方程为 $\begin{cases}A_1x+B_1y+C_1z+D_1=0\\A_2x+B_2y+C_2z+D_2=0\end{cases}$，当________时，直线 L 过原点；当________时，直线 L 平行于 x 轴但不与 x 轴相交；当________时，直线 L 与 y 轴相交；当________时，直线 L 与 z 轴重合。

(3)直线 $\frac{x}{1}=\frac{y}{-2}=\frac{z}{4}$ 和平面 $x-2z+4z=4$ 的关系是________________。

(4)过 $(1,-1,0)$ 且与 $\frac{x-3}{2}=\frac{y-1}{1}=\frac{z+2}{-3}$ 平行的直线方程是____________。

(5)直线 $\frac{x-1}{1}=\frac{y-5}{-2}=\frac{z+8}{1}$ 与直线 $\begin{cases}x-y=6\\2y+z=3\end{cases}$ 的夹角为____________。

(6)直线 $\frac{x-x_1}{m}=\frac{y-y_1}{n}=\frac{z-z_1}{p}$ 与平面 $Ax+By+Cz+D=0$ 的夹角 θ 的正弦 $\sin\theta=$________________________________。

(7)与两直线 $\begin{cases}x=2\\y=-2+t\\z=1+t\end{cases}$ 和 $\frac{x+2}{1}=\frac{y-2}{2}=\frac{z-1}{1}$ 都平行，且过原点的平面方程是________________________________。

(8)已知动点 $P(x,y,z)$ 到 yOz 平面的距离与点 P 到点 $(-1,1,2)$ 的距离相等，则点 P 的轨迹方程为________________________。

(9)与两平面 $x+2y-z-1=0$ 和 $x+2y-z+3=0$ 等距离的平面方程为______。

2. 求过三点 $(1,-1,1)$，$(3,1,-3)$ 和 $(0,1,2)$ 的平面方程。

3. 求过点 $(1,-1,1)$ 且垂直于两平面 $x+y-2z=0$ 和 $x-2y+5z=0$ 的平面方程。

4. 求点 $(1,2,1)$ 到平面 $x+2y+2z-10=0$ 的距离。

5. 求平面 $x-2y+z-5=0$ 与各坐标面的夹角的余弦。

6. 求过点 $(1,-4,5)$ 且在三个坐标轴上的截距相等的平面方程。

7. 分别按下列条件求平面方程：

(1)平行于 yOz 平面且经过点 $(2,-3,-2)$；

(2)通过 y 轴和点 $(2,-1,1)$；

(3)求平行于 x 轴且经过点 $(2,1,-2)$ 和 $(4,0,-1)$ 的平面方程。

8. 求过点 $(2,0,3)$ 且与直线 $\begin{cases}x-2y+4z=7\\3x+5y-2z=-1\end{cases}$ 垂直的平面方程。

9. 求直线 $\begin{cases}x-3y+z-2=0\\x-y-z-1=0\end{cases}$ 与直线 $\begin{cases}x+y-z+2=0\\y+2z-1=0\end{cases}$ 夹角的余弦。

10. 求点 $P(2, 1, 5)$ 在直线 $L: \frac{x-1}{1} = \frac{y-1}{3} = \frac{z}{-1}$ 上的射影。

11. 求直线 $L: \begin{cases} 2x - 3y + z = 0 \\ 3x - y - z - 8 = 0 \end{cases}$ 在平面 $\pi: 2x - y + z = 1$ 上的射影直线的方程。

12. 确定 λ 的值,使直线 $L: \begin{cases} 2x + y - 1 = 0 \\ x + z - 2 = 0 \end{cases}$ 与平面 $\pi: x + \lambda y - z = 1$ 平行,并求直线 L 与平面 π 之间的距离。

13. 求通过直线 $L: \begin{cases} x - y + z - 1 = 0 \\ 2x + y + z - 2 = 0 \end{cases}$ 的两个互相垂直的平面,其中一个平面平行于直线 $\frac{x-1}{2} = \frac{y+1}{-1} = \frac{z-1}{1}$。

14. 求原点关于平面 $\pi: Ax + By + Cz + D = 0$ 的对称点的坐标。

15. 已知两条直线的方程是 $L_1: \frac{x-1}{1} = \frac{y+2}{2} = \frac{z-4}{-1}$, $L_2: \frac{x-2}{2} = \frac{y-1}{0} = \frac{z}{1}$,求过 L_1 且平行于 L_2 的平面方程。

16. 在过直线 $\begin{cases} x + y + z + 1 = 0 \\ 2x + y + z = 0 \end{cases}$ 的所有平面中,求和原点距离最大的平面。

17. 设两个平面的方程为 $2x - y - z - 5 = 0$ 和 $x + y - 2z - 6 = 0$,

(1)求两个平面的夹角;

(2)求两个平面的角平分面方程;

(3)求通过两个平面的交线,且和 yOz 坐标面垂直的平面方程。

18. 求下列平面的一般方程:

(1)通过点 $M_1(2, -1, 1)$ 和 $M_2(3, -2, 1)$ 且分别平行于三坐标轴的三个平面;

(2)过点 $M(3, 2, -4)$ 且在 x 轴和 y 轴上截距分别为 -2 和 -3 的平面;

(3)与平面 $5x + y - 2z + 3 = 0$ 垂直且分别通过三个坐标轴的三个平面;

(4)已知点 $M_1(3, -1, 2)$, $M_2(4, -2, -1)$,求通过 M_1 且垂直于 M_1, M_2 的平面;

(5)原点 O 在所求平面上的正射影为 $P(2, 9, -6)$;

(6)求过点 $M_1(3, -5, 1)$ 和 $M_2(4, 1, 2)$ 且垂直于平面 $x - 8y + 3z - 1 = 0$ 的平面。

19. 已知 $\triangle ABC$ 顶点 $A(0, -7, 0)$, $B(2, -1, 1)$, $C(2, 2, 2)$,求平行于 $\triangle ABC$ 所在的平面且与其相距为 2 个单位的平面方程。

20. 求与原点距离为 6 个单位且在三坐标轴 Ox、Oy 与 Oz 上的截距之比为 $a:b:c = -1:3:2$ 的平面。

21. 平面 $\frac{x}{a} + \frac{y}{b} + \frac{z}{c} = 1$ 分别与三个坐标轴交于点 A, B, C,求 $\triangle ABC$ 的面积。

22. 求点 $P(2,3,-1)$ 到直线 $\begin{cases}2x-2y+z+3=0\\3x-2y+2z+17=0\end{cases}$ 的距离。

23. 将下列直线的普通方程化为标准方程：

（1）$\begin{cases}3x-y+2=0\\4y+3z+1=0\end{cases}$；

（2）$\begin{cases}y-1=0\\z+2=0\end{cases}$。

24. 化直线 $\begin{cases}x-y+z=2\\2x+y+z=5\end{cases}$ 为对称式方程和参数方程。

25. 判别下列各对直线的相互位置，如果是相交的或平行的直线，求出它们所在的平面；如果是异面直线，求出它们之间的距离：

（1）$\begin{cases}x-2y+2z=0\\3x+2y-6=0\end{cases}$ 与 $\begin{cases}x+2y-z-11=0\\2x+z-14=0\end{cases}$；

（2）$\dfrac{x-3}{3}=\dfrac{y-8}{-1}=\dfrac{z-3}{1}$ 与 $\dfrac{x+3}{-3}=\dfrac{y+7}{2}=\dfrac{z-6}{4}$；

（3）$\begin{cases}x=t\\y=2t+1\\z=-t-2\end{cases}$ 与 $\dfrac{x-1}{4}=\dfrac{y-4}{17}=\dfrac{z+2}{-5}$。

26. 判别下列各对直线的相关位置：

（1）$x+2y-4z+1=0$ 与 $\dfrac{x}{4}+\dfrac{y}{2}-z-3=0$；

（2）$2x-y-2z-5=0$ 与 $x+3y-z-1=0$；

（3）$6x+2y-4z-5=0$ 与 $9x+3y-6z-\dfrac{9}{2}=0$。

27. 在直角坐标系中，求直线 L：$\dfrac{x-1}{2}=\dfrac{y+1}{-1}=\dfrac{z-3}{4}$ 在平面 π：$x+2y-6=0$ 上的垂直射影直线的方程。

28. 在直角坐标系中，给定点 $M_1(1,0,3)$ 和 $M_2(0,2,5)$，直线 L：$\dfrac{x-1}{2}=\dfrac{y+1}{1}=\dfrac{z}{3}$，设 M_1'，M_2' 各为 M_1，M_2 在 L 上的垂足，求 $|M_1'M_2'|$ 以及 M_1'，M_2' 的坐标。

29. 求与三直线 L_1：$\begin{cases}y-x=0\\z-1=0\end{cases}$，$L_2$：$\begin{cases}y+x=0\\z+1=0\end{cases}$，$L_3$：$\begin{cases}y=0\\z=0\end{cases}$ 都相交的直线所产生的曲面的方程。

30. 包含直线 L_1：$\begin{cases}\dfrac{y}{b}+\dfrac{z}{c}=1\\x=0\end{cases}$ 且平行于直线 L_2：$\begin{cases}\dfrac{x}{a}-\dfrac{z}{c}=1\\y=0\end{cases}$ 的平面方程为 $\dfrac{x}{a}-\dfrac{y}{b}-$

$\frac{z}{c}+1=0$,若 $2d$ 是 L_1, L_2 之间的距离,证明:$\frac{1}{a^2}+\frac{1}{b^2}+\frac{1}{c^2}=\frac{1}{d^2}$。

31. 求到两个给定平面的距离成定比的点的轨迹。

32. 证明:空间中满足条件 $|x|+|y|+|z|<a$ 的点位于中心在原点,顶点在坐标轴上且顶点与中心距离为 a 的八面体的内部。

33. 在空间直角坐标系中,设 $M_1(x_1, y_1, z_1)$, $M_2(x_2, y_2, z_2)$,都不在平面 $\pi: Ax+By+Cz+D=0$ 上,且 $M_1 \neq M_2$,证明:M_1, M_2 在平面 π 的同侧的充分必要条件是 F_1: $Ax_1+By_1+Cz_1+D=0$ 与 $F_2: Ax_2+By_2+Cz_2+D=0$ 同号。

第3章　曲面与空间曲线

本章导读

在第1章,我们建立了空间点、向量和有序实数组之间的一一对应关系,从而将空间中的曲面、曲线等几何图形视为动点的轨迹,并建立它们的方程。通过这种方式,我们可以将几何问题转化为代数问题,从而用向量代数的工具来研究。在第2章,我们以向量代数为工具,建立了平面和直线方程,并利用方程来研究空间中点、线、面之间的关系。本章首先在空间直角坐标系中介绍一般的曲面和空间曲线,然后介绍了日常生活中常见的曲面,如柱面、锥面和旋转曲面。这些曲面具有较为突出的几何特征,可以利用它们的几何特征建立方程。

§3.1　平面曲线的方程

目的与要求

1. 正确理解空间曲线与曲线方程的意义;

2. 熟悉根据条件建立空间曲线方程的方法。

重点与难点

重点:正确理解空间曲线与曲线方程的意义。

难点:根据已知条件建立空间曲线方程的基本方法。

3.1.1　曲线的一般方程

平面曲线(包括直线)都看成具有某种特征性质的点的集合,曲线上点的特征性质包含两方面的意思：

(1)曲线上的点都具有这些性质；

(2)具有这些性质的点都在曲线上。

因此曲线上点的特征性质也可以说成是点在曲线上的充要条件。

注1 曲线上的点 (x, y) 满足一定的互相制约的条件。一般用方程 $F(x, y) = 0$ 或 $y = f(x)$ 来表达。

定义3.1.1 当平面上取定了坐标后,如果一个方程与一条曲线有关系：

(1)满足方程的 (x, y) 必是曲线上某个点的坐标；

(2)曲线上任何一点的坐标满足这个方程,那么这个方程就叫作这条**曲线的方程**,而这条曲线叫作这个**方程的图形**。

注2 由于曲线上的点与其方程的解之间存在一一对应关系。因此,研究曲线的几何问题可以转化为研究其方程的代数问题。

注3 已知曲线,要求它的方程,实际上就是在给定的坐标下,将这条曲线上的点的特征性质,用关于曲线上的点的两个坐标 x, y 的方程来表达。

例3.1.1 求圆心在原点,半径为 R 的圆的方程。

解 根据圆的定义,圆上任意点 $M(x, y)$ 的特征性质,即 $M(x, y)$ 在圆上的充要条件是 M 到圆心 O 的距离等于半径 R ,即

$$|\overrightarrow{OM}| = R$$

应用两点距离公式,得

$$\sqrt{x^2 + y^2} = R$$

两边平方得

$$x^2 + y^2 = R^2 \tag{3.1-1}$$

所以式(3.1-1)即为所求圆的方程。

同样可以求出圆心在 (a, b) ,半径为 R 的圆的方程

$$(x - a)^2 + (y - b)^2 = R^2$$

注4 在求曲线的方程时,有时在化简过程中可能会引入不属于给定条件的内容。因此,需要从方程的开始进行检查,排除方程中那些不符合给定条件的点。

例3.1.2 已知点 $A(-2, -2)$ 和 $B(2, 2)$,求满足条件 $|\overrightarrow{MA}| - |\overrightarrow{MB}| = 4$ 的动点 $M(x,y)$ 的轨迹方程。

解 动点 M 在轨迹上的充要条件是

$$|\overrightarrow{MA}| - |\overrightarrow{MB}| = 4$$

用点的坐标来表达就是

$$\sqrt{(x + 2)^2 + (y + 2)^2} - \sqrt{(x - 2)^2 + (y - 2)^2} = 4 \tag{3.1-2}$$

移项得

$$\sqrt{(x+2)^2+(y+2)^2}=\sqrt{(x-2)^2+(y-2)^2}+4 \tag{3.1-3}$$

两边平方整理得

$$\sqrt{(x-2)^2+(y-2)^2}=x+y-2 \tag{3.1-4}$$

再两边平方整理得

$$xy=2 \tag{3.1-5}$$

因为式(3.1-2)和式(3.1-3)同解,而式(3.1-4)和式(3.1-5)却不同解,但当式(3.1-4)和式(3.1-5)附加了条件 $x+y-2\geqslant 0$,即 $x+y\geqslant 2$ 后,式(3.1-4)和式(3.1-5)同解,从而式(3.1-2)和式(3.1-5)同解,所以方程

$$xy=2\ (x+y\geqslant 2)$$

为所求动点 M 的轨迹方程。

这里在方程 $xy=2$ 中附加了条件 $x+y\geqslant 2$,其意思就是在方程 $xy=2$ 中除去使 $x+y<2$ 的解,因为这些是不符合条件的多余部分。所求的轨迹是反比例函数 $y=\dfrac{2}{x}$ 的图像第一象限中的部分(图 3-1 中实线部分)。

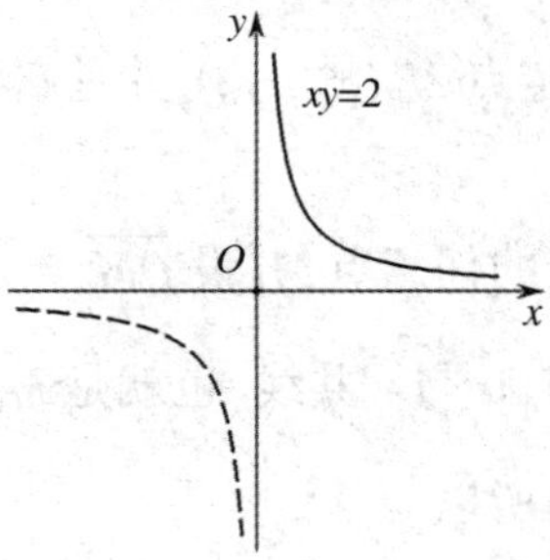

图 3-1

注 5　在求曲线的方程时,化简过程中可能造成范围的变化,得到的方程所代表曲线上的点与条件并不完全相符,必须补上或除去。

3.1.2　曲线的参数方程

在解析几何中,曲线常常表现为一个动点的运动轨迹。然而,这种运动规律通常并不直接反映在动点的两个坐标之间的关系上,而是通过动点的位置随时间变化来体现。当动点按照某种规律运动时,它的向径的大小和方向也会随时间发生变化。这种变化的向径称为**变向量**,记作 $\boldsymbol{r}(t)$ 。如果变数 $t(a\leqslant t\leqslant b)$ 的每个值对应于变向量 $\boldsymbol{r}(t)$ 的一个完全确定的值(模与方向),那么就说 $\boldsymbol{r}(t)$ 是变数 t 的**向量函数**,并把它记作

$$\boldsymbol{r}=\boldsymbol{r}(t)\ (a\leqslant t\leqslant b) \tag{3.1-6}$$

显然当 t 变化时,向量 $\boldsymbol{r}$ 的模与方向一般也都随之改变。

在平面直角坐标系 xOy 下,向量就可以用它的坐标来表达,这样的向量函数就可以写为

$$\boldsymbol{r}(t)=x(t)\boldsymbol{i}+y(t)\boldsymbol{j}\ (a\leqslant t\leqslant b) \tag{3.1-7}$$

其中 $x(t)$,$y(t)$ 是 $\boldsymbol{r}(t)$ 的坐标,它们分别是参数 t 的函数。

定义 3.1.2 若取 $t(a\leqslant t\leqslant b)$ 的一切可能取的值,如图 3-2 所示,由式(3.1-7)表示的向径 $\boldsymbol{r}(t)$ 的终点总在一条曲线上;反过来,在这条曲线上的任意点,总对应着以它为终点的向径,而该向径可由 t 的某一值 $t_0(a\leqslant t_0\leqslant b)$ 通过式(3.1-7)完全决定,那么就把式(3.1-7)叫作曲线的**向量式参数方程**,其中 t 是参数。

由于曲线上点的向径 $\boldsymbol{r}(t)$ 的坐标为 $x(t)$,$y(t)$,所以曲线的参数方程也常写成下列形式

$$\begin{cases}x=x(t)\\y=y(t)\end{cases}(a\leqslant t\leqslant b) \tag{3.1-8}$$

式(3.1-8)叫作曲线的**坐标式参数方程**。

从式(3.1-8)中消去 t(若可能的话),可以得到曲线的普通方程

$$F(x,y)=0$$

例 3.1.3 已知直线 L 通过定点 $M_0(x_0,y_0)$ 并且它与非零向量 $\boldsymbol{v}=\{X,Y\}$ 共线,求直线 L 的方程。

解 设 $M(x,y)$ 为直线 L 上的任意点,并设 $\overrightarrow{OM_0}=\boldsymbol{r}_0$,$\overrightarrow{OM}=\boldsymbol{r}$,如图 3-3 所示,那么点 M 在 L 上的充要条件为向量 $\overrightarrow{M_0M}$ 与 $\boldsymbol{v}$ 共线,也就是 $\overrightarrow{M_0M}=t\boldsymbol{v}$,这里的 t 是随着点 M 而定的实数。又因为 $\overrightarrow{M_0M}=\boldsymbol{r}-\boldsymbol{r}_0$,所以

$$\boldsymbol{r}-\boldsymbol{r}_0=t\boldsymbol{v}$$

即

$$\boldsymbol{r}=\boldsymbol{r}_0+t\boldsymbol{v}$$

这就是直线 L 的向量式参数方程,其中 $t(-\infty<t<+\infty)$ 为参数。

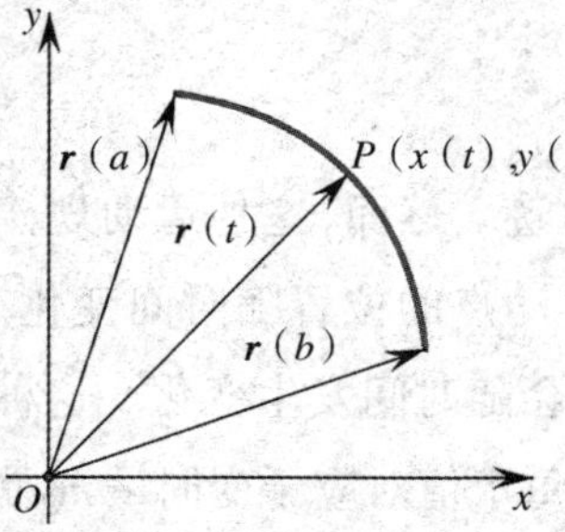

图 3-2

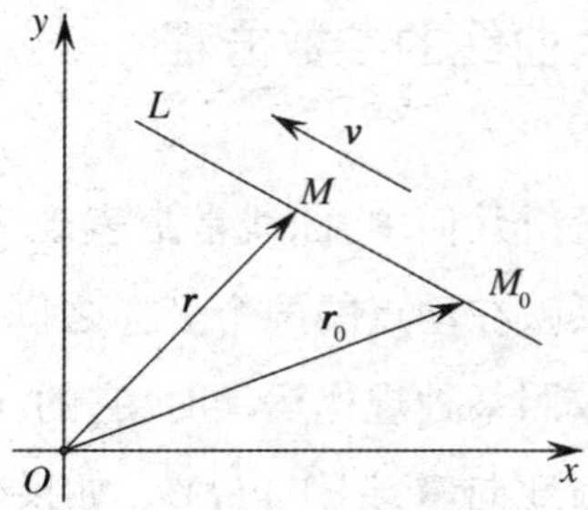

图 3-3

3.1.3　有向角

在平面上，我们可用从 $\boldsymbol{i}$ 到 $\boldsymbol{a}$ 的逆时针旋转得到的带方向的角来决定 $\boldsymbol{a}$ 的方向，称这种角为有向角。$\boldsymbol{a}$ 到 $\boldsymbol{b}$ 的有向角记为 $\measuredangle(\boldsymbol{a}, \boldsymbol{b})$ 。定义为：当 $\boldsymbol{a}$ 与 $\boldsymbol{b}$ 不共线时，以 $\boldsymbol{a}$ 扫过 $\boldsymbol{a}$，$\boldsymbol{b}$ 之间的夹角 $\angle(\boldsymbol{a}, \boldsymbol{b})$ 旋转到与 $\boldsymbol{b}$ 同方向的位置。若逆时针方向旋转，则 $\measuredangle(\boldsymbol{a}, \boldsymbol{b}) = \angle(\boldsymbol{a}, \boldsymbol{b})$；若顺时针方向旋转，则 $\measuredangle(\boldsymbol{a}, \boldsymbol{b}) = -\angle(\boldsymbol{a}, \boldsymbol{b})$ 。当 $\boldsymbol{a}$ 与 $\boldsymbol{b}$ 共线时，则 $\measuredangle(\boldsymbol{a}, \boldsymbol{b}) = \angle(\boldsymbol{a}, \boldsymbol{b})$ 。

注 6　有向角的值都推广到 $\leqslant -\pi$ 或 $\geqslant \pi$，这时我们认为相差 2π 的整数倍的角代表同一角。

注 7　对于有向角还有下面的等式

$$\measuredangle(\boldsymbol{a}, \boldsymbol{b}) = -\measuredangle(\boldsymbol{b}, \boldsymbol{a}),\ \measuredangle(\boldsymbol{a}, \boldsymbol{b}) + \measuredangle(\boldsymbol{b}, \boldsymbol{c}) = \measuredangle(\boldsymbol{a}, \boldsymbol{c})$$

下面说明在直角坐标系 xOy 中，$\boldsymbol{i}$ 到平面向量 $\boldsymbol{a}$ 的有向角可决定 $\boldsymbol{a}$ 的方向，即 $\boldsymbol{a}$ 的方向余弦。

不妨设 $\boldsymbol{a}$ 为终点落在第四象限的向径，设 $\measuredangle(\boldsymbol{i},\boldsymbol{a}) = \varphi$，则 $\varphi = -\angle(\boldsymbol{i},\boldsymbol{a})$，如图 3-4 所示。

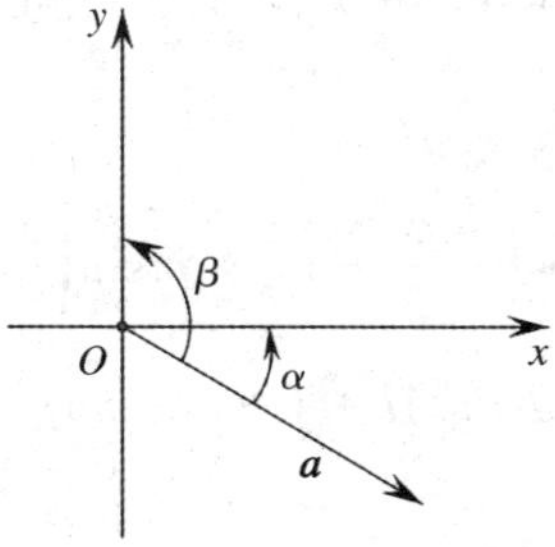

图 3-4

$$\cos\alpha = \cos\angle(\boldsymbol{i},\boldsymbol{a}) = \cos(-\varphi) = \cos\varphi$$

$$\begin{aligned}\cos\beta &= \cos\angle(\boldsymbol{j},\boldsymbol{a}) = \cos[-\angle(\boldsymbol{j},\boldsymbol{a})] = \cos\measuredangle(\boldsymbol{j},\boldsymbol{a})\\ &= \cos[\measuredangle(\boldsymbol{j},\boldsymbol{i}) + \measuredangle(\boldsymbol{i},\boldsymbol{a})]\\ &= \cos(-\pi/2 + \varphi) = \sin\varphi\end{aligned}$$

因此 $\boldsymbol{a}$ 的方向余弦即 $\boldsymbol{a}$ 的方向完全可由 x 轴（或坐标向量 $\boldsymbol{i}$）到 $\boldsymbol{a}$ 的有向角 φ 来决定。这样，$\boldsymbol{a}$ 可写成

$$\boldsymbol{a} = x\boldsymbol{i} + y\boldsymbol{j} = (|\boldsymbol{a}|\cos\alpha)\boldsymbol{i} + (|\boldsymbol{a}|\cos\beta)\boldsymbol{j} = |\boldsymbol{a}|(\cos\varphi\boldsymbol{i} + \sin\varphi\boldsymbol{j})$$

注 8　如果取 $\varphi = \angle(\boldsymbol{i}, \boldsymbol{a})$，那么当 $\boldsymbol{a}$ 在第四卦限时，$\cos\beta = \cos(\varphi + \pi/2) = -\sin\varphi$，当 $\boldsymbol{a}$ 在第一卦限时，$\cos\beta = \cos(\pi/2 - \varphi) = -\sin\varphi$，这样 $\boldsymbol{a}$ 在第四卦限时与在第一卦限时用 φ 表示就不统一了。类似地，$\boldsymbol{a}$ 在第二卦限时与在第三卦限时用 φ 表示也不统一了。

如果 φ 为有向角,不但 φ 确定了 $\boldsymbol{a}$ 的方向,而且不论 $\boldsymbol{a}$ 在哪个卦限, $\cos\angle(\boldsymbol{j},\boldsymbol{a})$ 都统一表示为

$$\cos\angle(\boldsymbol{j},\boldsymbol{a})=\sin\measuredangle(\boldsymbol{i},\boldsymbol{a})$$

例 3.1.4 一个圆在一条直线上无滑动地滚动,求圆周上的一点 P 的轨迹。

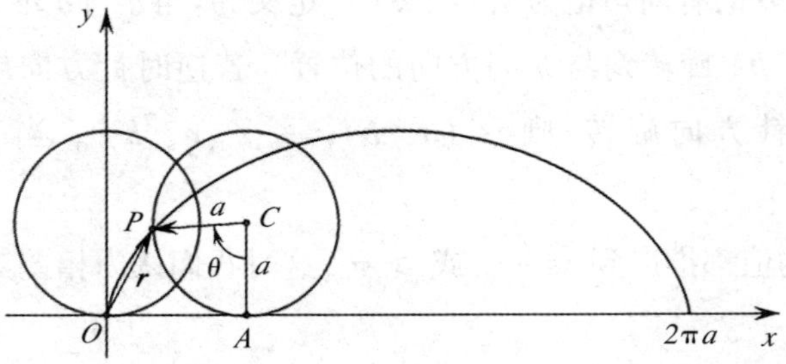

图 3-5

解 取直角坐标系,设半径为 a 的圆在 x 轴上滚动,开始时点 P 恰好在原点 O ,如图 3-5 所示。经过一段时间的滚动,圆与直线的切点移到 A 点,圆心移到 C 点,这时有

$$\boldsymbol{r}=\overrightarrow{OP}=\overrightarrow{OA}+\overrightarrow{AC}+\overrightarrow{CP}$$

设 $\theta=\measuredangle(\overrightarrow{CP},\overrightarrow{CA})$,于是向量 $\overrightarrow{CP}$ 对 x 轴所成的有向角为

$$\measuredangle(\boldsymbol{i},\overrightarrow{CP})=-\left(\frac{\pi}{2}+\theta\right)$$

则

$$\begin{aligned}\overrightarrow{CP}&=\boldsymbol{i}a\cos\left(-\frac{\pi}{2}-\theta\right)+\boldsymbol{j}a\sin\left(-\frac{\pi}{2}-\theta\right)\\&=(-a\sin\theta)\boldsymbol{i}+(-a\cos\theta)\boldsymbol{j}\end{aligned}$$

因为

$$|\overrightarrow{OA}|=\overset{\frown}{AP}=a\theta,\ \overrightarrow{OA}=a\theta\boldsymbol{i},\ \overrightarrow{AC}=a\boldsymbol{j}$$

所以

$$\boldsymbol{r}=a(\theta-\sin\theta)\boldsymbol{i}+a(1-\cos\theta)\boldsymbol{j}\qquad(3.1\text{-}9)$$

式(3.1-9)就是 P 点轨迹的向量式参数方程,其中 $\theta(-\infty<\theta<+\infty)$ 为参数。设 P 点的坐标为 (x,y) ,那么由式(3.1-9)容易得 P 点的坐标式参数方程

$$\begin{cases}x=a(\theta-\sin\theta)\\y=a(1-\cos\theta)\end{cases}(-\infty<\theta<+\infty)\qquad(3.1\text{-}10)$$

取 $0\leqslant\theta\leqslant\pi$ 时,消去参数 θ ,便得到 P 点的轨迹在 $0\leqslant\theta\leqslant\pi$ 时的一段的普通方程

$$x=a\arccos\frac{a-y}{a}-\sqrt{2ay-y^2}\qquad(3.1\text{-}11)$$

这个方程比参数方程式(3.1-10)要复杂得多。

注 9　当圆在直线上每转动一周时,圆上的一个点在一周前后的运动轨迹总是相同的,因此该曲线是由一系列完全相同的拱形曲线组成的,这种曲线叫作**旋轮线**或**摆线**。

例 3.1.5　已知大圆半径为 a ,小圆半径为 b ,设大圆不动,而小圆在大圆内无滑动地滚动,动圆周上某一点 P 的轨迹叫作**内旋轮线**(或称**内摆线**),求内旋轮线的方程。

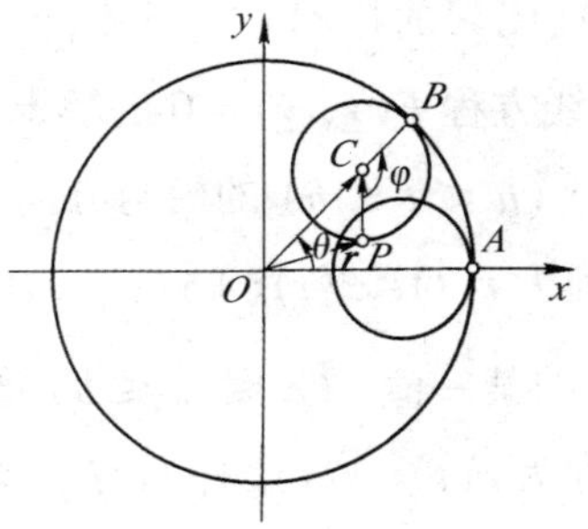

图 3-6

解　设运动开始时动点 P 与大圆周上的 A 点重合,并取大圆中心 O 为原点, OA 为 x 轴,过 O 与 OA 垂直的直线为 y 轴建立坐标系,经过某一过程后,小圆与大圆的接触点为 B ,小圆中心为 C ,如图 3-6 所示,则 C 一定在 OB 上,且有

$$\boldsymbol{r}=\overrightarrow{OP}=\overrightarrow{OC}+\overrightarrow{CP}$$

设 θ 为 $\boldsymbol{i}$ 到 $\overrightarrow{OC}$ 的有向角, φ 为 $\overrightarrow{CP}$ 到 $\overrightarrow{CB}$ 的有向角,则有

$$\overrightarrow{OC}=\boldsymbol{i}(a-b)\cos\theta+\boldsymbol{j}(a-b)\sin\theta$$

又由 $\overset{\frown}{AB}$ 等于 $\overset{\frown}{BP}$ 可得 $\varphi=\dfrac{a}{b}\theta$,从而有 $\boldsymbol{i}$ 到 $\overrightarrow{CP}$ 的有向角为 $\theta-\varphi=\dfrac{b-a}{b}\theta$,所以

$$\overrightarrow{CP}=b\cos\frac{b-a}{b}\theta\boldsymbol{i}+b\sin\frac{b-a}{b}\theta\boldsymbol{j}$$

即

$$\overrightarrow{CP}=\boldsymbol{i}b\cos\frac{a-b}{b}\theta-\boldsymbol{j}b\sin\frac{a-b}{b}\theta$$

由此得到

$$\boldsymbol{r}=\left[(a-b)\cos\theta+b\cos\frac{a-b}{b}\theta\right]\boldsymbol{i}+\left[(a-b)\sin\theta-b\sin\frac{a-b}{b}\theta\right]\boldsymbol{j}$$

此即为 P 点的向量式参数方程,其中 $\theta(-\infty<\theta<+\infty)$ 为参数。其坐标式参数方程为

$$\begin{cases}x=(a-b)\cos\theta+b\cos\dfrac{a-b}{b}\theta\\ y=(a-b)\sin\theta-b\sin\dfrac{a-b}{b}\theta\end{cases}\quad(-\infty<\theta<+\infty)$$

同步练习 3.1

基础题

1. 判断正误(对的在括号内打√,错误的打×)

(1) 曲线上的点 (x, y) 与曲线方程 $F(x, y)=0$ 的解未必是一一对应关系。 ( )

(2) 当 t 变化时,向量 $\boldsymbol{r}=\boldsymbol{r}(t)\ (a \leqslant t \leqslant b)$ 的模与方向一般也都随之改变。 ( )

(3) 若曲线的向量式参数方程为 $\boldsymbol{r}(t)=x(t)\boldsymbol{i}+y(t)\boldsymbol{j}$, $t(a \leqslant t \leqslant b)$, M_0 是曲线上的任一点,则向径 $\overrightarrow{OM_0}$ 可由 t 的某一值 $t_0(a \leqslant t_0 \leqslant b)$ 通过此参数方程决定。 ( )

(4) 若曲线的向量式参数方程为 $\boldsymbol{r}(t)=x(t)\boldsymbol{i}+y(t)\boldsymbol{j}$, t 是参数, $a \leqslant t \leqslant b$,若取 $t_0(a \leqslant t_0 \leqslant b)$,则由此参数方程表示的向径 $\boldsymbol{r}(t)$ 的终点不能确定是否在这条曲线上。

( )

(5) 向量的有向角与向量的夹角没有什么区别。 ( )

2. 一动点 M 到点 $A(3, 0)$ 的距离恒等于它到点 $B(-6, 0)$ 的距离一半,求此动点 M 的轨迹方程,并指出此轨迹是什么图形。

3. 有一长度为 $2a\ (a>0)$ 的线段,它的两端点 A , B 分别在 x 轴的正半轴与 y 轴的正半轴上移动, M 为此线段的中点,试求此线段中点的轨迹。

4. 一动点到两定点的距离的乘积等于定值 m^2,求此动点的轨迹。

提高题

1. 把线绕在一个固定的圆周上,将线头拉紧后向反方向旋转,以把线从圆周上放出来,使放出来的部分成为圆的切线,求线头的轨迹。

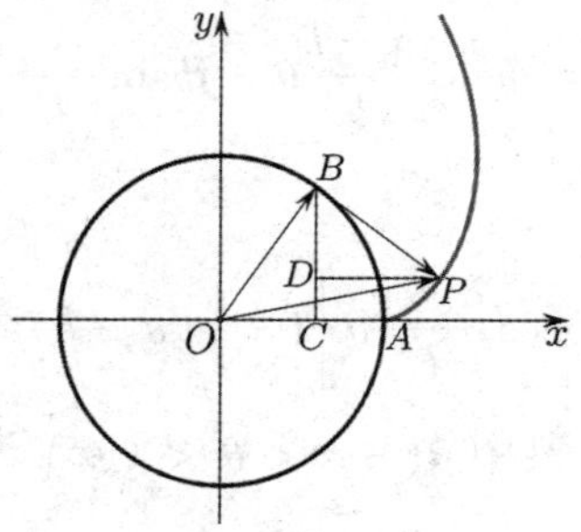

第 1 题图

2. 设 P , Q , R 是等轴双曲线上任意三点,求证 $\triangle PQR$ 的重心 H 必在同一等轴双曲线上。

3. 试证:任何一个圆交等轴双曲线 $xy=c^2$ 于四点 $P\left(ct_1, \dfrac{c}{t_1}\right)$, $Q\left(ct_2, \dfrac{c}{t_2}\right)$, $R\left(ct_3, \dfrac{c}{t_3}\right)$, $S\left(ct_4, \dfrac{c}{t_4}\right)$,那么一定有 $t_1t_2t_3t_4=1$。

4. 把下面的平面曲线的普通方程化为参数方程：

(1) $y^2 = x^3$；

(2) $x^{\frac{1}{2}} + y^{\frac{1}{2}} = a^{\frac{1}{2}} (a > 0)$；

(3) $x^3 + y^3 - 3axy = 0\ (a > 0)$。

§ 3.2　曲面的方程

目的与要求

1. 正确理解曲面与曲面方程的意义；

2. 熟悉根据已知条件建立曲面方程的方法。

重点与难点

重点：正确理解空间曲面方程的意义，并掌握根据已知条件建立空间曲面方程的方法。

难点：根据已知条件建立空间曲面的参数方程。

3.2.1　曲面的一般方程

空间中建立直角坐标系，把作为点的轨迹的曲面上的点的特征性质用点的坐标 x，y 与 z 之间的关系式来表达，一般用方程

$$F(x, y, z) = 0 \tag{3.2-1}$$

或者

$$z = f(x, y) \tag{3.2-2}$$

来表达。反过来，每一个形如式(3.2-1)或式(3.2-2)的方程通常表示空间的一个曲面。例如，在空间取定一个坐标系后，满足式(3.2-2)的任意一组解 (x, y, z) 就确定一个点，此点就在满足式(3.2-2)所确定的曲面上；反之，若在该曲面上任取一点，则此点的坐标 (x, y, z) 就满足式(3.2-2)，如图 3-7 所示。

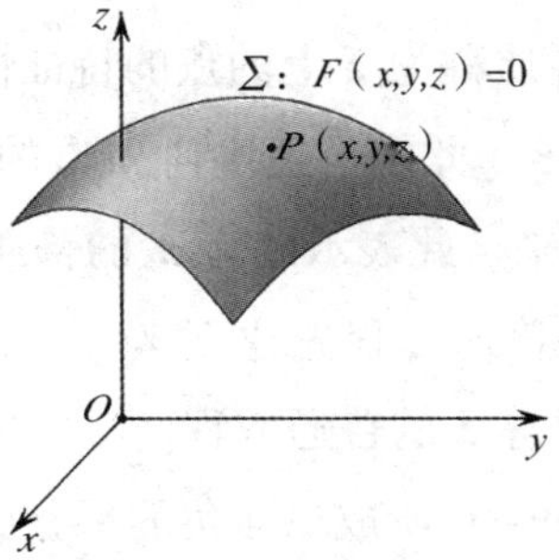

图 3-7

定义 3.2.1　如果式(3.2-1)或式(3.2-2)与一个曲面 Σ 有关系：

(1)满足式(3.2-1)或式(3.2-2)的 (x, y, z) 是曲面 Σ 上的点的坐标；

(2)曲面 Σ 上任何一点的坐标 (x,y,z) 满足式(3.2-1)或式(3.2-2)，那么式(3.2-1)或式(3.2-2)就叫作曲面 Σ 的方程，而曲面 Σ 就叫作式(3.2-1)或式(3.2-2)的图形。

例 3.2.1　求联结两点 $A(1, 2, 3)$ 和 $B(2, -1, 4)$ 的线段的垂直平分面 π 的方程。

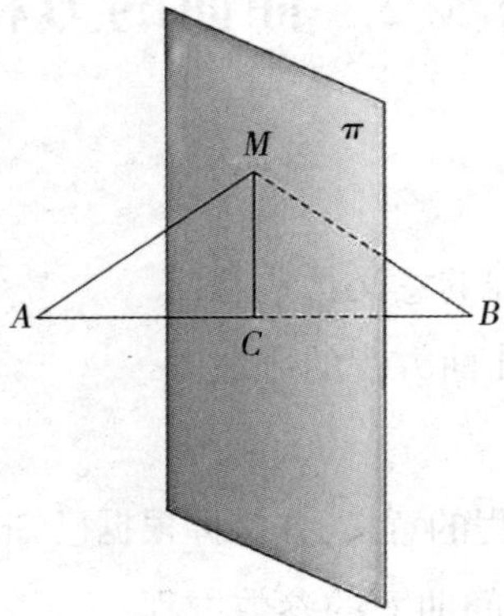

图 3-8

解　如图 3-8 所示，垂直平分面可以看成两定点 A 和 B 为等距离的动点 $M(x, y, z)$ 的轨迹，因此垂直平分面上的点 M 的特征性质为 $|\overrightarrow{AM}| = |\overrightarrow{BM}|$

$$|\overrightarrow{AM}| = \sqrt{(x-1)^2 + (y-2)^2 + (z-3)^2}$$

$$|\overrightarrow{BM}| = \sqrt{(x-2)^2 + (y+1)^2 + (z-4)^2}$$

从而得

$$\sqrt{(x-1)^2 + (y-2)^2 + (z-3)^2} = \sqrt{(x-2)^2 + (y+1)^2 + (z-4)^2}$$

化简得

$$2x - 6y + 2z - 7 = 0$$

即为所求垂直平分面 π 的方程。

注 1　π 上的点都满足性质 $|\overrightarrow{AM}| = |\overrightarrow{BM}|$，而不满足性质 $|\overrightarrow{AM}| = |\overrightarrow{BM}|$ 的点不在 π 上。因此性质 $|\overrightarrow{AM}| = |\overrightarrow{BM}|$ 完全决定了 π 上的点，称其为 π 上的点的特征性质。一般地，完全决定曲面 Σ 上的点的性质称为 Σ 上的点的特征性质。而 $2x - 6y + 2z - 7 = 0$ 为 π 上的点的特征性质的坐标表示。此例是先找到 π 上的点的特征性质，然后再将此特征性质用 π 上的点的坐标表示出来。此表示即为 π 的普通方程。

注 2　一般地，求曲面 Σ 的普通方程先建立坐标系，然后再找出 Σ 上的点的特征性质，最后将该性质用坐标表示即得 Σ 的普通方程。

例 3.2.2　求坐标面 xOz 和 yOz 所成二面角的平分面方程。

解　因为所求的平分面是与两坐标平面 xOz 和 yOz 有等距离的点的轨迹，因此点

$M(x, y, z)$ 在平分面上的充要条件是

$$|y| = |x|$$

所以

$$y = \pm x \text{ 或写成 } x \pm y = 0$$

因此所求的平分面的方程是

$$x + y = 0 \text{ 与 } x - y = 0$$

例 3.2.3　设球面的中心是点 $C(a, b, c)$ 且半径为 r,求它的方程。

解　设点 $M(x, y, z)$ 是球面上的任意一点,那么根据球的定义,球面上的点 M 的特征性质为

$$|\overrightarrow{CM}| = r$$

而

$$|\overrightarrow{CM}| = \sqrt{(x-a)^2 + (y-b)^2 + (z-c)^2}$$

故所求球面方程为

$$(x-a)^2 + (y-b)^2 + (z-c)^2 = r^2 \tag{3.2-3}$$

注 3　将式(3.2-3)展开得

$$x^2 + y^2 + z^2 - 2ax - 2by - 2cz + (a^2 + b^2 + c^2 - r^2) = 0$$

由此可见球面方程是一个三元二次方程。它的所有平方项的系数相同,交叉项消失。特别地,以原点为心的球面方程为

$$x^2 + y^2 + z^2 = r^2 \tag{3.2-4}$$

例 3.2.4　讨论方程

$$Ax^2 + By^2 + Cz^2 + Gx + Hy + Kz + L = 0 \tag{3.2-5}$$

的图形,其中 $A = B = C \neq 0$。

解　式(3.2-5)可化为

$$x^2 + y^2 + z^2 + 2gx + 2hy + 2kz + l = 0 \tag{3.2-6}$$

式(3.2-6)配方得

$$(x+g)^2 + (y+h)^2 + (z+k)^2 = g^2 + h^2 + k^2 - l$$

当 $g^2 + h^2 + k^2 - l > 0$ 时,式(3.2-6)的图形为球面,此时也称它为一个实球面;

当 $g^2 + h^2 + k^2 - l = 0$ 时,式(3.2-6)的图形为一个点 $(-g, -h, -k)$,称为一个点球;

当 $g^2 + h^2 + k^2 - l < 0$ 时,式(3.2-6)没有实图形,此时也称它的图形为一个虚球面。

注 4　实球面、点球和虚球面统称为球面。球面的方程是一个平方项系数相等且交叉项消失的三元二次方程。反之,任何一个三元二次方程,如果它的二次项系数相等且交叉项消失,那么它一定表示一个球面(包括实球面、点球和虚球面)。

空间中任一曲面的方程都是一个三元方程。反之,是否任一三元方程表示空间中一个曲面呢?一般而言这是成立的,但也有如下特殊情况:若 $F(x, y, z)$ 可分解成因式 $F(x, y, z) = F_1(x, y, z) \cdot F_2(x, y, z)$,则 $F(x, y, z) = 0$ 的充要条件是 $F_1(x, y, z) = 0$ 或 $F_2(x, y, z) = 0$。此时 $F(x, y, z) = 0$ 表示两叶曲面 Σ_1 与 Σ_2,它们分别以 $F_1(x, y, z) = 0$ 与 $F_2(x, y, z) = 0$ 为方程。此时称方程 $F(x, y, z) = 0$ 表示的图形为**变态曲面**。

若 $F(x, y, z) = xyz = 0$,则 $F(x, y, z) = 0$ 表示三坐标面。

注 5 对已知方程 $F(x,y,z) = 0$,若没有实点(即坐标为实数的点)满足它,这时方程不表示任何实图形,称为虚曲面。例如,$x^2 + y^2 + z^2 + 1 = 0$。

注 6 对已知方程 $F(x, y, z) = 0$,有时只有一个实点满足它。例如,方程 $x^2 + y^2 + z^2 = 0$,只有点 $(0, 0, 0)$ 满足它,因此 $F(x, y, z) = 0$ 的图形只有一个点 $(0, 0, 0)$,即 $F(x, y, z) = 0$ 是点 $(0, 0, 0)$ 的方程,也就是说 $F(x, y, z) = 0$ 只表示点 $(0, 0, 0)$。有时 $F(x, y, z) = 0$ 代表一条曲线。例如,$x^2 + y^2 = 0$,只有形如 $(0, 0, z)$ 的点满足它,故它表示 z 轴,是一条直线。

求曲面方程的一般步骤:

(1)建立适当的坐标系;

(2)设曲面上动点坐标为 $P(x, y, z)$,根据已知条件,推出点 P 的坐标应满足曲面 Σ 的方程;

(3)对方程作同解化简。

3.2.2 曲面的参数方程

我们知道,平面曲线的参数方程是以单参数的向量函数

$$\boldsymbol{r} = \boldsymbol{r}(t) = x(t)\boldsymbol{i} + y(t)\boldsymbol{j}$$

定义的,空间曲面的参数方程与平面曲线的参数方程的定义非常类似。

定义 3.2.2 设 u , v 为两个变量, $\boldsymbol{r}$ 为一个变向量, D 为一个平面区域,若对 $\forall (u, v) \in D$,变向量 $\boldsymbol{r}$ 都取一个完全确定的向量 $\boldsymbol{r}(u, v)$ 与之对应,则称 $\boldsymbol{r}$ 为变量的**双参数向量函数**,记为 $\boldsymbol{r} = \boldsymbol{r}(u, v)$, $(u, v) \in D$,在空间直角坐标系 $O - xyz$ 中,向量可用它的坐标表示。这样双参数向量函数 $\boldsymbol{r}(u,v)$ 可表示为

$$\boldsymbol{r} = \boldsymbol{r}(u, v) = x(u, v)\boldsymbol{i} + y(u, v)\boldsymbol{j} + z(u, v)\boldsymbol{k} \tag{3.2-7}$$

注 7 设 $\boldsymbol{r} = \boldsymbol{r}(u, v)$, $(u, v) \in D$ 。取 $(u, v) \in D$,作向径

$$\overrightarrow{OM} = \boldsymbol{r}(u, v) = x(u, v)\boldsymbol{i} + y(u, v)\boldsymbol{j} + z(u, v)\boldsymbol{k}$$

得向径 $\overrightarrow{OM}$ 的终点 $M(x(u, v), y(u, v), z(u, v))$ 。当 (u, v) 取遍 D 中一切点时,向径

$$\overrightarrow{OM} = \boldsymbol{r}(u, v) = x(u, v)\boldsymbol{i} + y(u, v)\boldsymbol{j} + z(u, v)\boldsymbol{k}$$

的终点 $M(x(u,v),\ y(u,v),\ z(u,v))$ 所画成的轨迹一般为一个曲面。

定义 3.2.3　若曲面 Σ 与双参数向量函数 $\boldsymbol{r}=\boldsymbol{r}(u,v)$，$(u,v)\in D$，满足：

(1) $\forall M\in\Sigma$，都存在 u，v 使 M 为向径 $\boldsymbol{r}(u,v)$ 的终点；

(2) $\forall (u,v)\in D$，向径 $\boldsymbol{r}(u,v)$ 的终点都在 Σ 上，则称 $\boldsymbol{r}=\boldsymbol{r}(u,v)$ $(\boldsymbol{r}=x(u,v)\boldsymbol{i}+y(u,v)\boldsymbol{j}+z(u,v)\boldsymbol{k})$ 为 Σ 的**向量式参数方程**，其中 u，v 为参数。由此知

$$\boldsymbol{r}(u,v)=x(u,v)\boldsymbol{i}+y(u,v)\boldsymbol{j}+z(u,v)\boldsymbol{k},\ u\in[a,b],\ v\in[c,d]$$

$\boldsymbol{r}(u,v)$ 取一切值 $\xLeftrightarrow{\overrightarrow{OM}=\boldsymbol{r}(u,v)}$ 点 M 在曲面 Σ 上，如图 3-9 所示，把式(3.2-7)称为曲面 Σ 的向量式参数方程。因 $\boldsymbol{r}(u,v)$ 与其坐标相互唯一确定，所以曲面的参数方程也常写成

$$\begin{cases}x=x(u,v)\\y=y(u,v)\\z=z(u,v)\end{cases}$$

称为曲面的**坐标式参数方程**。

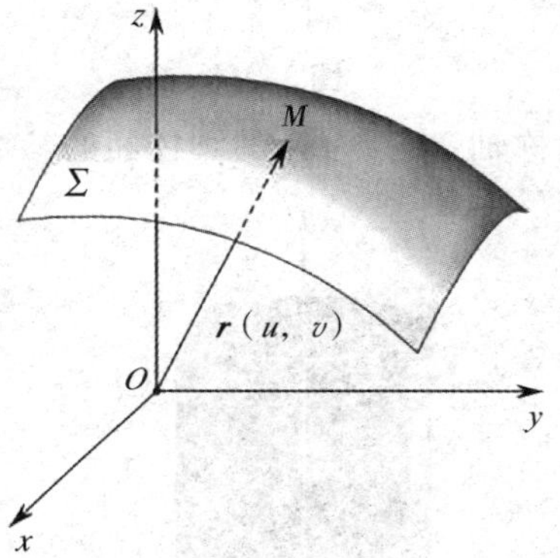

图 3-9

注 8　曲面参数方程的表达形式不唯一。

注 9　曲面的参数方程与普通方程可以互相转化。

例 3.2.5　求中心在原点，半径为 r 的球面的参数方程。

解　设 M 是以坐标原点为中心，r 为半径的球面上的任一点，M 在 xOy 坐标面上的射影为 P，而 P 在 x 轴上的射影为 Q。又设在坐标面上的有向角 $\measuredangle(\boldsymbol{i},\overrightarrow{OP})=\varphi$，$Oz$ 轴与 $\overrightarrow{OM}$ 的交角 $\angle zOM=\theta$，如图 3-10 所示，那么

$$\boldsymbol{r}=\overrightarrow{OM}=\overrightarrow{OQ}+\overrightarrow{QP}+\overrightarrow{PM}$$

且

$$\overrightarrow{QP}=(|\overrightarrow{OP}|\sin\varphi)\boldsymbol{j}=(r\sin\theta\sin\varphi)\boldsymbol{j}$$
$$\overrightarrow{OQ}=(|\overrightarrow{OP}|\cos\varphi)\boldsymbol{i}=(r\sin\theta\cos\varphi)\boldsymbol{i}$$

所以

$$\boldsymbol{r}=(r\sin\theta\cos\varphi)\boldsymbol{i}+(r\sin\theta\sin\varphi)\boldsymbol{j}+(r\cos\theta)\boldsymbol{k}\qquad(3.2\text{-}8)$$

这就是中心在原点,半径为 r 的球面的向量式参数方程。它的坐标式参数方程为

$$\begin{cases} x = r\sin\theta\cos\varphi \\ y = r\sin\theta\sin\varphi \\ z = r\cos\theta \end{cases} \tag{3.2-9}$$

式(3.2-8)或式(3.2-9)中的 θ , φ 为参数,它们的取值范围分别为

$$0 \leqslant \theta \leqslant \pi\ ,\ -\pi \leqslant \varphi < \pi$$

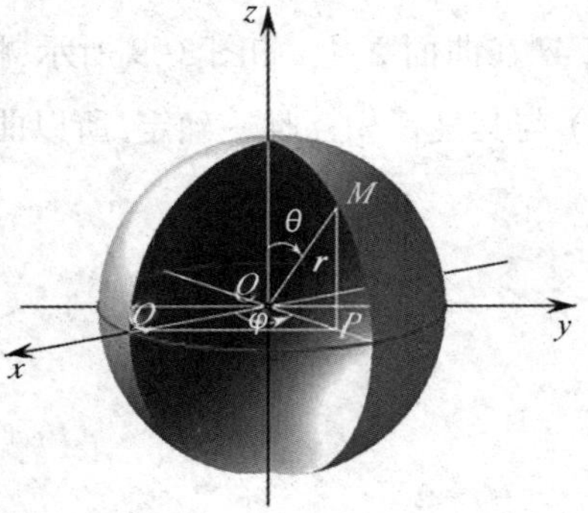

图 3-10

例 3.2.6 求以 z 轴为对称轴,半径为 R 的圆柱面的参数方程。

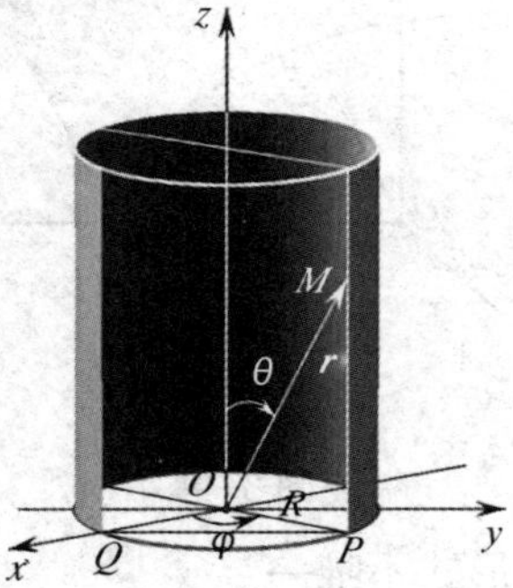

图 3-11

解 如图 3-11 所示,设 M 是圆柱面上的任意一点, M 在 xOy 坐标面上的射影为 P ,再设 xOy 坐标面上有向角 $\measuredangle(\boldsymbol{i}, \overrightarrow{OP}) = \varphi$, P 在 x 轴上的射影为 Q ,那么

$$\boldsymbol{r} = \overrightarrow{OM} = \overrightarrow{OQ} + \overrightarrow{QP} + \overrightarrow{PM}$$

而

$$\overrightarrow{OQ} = (R\cos\varphi)\boldsymbol{i}\ ,\ \overrightarrow{QP} = (R\sin\varphi)\boldsymbol{j}\ ,\ \overrightarrow{PM} = u\vec{\boldsymbol{k}}$$

所以

$$\boldsymbol{r} = (R\cos\varphi)\boldsymbol{i} + (R\sin\varphi)\boldsymbol{j} + u\boldsymbol{k} \tag{3.2-10}$$

这就是圆柱面的向量参数方程,它的坐标式参数方程为

$$\begin{cases} x = R\cos\varphi \\ y = R\sin\varphi \\ z = \mu \end{cases} \tag{3.2-11}$$

式(3.2-10)或式(3.2-11)中的 $-\pi \leqslant \varphi < \pi$，$\mu$ 为参数，它们的取值范围分别为

$$-\pi \leqslant \varphi < \pi,\ -\infty < \mu < +\infty$$

空间曲面的参数方程与平面上曲线的参数方程一样，它的表达形式也不是唯一的。比如例 3.2.5 中，如果把参数 θ 改为由 $\overrightarrow{OP}$ 到 $\overrightarrow{OM}$ 的有向角，那么球面的参数方程为

$$\begin{cases} x = \boldsymbol{r}\cos\theta\cos\varphi \\ y = \boldsymbol{r}\cos\theta\sin\varphi \\ z = \boldsymbol{r}\sin\theta \end{cases} \quad \begin{pmatrix} -\dfrac{\pi}{2} \leqslant \theta \leqslant \dfrac{\pi}{2} \\ -\pi \leqslant \varphi < \pi \end{pmatrix}$$

3.2.3　球坐标系与柱坐标系

空间中与坐标原点的距离为 r 的任一点，都可以把它看成在以原点为中心，半径为 r 的球面上，因此当我们把球面半径 r 看成变量时，式(3.2-6)就说明了空间一点 M 的位置，如图 3-10 所示，如果把 r 改写成 ρ，并设

$$|\overrightarrow{OM}| = \rho\ (\rho \geqslant 0),\ \angle xOP = \varphi\ (-\pi < \varphi \leqslant \pi),\ \angle POM = \theta\ \left(-\frac{\pi}{2} \leqslant \theta \leqslant \frac{\pi}{2}\right)$$

的值都确定，那么便有

$$\begin{cases} x = \rho\cos\theta\cos\varphi \\ y = \rho\cos\theta\sin\varphi \\ z = \rho\sin\theta \end{cases} \tag{3.2-12}$$

点 M 的位置也就被确定了。反过来，空间点 M 的位置如果已经确定，那么三个值 $\rho \geqslant 0$，φ，θ 也就确定了（如果点 M 是原点，那么 $\rho = 0$，φ 与 θ 分别在 $-\pi$ 到 π 与 $-\dfrac{\pi}{2}$ 到 $\dfrac{\pi}{2}$ 内任意取定；如果点 M 在 z 轴上，但不是原点，那么这时 φ 可以在 $-\pi$ 到 π 内任意取定，而 $\theta = \dfrac{\pi}{2}$ 或 $-\dfrac{\pi}{2}$）。这样就使空间的点除去 z 轴上的点，其余的点与有序三数组 $\rho \geqslant 0$，φ，θ 建立了一一对应的关系，这种一一对应的关系叫作空间点的**球坐标系**或**空间极坐标系**，并把有序三数组 $\rho \geqslant 0$，φ，θ 叫作空间点 M 的**球坐标**或**空间极坐标**，记作 $M(\rho, \varphi, \theta)$，这里的 $\rho \geqslant 0$，$-\pi < \varphi \leqslant \pi$，$-\dfrac{\pi}{2} \leqslant \theta \leqslant \dfrac{\pi}{2}$。

空间中点的直角坐标 (x, y, z) 与球坐标 (ρ, φ, θ) 的关系为

$$\begin{cases}x=\rho\cos\theta\cos\varphi\\ y=\rho\cos\theta\sin\varphi\\ z=\rho\sin\theta\end{cases}\left(\rho\geqslant 0,\ -\pi<\varphi\leqslant\pi,\ -\frac{\pi}{2}\leqslant\theta\leqslant\frac{\pi}{2}\right)$$

反过来,有关系

$$\begin{cases}\rho=\sqrt{x^2+y^2+z^2}\\ \cos\varphi=\dfrac{x}{\sqrt{x^2+y^2}}\\ \sin\varphi=\dfrac{y}{\sqrt{x^2+y^2}}\\ \theta=\arcsin\dfrac{z}{\sqrt{x^2+y^2+z^2}}\end{cases}$$

注 10　空间中的点与其球坐标间并非一一对应。

注 11　已知点 M 的球坐标,通过式(3.2-10)可求其直角坐标,而若已知点 M 的直角坐标,则相应的球坐标可以通过下面的式子求得

$$\begin{cases}\rho=\sqrt{x^2+y^2+z^2}\\ \sin\theta=\dfrac{z}{\sqrt{x^2+y^2+z^2}}\\ \cos\varphi=\dfrac{x}{\sqrt{x^2+y^2}}\\ \sin\varphi=\dfrac{y}{\sqrt{x^2+y^2}}\end{cases}\tag{3.2-13}$$

下面介绍柱坐标系。

空间中与 z 轴的距离为 R 的点的集合构成以 z 轴为轴,半径为 R 的圆柱面,参数方程为式(3.2-11)。当我们把圆柱面的半径 R 看成变量,并用 $\rho(\rho\geqslant 0)$ 来表示时,那么由式(3.2-11)可知 ρ , φ , μ 的值可以确定空间一点 M 的位置。反过来,如果点 M 的位置确定时,那么 ρ , φ , μ 的值也就确定(如果 M 在 z 轴上,那么 φ 可以任意确定),这样我们在空间建立了另一种空间的点(除去 z 轴上的点)与有序三数组 ρ , φ , μ 的一一对应关系,其中 $\rho\geqslant 0,\ -\pi<\varphi\leqslant\pi$, $-\infty<\mu<\infty$,这种一一对应的关系叫作柱坐标系或空间半极坐标系,并把有序三数组 ρ , φ , μ 叫作点 M 的柱坐标或半极坐标,记作 $M(\rho,\ \varphi,\ \mu)$ 。

空间的直角坐标 $(x,\ y,\ z)$ 与柱坐标 $(\rho,\ \varphi,\ \mu)$ 关系如下

$$\begin{cases}x=\rho\cos\varphi\\ y=\rho\sin\varphi\\ z=\mu\end{cases}(\rho\geqslant 0,\ -\pi<\varphi\leqslant\pi,\ -\infty<\mu<\infty)\tag{3.2-14}$$

反过来，又有

$$\begin{cases} \rho = \sqrt{x^2 + y^2} \\ \cos\varphi = \dfrac{x}{\sqrt{x^2 + y^2}} \\ \sin\varphi = \dfrac{y}{\sqrt{x^2 + y^2}} \\ \mu = z \end{cases} \tag{3.2-15}$$

注 12　空间中的点与其柱坐标并非一一对应。

注 13　由柱坐标转换为直角坐标，可以使用式(3.2-14)，而由直角坐标转换为柱坐标，则需要按照式(3.2-15)进行。

同步练习 3.2

基础题

1. 方程 $\begin{cases} x = \sin t \\ y = 2\sin t \\ z = \sqrt{5}\cos t \end{cases}$ $(0 \leqslant t \leqslant 2\pi)$ 表示的空间图形是________________。

2. 圆 $\begin{cases} x^2 + y^2 + z^2 = 25 \\ z = 3 \end{cases}$ 的圆心坐标与半径分别为________________。

3. 球面 $x^2 + y^2 + z^2 - 2x + 4y - 6z - 15 = 0$ 的球心坐标与半径分别为________。

4. 坐标平面 yOz 的方程为________________。

5. 球面通过两点 $(0, 2, 2)$，$(0, 4, 0)$，且球心在 y 轴上，该球面的方程为________。

6. 曲面 $x^2 + y^2 - 2x + 4y = 0$ 的圆心坐标与半径分别为________________。

7. 设曲面的向量式参数方程为 $\boldsymbol{r} = (\sin\alpha\cos\beta)\boldsymbol{i} + (\sin\alpha\sin\beta)\boldsymbol{j} + (\cos\beta)\boldsymbol{k}$，则其坐标式方程是________________。

8. 球面的中心是点 $C(a, b, c)$ 且半径为 r，则它的方程为________________。

9. 已知球面方程是 $x^2 + y^2 + z^2 - 2x - 2y - 2z + 2 = 0$，则点 $(1, 0, 2)$ 在球面上吗？

10. 求分别平行于坐标面的平面的方程。

11. 方程 $F(x, y, z) = (x^2 + y^2 + z^2)[(x-1)^2 + (y-2)^2 + (z-3)^2] = 0$ 表示什么图形？

12. 方程 $F(x, y, z) = (x^2 + y^2)(y^2 + z^2) = 0$ 表示什么图形？

13. 一动点移动时，与 $A(4, 0, 0)$ 及 xOy 平面等距离，求该动点的轨迹方程。

14. 求与两定点 $A(1, -2, 1)$，$B(0, 1, 3)$ 等距离的点的轨迹。

提高题

1. 求球心在直线 $\frac{x-2}{1}=\frac{y}{2}=\frac{z-1}{-1}$ 上,且过点 (1, 2, -1) 和点 (-1, -2, 1) 的球面方程。
2. 在空间选取适当的坐标系,求下列点的轨迹方程:
   (1) 到两定点的距离之比为常数的点的轨迹;
   (2) 到两定点的距离之和为常数的点的轨迹;
   (3) 到两定点的距离之差为常数的点的轨迹;
   (4) 到一定点和一定平面距离之比等于常数的点的轨迹。
3. 如果 $a^2+b^2+c^2-d>0$,那么由方程 $x^2+y^2+z^2+2ax+2by+2cz+d=0$ 给出的曲面是一球面。求出它的球心坐标和半径。
4. 证明曲线

$$\begin{cases} x=\dfrac{t}{1+t^2+t^4} \\ y=\dfrac{t^2}{1+t^2+t^4} \quad t\in(-\infty,+\infty) \\ z=\dfrac{t^3}{1+t^2+t^4} \end{cases}$$

   在一球面上,并求此球面方程。
5. 曲面 S 在柱面坐标系 (R, u, v) 下的方程为 $v=R^2\cos 2u$,求 S 的直角坐标方程。
6. 曲面 S 的直角坐标方程为 $x^2+y^2+z^2=25$,试求其球面坐标方程。

§3.3 空间曲线的方程

目的与要求:

了解空间曲线的一般方程与参数方程。

重点与难点

重点:空间曲线的坐标式参数方程及射影柱面的意义。

难点:点的轨迹的参数方程表示法。

3.3.1 空间曲线的一般方程

空间曲线,通常视为两个曲面的交线,设两曲面 $F_1(x, y, z)=0$, $F_2(x, y, z)=0$ 交于

曲线 C，C 上的 (x, y, z) 点满足

$$\begin{cases} F_1(x, y, z) = 0 \\ F_2(x, y, z) = 0 \end{cases}$$

定义 3.3.1　设 C 为空间曲线，对于三元方程组

$$\begin{cases} F_1(x, y, z) = 0 \\ F_2(x, y, z) = 0 \end{cases}$$

空间中建立了坐标系之后，若 C 上任一点 (x, y, z) 的坐标都满足方程组，而且凡坐标满足方程组的点都在曲线 C 上，则称

$$\begin{cases} F_1(x, y, z) = 0 \\ F_2(x, y, z) = 0 \end{cases}$$

为曲线 C 的**一般方程**，又称**普通方程**，记作

$$C: \begin{cases} F_1(x, y, z) = 0 \\ F_2(x, y, z) = 0 \end{cases} \tag{3.3-1}$$

注 1　在空间直角坐标系下，任一曲线的方程必是两方程联立而成的方程组。

注 2　用方程组来表达曲线，其几何意义是将曲线视为两个曲面的交线，如图 3-12 所示。

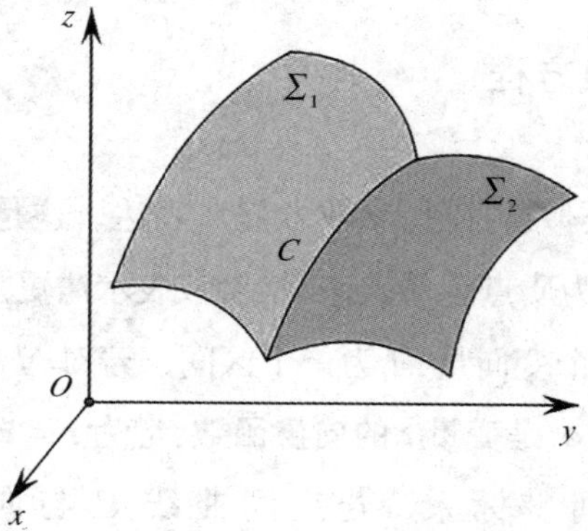

图 3-12

例 3.3.1　写出 z 轴的方程。

解　易知 z 轴为两坐标平面 xOz 与 yOz 的交线，故 z 轴的方程可以写成

$$\begin{cases} x = 0 \\ y = 0 \end{cases} \tag{3.3-2}$$

由于式(3.3-2)与方程组

$$\begin{cases} x + y = 0 \\ x - y = 0 \end{cases} \tag{3.3-3}$$

同解，所以 z 轴的方程也可写成式(3.3-3)。

例 3.3.2　求在 xOy 坐标平面上,半径等于 R ,圆心为原点的圆的方程。

解　空间的圆总可以看作球面与平面的交线,在这里可以把所求的圆看成以原点 O 为球心,半径为 R 的球面与坐标平面 xOy 的交线,所求圆的方程为

$$\begin{cases} x^2 + y^2 + z^2 = R^2 \\ z = 0 \end{cases} \tag{3.3-4}$$

因式(3.3-4)与方程组

$$\begin{cases} x^2 + y^2 = R^2 \\ z = 0 \end{cases} \tag{3.3-5}$$

或

$$\begin{cases} x^2 + y^2 + z^2 = R^2 \\ x^2 + y^2 = R^2 \end{cases} \tag{3.3-6}$$

同解,所以所求圆的方程也可以用式(3.3-5)或式(3.3-6)来表达。

注 3　空间曲线的一般方程表达形式不唯一。

注 4　任意联立两曲面方程,可能不表示任何空间曲线,如

$$\begin{cases} x^2 + y^2 + z^2 = 1 \\ x^2 + y^2 + z^2 = 4 \end{cases}$$

3.3.2　空间曲线的参数方程

空间曲线与平面曲线类似,可以用参数方程来表达。这是描述空间曲线的一种常用方法,尤其在将空间曲线视为质点运动轨迹时,参数表示法更加自然直观。

定义 3.3.2　设 $\boldsymbol{r}$ 为一个变向量, I 为一个区间。若对 $\forall t \in I$, $\boldsymbol{r}$ 都取一个完全确定的向量 $\boldsymbol{r}(t)$ 与之对应,则称 $\boldsymbol{r}$ 是变量 t 的**向量函数**,记为 $\boldsymbol{r} = \boldsymbol{r}(t)$, $t \in I$ 。

定义 3.3.3　取定空间坐标系。若空间曲线 C 与向量函数 $\boldsymbol{r} = \boldsymbol{r}(t)$, $t \in [a, b]$ 满足:

(1)对 $\forall P \in C$,存在 t 使点 P 为向径 $\boldsymbol{r}(t)$ 的终点;

(2)对 $\forall t \in [a,b]$ 向径 $\boldsymbol{r}(t)$ 的终点 P 始终落在 C 上。

则称

$$\boldsymbol{r} = \boldsymbol{r}(t) = x(t)\boldsymbol{i} + y(t)\boldsymbol{j} + z(t)\boldsymbol{k} \text{ , } t \in [a, b] \tag{3.3-7}$$

为 C 的**向量式参数方程**,其中 t 称为参数。

注 5　由以上定义可见,若 $\boldsymbol{r} = \boldsymbol{r}(t)$, $t \in [a, b]$ 是曲线 C 的向量式参数方程,则当 t 在 $[a, b]$ 内变动时,向径 $\boldsymbol{r}(t)$ 的终点就描绘出 C 。

设式(3.3-7)为空间曲线 C 的向量式参数方程,因 C 上点的向径 $\boldsymbol{r}(t)$ 的坐标为

$(x(t), y(t), z(t))$，所以 C 的参数方程常写为

$$\begin{cases} x = x(t) \\ y = y(t)\ t \in [a, b] \\ z = z(t) \end{cases} \tag{3.3-8}$$

并称为 C 的**坐标式参数方程**，其中 t 为参数。

由此可知，视空间曲线 C 为动点 M 的轨迹时，通常用参数表示法表示曲线 C，即

$$\boldsymbol{r}(t) = x(t)\boldsymbol{i} + y(t)\boldsymbol{j} + z(t)\boldsymbol{k}\ ,\ t \in [a,b]$$

$\boldsymbol{r}(t)$ 取一切值 $\xLeftrightarrow{\overrightarrow{OM}=\boldsymbol{r}(t)}$ M 在曲线 C 上，则把式(3.3-7)称为 C 的向量式参数方程，其坐标式参数方程为式(3.3-8)。

注 6　在空间曲线的参数方程中，通常只有一个参数，因为曲线是一维对象，可以用一个参数来描述其在空间中的位置。而在曲面的参数方程中，通常会涉及两个参数，因为曲面是二维对象，需要两个参数来描述其在空间中的位置。

例 3.3.3　一质点一方面绕一条轴线做等角速度的圆周运动，另一方面做平行于轴线的直线运动，其速度与角速度成正比。求这质点的运动轨迹 C 的方程。

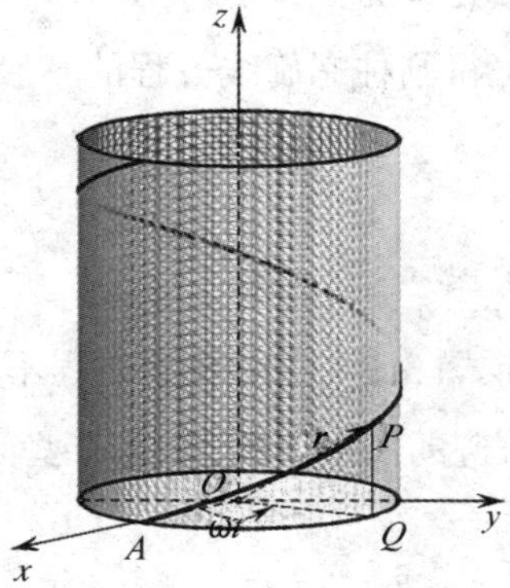

图 3-13

解　如图 3-13 所示，利用空间直角坐标系的基本单位向量，设 Oz 轴重合于轴线，并设质点运动的起点为 $A(a, 0, 0)$，质点的角速度为 ω，设质点运动的速度为 $b\omega$，设 P 为 C 上任一点，设质点在起点的时刻为 0，在 P 点的时刻为 t，P 在 xOy 面上的射影为 Q，则 $\measuredangle(\vec{\boldsymbol{i}}, \overrightarrow{OQ}) = \omega t$（这里取有向角是因为旋转角是有方向的，另外为了保证变向量 $\boldsymbol{r}$ 只含一个参数）

$$\boldsymbol{r} = \overrightarrow{OP} = \overrightarrow{OQ} + \overrightarrow{QP}\ ,\ \overrightarrow{QP} = b\omega t\boldsymbol{k}$$

再设 $\overrightarrow{OQ} = x\boldsymbol{i} + y\boldsymbol{j} + z\boldsymbol{k}$，则

$$x = \text{射影}_{i}\overrightarrow{OQ} = |\overrightarrow{OQ}|\ \cos\angle(\boldsymbol{i}, \overrightarrow{OP}) = |\overrightarrow{OQ}|\ \cos\measuredangle(\boldsymbol{i}, \overrightarrow{OQ}) = a\cos\omega t$$

$$y = \text{射影}_{j}\overrightarrow{OQ} = |\overrightarrow{OQ}|\ \cos\angle(\boldsymbol{j}, \overrightarrow{OQ}) = |\overrightarrow{OQ}|\ \sin\measuredangle(\boldsymbol{i}, \overrightarrow{OQ}) = a\sin\omega t$$

$$z = 0$$

于是

$$\boldsymbol{r}=(a\cos\omega t)\boldsymbol{i}+(a\sin\omega t)\boldsymbol{j}+(b\omega t)\boldsymbol{k}\ (0\leqslant t<+\infty) \tag{3.3-9}$$

反之,对 $\forall t\in[0,+\infty)$,向径 $\boldsymbol{r}(t)$ 的终点在 C 上,故式(3.3-9)为 C 的向量式参数方程。

C 的坐标式参数方程为

$$\begin{cases}x=a\cos\omega t\\ y=a\sin\omega t\ (-\infty\leqslant t<+\infty)\\ z=b\omega t\end{cases}$$

注 7 此例中的曲线 C 称为圆柱螺旋线。

注 8 若设 $\omega t=\theta$,则 C 的向量式参数方程和坐标式参数方程分别为

$$\boldsymbol{r}=(a\cos\theta)\boldsymbol{i}+(a\sin\theta)\boldsymbol{j}+(b\theta)\boldsymbol{k}\ (0\leqslant t+\infty)$$

和

$$\begin{cases}x=a\cos\theta\\ y=a\sin\theta\ (0\leqslant t+\infty)\\ z=b\theta\end{cases} \tag{3.3-10}$$

注 9 从上式消去参数 θ 可得圆柱螺旋线方程的一般式

$$\begin{cases}x^2+y^2=a^2\\ y=a\sin\dfrac{z}{b}\end{cases} \tag{3.3-11}$$

注 10 比较式(3.3-10)和式(3.3-11),参数方程不仅可以表现出明确的质点运动的意义,而且比较容易想象出轨迹的图形。因此,在有些问题中,空间曲线的参数方程将显示出它的优越性。

例 3.3.4 半径为 a 的球面 Σ 与通过球心且半径为 $\dfrac{a}{2}$ 的圆柱面 Σ' 的交线 C 称为**维安尼曲线**。求 C 的一般方程与参数方程。

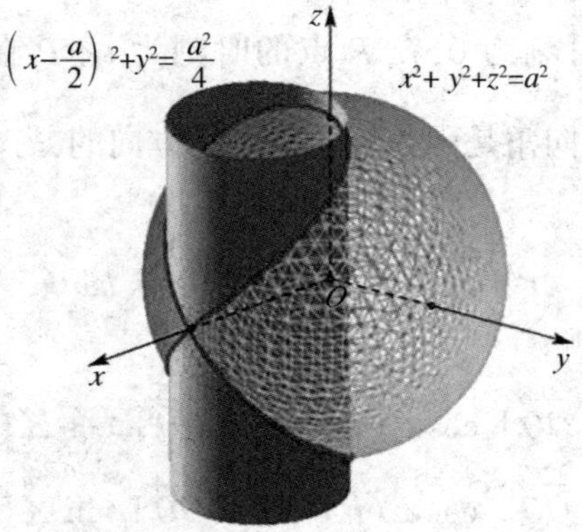

图 3-14

解　如图 3-14 所示，以球心为坐标原点，圆柱上经过球心的母线为 z 轴，过球心的圆柱面的直径为 x 轴，建立直角坐标系，此时球面与圆柱面的方程分别为

$$\Sigma: x^2+y^2+z^2=a^2,\ \Sigma': x^2+y^2-ax=0$$

故 C 的一般方程为

$$\begin{cases}x^2+y^2+z^2=a^2\\x^2+y^2-ax=0\end{cases}$$

平面上圆 $x^2+y^2-ax=0$ 的参数方程为

$$\begin{cases}x=\dfrac{a}{2}+\dfrac{a}{2}\cos 2\theta\\y=\dfrac{a}{2}\sin 2\theta\end{cases}$$

即

$$\begin{cases}x=a\cos^2\theta\\y=a\cos\theta\sin\theta\end{cases}(0\leqslant\theta<2\pi)$$

将其代入球面方程 $x^2+y^2+z^2=a^2$ 得

$$\begin{aligned}z^2&=a^2-(x^2+y^2)\\&=a^2-(a^2\cos^4\theta+a^2\sin^2\theta\cos^2\theta)\\&=a^2-a^2\cos^2\theta(\cos^2\theta+\sin^2\theta)\\&=a^2(1-\cos^2\theta)\\&=a^2\sin^2\theta\end{aligned}$$

故 $z=\pm a\sin\theta$，所以就得到

$$\begin{cases}x=a\cos^2\theta\\y=a\cos\theta\sin\theta\ (0\leqslant\theta<2\pi)\\z=a\sin\theta\end{cases}\tag{3.3-12}$$

或

$$\begin{cases}x=a\cos^2\theta\\y=a\cos\theta\sin\theta\ (0\leqslant\theta<2\pi)\\z=-a\sin\theta\end{cases}\tag{3.3-13}$$

令 $t=\theta+\pi$ 即 $\theta=t-\pi$，则 $\cos\theta=-\cos t$，$\sin\theta=-\sin t$，式(3.3-13)变为

$$\begin{cases}x=a\cos^2 t\\y=a\cos t\sin t\ (\pi\leqslant t<2\pi)\\z=a\sin t\end{cases}$$

即为 C 的参数方程。

在平面或空间中取定坐标系后，平面上或空间中的点与有序实数组建立了一一对应

的关系。在这个基础上,将平面上的曲线或空间中的曲面看作具有某种特征性质的点的集合。这些特征性质在坐标系中反映为它们的坐标之间的某种特定关系。通过找出这种关系,我们得到了曲线或曲面的方程。图形的方程与图形之间存在一一对应的关系,这样我们就可以将研究曲线与曲面的几何问题转化为相应的代数问题。如曲面的方程为 $F(x, y, z) = 0$,要研究空间中三曲面是否有公共点的问题就可归结为求三曲面方程的公共解,也就是解三元联立方程组的问题。例如,方程组

$$\begin{cases} F_1(x, y, z) = 0 \\ F_2(x, y, z) = 0 \\ F_3(x, y, z) = 0 \end{cases}$$

如果有实数解,则三曲面 $F_1(x, y, z) = 0$, $F_2(x, y, z) = 0$, $F_3(x, y, z) = 0$ 就有公共点,方程组的解就是公共点的坐标。若方程组无实数解,三曲面就没有公共点。

平面曲线普通方程为 $F(x, y) = 0$,参数方程为单参数的;曲面普通方程为 $F(x, y, z) = 0$,参数方程为双参数的;空间曲线的普通方程为 $\begin{cases} F_1(x, y, z) = 0 \\ F_2(x, y, z) = 0 \end{cases}$,参数方程为单参数的。

参数方程中如果可以消去参数,就可以得到普通方程。然而,将普通方程化为参数方程时,形式并不唯一,但必须确保与原方程等价。

同步练习 3.3

基础题

1. 判断正误(对的在括号内打√,错误的打×)

(1)方程组 $\begin{cases} F_1(x, y, z) = 0 \\ F_2(x, y, z) = 0 \end{cases}$ 一定表示一条空间曲线。 (　　)

(2)空间直角坐标系中 y 轴的方程可表示为 $\begin{cases} x = 0 \\ z = 0 \end{cases}$ 且只有这一种表示形式。 (　　)

(3)若空间曲线的参数方程为 $\boldsymbol{r} = \boldsymbol{r}(t) = x(t)\boldsymbol{i} + y(t)\boldsymbol{j} + z(t)\boldsymbol{k}$, $t \in [a,b]$, P 是曲线上的任一点,则向径 $\overrightarrow{OP}$ 可由 t 的某一值 $t_0(a \leqslant t_0 \leqslant b)$ 通过此参数方程决定。

(　　)

(4)若空间曲线的向量式参数方程为 $\boldsymbol{r} = \boldsymbol{r}(t) = x(t)\boldsymbol{i} + y(t)\boldsymbol{j} + z(t)\boldsymbol{k}$, t 是参数, $a \leqslant t \leqslant b$,若取 $t_0(a \leqslant t_0 \leqslant b)$,则由此参数方程表示的向径 $\boldsymbol{r}(t)$ 的终点不能确定是否在这条曲线上。 (　　)

(5)若空间曲线的坐标式参数方程为 $\begin{cases} x = x(t) \\ y = y(t) \ t \in [a,\ b] \\ z = z(t) \end{cases}$,则空间曲线的向量式参数方程为 $\boldsymbol{r} = \boldsymbol{r}(t) = x(t)\boldsymbol{i} + y(t)\boldsymbol{j} + z(t)\boldsymbol{k}$, t 是参数, $a \leqslant t \leqslant b$ 。　　(　　)

2. 平面 $x = c$ 与 $x^2 + y^2 - 2x = 0$ 的公共点组成怎样的轨迹?

3. 指出下列曲面与三个坐标面的交线分别是什么曲线:

(1) $x^2 + y^2 + 16z^2 = 64$;　　(2) $x^2 + 4y^2 - 16z^2 = 64$;

(3) $x^2 - 4y^2 - 16z^2 = 64$;　　(4) $x^2 + 9y^2 = 16z$。

4. 将下列曲线的一般方程化为参数方程:

(1) $\begin{cases} (x-1)^2 + y^2 + z^2 = 4 \\ y = x - 1 \end{cases}$;　(2) $\begin{cases} x^2 + y^2 + z^2 = 9 \\ x^2 + z^2 = 4 \end{cases}$;　(3) $\begin{cases} y^2 - 4z = 0 \\ x + z^2 = 0 \end{cases}$。

提高题

1. 一个半径为 b 的动圆沿着半径为 a 的定圆的内部作无滑动的滚动,设运动开始时动点 P 与点 A 重合,以定圆中心 O 为原点, OA 为 x 轴,过 O 点且垂直于 OA 的直线为 y 轴,经过一段时间后,动圆与定圆的接触点为 B ,设动圆的中心为 C ,设有向角 $\measuredangle(\boldsymbol{i},\ \overrightarrow{OC}) = \theta$, $\measuredangle(\overrightarrow{CP},\ \overrightarrow{CB}) = \varphi$,试导出点 P 运动轨迹的向量式参数方程与坐标式参数方程。

2. 证明曲线 $\begin{cases} x = \sin 2\theta \\ y = 1 - \cos 2\theta \ (0 \leqslant \theta \leqslant 2\pi) \\ z = 2\cos\theta \end{cases}$ 为一球面曲线,并求它所在球面的方程。

3. 有一质点,一方面沿着已知圆锥面的一条直母线自圆锥的顶点起作等速直线运动,另一方面这一条母线在圆锥面上,过圆锥的顶点绕圆锥的轴(旋转轴)作等速运动,这时质点在圆锥面上的轨迹叫作**圆锥螺线**,试建立圆锥螺线的方程。

§3.4　柱面

目的与要求

1. 掌握柱面的定义及其方程的求法;
2. 掌握母线平行于坐标轴的特殊柱面方程;
3. 掌握空间曲线关于坐标面的射影柱面与射影曲线的求法;
4. 掌握空间曲线的射影式方程的求法。

重点与难点

重点:柱面方程的求法及空间曲线的射影式方程。

难点:柱面方程的推导。

3.4.1 柱面的定义

我们知道,平面是由一条动直线沿着一条定直线平行移动所形成的图形,现在来研究比平面更为一般的情况。

定义 3.4.1 由平行于某一定方向的动直线,沿空间一条定曲线平行移动所形成的曲面称为**柱面**。定曲线叫作柱面的**准线**,动直线的每个位置叫作柱面的**母线**。

我们所熟悉的圆柱面就是一种特殊的柱面。

注 1 柱面由它的母线方向及准线完全确定。

如图 3-15 所示,该图是从一个动态图形中取出的 5 幅图片,其母线 l 与 z 轴平行,它是以一条余弦曲线 $y=\cos x$ ($x\in[0, 2\pi]$) 为准线运动而生成的。

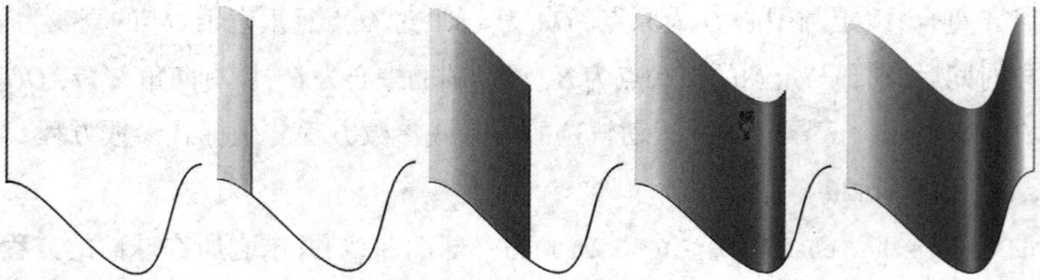

图 3-15

上面的图形是利用计算机代数软件 Maple 绘制而成的,所编写的程序主要是利用循环语句。图中定方向的直线是 z 轴,动直线就是一条与 z 轴方向相同的直线,且初始位置过点 (0, 1, 0) ,该柱面的准线方程为

$$\begin{cases} x=t \\ y=\cos t \ (t\in[0,2\pi]) \\ z=0 \end{cases}$$

实际上,该柱面的准线方程的一般形式为

$$\begin{cases} x=t \\ y=\cos t \ (t\in[0, 2\pi],\ k\in\mathbf{R}) \\ z=k \end{cases}$$

由此可知,柱面的准线不唯一,任意一条和母线相交的曲线均可作为柱面的准线。

3.4.2　柱面的方程

在空间直角坐标系 $O-xyz$ 中,设柱面 Σ 的准线 Γ 的方程为

$$\begin{cases} F_1(x,\ y,\ z) = 0 \\ F_2(x,\ y,\ z) = 0 \end{cases}$$

母线的方向数为 m , n , p , $M_1(x_1,\ y_1,\ z_1)$ 为 Σ 的准线 Γ 上任一点,则 Σ 的过 M_1 的母线方程为

$$\frac{x-x_1}{m} = \frac{y-y_1}{n} = \frac{z-z_1}{p}$$

且

$$F_1(x_1,\ y_1,\ z_1) = 0\ ,\ F_2(x_1,\ y_1,\ z_1) = 0$$

由 M_1 的任意性知方程组

$$\begin{cases} \dfrac{x-x_1}{m} = \dfrac{y-y_1}{n} = \dfrac{z-z_1}{p} \\ F_1(x_1,\ y_1,\ z_1) = 0 \\ F_2(x_1,\ y_1,\ z_1) = 0 \end{cases} \tag{3.4-1}$$

表示 Σ 的任意母线。因此,当 M_1 取遍 Γ 上全部点时,式(3.4-1)表示 Σ 的全部母线,即表示 Σ 。这里 x_1, y_1, z_1 为参数。将式(3.4-1)中的参数 x_1, y_1, z_1 消去后所得方程为

$$F(x,\ y,\ z) = 0 \tag{3.4-2}$$

则式(3.4-2)也表示 Σ ,也就是说,式(3.4-2)为 Σ 的方程。

注 2　由以上讨论,我们得到求柱面方程的一般方法,即在已知柱面的母线方向和准线方程的情况下,按以上步骤即可求得柱面方程。

注 3　这里特别指出,消去参数的几何意义就是让点 M_1 遍历准线上的所有位置,从而让动直线 $\dfrac{x-x_1}{m} = \dfrac{y-y_1}{n} = \dfrac{z-z_1}{p}$ “扫”出符合要求的柱面。

例 3.4.1　已知一个柱面的准线方程 $\begin{cases} x^2 + y^2 + z^2 = 1 \\ 2x^2 + 2y^2 + z^2 = 2 \end{cases}$,母线的方向数为 -1, 0, 1 ,求该柱面的方程。

解　设 $M_1(x_1,\ y_1,\ z_1)$ 是准线上的点,过 $M_1(x_1,\ y_1,\ z_1)$ 的母线为

$$\frac{x-x_1}{-1} = \frac{y-y_1}{0} = \frac{z-z_1}{1} \tag{3.4-3}$$

且有

$$x_1^{\ 2} + y_1^{\ 2} + z_1^{\ 2} = 1 \tag{3.4-4}$$

$$2x_1^{\ 2} + 2y_1^{\ 2} + z_1^{\ 2} = 2 \tag{3.4-5}$$

由式(3.4-3)得

$$x_1 = x + t, y_1 = y, z_1 = z - t \tag{3.4-6}$$

将式(3.4-6)代入式(3.4-4)和式(3.4-5)得

$$(x + t)^2 + y^2 + (z - t)^2 = 1 \tag{3.4-7}$$

$$2(x + t)^2 + 2y^2 + (z - t)^2 = 2 \tag{3.4-8}$$

以 -2 乘以式(3.4-7)加式(3.4-8)得

$$(z - t)^2 = 0, t = z \tag{3.4-9}$$

将式(3.4-9)代入式(3.4-7)或式(3.4-8)得所求柱面方程为

$$(x + z)^2 + y^2 = 1$$

即

$$x^2 + y^2 + z^2 + 2xz - 1 = 0$$

例 3.4.2 已知轴为 $\frac{x}{1} = \frac{y-1}{-2} = \frac{z+1}{-2}$，点 $P_0(1, -2, 1)$ 在柱面上,求这个圆柱面 Σ 的方程。

解 1 因为 Σ 的母线平行于其轴,所以 Σ 的母线的方向数为 1, -2, -2。若能求出圆柱面的准线(可取为一个圆周),那么再运用例 3.4.1 的解法,问题就解决了,而空间中的圆周总可看成某一球面与某一平面的交线。

由圆柱面轴的方程知其过 $P_1(0, -1, 1)$，$|\overrightarrow{P_0P}| = \sqrt{1^2 + (-2-1)^2 + (1+1)^2} = \sqrt{14}$。故以 P_1 为球心,以 $\sqrt{14}$ 为半径的球面 Σ' 方程为

$$x^2 + (y - 1)^2 + (z + 1)^2 = 14$$

过 P_0 且垂直于轴的平面 π_0 的方程为

$$1 \cdot (x - 1) + (-2) \cdot (y + 2) + (-2) \cdot (z - 1) = 0$$

即

$$x - 2y - 2z - 3 = 0$$

Σ 的准线圆 Γ 可以看成是球面 Σ' 与平面 π_0 的交线,即

$$\Gamma: \begin{cases} x^2 + (y - 1)^2 + (z + 1)^2 = 14 \\ x - 2y - 2z - 3 = 0 \end{cases}$$

设 (x_1, y_1, z_1) 为 Γ 上的点,则有

$$x_1^{\ 2} + (y_1 - 1)^2 + (z_1 + 1)^2 = 14, x_1 - 2y_1 - 2z_1 - 3 = 0$$

Σ 过 (x_1, y_1, z_1) 的母线为

$$\frac{x - x_1}{1} = \frac{y - y_1}{-2} = \frac{z - z_1}{-2}$$

由以上式子消去参数 x_1, y_1, z_1,所得即为圆柱面的方程

$$\Sigma: 8x^2+5y^2+5z^2-4xy+4xz-8yz-18y+18z-99=0$$

注 4　圆柱面是柱面的一种特殊情况,在特殊情况下,除了常规的解法外,通常还存在其他特殊的解法。若我们将圆柱面视为动点到轴线等距离点的轨迹,其中这个距离就是圆柱面的半径。据此得到例 3.4.2 的第二种解法。

解 2　轴的方向向量为 $\boldsymbol{v}=\{1,-2,-2\}$, $M_1(0,1,-1)$ 在轴 l 上, $M_0(1,-2,1)$ 在 Σ 上,点 M_0 到 l 的距离

$$d=\frac{|\boldsymbol{v}\times\overrightarrow{M_1M_0}|}{|\boldsymbol{v}|}=\frac{|\{1,-2,-2\}\times\{1,-3,1\}|}{|\{1,-2,-2\}|}=\frac{\sqrt{117}}{3}$$

$\forall M(x,y,z)\in\Sigma$ 的充要条件是 M 到轴 l 的距离为 d,且

$$d=\frac{|\boldsymbol{v}\times\overrightarrow{M_1M}|}{|\boldsymbol{v}|}=\frac{\sqrt{117}}{3}$$

即

$$d=\frac{\left\|\begin{vmatrix}\boldsymbol{i} & \boldsymbol{j} & \boldsymbol{k}\\ 1 & -2 & -2\\ x & y-1 & z+1\end{vmatrix}\right\|}{3}=\frac{\sqrt{117}}{3}$$

化简整理得所求圆柱面 Σ 的方程为

$$8x^2+5y^2+5z^2-4xy+4xz-8yz-18y+18z-99=0$$

3.4.3　母线平行于坐标轴的柱面方程

定理 3.4.1　在空间直角坐标系中,只含两个元(坐标)的三元方程所表示的曲面是一个柱面,它的母线平行于所缺元(坐标)的同名坐标轴。

证　下证方程

$$F(x,y)=0 \tag{3.4-10}$$

表示母线平行于 z 轴的柱面。

取曲面 $F(x,y)=0$ 与 xOy 面的交线

$$\Gamma:\begin{cases}F(x,y)=0\\ z=0\end{cases}$$

考虑以 Γ 为准线, z 轴的方向 $\{0,0,1\}$ 为母线方向的柱面 Σ 的方程。

设 $M_1(x_1,y_1,0)$ 为 Γ 上任一点,过 M_1 的母线的方程为

$$\frac{x-x_1}{0}=\frac{y-y_1}{0}=\frac{z}{1} \tag{3.4-11}$$

且

$$F(x_1, y_1) = 0 \tag{3.4-12}$$

由式(3.4-11)得 $x = x_1$, $y = y_1$,将其代入式(3.4-12)消去参数 x_1, y_1 得式(3.4-10),即式(3.1-10)表示柱面 Σ。又因 Σ 的母线平行于 z 轴,故 Σ 表示母线平行于 z 轴的柱面。

同理可证方程 $F(x, z) = 0$ 表示母线平行于 y 轴的柱面;方程 $F(y, z) = 0$ 表示母线平行于 x 轴的柱面。

例 3.4.3 空间直角坐标系中,$x^2 + y^2 = a^2$ 表示母线平行于 z 轴的圆柱面。如图 3-16 所示。

例 3.4.4 在空间直角坐标系中,$\dfrac{x^2}{a^2} + \dfrac{y^2}{b^2} = 1$ 表示母线平行于 z 轴的椭圆柱面。如图 3-17 所示。

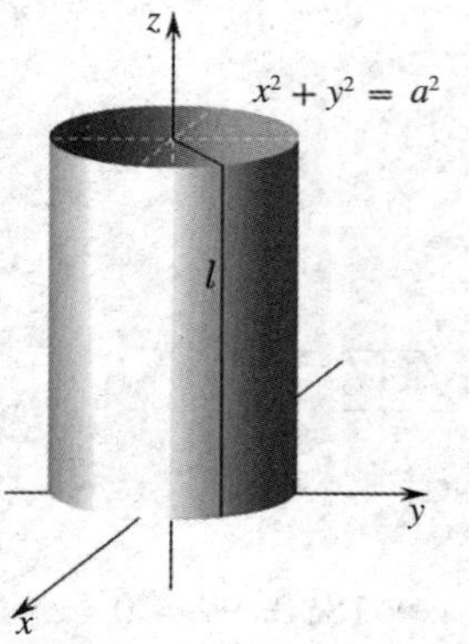

图 3-16

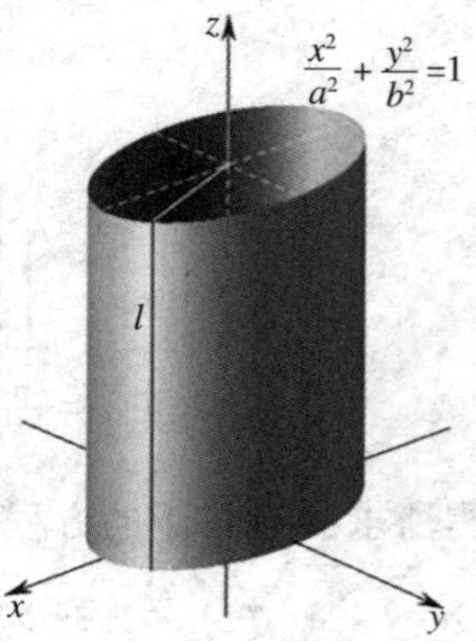

图 3-17

例 3.4.5 在空间直角坐标系中,方程 $\dfrac{y^2}{b^2} - \dfrac{x^2}{a^2} = 1$ 表示母线平行于 z 轴的双曲柱面。如图 3-18 所示。

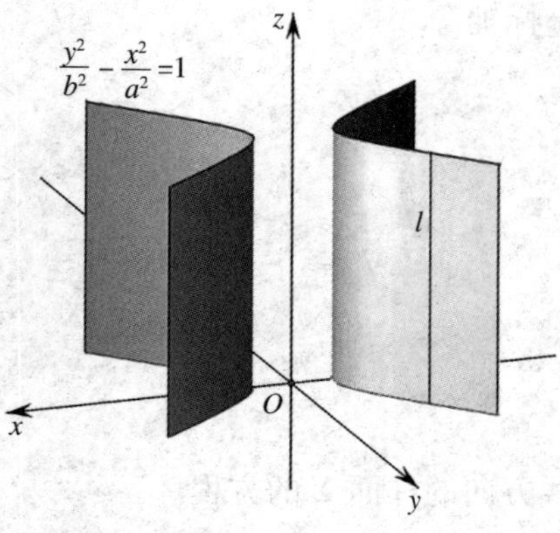

图 3-18

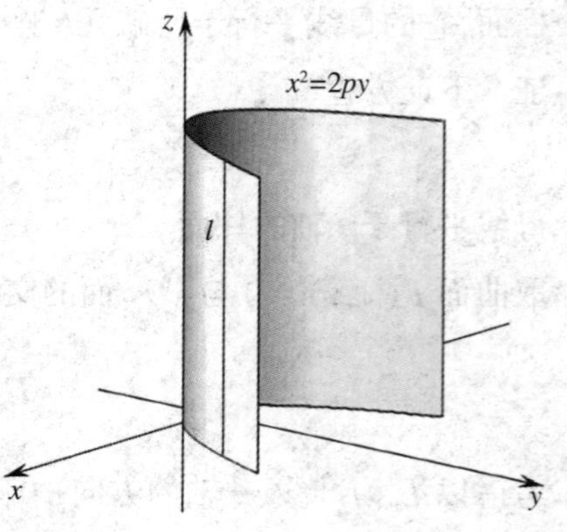

图 3-19

例 3.4.6 在空间直角坐标系中,方程 $x^2 = 2py$ 表示母线平行于 z 轴的抛物柱面。如图 3-19 所示。

注 5　上述柱面方程都是由二元二次方程来表示的，均称为**二次柱面**。

注 6　根据柱面定义，柱面方程经常可以改写为直线族的方程。这些直线族通常是平行直线族，而柱面就是由这个直线族生成的。

例 3.4.7　证明方程 $(x+y)(y+z)=x+2y+z$ 表示的曲面是柱面。

证　原方程等价于

$$\begin{cases} x+y=\lambda(x+2y+z) \\ y+z=\dfrac{1}{\lambda} \end{cases} \quad (\lambda\ 为参数)$$

这是直线族的方程，且这族直线的方向向量为

$$\boldsymbol{v}=\boldsymbol{v}_1\times\boldsymbol{v}_2=\{1-\lambda,\ 1-2\lambda,\ -\lambda\}\times\{0,\ 1,\ 1\}=(1-\lambda)\{1,\ -1,\ 1\}$$

即所有直母线有共同方向 $m:n:p=1:(-1):1$，因此这是一族平行直线族，如果消去参数 λ，就得原方程，所以原方程表示的曲面是由这族平行直线生成，即为柱面。

注 7　本题类似于柱面方程的建立，还可以通过证明原方程与以某曲线为准线，母线方向为定方向的柱面方程完全一致来完成。这部分留给读者自行完成。

3.4.4　空间曲线的射影柱面

设空间曲线为

$$C:\begin{cases} F(x,\ y,\ z)=0 \\ G(x,\ y,\ z)=0 \end{cases} \tag{3.4-13}$$

过 C 作母线平行于 x 轴的柱面 $\boldsymbol{\Sigma}_1$：$F_1(y,\ z)=0$；

过 C 作母线平行于 y 轴的柱面 $\boldsymbol{\Sigma}_2$：$F_2(x,\ z)=0$；

过 C 作母线平行于 z 轴的柱面 $\boldsymbol{\Sigma}_3$：$F_3(x,\ y)=0$。

$\boldsymbol{\Sigma}_1$ 称为 C 对 yOz 面射影的**射影柱面**，$\begin{cases} F_1(y,\ z)=0 \\ x=0 \end{cases}$ 称为 C 在 yOz 面上的**射影曲线**；

$\boldsymbol{\Sigma}_2$ 称为 C 对 xOz 面射影的**射影柱面**，$\begin{cases} F_2(x,\ z)=0 \\ y=0 \end{cases}$ 称为 C 在 xOz 面上的**射影曲线**；

$\boldsymbol{\Sigma}_3$ 称为 C 对 xOy 面射影的**射影柱面**，$\begin{cases} F_3(x,\ y)=0 \\ z=0 \end{cases}$ 称为 C 在 xOy 面上的**射影曲线**。

因 C 是 $\boldsymbol{\Sigma}_1$，$\boldsymbol{\Sigma}_2$ 的交线，故

$$\begin{cases} F_1(y,\ z)=0 \\ F_2(x,\ z)=0 \end{cases} \tag{3.4-14}$$

为 C 的方程。

同理,因 C 是 Σ_1, Σ_3 的交线,故

$$\begin{cases} F_1(y,z)=0 \\ F_3(x,y)=0 \end{cases} \tag{3.4-15}$$

为 C 的方程。

因 C 是 Σ_2, Σ_3 的交线,故

$$\begin{cases} F_2(x,\ z)=0 \\ F_3(x,\ y)=0 \end{cases} \tag{3.4-16}$$

为 C 的方程。式(3.4-14)~式(3.4-16)都称为 **C 的射影式方程**,即 C 的射影式方程是由 C 的对两个坐标面的射影柱面的方程联立而成的方程组。

现在我们讨论空间曲线与坐标面射影的射影柱面的求法及空间曲线的射影式方程的求法。

由曲线 C 的一般方程式(3.4-13)消去变量 z 可得

$$H(x,\ y)=0 \tag{3.4-17}$$

由定理 3.4.1 可知式(3.4-17)表示曲线平行于 z 轴的柱面 Σ 。

以下说明式(3.4-17)为 C 对 xOy 面射影的射影柱面的方程,由于(3.4-17)为母线平行于 z 轴的柱面的方程,故只需说明柱面 $H(x,\ y)=0$ 通过 C ,即只要说明 C 上的任一点在式(3.4-17)所示的柱面上。

设 $P(x,y,z)$ 为 C 上任一点,则 (x,y,z) 满足式(3.4-13),又由于式(3.4-17)由式(3.4-13)消去 z 得到,故 $(x,\ y,\ z)$ 满足式(3.4-17),故 P 在式(3.4-17)所示的柱面上。由定义知式(3.4-17)为 C 对 xOy 面射影的射影柱面。

同理由式(3.4-13)消去变量 y 所得方程 $V(x,\ z)=0$ 为 C 对 xOz 面射影的射影柱面方程。

同理由式(3.4-13)消去变量 x 所得方程 $W(y,\ z)=0$ 为 C 对 yOz 面射影的射影柱面方程。

由定义,将 C 对三个坐标面的射影柱面方程的任两个联立即得 C 的射影式方程。

例 3.4.8 求曲线

$$C:\begin{cases} 2x^2+z^2+4y=4z \\ x^2+3z^2-8y=12z \end{cases}$$

对坐标面的射影柱面及 C 的射影式方程。

解 由所给方程组消去变量 y 得

$$5x^2+5z^2=20z$$

即

$$x^2+z^2-4z=0$$

此为 C 对 xOz 面的射影柱面。

同样由所给方程组分别消去变量 x 与 z 得 $z^2-4y-4z=0$ 与 $x^2+4y=0$，分别为 C 对 yOz 面与 xOy 面的射影柱面。

C 的射影式方程为

$$\begin{cases}x^2+z^2-4z=0\\z^2-4y-4z=0\end{cases} \text{或} \begin{cases}x^2+z^2-4z=0\\x^2+4y=0\end{cases} \text{或} \begin{cases}z^2-4y-4z=0\\x^2+4y=0\end{cases}$$

注 8　利用空间曲线的射影式方程有利于认识空间曲线的形状。例如，由

$$\begin{cases}x^2+z^2-4z=0\\x^2+4y=0\end{cases}$$

为 C 的射影式方程可知，C 是两个柱面的交线：一个是准线为 xOz 面上的圆 $x^2+(z-2)^2=4$，母线平行于 y 轴的圆柱面；另一个是准线为 xOy 面上的抛物线 $x^2=-4y$，母线平行于 z 轴的抛物柱面。故可知 C 的形状如图 3-20 所示。

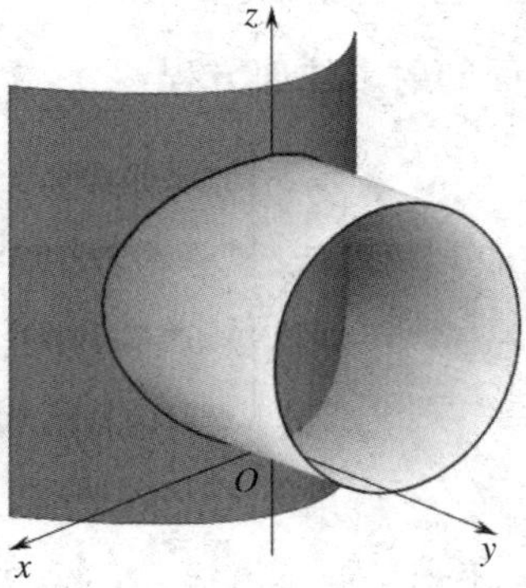

图 3-20

同步练习 3.4

基础题

1. 判断正误（对的在括号内打√，错误的打×）

(1) 柱面可由一族平行直线族形成。　(　　)

(2) 方程 $\dfrac{x^2}{a^2}+\dfrac{y^2}{b^2}=1\ (a>b>0)$ 表示母线平行于 z 轴的椭圆柱面。　(　　)

(3) $F_1(y,z)=0$ 为曲线 $C:\begin{cases}F(x,y,z)=0\\G(x,y,z)=0\end{cases}$ 对 yOz 面的射影柱面方程。　(　　)

(4) 曲线 $C:\begin{cases}F(x,y,z)=0\\G(x,y,z)=0\end{cases}$ 在 yOz 面的射影曲线方程为 $\begin{cases}F_1(y,z)=0\\x=0\end{cases}$。　(　　)

(5)空间直角坐标系下,柱面方程一定是一个二元方程。（ ）

2. 画出方程 $4x^2 + 9y^2 = 36$ 所表示的曲面的图形。

3. 求螺旋线 $\begin{cases} x = 2\cos\theta \\ y = 2\sin\theta \\ z = 3\theta \end{cases}$ 在三个坐标面上的射影曲线的直角坐标方程。

4. 求曲线 $\begin{cases} x^2 - 2y^2 + z^2 = 4 \\ z = \sqrt{x^2 + y^2} \end{cases}$ 在各坐标平面上的射影曲线方程。

5. 求半径为 1,对称轴为 $x = \dfrac{y}{2} = \dfrac{z}{3}$ 的圆柱面方程。

6. 求母线方向为 $(2, -3, 4)$,准线为 $\begin{cases} x^2 + y^2 = 9 \\ z = 1 \end{cases}$ 的柱面方程。

7. 已知圆柱面的对称轴为 $2x = 1 - y = -z + 1$,点 $(1, -2, 1)$ 在此圆柱面上,求此圆柱面的方程。

8. 求下列空间曲线对三个坐标面的射影柱面方程:

(1) $\begin{cases} x^2 + y^2 - z = 0 \\ z = x + 1 \end{cases}$; (2) $\begin{cases} x^2 + z^2 - 3yz - 2x + 3z - 3 = 0 \\ y - z + 1 = 0 \end{cases}$;

(3) $\begin{cases} x + 2y + 6z = 5 \\ 3x - 2y - 10z = 7 \end{cases}$; (4) $\begin{cases} x^2 + y^2 + z^2 = 1 \\ x^2 + (y - 1)^2 + (z - 1)^2 = 1 \end{cases}$。

9. 已知柱面的准线为:

$$\begin{cases} (x - 1)^2 + (y + 3)^2 + (z - 2)^2 = 25 \\ x + y - z + 2 = 0 \end{cases}$$

且(1)母线平行于 x 轴;(2)母线平行于直线 $x = y$, $z = c$,试求这些柱面的方程。

提高题

1. 柱面方程有一个特征,它往往可以改写为平行直线族的方程,该柱面就是由这族直线生成的。借此,证明方程 $x^2 + 2xy + y^2 + z^2 = 1$ 所表示的曲面是柱面。

2. 试求准线为 Γ: $\begin{cases} x^2 + y^2 + z^2 = 9 \\ x + y = 0 \end{cases}$,母线垂直于准线所在平面的柱面的方程。

3. 已知圆柱面的三条母线为 $x = y = z$, $x = y$, $x - 1 = y + 1 = z$,求这个圆柱面的方程。

4. 求准线为 $\begin{cases} \dfrac{x^2}{4} + y^2 = 1 \\ z = 0 \end{cases}$ 的圆柱面方程。

5. 求下列曲线关于各坐标面射影的射影柱面方程和在各坐标面上的射影曲线,并作出曲线的简图：

(1) $\begin{cases}x^2+y^2=4a^2\\x^2+2y^2+z^2=5a^2\end{cases}$；(2) $\begin{cases}x^2+y^2+z^2=4\\x^2+(y-3)^2+z^2=4\end{cases}$；(3) $\begin{cases}x^2+y^2+z^2=4a^2\\x^2+y^2-2ax=0\end{cases}$。

6. 设柱面的准线 C 的参数方程为 $x=f(t)$，$y=g(t)$，$z=h(t)$，$t\in[a, b]$，母线方向为 (l, m, n)，求柱面的参数方程。

7. 求过三条平行直线 $x=f(t)$，$x+1=y=z-1$，$x-1=y+1=z-2$ 的圆柱面方程。

8. 已知柱面的准线为 $\boldsymbol{r}(u)=\{x(u), y(u), z(u)\}$，母线的方向平行于向量 $\boldsymbol{S}=\{X, Y, Z\}$，试证明柱面的向量式参数方程与坐标式参数方程分别为

$$\boldsymbol{x}=\boldsymbol{Y}(u)+v\boldsymbol{S}(u)$$

与

$$\begin{cases}x=x(u)+Xv\\y=y(u)+Yv\\z=z(u)+Zv\end{cases}$$

式中 u，v 为参数。

§3.5　锥面

目的与要求

1. 掌握锥面的概念；

2. 掌握锥面方程的求法。

重点与难点

重点：锥面方程的求法。

难点：锥面方程的求法。

3.5.1　锥面的定义

定义 3.5.1　如图 3-21 所示，设 C 为一空间定曲线，顶点 $A\notin C$，通过 A 的动直线沿 C 移动所产生的曲面称为**锥面**。动直线的每个位置叫作锥面的**母线**，定点 A 叫作锥面的**顶点**，定曲线 C 称为锥面的**准线**。

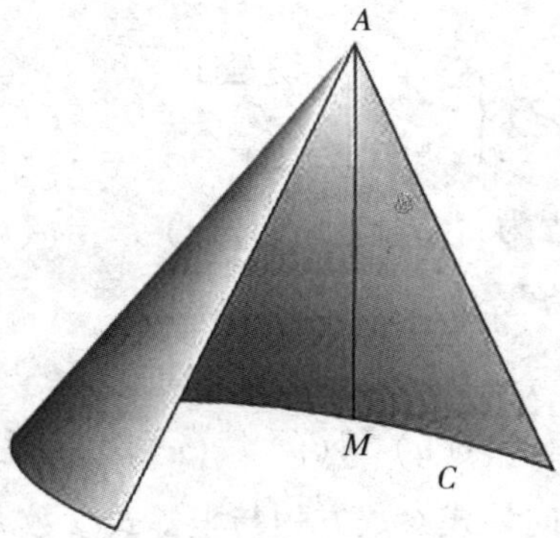

图 3-21

注 1 由定义看出，如果给定了锥面的准线和顶点，那么锥面就完全确定了。但是锥面的准线并不唯一。实际上，任何与所有母线都相交的曲线都可以作为该锥面的准线。

注 2 若将柱面的母线看成在无穷远处相交的话，则柱面是一个顶点在无穷远点的锥面。

3.5.2 锥面的方程

以下建立锥面的方程。

在空间直角坐标系 $O-xyz$ 下，设锥面 Σ 的准线为

$$C:\begin{cases}F_1(x,\ y,\ z)=0\\F_2(x,\ y,\ z)=0\end{cases}$$

顶点为 $A(x_0,\ y_0,\ z_0)$。$M_1(x,\ y,\ z)$ 为准线上的任意一点，则过点 $M_1(x,\ y,\ z)$ 的锥面的母线为

$$\frac{x-x_0}{x_1-x_0}=\frac{y-y_0}{y_1-y_0}=\frac{z-z_0}{z_1-z_0}$$

且

$$F_1(x_1,y_1,z_1)=0\ ,\ F_2(x_1,y_1,z_1)=0$$

由 M_1 的任意性可知方程组

$$\begin{cases}\dfrac{x-x_0}{x_1-x_0}=\dfrac{y-y_0}{y_1-y_0}=\dfrac{z-z_0}{z_1-z_0}\\F_1(x_1,\ y_1,\ z_1)=0\\F_2(x_1,\ y_1,\ z_1)=0\end{cases}\tag{3.5-1}$$

表示 Σ 的任意母线。因此，当 M_1 取遍 C 上全部点时，式(3.5-1)表示 Σ 的全部母线，即表示 Σ。这里 $x_1,\ y_1,\ z_1$ 为参数。将式(3.5-1)中的参数 $x_1,\ y_1,\ z_1$ 消去后所得方程为

$$F(x, y, z)=0 \tag{3.5-2}$$

则式(3.5-2)也表示 Σ,也就是说,式(3.5-2)为锥面 Σ 的方程。

注3　这里消去参数的几何意义与柱面的情形类似,就是让点 M_1 遍历准线上的所有点,从而让动直线 $\frac{x-x_0}{x_1-x_0}=\frac{y-y_0}{y_1-y_0}=\frac{z-z_0}{z_1-z_0}$“扫”出符合要求的锥面。

例 3.5.1　求以原点为顶点,以

$$C:\begin{cases}\dfrac{x^2}{a^2}+\dfrac{y^2}{b^2}=1\\ z=c\end{cases}$$

为准线的锥面方程。

解　设 $M_1(x_1, y_1, z_1)$ 为准线 C 上任意点,则过 M_1 的母线为

$$\frac{x-0}{x_1-0}=\frac{y-0}{y_1-0}=\frac{z-0}{z_1-0}$$

即

$$\frac{x}{x_1}=\frac{y}{y_1}=\frac{z}{z_1} \tag{3.5-3}$$

且有

$$\frac{x_1^{\ 2}}{a^2}+\frac{y_1^{\ 2}}{b^2}=1 \tag{3.5-4}$$

$$z_1=c \tag{3.5-5}$$

将式(3.5-5)代入式(3.5-3)得

$$x_1=c\,\frac{x}{z},\ y_1=c\,\frac{y}{z} \tag{3.5-6}$$

将式(3.5-6)代入式(3.5-4)得

$$\frac{x^2}{a^2}+\frac{y^2}{b^2}-\frac{z^2}{c^2}=0$$

即为所求锥面方程。

注4　这个锥面称为**二次锥面**,如图 3-22 所示。

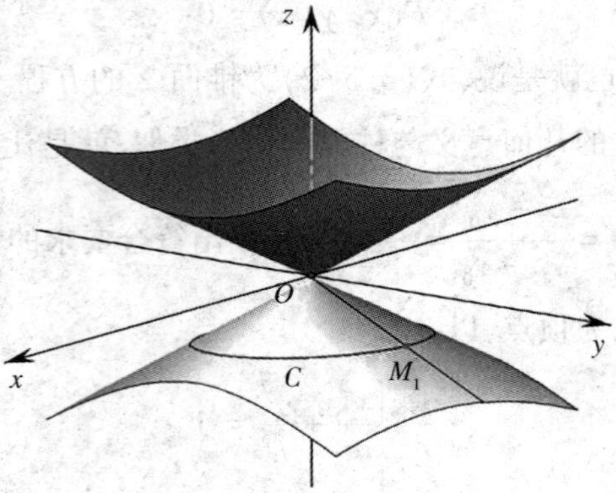

图 3-22

例 3.5.2 已知一圆锥面 Σ 的顶点为 $A(1, 2, 3)$，其轴 L 垂直于平面 $\pi: 2x+2y-z+1=0$，母线与轴 L 成 30° 角，试求该圆锥面的方程。

解 （因用一般方法先求锥面的一条母线比较麻烦，这里用特殊方法求解，即利用已知条件和曲面的方程的定义求解）设 $M(x, y, z)$ 为所求曲面 Σ 上任一点，令 $\boldsymbol{v}=\overrightarrow{AM}=\{x-1, y-2, z-3\}$，在直角坐标系下，因为 $L\perp\pi$，所以 $\boldsymbol{n}=\{2, 2, 1\}$ 为 L 的一个方向向量。$M(x, y, z)\in$ 曲面 Σ 的充要条件为

$$\angle(\boldsymbol{n}, \boldsymbol{v})=30^\circ \text{ 或 } \angle(\boldsymbol{n}, \boldsymbol{v})=150^\circ$$

故

$$\cos\angle(\boldsymbol{n}, \boldsymbol{v})=\pm\frac{\sqrt{3}}{2}$$

从而有

$$\frac{\boldsymbol{n}\cdot\boldsymbol{v}}{|\boldsymbol{n}||\boldsymbol{v}|}=\pm\frac{\sqrt{3}}{2}$$

即

$$\frac{2(x-1)+2(y-2)-(z-3)}{3\sqrt{(x-1)^2+(y-2)^2+(z-3)^2}}=\pm\frac{\sqrt{3}}{2}$$

化简整理得

$11(x-1)^2+11(y-2)^2+23(z-3)^2-32(x-1)(y-2)+16(x-1)(z-3)+16(y-2)(z-3)=0$ 即为所求的圆锥面方程。

注 5 因圆锥面是一种特殊的锥面，上面的解法是一种解圆锥面的特殊方法，至于先求出圆锥面的准线，再利用顶点与准线求该圆锥面的一般方法，请读者完成（提示：先求到 π 的距离 d，作以 A 为球心，半径 $r=\dfrac{d}{\cos 30^\circ}$ 的球面 Σ'，以 π 与 Σ' 的交线为 Σ 的准线）。

下面的定理给出了锥面方程的特征。

为了给出锥面方程的特征，先介绍齐次函数与齐次方程的概念。

定义 3.5.2　设 λ 为实数，对函数 $f(x, y, z)$，若有 $f(tx, ty, tz)=t^{\lambda}f(x, y, z)$（这里 t 的取值应使 t^{λ} 有确定的意义。例如，当 $\lambda=-1$ 时，$t\neq 0$），则称 $f(x, y, z)$ 为三元 λ 次齐次函数。

例如，$f(x, y, z)=x^2+y^2+z^2+xy+xz+yz$ 为三元二次齐次函数。

定义 3.5.3　若 $f(x, y, z)$ 为三元 λ 次齐次函数，则称 $f(x, y, z)=0$ 为三元 λ 次齐次方程。

注 6　以上两个概念可推广到 n 个变量的情形。

下面我们来讨论三元齐次方程的意义，证明一个关于判别锥面的定理。

定理 3.5.1　一个关于 x，y，z 的齐次方程 $F(x, y, z)=0$ 总表示顶点在坐标原点的锥面。

证　由齐次方程的定义有

$$F(tx, ty, tz)=t^{\lambda}F(x, y, z)$$

故当 $t=0$ 时有

$$F(0, 0, 0)=0$$

故曲面 Σ：$F(x, y, z)=0$ 过原点。

设 $M_0(x_0, y_0, z_0)$ 为 Σ 上非原点的任意点，则 $M_0(x_0, y_0, z_0)$ 满足 $F(x, y, z)=0$，即 $F(x_0, y_0, z_0)=0$。直线 OM_0 的方程为

$$\begin{cases} x=x_0t \\ y=y_0t \\ z=z_0t \end{cases}$$

代入 $F(x, y, z)=0$ 得

$$F(tx_0, ty_0, tz_0)=t^{\lambda}F(x_0, y_0, z_0)=0$$

即直线 OM_0 上的所有点的坐标满足曲面 Σ 的方程 $F(x, y, z)=0$。因此直线 OM_0 在曲面 Σ：$F(x, y, z)=0$ 上，故曲面 Σ：$F(x, y, z)=0$ 由通过坐标原点的直线组成，即它是以原点为顶点的锥面。

注 7　在特殊情况下，关于 x，$x-x_0$，z 的齐次方程可能只表示原点。例如，$x^2+y^2+z^2=0$。这样的曲面，常称为**有实顶点的虚锥面**。

推论 3.5.1　关于 $x-x_0$，$y-y_0$，$z-z_0$ 的齐次方程

$$F(x-x_0, y-y_0, z-z_0)=0 \tag{3.5-7}$$

表示顶点在 (x_0, y_0, z_0) 的锥面。

证　作坐标变换 $x'=x-x_0$，$y'=y-y_0$，$z'=z-z_0$，则式(3.5-7)化为

$$F(x', y', z')=0 \tag{3.5-8}$$

式(3.5-8)为齐次方程,故 $F(x', y', z') = 0$ 表示以 $O'(0, 0, 0)$ 为顶点的锥面。从而式(3.5-7)表示顶点在 (x_0, y_0, z_0) 的锥面。

同步练习 3.5

基础题

1. 判断正误(对的在括号内打√,错误的打×)

(1)锥面可由一个相交直线族形成。 (　　)

(2)方程 $\frac{x^2}{a^2}+\frac{y^2}{b^2}-\frac{z^2}{b^2}=1$ 表示一张锥面。 (　　)

(3)方程 $\frac{x^2}{a^2}-\frac{y^2}{b^2}+\frac{z^2}{b^2}=0$ 及 $-\frac{x^2}{a^2}+\frac{y^2}{b^2}+\frac{z^2}{b^2}=0$ 都表示二次锥面。 (　　)

(4)一条直线也可以看作是锥面。 (　　)

(5)平面既是柱面也是锥面。 (　　)

2. 求顶点在原点,准线为 $x^2-2z+1=0,\ y-z+1=0$ 的锥面方程。

3. 求以 z 轴为对称轴,坐标原点为顶点,半顶角为 $\frac{\pi}{6}$ 的圆锥面方程。

4. 求顶点为 $(0,1,0)$,准线为 $\begin{cases} x^2-\frac{y^2}{4}=1 \\ z=-5 \end{cases}$ 的锥面方程。

5. 已知锥面的顶点为 $(3,\ -1,\ -2)$,准线为 $x^2+y^2-z^2=1,\ x-y+z=0$,试求它的方程。

提高题

1. 求以原点为顶点,包含三条坐标轴的圆锥面方程。

2. 求顶点在原点,准线为 $\begin{cases} f(x,\ y)=0 \\ z=h,\ (h\neq 0) \end{cases}$ 的锥面方程。

§3.6　旋转曲面

目的与要求:

1. 掌握旋转曲面的概念及其方程的求法;

2. 掌握坐标面上的曲线绕坐标轴旋转所得旋转曲面的方程。

重点与难点:

重点:旋转曲面方程的求法。

难点:旋转曲面方程的建立。

3.6.1　旋转曲面的定义

如图 3-23 所示,前面讨论过的球面可以被视为半圆周绕着它的直径旋转一周所形成的曲面。

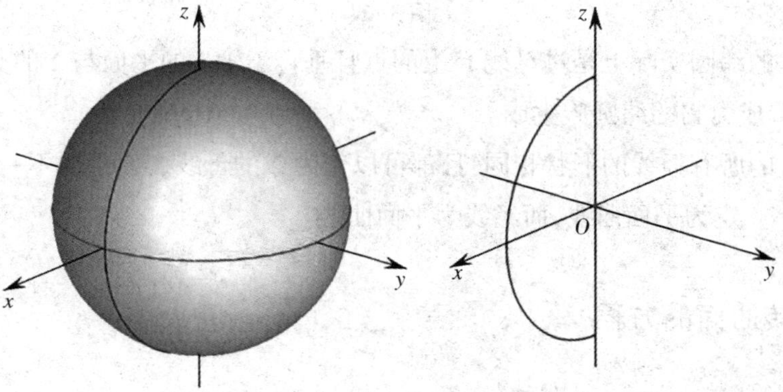

图 3-23

一般地,我们有以下定义。

定义 3.6.1　在空间,一条曲线 Γ 绕一定直线 L 旋转一周而成的曲面 Σ 叫作**旋转曲面**。Γ 叫作 Σ 的**母线**, L 称为 Σ 的**旋转轴**,简称为**轴**。

实际上,圆锥面和圆柱面都为旋转曲面。

注 1　旋转曲面由母线和轴完全确定。

如图 3-24 所示,设 M_1 为旋转曲面 Σ 的母线 Γ 上的任一点,在 Γ 绕轴 L 旋转时, M_1 也绕 L 旋转而形成一个圆,称其为 Σ 的**纬圆**或**纬线**。以 L 为边界的半平面与 Σ 的交线称为 Σ 的**经线**。

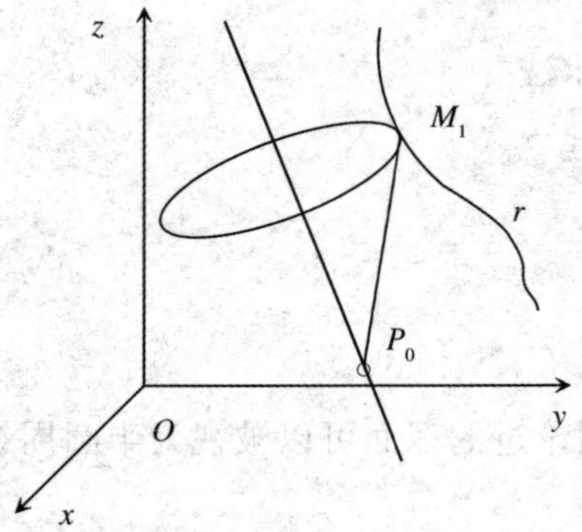

图 3-24

注 2　Σ 的纬圆实际上是过母线 Γ 上的点且垂直于轴 L 的平面与 Σ 的交线。旋转曲面 Σ 又可以看成由它的纬圆族生成。

注 3　Σ 的所有经线的形状相同,且都可以作为 Σ 的母线。而母线不一定是经线,这里因为母线不一定为平面曲线,而经线为平面曲线。

3.6.2　旋转曲面的方程

在空间直角坐标系下,设旋转曲面 Σ 的母线为

$$\Gamma:\begin{cases}F_1(x,\ y,\ z)=0\\ F_2(x,\ y,\ z)=0\end{cases}$$

Σ 的轴为

$$L:\ \frac{x-x_0}{m}=\frac{y-y_0}{n}=\frac{z-z_0}{p}$$

这里 $P_0(x_0,\ y_0,\ z_0)$ 为旋转轴 L 上一点, m , n , p 为旋转轴 L 的方向数。

设 $M_1(x_1,\ y_1,\ z_1)$ 是母线 Γ 上的任意一点,那么 Σ 的过 M_1 的纬圆可看成过 M_1 且垂直于 L 的平面与以 P_0 为球心, $|\overrightarrow{P_0M_1}|$ 为半径的球面的交线。那么 Σ 的过 M_1 的纬圆方程为

$$\begin{cases}m(x-x_1)+n(y-y_1)+p(z-z_1)=0\\ (x-x_0)^2+(y-y_0)^2+(z-z_0)^2=(x_1-x_0)^2+(y_1-y_0)^2+(z_1-z_0)^2\end{cases}\tag{3.6-1}$$

且

$$\begin{cases}F_1(x_1,\ y_1,\ z_1)=0\\ F_2(x_1,\ y_1,\ z_1)=0\end{cases}\tag{3.6-2}$$

由 M_1 的任意性知方程组

$$\begin{cases} m(x-x_1)+n(y-y_1)+p(z-z_1)=0 \\ (x-x_0)^2+(y-y_0)^2+(z-z_0)^2=(x_1-x_0)^2+(y_1-y_0)^2+(z_1-z_0)^2 \\ F_1(x_1, y_1, z_1)=0 \\ F_2(x_1, y_1, z_1)=0 \end{cases}$$

表示 Σ 的任意纬圆。因此，当 M_1 取遍 Γ 上全部点时，式(3.6-2)表示 Σ 的全部纬圆，即表示 Σ，其中 x_1, y_1, z_1 为参数。将式(3.6-2)中的参数 x_1, y_1, z_1 消去后所得方程为

$$F(x, y, z)=0 \tag{3.6-3}$$

则方程(3.6-3)也表示 Σ，也就是说，方程(3.6-3)为旋转曲面 Σ 的方程。

注 4　这里消去参数的几何意义与柱面及锥面的情形类似，就是让点 M_1 遍历准线上的所有点，从而让式(3.6-1)所示的动纬圆"扫"出符合要求的旋转曲面。

例 3.6.1　求直线 $\Gamma: \dfrac{x}{2}=\dfrac{y}{1}=\dfrac{z-1}{0}$ 绕直线 $L: x=y=z$ 旋转所得的旋转曲面 Σ 的方程。

解　设 $M_1(x_1, y_1, z_1)$ 是母线 Γ 上的任意一点，旋转轴 L 过原点 (0, 0, 0)，则

$$1\cdot(x-x_1)+1\cdot(y-y_1)+1\cdot(z-z_1)=0 \tag{3.6-4}$$

$$x^2+y^2+z^2={x_1}^2+{y_1}^2+{z_1}^2 \tag{3.6-5}$$

式(3.6-4)与式(3.6-5)组成的方程组为过 M_1 的纬圆方程。

因为 M_1 在母线 Γ_1 上，所以又有

$$\frac{x_1}{2}=\frac{y_1}{1}=\frac{z_1-1}{0}$$

即

$$x_1=2t,\ y_1=t,\ z_1=1 \tag{3.6-6}$$

将式(3.6-6)代入式(3.6-4)得

$$x-2t+y-t+z-1=0$$

即

$$t=\frac{1}{3}(x+y+z-1) \tag{3.6-7}$$

将式(3.6-7)代入式(3.6-6)得

$$x_1=\frac{2}{3}(x+y+z-1),\ y_1=\frac{1}{3}(x+y+z-1),\ z_1=1 \tag{3.6-8}$$

将式(3.6-8)代入式(3.6-5)得

$$x^2+y^2+z^2=\frac{4}{9}(x+y+z-1)^2+\frac{1}{9}(x+y+z-1)^2+1$$

即

$$2(x^2+y^2+z^2)-5(xy+xz+yz)+5(x+y+z)-7=0$$

3.6.3 坐标面上的曲线绕坐标轴旋转所得旋转曲面的方程

任意旋转曲面都可以看作是由它的一条经线绕旋转轴旋转一周生成的。因此,为了方便起见,总是取旋转曲面的一条经线作为母线。

取旋转曲面 Σ 的某一条经线(显然为平面曲线)作为 Σ 的母线。

在直角坐标系下导出旋转曲面的方程时,通常会选择母线所在的平面作为坐标面,并将旋转轴选取为坐标轴,这时 Σ 的方程具有更为简洁的形式。

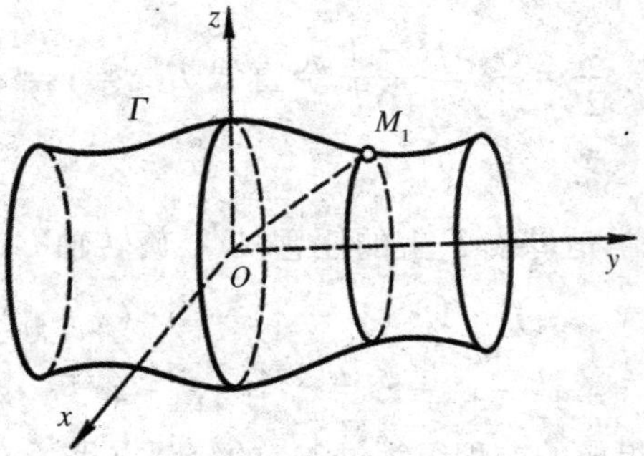

图 3-25

如图 3-25 所示,设旋转曲面 Σ 的母线为

$$\Gamma:\begin{cases}F(y,z)=0\\x=0\end{cases}$$

旋转轴为 y 轴

$$\frac{x}{0}=\frac{y}{1}=\frac{z}{0}$$

设 $M_1(0,y_1,z_1)$ 是母线 Γ 上的任意一点,则

$$y-y_1=0 \tag{3.6-9}$$

$$x^2+y^2+z^2=y_1^{\ 2}+z_1^{\ 2} \tag{3.6-10}$$

式(3.6-9)与式(3.6-10)组成的方程组为过 M_1 的纬圆方程。

因为 M_1 在母线 Γ 上,所以又有

$$F(y_1,z_1)=0 \tag{3.6-11}$$

$$x_1=0 \tag{3.6-12}$$

由式(3.6-12),式(3.6-9)和式(3.6-10)得

$$x_1=0,\ y_1=y,\ z_1=\pm\sqrt{x^2+z^2} \tag{3.6-13}$$

将式(3.6-13)代入式(3.6-11)得旋转曲面的方程为

$$F(y,\ \pm\sqrt{x^2+z^2})=0$$

类似地,母线为 Γ ,旋转轴为 z 轴的旋转曲面的方程为

$$F(\ \pm\sqrt{x^2+y^2},\ z)=0$$

对于其他坐标面上的曲线,绕坐标轴旋转所得的旋转曲面,其方程可类似求出。从上面的推导不难归纳出如下规律:

当坐标面上的曲线 Γ 绕此坐标面的一个坐标轴旋转时,只要让曲线 Γ 在坐标面里的方程中与旋转轴同名的坐标保持不变,而以其他两个坐标的平方和的平方根来代替方程中的另一坐标,就求出了旋转曲面的方程。

例如, Σ 为由 xOz 面上的 Γ: $\begin{cases}F(x,\ z)=0\\ y=0\end{cases}$ 绕 x 轴所得,则 Σ 的方程为

$$F(x,\ \pm\sqrt{y^2+z^2})=0$$

例 3.6.2　让椭圆 Γ: $\begin{cases}\dfrac{x^2}{a^2}+\dfrac{y^2}{b^2}=1\\ z=0\end{cases}$ $(a>b)$ 分别绕其长轴(x 轴)和短轴(y 轴)旋转,所得旋转曲面方程分别为

$$\frac{x^2}{a^2}+\frac{y^2}{b^2}+\frac{z^2}{b^2}=1 \text{ 和 } \frac{x^2}{a^2}+\frac{y^2}{b^2}+\frac{z^2}{a^2}=1$$

前者的图形叫作**长形旋转椭球面**,如图 3-26 所示,后者的图形叫作**扁形旋转椭球面**,如图 3-27 所示。

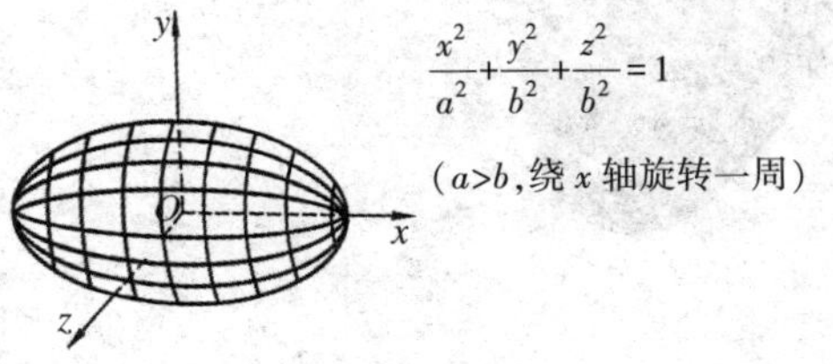

图 3-26

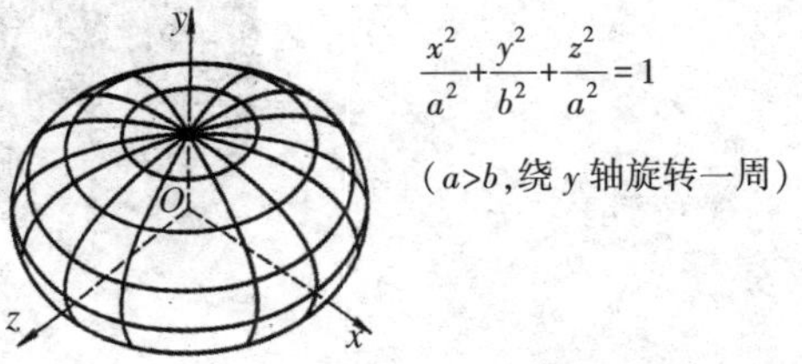

图 3-27

例 3.6.3　抛物线

$$\begin{cases}y^2=2pz\\ x=0\end{cases}$$

绕 z 轴旋转所得旋转面方程为

$$x^2+y^2=2pz$$

这个曲面称为**旋转抛物面**,如图 3-28 所示。

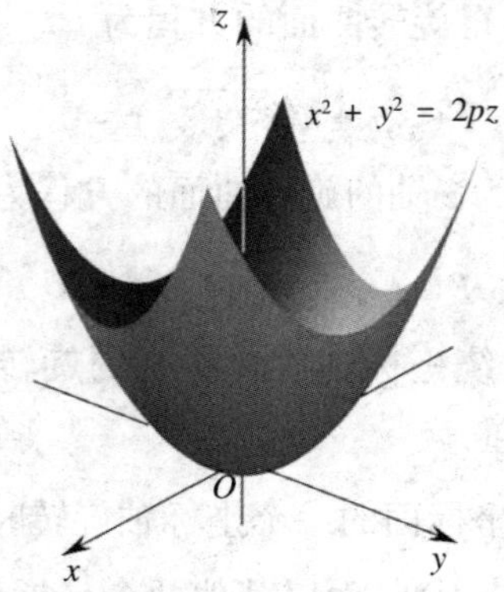

图 3-28

例 3.6.4　双曲线

$$\begin{cases}\dfrac{x^2}{a^2}-\dfrac{y^2}{b^2}=1\\ z=0\end{cases}$$

绕 x 轴旋转所得曲面方程为

$$\frac{x^2}{a^2}-\frac{y^2+z^2}{b^2}=1$$

这个曲面称为**旋转双叶双曲面**,如图 3-29 所示。

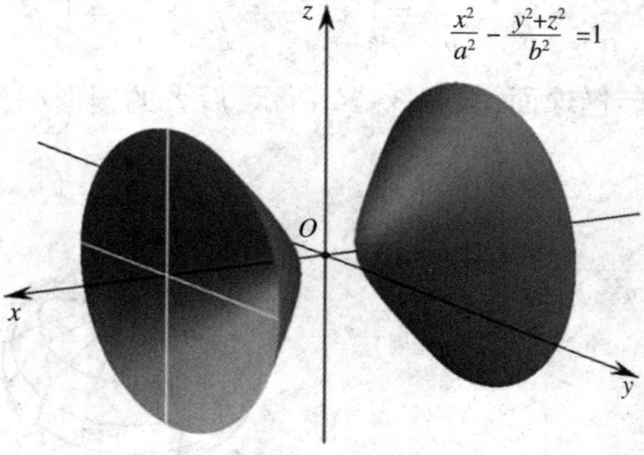

图 3-29

绕 y 轴旋转所得曲面方程为

$$\frac{x^2+z^2}{a^2}-\frac{y^2}{b^2}=1$$

这个曲面称为**旋转单叶双曲面**,如图 3-30 所示。

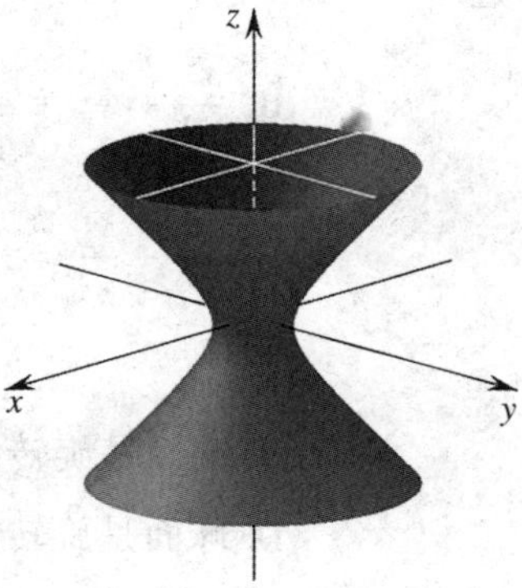

图 3-30

注 5　上述旋转曲面方程中最高次数均是二次，称之为旋转二次曲面。

例 3.6.5　圆

$$\begin{cases}(x-a)^2+z^2=r^2\\ y=0\end{cases}\quad(0<r<a)$$

绕 z 轴旋所得曲面为

$$(\pm\sqrt{x^2+y^2}-a)^2+z^2=r^2$$

即

$$(x^2+y^2+z^2+a^2-r^2)^2=4a^2(x^2+y^2)$$

这个曲面称为**环面**，如图 3-31 所示。

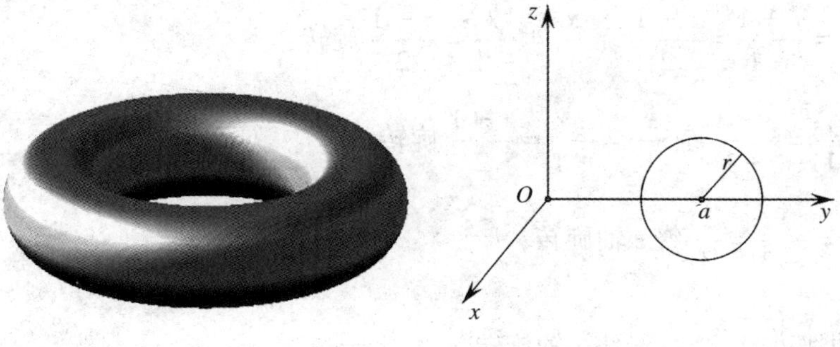

图 3-31

注 6　若曲面不是由二次曲线绕其对称轴旋转所得的，其方程未必就是 x,y,z 的二次方程了，如图 3-31 环面所示。

同步练习 3.6

基础题

1. $4z=x^2+y^2$ 在空间直角坐标系下表示　　　　(　　)

A. 椭球面　　B. 旋转曲面　　C. 柱面　　D. 锥面

2. 下列二次曲面不是旋转曲面的是 （　　）

A. $\frac{x^2}{a^2}+\frac{y^2}{a^2+1}+\frac{z^2}{a^2+2}=1$　　B. $\frac{x^2}{a^2}+\frac{y^2}{a^2}+\frac{z^2}{a^2+1}=1$

C. $\frac{x^2}{a^2}+\frac{y^2}{a^2}-\frac{z^2}{a^2+1}=1$　　D. $\frac{x^2}{a^2}+\frac{y^2}{a^2}=z$

3. 下列各命题中正确的是 （　　）

A. 柱面是旋转曲面　　B. 锥面是旋转曲面

C. 单叶双曲面是旋转曲面　　D. 球面是旋转曲面

4. 将曲线 $\begin{cases} z=|y| \\ x=0 \end{cases}$ 绕 z 轴旋转所得的旋转曲面方程为__________。

5. 曲线 $\begin{cases} \frac{y^2}{b^2}-\frac{z^2}{c^2}=1 \\ x=0 \end{cases}$ 绕 z 轴旋转所得曲面方程为__________。

6. 将双曲线 $\begin{cases} \frac{x^2}{16}-\frac{y^2}{9}=1 \\ z=0 \end{cases}$ 绕实轴旋转所得的旋转曲面的方程为__________。

7. 求 xOy 平面上的双曲线 $\frac{x^2}{9}-\frac{y^2}{4}=1$ 绕 x 轴旋转形成的旋转曲面的方程。

8. 求下列旋转曲面的方程：

(1) $\frac{x-1}{1}=\frac{y+1}{-1}=\frac{z-1}{2}$ 绕 $\frac{x}{1}=\frac{y}{-1}=\frac{z-1}{2}$ 旋转；

(2) $\frac{x}{2}=\frac{y}{1}=\frac{z-1}{-1}$ 绕 $\frac{x}{1}=\frac{y}{-1}=\frac{z-1}{2}$ 旋转；

(3) $\frac{x-1}{1}=\frac{y}{-3}=\frac{z}{3}$ 绕 z 轴旋转；

(4) 空间曲线 $\begin{cases} z=x^2 \\ x^2+y^2=1 \end{cases}$ 绕 z 轴旋转。

提高题

1. 证明：方程 $\frac{x^2}{2}-\frac{y^2}{3}-\frac{z^2}{3}=1$ 表示的曲面是旋转曲面。

2. 求直线 $\frac{x}{2}=\frac{y}{1}=\frac{z-1}{0}$ 绕直线 $x=y=z$ 旋转所得的曲面的方程。

3. 证明：$z=\frac{1}{x^2+y^2}$ 表示一个旋转面，并求它的母线和转轴。

4. 将直线 $\dfrac{x}{\alpha}=\dfrac{y-\beta}{0}=\dfrac{z}{1}$ 绕 z 轴旋转,求这个旋转面的方程,并就 α ,β 可能的值讨论这是什么曲面。

5. 求直线 L:$\dfrac{x-1}{1}=\dfrac{y}{1}=\dfrac{z-1}{-1}$ 在平面 π:$x-y+2z-1=0$ 上的射影直线绕 x 轴旋转一周所成曲面的方程。

§3.7　应用举例

例 3.7.1　图 3-32 是我们通常见到的二通管道变形接头或炉筒拐脖的示意图。制造这类零件,先按照零件展开图的度量尺寸(展平曲线)在薄板(铁皮或铝板等)上下料,然后弯曲成型,并将各部分焊接在一起,为了获得零件展开图的展平曲线,必须求出截交线的方程。设圆柱管道的方程为

$$x^2+y^2=R^2$$

截平面的方程为

$$\frac{x}{a}+\frac{y}{b}+\frac{z}{c}=1$$

为求截平面与管道的截交线方程,将管道的方程改写成参数形式

$$\begin{cases}x=R\cos\theta\\ y=R\sin\theta\ (0\leqslant\theta\leqslant 2\pi)\\ z=z\end{cases}$$

将其代入截平面方程中,得

$$\frac{R\cos\theta}{a}+\frac{R\sin\theta}{b}+\frac{z}{c}=1$$

圆柱的底圆展平时有 $s=R\theta$,即 $\theta=\dfrac{s}{R}$,这里 s 是弧长。将 $\theta=\dfrac{s}{R}$ 代入上式,有

$$\frac{R\cos\dfrac{s}{R}}{a}+\frac{R\sin\dfrac{s}{R}}{b}+\frac{z}{c}=1$$

上式即是截交线(截平面与圆柱管道的交线)的展平曲线方程。

如果截平面是正垂面(平行于 y 轴):$\dfrac{x}{a}+\dfrac{z}{c}=1$,则截交线的展平曲线方程为

$$\frac{R\cos\dfrac{s}{R}}{a}+\frac{z}{c}=1$$

即

$$z=\frac{c\left(a-R\cos\frac{s}{R}\right)}{a}\quad(0\leqslant s\leqslant 2\pi R)$$

这是一条调整过振幅的余弦曲线。

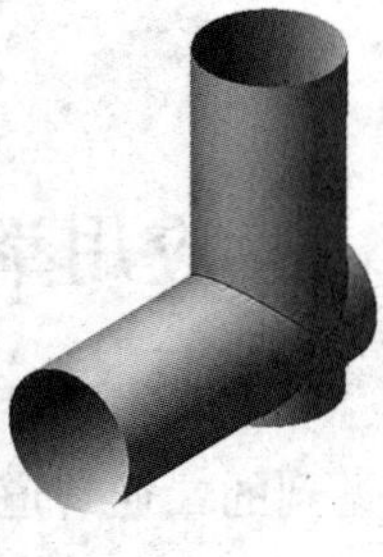

图 3-32

例 3.7.2　锥面的应用。

在第 3.5 节的例 3.5.1 中，所求得的锥面方程是椭圆锥面方程 $\frac{x^2}{a^2}+\frac{y^2}{b^2}-\frac{z^2}{c^2}=0$。在此方程中，当 $a=b$ 时便得圆锥面方程 $x^2+y^2=\frac{a^2z^2}{c^2}$。为了简单起见，通常可取 $a=1$。因此一般的圆锥面方程是 $x^2+y^2=\frac{z^2}{c^2}$。设空间一个点 M 在圆锥面上 $x^2+y^2=\frac{z^2}{c^2}$ 以角速度 ω 绕 z 轴旋转，同时又以线速度 v 沿平行于 z 轴的正方向上升，这点 M 的轨迹就是一条螺旋线。空间圆锥螺面及圆锥螺线参数方程为

$$\begin{cases}x=\frac{vt}{c}\cos(\omega t)\\ y=\frac{vt}{c}\sin(\omega t)\\ z=vt\end{cases}$$

在上述方程中，若取 $\omega=4$，$v=c=2$，则可得如图 3-33 所示的图形。该图是一个动态圆锥螺面与动态圆锥螺线同步的图形中所取出的 5 幅图片。

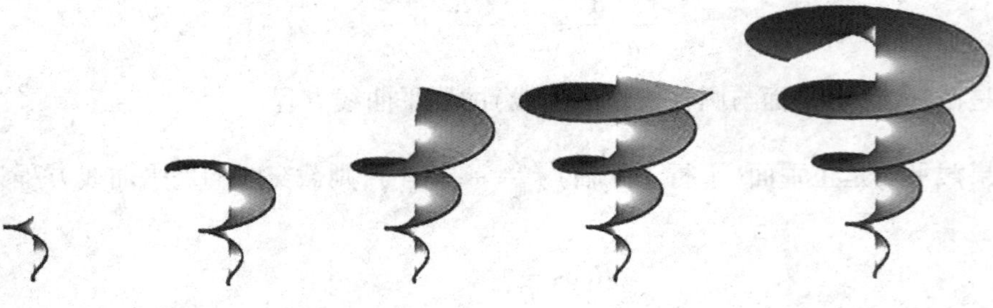

图 3-33

例 3.7.3　旋转抛物面的应用。

旋转抛物面可将平行于主光轴(对称轴)的光线汇聚于其焦点处;反之,也可将放置在焦点处的光源产生的光线反射成平行光束并使光度增大。聚光太阳能灶面就是基于这一原理设计的。当太阳光线照射在呈旋转抛物面形状的聚光太阳能灶面上时,太阳的辐射能被聚集在一块小面积的灶具上。在阳光充足的天气,灶具内部温度可达到 280 ℃以上。探照灯、汽车车灯的反射镜以及天文望远镜的反射镜均采用旋转抛物面。天文望远镜的反射镜可以将来自宇宙的光线聚集在其焦点上,用放大镜对准此焦点即可得到宇宙的信息。

§ 3.8　Maple 软件在解析几何的图形绘制中的应用

3.8.1　二维图形的绘制

Maple 提供了丰富的绘图函数,plot 是最基本的二维绘图函数,其调用格式为 plot(f):其中 f 为所要绘制的二维图形的函数表达式。

例 3.8.1　用 plot 函数绘制 $y = \sin x\cos 2x$ 的图形。

解　绘制此图形的 Maple 程序代码如下:

>plot(sin(x) * cos(2 * x)),程序运行结果如图 3-34 所示。

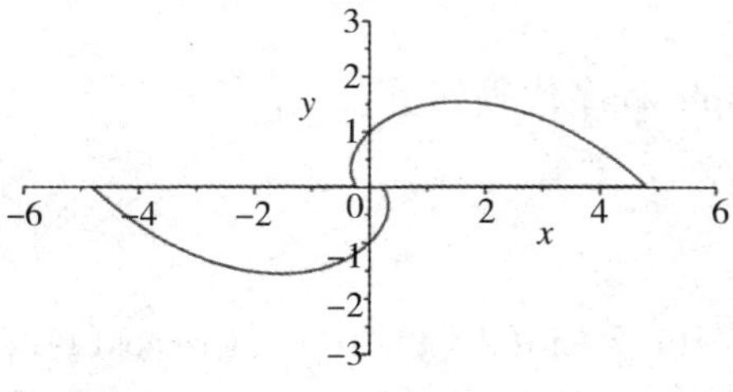

图 3-34

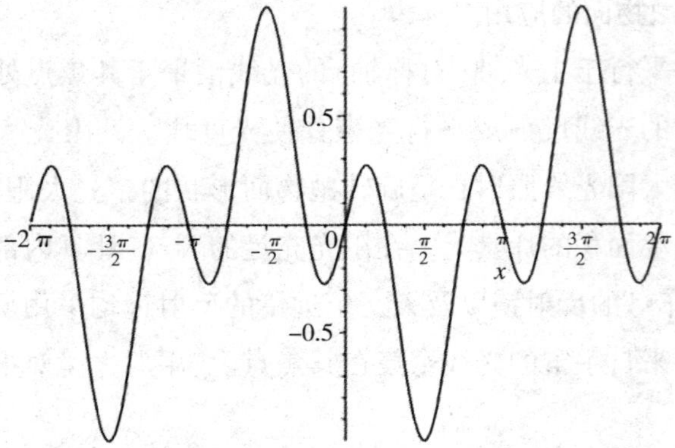

图 3-35

例 3.8.2 用 Maple 软件绘制隐函数 $\arctan\frac{x}{y}=\ln\sqrt{x^2+y^2}$ 的图形。

解 首先调用绘图软件包:

>with(plots):

绘制此隐函数的图形的 Maple 程序代码如下:

>implicitplot(arctanx/y = ln(sqrt(x^2 + y^2)) ,x=-5..5,y=-8..8,color = red,scaling = constrained,view=[-6..6,-3..3]) 程序运行结果如图 3-35 所示。

例 3.8.3 用 plot 函数绘制参数方程

$$\begin{cases} x=\left(1+\dfrac{\cos t}{2}\right)\cos\left(\dfrac{t}{5}-\dfrac{\sin 2t}{10}\right) \\ y=\left(1+\dfrac{\cos t}{2}\right)\sin\left(\dfrac{t}{5}-\dfrac{\sin 2t}{10}\right) \end{cases}$$

的图形。

解 绘制此图形的 Maple 程序代码如下:

首先调用绘图软件包:

>with(plots):

>plot([(1+cos(t)/2) * (cos(t/5-sin(2 * t)/10)),(1+cos(t)/2) * (sin(t/5-sin(2 * t)/10))),

t=0..12 * Pi]

[(1 + cos(t)/2) * (cos(t/5 - sin(2 * t)/10)), (1 + cos(t)/2) * (sin(t/5 - sin(2 * t)/10)), t = 0..12 * Pi] ,scaling = constrained,axes = none);

程序运行结果为二维曲线/五叶花,如图 3-36 所示。

图 3-36

3.8.2　三维图形的绘制

用 Maple 绘制三维曲线和曲面时，常用到的绘图函数有 plot3d(f)、implicitplot3d(f) 等，下面分别通过实例在 Maple 平台上实现多种三维图形的绘制。

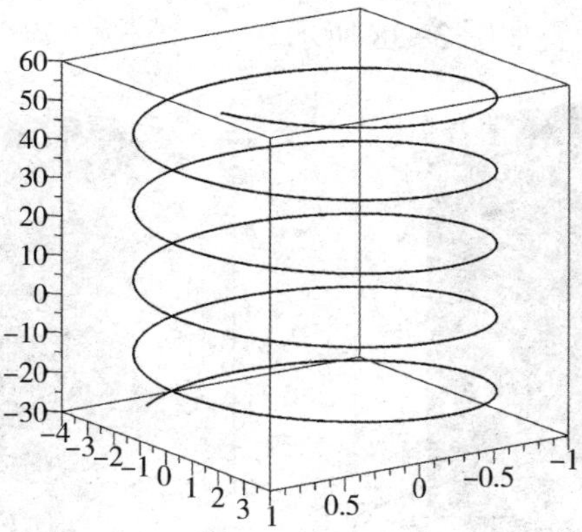

图 3-37

(1)用 Maple 绘制三维空间曲线

例 3.8.4　在解析几何中，参数方程 $\begin{cases} x = \sin t \\ y = 4\cos t \\ z = 3t \end{cases}$ $(-10 \leqslant t \leqslant 20)$ 表示几何空间的一段螺旋线，用 plot3d 绘制该曲线的 Maple 程序代码如下：

解　首先调用绘图软件包：

```
>with(plots):
>plot3d([sin(t), 4*cos(t),3*t],t=-10..20,numpoints=60000,thickness=3)
```

(2)用 Maple 绘制三维空间曲面

下面，用 Maple 软件对解析几何中一些常见的典型曲面，结合具体例子，给出图形绘制的相关程序及图形结果。

表 3.8.1 常用空间曲面绘图函数表

指令	指令的功能与说明
plot 3d(z = f(x,y),options)	绘制显函数 z = f(x,y) 的图形,可选参数 options
implicitplot 3d(f(x,y,z) = 0,options)	绘制隐函数 f(x,y,z) = 0 的图形, 可选参数 options

例 3.8.5 用 Maple 的 cylinderplot 函数绘制圆柱面 $\frac{x^2}{2^2}+\frac{y^2}{2^2}=1$ 和 $\frac{x^2}{30^2}+\frac{y^2}{30^2}=1$ 的曲面图,编写程序代码如下:

解 首先调绘图软件包:

```
>with(plots): with(plottools):
>cylinderplot(2, theta=0.2*Pi,z=0..5)
```

或

```
>implicitplot3d(x^2+y^2=1,x=-1.1..1.1,y=-1.1..1.1,z=0..4, style=patchnogrid, color=cyan)
```

程序运行结果为圆柱面,如图 3-38 所示。

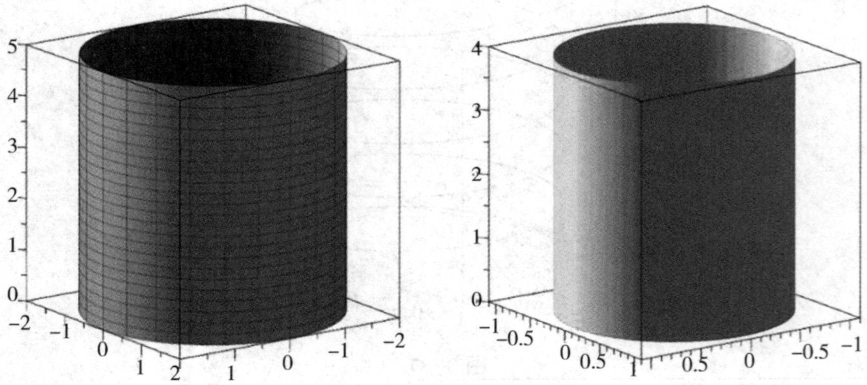

图 3-38

例 3.8.6 用绘图函数 implicitplot3d(f)绘制双曲柱面 $\frac{x^2}{9}-\frac{y^2}{25}=1$ 的空间曲面图形。

解 implicitplot3d(x^2/9-y^2/25=1)

程序运行结果为双曲柱面,如图 3-39 所示。

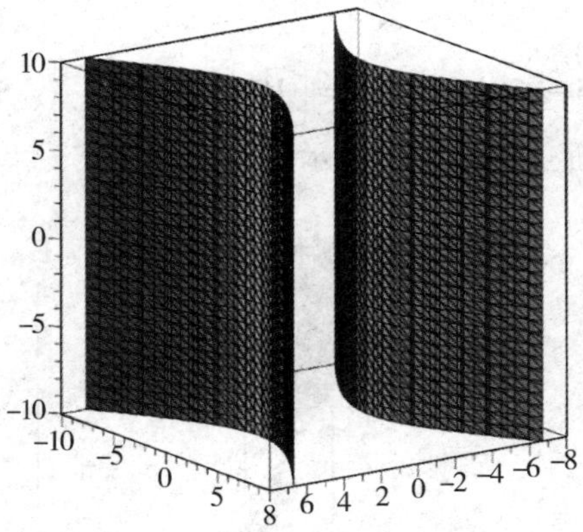

图 3-39

例 3.8.7　用 plot3d 绘图函数绘制旋转抛物面 $z = x^2 + y^2$ 的图形，观察效果有何不同。

解　根据旋转抛物面方程，编写 Maple 程序代码如下：

```
>with(plots)
>plot3d(x^2+y^2)
>plot3d(x^2+y^2, style=line)
```

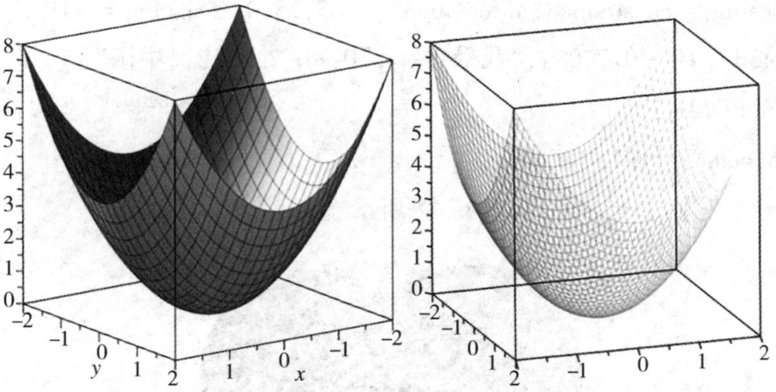

图 3-40

程序运行结果如图 3-40 所示，从图形结果（旋转抛物面）可以看出，右侧的图形是由曲线网构成的。

例 3.8.8　用绘图函数 implicitplot3d(f) 绘制下列曲面：

(1) 锥面 $\frac{x^2}{4^2} + \frac{y^2}{5^2} - \frac{z^2}{3^2} = 0$；

(2) “爱心”曲面 $\left(x^2 + \frac{9}{4}y^2 + z^2 - 1\right)^3 - \left(x^2 - \frac{9}{80}y^2\right)z^3 = 0$。

解　首先调用绘图软件包：

```
>with(plots):
```

(1)锥面：

```
>implicitplot3d(x^2/4+y^2/5-z^2/3=0,grid=[100,100,100],style=patchnogrid)
```

程序运行结果为圆锥面,如图 3-41 所示。

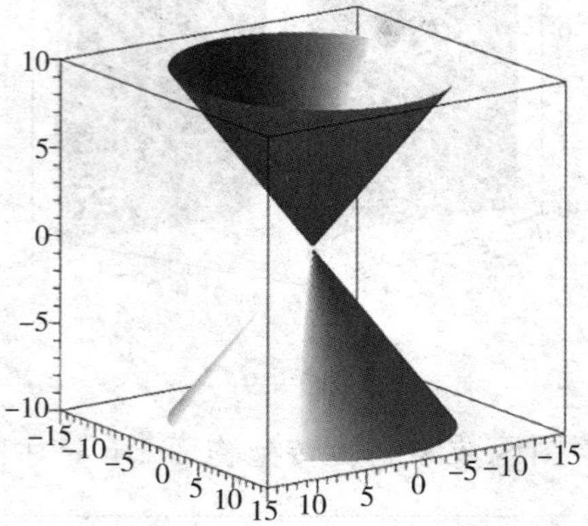

图 3-41

(2)"爱心"曲面：

```
> a :=implicitplot3d( (x^2 + 9/4 * y^2 + z^2 - 1)^3 - (x^2 - 9/80 * y^2) * z^3 = 0, x=
-1.5..1.5,y=-1.5..1.5, z=-1.5..1.5, grid=[100,100,100], style = patchnogrid,
axes=none, scaling= constrained, orientation=[-85,75,0], shading= ZHUE):
> b :=textplot3d([10,-0.7,0.3,"我爱你"],[0,-0.7,0.12,"中国"]),
font= [TIMES,BOLD,30]):
> display(a,b,color =[red, yellowl];
```

程序运行结果为"心形",如下图 3-42 所示。

图 3-42

例 3.8.9　用 cylinder 函数绘制以 $v=2+\cos t$ 为母线，$l:x=0,y=0$ 为旋转轴的旋转曲面。

解　首先调用绘图软件包：

```
>with(plots): with(plottools):
```

```
>cylinderplot(2+cos(t),thetat=0..2Pi,style=patchnogrid,color=cos(t))
```

程序运行结果为旋转曲面,如图 3-43 所示。

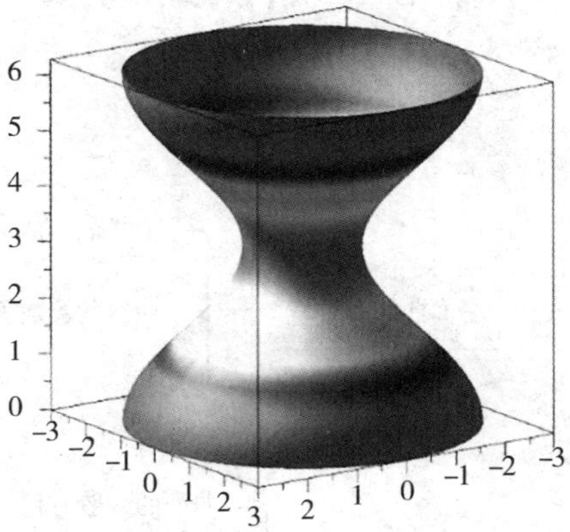

图 3-43

第3章知识结构图

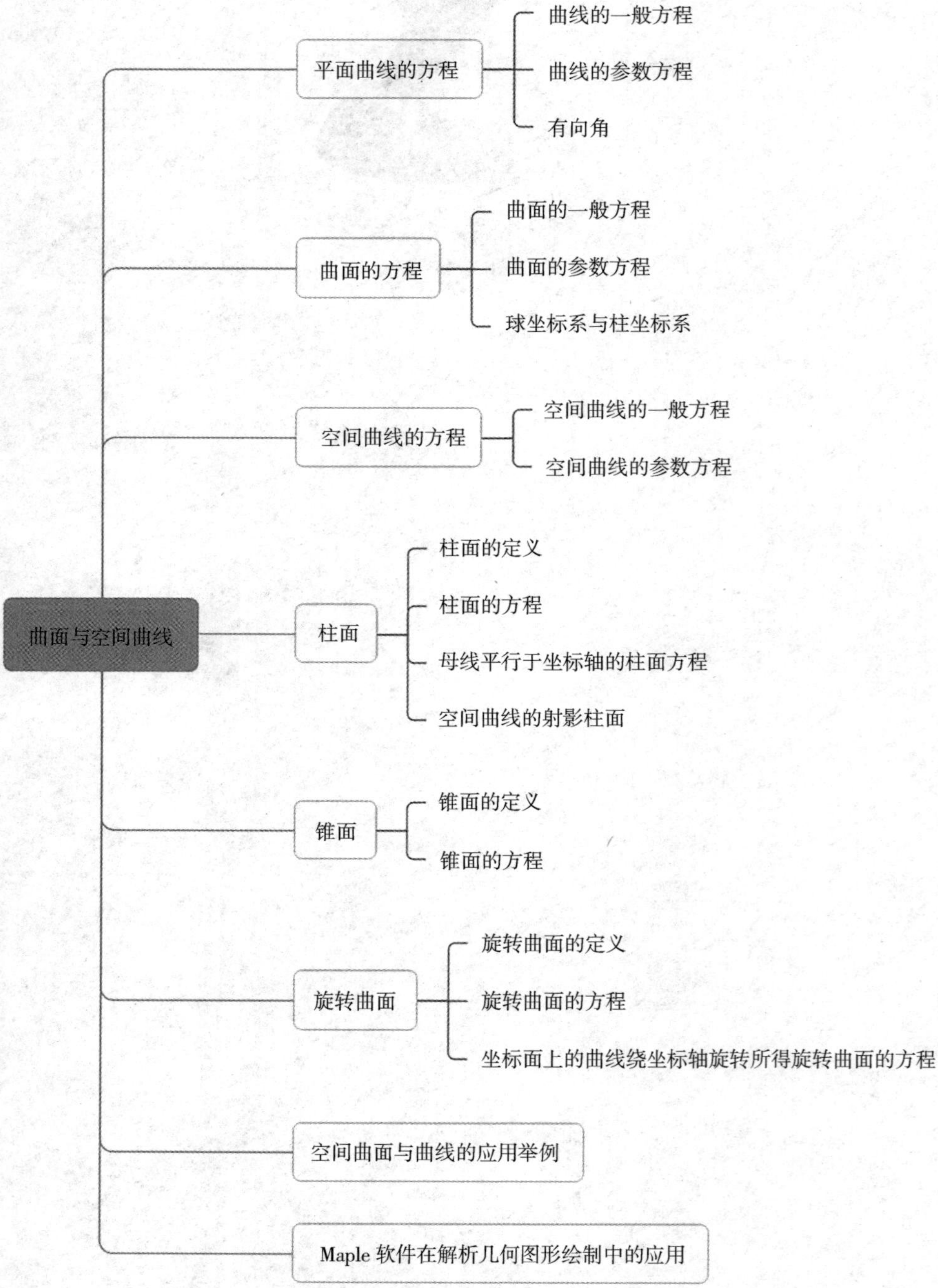
曲面与空间曲线
平面曲线的方程
曲线的一般方程
曲线的参数方程
有向角
曲面的方程
曲面的一般方程
曲面的参数方程
球坐标系与柱坐标系
空间曲线的方程
空间曲线的一般方程
空间曲线的参数方程
柱面
柱面的定义
柱面的方程
母线平行于坐标轴的柱面方程
空间曲线的射影柱面
锥面
锥面的定义
锥面的方程
旋转曲面
旋转曲面的定义
旋转曲面的方程
坐标面上的曲线绕坐标轴旋转所得旋转曲面的方程
空间曲面与曲线的应用举例
Maple 软件在解析几何图形绘制中的应用

第 3 章总复习题

一、填空题

1. 方程 $\begin{cases} x = 3\sin t \\ y = 4\sin t \\ z = 5\cos t \end{cases}$ $(0 \leqslant t \leqslant 2\pi)$ 表示的空间图形是____________。

2. 圆 $\begin{cases} x^2 + y^2 + z^2 = 25 \\ z = 3 \end{cases}$ 的半径为____________。

3. 球面 $x^2 + y^2 + z^2 - 2x + 4y - 6z - 15 = 0$ 的球心坐标为____________。

4. 球面 $x^2 + y^2 + z^2 - 2x + 4y - 6z - 15 = 0$ 的半径为____________。

5. 一球面通过两点 $(0, 2, 2)$，$(0, 4, 0)$，且球心在 y 轴上，那么该球面的方程为____________。

6. 曲线 $\begin{cases} y^2 = 2z \\ x = 0 \end{cases}$ 绕 z 轴旋转的曲面方程为____________。

7. 曲线 $\begin{cases} x^2 - y^2 = 0 \\ z = 0 \end{cases}$ 绕 y 轴旋转的曲面为____________。

8. 方程 $z = x^2 + y^2$ 在空间表示的图形是____________。

9. 已知动点 $P(x, y, z)$ 到 yOz 面的距离与 P 到 $(-1, 1, 2)$ 的距离相等，则点 P 的轨迹方程为____________。

10. 将 xOz 坐标面上的抛物线 $z^2 = 4x$ 绕 x 轴旋转一周，所生成的旋转曲面的方程为________，绕 z 轴旋转一周，所生成的旋转曲面的方程为________。

11. 以 $(2, -3, 2)$ 为球心，过原点的球面方程为____________。

12. 将 xOy 坐标面的圆 $x^2 + y^2 = 4$ 绕 x 轴旋转一周，所生成的旋转曲面的方程为____________。

二、判断正误(对的在括号内打√，错误的打×)

1. 连接 $A(1, 2, 3)$ 和 $B(2, -1, 4)$ 的线段的垂直平分面为 $2x - 6y + 2z - 7 = 0$。（　　）

2. 坐标平面 yOz 的方程是 $y = 0$。（　　）

3. 一平面平行于 xOz 面，在 y 轴正向与 xOz 面相隔距离为 k，其方程为 $y = k$。（　　）

4. 中心是 (a, b, c)，半径为 r 的球面方程为 $(x - a)^2 + (y - b)^2 + (z - c)^2 = r^2$。（　　）

5. 点 (1, 0, 2) 在球面 $x^2+y^2+z^2-2x-2y-2z+2=0$ 上。 (　　)

6. 曲线 $\begin{cases}2x^2+y^2-z-2=0\\ z=1\end{cases}$ 在 xOy 面上的射影柱面为 $\begin{cases}2x^2+y^2-3=0\\ z=0\end{cases}$。 (　　)

7. 将曲线 $\begin{cases}z=|y|\\ x=0\end{cases}$ 绕 Oz 轴旋转所得的旋转曲面方程为 $z=\sqrt{x^2+y^2}$。 (　　)

8. 曲线 $\begin{cases}x^2+y^2+z^2-3=0\\ z=1\end{cases}$ 在 xOy 面的射影曲线为 $\begin{cases}x^2+y^2-2=0\\ z=0\end{cases}$。 (　　)

9. 将曲线 $\begin{cases}z=|x|\\ y=0\end{cases}$ 绕 Oz 轴旋转所得的旋转曲面方程为 $z=\sqrt{x^2+y^2}$。 (　　)

10. 曲线 $\begin{cases}x^2+y^2+z^2-2xy+yz-2=0\\ z=0\end{cases}$ 在 xOy 面的射影柱面为 $x^2+y^2-2=0$。

(　　)

11. 方程 $x^2+2y^2=1$ 表示的曲面是柱面。 (　　)

三、解答题

1. 求与点 $A(1, 2, 1)$ 与点 $B(1, 0, 2)$ 距离之比为 $1:2$ 的动点的轨迹,并注明它是什么曲面。

2. 求与点 (2, 1, 3) 和点 (4, 2, 4) 等距离的动点的轨迹。

3. 一个半径为 b 的动圆沿着半径为 a 的定圆的内部做无滑动的滚动,设运动开始时动点 P 与点 A 重合,以定圆中心 O 为原点, OA 为 x 轴,过 O 点且垂直于 OA 的直线为 y 轴,经过一段时间后,动圆与定圆的接触点为 B ,设动圆的中心为 C ,有向角 $\measuredangle(\boldsymbol{i}, \overrightarrow{OC})=\theta$, $\measuredangle(\overrightarrow{CP},\overrightarrow{CB})=\varphi$,试导出点 P 运动轨迹的向量式参数方程与坐标式参数方程。

4. 设 M 是中心在原点,半径为 r 的球面上任一点, M 在 xOy 面上的射影为 P , P 在 x 轴上的射影为 Q ,再设 xOy 面上的有向角 $\measuredangle(\boldsymbol{i}, \overrightarrow{OP})=\varphi$, Oz 轴与 $\overrightarrow{OM}$ 的交角 $\angle zOM=\theta$ 。求该球面的向量式参数方程及坐标式参数方程。

5. 试求准线为 Γ : $\begin{cases}x^2+y^2+z^2=9\\ x+y=0\end{cases}$,母线垂直于准线所在平面的柱面的方程。

6. 试求到定点与定直线的距离之比等于常数 $\lambda>0$ 的点的轨迹方程,并根据 λ 的取值范围,说明轨迹的形状(注:假定定点不在定直线上)。

7. 试求直线 l: $\begin{cases}x=y\\ z=1\end{cases}$ 绕直线 l_0: $\dfrac{x}{1}=\dfrac{y}{2}=\dfrac{z}{-1}$ 旋转所得的旋转面的方程。

四、证明题

1. 证明曲线 $x=\dfrac{t}{1+t^2+t^4}$, $y=\dfrac{t^2}{1+t^2+t^4}$, $z=\dfrac{t^3}{1+t^2+t^4}$ $(|t|<\infty)$ 为球面曲线,并求

它所在的球面的方程。

2. 证明曲线 $x = \sin 2\theta$, $y = 1 - \cos 2\theta$, $z = 2\cos\theta$ $(0 \leqslant \theta \leqslant 2\pi)$ 为一球面曲线,并求它所在的球面的方程。

3. 证明母线方向为 (l, m, n) ,与球面 $x^2 + y^2 + z^2 = 1$ 外切的柱面方程为 $(lx + my + nz)^2 - (l^2 + m^2 + n^2)(x^2 + y^2 + z^2 - 1) = 0$。

4. 过 x 轴和 y 轴分别作动平面,夹角 θ 为常数,求交线的轨迹方程,并且证明它是一个锥面。

5. 试证:以原点为顶点,z 轴为对称轴,半顶角为 $\theta\left(0 < \theta < \dfrac{\pi}{2}\right)$ 的圆锥面的方程为 $x^2 + y^2 = z^2\tan^2\theta$ 。

第 4 章 二次曲面的标准方程

本章导读

球面、旋转曲面、柱面、锥面等曲面具有较为突出的几何特征。上一章中,我们已经讨论了如何利用曲面的几何性质来建立曲面的方程。本章将介绍椭球面、双曲面、抛物面等特殊的二次曲面。这些曲面在方程上表现出特殊的简单形式,我们将通过方程来探讨这几类特殊的二次曲面的性质。

我们已经知道二次方程

$$\frac{x^2}{a^2}+\frac{y^2}{b^2}-1=0,\ \frac{x^2}{a^2}-\frac{y^2}{b^2}+1=0,\ x^2+2py=0$$

分别表示椭圆柱面、双曲柱面和抛物柱面,而二次方程

$$\frac{x^2}{a^2}+\frac{y^2}{b^2}-\frac{z^2}{c^2}=0$$

表示二次锥面。现在再研究一些二次方程表示的图形。

§4.1 椭球面

目的与要求

1. 掌握椭球面的定义、几何性质和参数方程;

2. 了解平行截割法。

重点与难点

重点:椭球面的形状和平行截割法。

难点:平行截割法。

4.1.1　椭球面的定义

定义 4.1.1　在直角坐标系下,由方程

$$\frac{x^2}{a^2}+\frac{y^2}{b^2}+\frac{z^2}{c^2}=1(a,\ b,\ c>0) \tag{4.1-1}$$

所表示的曲面叫作**椭球面**或**椭圆面**。式(4.1-1)叫作**椭球面的标准方程**。通常假设 $a \geqslant b \geqslant c$ 。

4.1.2　椭球面的几何性质

若点 $P(x,\ y,\ z)$ 满足式(4.1-1),则 P 关于 xOy 面的对称点 $P'(x,\ y,\ -z)$ 也满足式(4.1-1)。因此椭球面关于 xOy 面对称。同理椭球面关于 yOz 面和 xOz 面都对称。椭球面的对称平面称为它的**主平面**。

若点 $P(x,\ y,\ z)$ 满足式(4.1-1),则 P 的关于 x 轴的对称点 $(x,\ -y,\ -z)$ 也满足式(4.1-1)。故椭球面关于 x 轴对称。同理,椭球面关于 y 轴和 z 轴也对称。椭球面的对称轴称为**主轴**。

若点 $P(x,\ y,\ z)$ 满足式(4.1-1),则 P 的关于坐标原点的对称点 $(x,\ -y,\ -z)$ 也满足式(4.1-1)。因此椭球面关于坐标原点对称。椭球面的对称中心称为**中心**。

椭球面与其对称轴(即 三 坐标轴)的 6 个交点

$$(\pm a,\ 0,\ 0),\ (0,\ \pm b,\ 0),\ (0,\ 0,\ \pm c)$$

称为椭球面的**顶点**。

如果 $a>b>c>0$,则分别称 $2a$, $2b$, $2c$ 为椭球面的**长轴**、**中轴**和**短轴**,而依次称 a , b , c 为椭球面的**半长轴**、**半中轴**和**半短轴**。这里的轴和半轴都是一个长度概念。

由式(4.1-1)可看出

$$\frac{x^2}{a^2}\leqslant 1,\ \frac{y^2}{b^2}\leqslant 1,\ \frac{z^2}{c^2}\leqslant 1$$

即

$$|x|\leqslant a,\ |y|\leqslant b,\ |z|\leqslant c$$

因此椭球面完全被封闭在一个长方体的内部。此长方体由 6 个平面

$$x=\pm a,\ y=\pm b,\ z=\pm c$$

围成,这 6 个平面都与椭球面相切,切点就是椭球面的 6 个顶点。

用平行于坐标平面的平面去截曲面,所得的交线称为该曲面的**截痕**。这种截痕类似于表示地形的等高线。利用截痕来分析曲面的形状的方法叫作**平行截割法**。

如图 4-1 所示。用一个平行于 xOz 坐标平面的平面去截椭球面,两次的截痕均是椭圆。

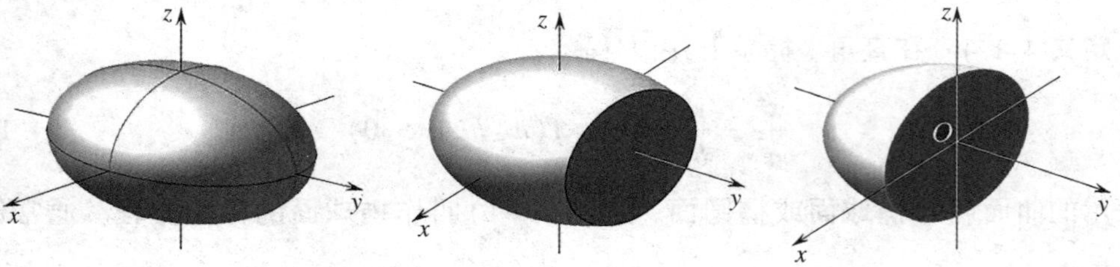

图 4-1

式(4.1-1)所示的曲面与 xOy 面的交线为

$$\begin{cases}\dfrac{x^2}{a^2}+\dfrac{y^2}{b^2}=1\\ z=0\end{cases}$$

这是在 xOy 面上的一个椭圆。同理可知,曲面与 yOz 面(xOz)的交线也是椭圆,称为椭球面的**主截线**(或**主椭圆**)。

用平行于 xOy 面的平面 $z=h$ 截曲面得到的交线(称为**截口**)为

$$\begin{cases}\dfrac{x^2}{a^2}+\dfrac{y^2}{b^2}=1-\dfrac{h^2}{c^2}\\ z=h\end{cases}$$

当 $|h|>c$ 时,截口无轨迹;当 $|h|=c$ 时,截痕缩成两点 $(0, 0, c)$ 和 $(0, 0, -c)$;当 $|h|=0$ 时,即用 xOy 平面去截椭球面,得到的截痕最大;当 $|h|<c$ 时,截口是椭圆,并且 $|h|$ 越大,椭圆越小,这个椭圆的两个半轴分别是

$$a\sqrt{1-\frac{h^2}{c^2}} \text{ 及 } b\sqrt{1-\frac{h^2}{c^2}}$$

它的两轴的端点

$$\left(\pm a\sqrt{1-\frac{h^2}{c^2}},\ 0,\ h\right) \text{ 与 } \left(0,\ \pm b\sqrt{1-\frac{h^2}{c^2}},\ h\right)$$

分别在 yOz 面与 xOz 面截椭球面所得的两个主椭圆上。因此,椭球面可以看成是由一个椭圆运动(大小位置都改变)而产生的,这个椭圆在变动中保持所在的平面与 xOy 面平行,且两轴的端点分别在所在的椭圆上滑动。

同样,用平行于 yOz 平面和 zOx 平面的平面去截椭球面能得到类似的结果。

注 1　用平行截割法讨论椭球面,应注意截线中主椭圆的概念以及动椭圆如何在运动中产生了椭球面的过程分析。

例 4.1.1　设动点与点 $(1, 0, 0)$ 的距离等于从这点到平面 $x=4$ 的距离的一半,试

求此动点的轨迹。

解　设要求的轨迹为 Σ , $M(x, y, z)$ 为轨迹上的动点,则 $M(x, y, z) \in \Sigma$ 的充要条件为

$$\sqrt{(x-1)^2 + y^2 + z^2} = \frac{1}{2}|x-4|$$

即

$$\frac{x^2}{4} + \frac{y^2}{3} + \frac{z^2}{3} = 1$$

此即为 Σ 的方程。

4.1.3　椭球面的参数方程

一般地,式(4.1-1)所示的曲面的参数方程可写为

$$\begin{cases} x = a\cos\theta\cos\varphi \\ y = b\cos\theta\sin\varphi \\ z = c\sin\theta \end{cases} \tag{4.1-2}$$

其中 $\theta\left(-\frac{\pi}{2} \leqslant \theta \leqslant \frac{\pi}{2}\right)$, $\varphi(0 \leqslant \varphi \leqslant 2\pi)$ 为参数。

事实上,对 $\forall h \in (-c, c)$,截线方程为

$$\begin{cases} \dfrac{x^2}{\left(a\sqrt{1-\dfrac{h^2}{c^2}}\right)^2} + \dfrac{y^2}{\left(b\sqrt{1-\dfrac{h^2}{c^2}}\right)^2} = 1 \\ z = h \end{cases}$$

可表示为参数方程

$$\begin{cases} x = a\sqrt{1-\dfrac{h^2}{c^2}}\cos\varphi \\ y = b\sqrt{1-\dfrac{h^2}{c^2}}\sin\varphi \\ z = h \end{cases} \quad (0 \leqslant \varphi \leqslant 2\pi)$$

若令 $\frac{h}{c} = \sin\theta$, $-\frac{\pi}{2} < \theta < \frac{\pi}{2}$,则

$$\begin{cases} x = a\cos\theta\cos\varphi \\ y = b\cos\theta\sin\varphi \\ z = c\sin\theta \end{cases}, \ -\frac{\pi}{2} \leqslant \theta \leqslant \frac{\pi}{2}, \ 0 \leqslant \varphi \leqslant 2\pi$$

当 $h=\pm c$ 时,分取 $\theta=\frac{\pi}{2}$, $-\frac{\pi}{2}$,故得椭球面的参数方程式(4.1-2)。

例 4.1.2 已知椭球面的轴与坐标轴重合,通过点 $M(1,\ 2,\ \sqrt{23})$ 和椭圆 $\begin{cases}\frac{x^2}{9}+\frac{y^2}{16}=1\\ z=0\end{cases}$,求这个椭球面的方程。

解 因为所求椭球面的轴与三坐标轴重合,所以设所求椭球面的方程为

$$\frac{x^2}{a^2}+\frac{y^2}{b^2}+\frac{z^2}{c^2}=1$$

它与 xOy 面的交线为椭圆

$$\begin{cases}\frac{x^2}{a^2}+\frac{y^2}{b^2}=1\\ z=0\end{cases}$$

与已知椭圆

$$\begin{cases}\frac{x^2}{9}+\frac{y^2}{16}=1\\ z=0\end{cases}$$

比较知

$$a^2=9,\ b^2=16$$

又因为椭球面通过点 $M(1,\ 2,\ \sqrt{23})$,所以又有

$$\frac{1}{9}+\frac{4}{16}+\frac{23}{c^2}=1$$

故

$$c^2=36$$

因此所求椭球面方程为

$$\frac{x^2}{9}+\frac{y^2}{16}+\frac{z^2}{36}=1$$

同步练习 4.1

基础题

1. 判断正误(对的在括号内打√,错误的打×)

(1) 设点 $(x,\ y,\ z)$ 为椭球面 $\frac{x^2}{a^2}+\frac{y^2}{b^2}+\frac{z^2}{c^2}=1(a,\ b,\ c>0)$ 上的任意一点,则 $|x|\leqslant a$, $|y|\leqslant b$, $|z|\leqslant c$。 (　　)

(2) $\frac{x^2}{16}+\frac{y^2}{16}+\frac{z^2}{9}=1$ 表示一个扁形旋转椭球面。　(　　)

(3) 椭球面 $\frac{x^2}{4}+\frac{y^2}{16}+\frac{z^2}{9}=1$ 与 yOz 面的交线为 $\begin{cases}\frac{y^2}{16}+\frac{z^2}{9}=1\\x=0\end{cases}$。　(　　)

(4) 平面 $z=1$ 截椭球面 $\frac{x^2}{16}+\frac{y^2}{9}+\frac{z^2}{4}=1$ 所得截口为椭圆 $\frac{x^2}{16}+\frac{y^2}{9}=\frac{3}{4}$。　(　　)

(5) 椭球面 $\frac{x^2}{16}+\frac{y^2}{9}+\frac{z^2}{4}=1$ 的参数方程为 $\begin{cases}x=4\cos\theta\cos\varphi\\y=3\cos\theta\sin\varphi\\z=2\sin\theta\end{cases}$，$-\frac{\pi}{2}\leqslant\theta\leqslant\frac{\pi}{2}$，$0\leqslant\varphi\leqslant 2\pi$ 为参数。　(　　)

2. 一个椭球面以三个坐标面为对称平面，并且经过三个点 (2, 2, 4)，(0, 0, 6)，(2, 4, 2)，求其方程。

3. 作出平面 $x-2=0$ 与椭球面 $\frac{x^2}{16}+\frac{y^2}{9}+\frac{z^2}{4}=1$ 的交线的图形。

提高题

1. 由椭球面 $\frac{x^2}{a^2}+\frac{y^2}{b^2}+\frac{z^2}{c^2}=1$ 的中心，引三条两两相互垂直的射线，分别交曲面于 P_1，P_2，P_3，设 $OP_1=r_1$，$OP_2=r_2$，$OP_3=r_3$，试证：$\frac{1}{r_1^{\,2}}+\frac{1}{r_2^{\,2}}+\frac{1}{r_3^{\,2}}=\frac{1}{a^2}+\frac{1}{b^2}+\frac{1}{c^2}$。

§4.2　双曲面

目的与要求：

1. 掌握单叶双曲面的标准方程、性质及图形；

2. 掌握双叶双曲面的标准方程、性质及图形。

重点与难点：

重点：单叶双曲面、双叶双曲面的标准方程、性质及图形。

难点：单叶双曲面、双叶双曲面的图形的讨论。

为了直观地认识双曲面的几何特征，先从旋转双曲面开始讲解。将 yOz 平面上的双曲线

$$\begin{cases}\frac{y^2}{b^2}-\frac{z^2}{c^2}=1\\x=0\end{cases}$$

分别绕虚轴(z 轴)和实轴(y 轴)旋转,得到两个旋转曲面

$$\frac{x^2}{b^2}+\frac{y^2}{b^2}-\frac{z^2}{c^2}=1 \text{ 和 } -\frac{x^2}{c^2}+\frac{y^2}{b^2}-\frac{z^2}{c^2}=1$$

我们分别称它们为**旋转单叶双曲面**和**旋转双叶双曲面**。它们的图形如图 4-2 与图 4-3 所示。

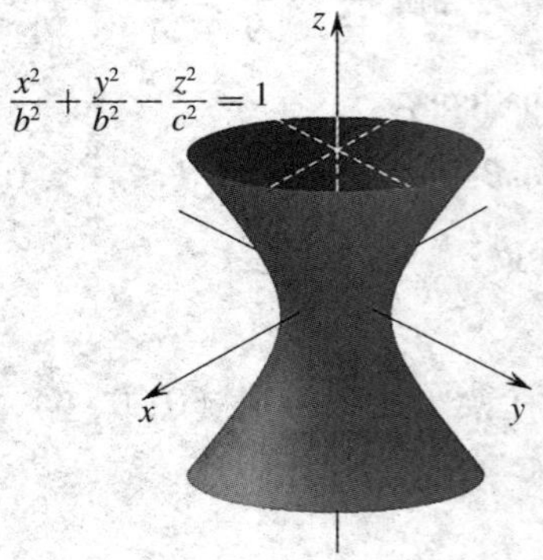

图 4-2

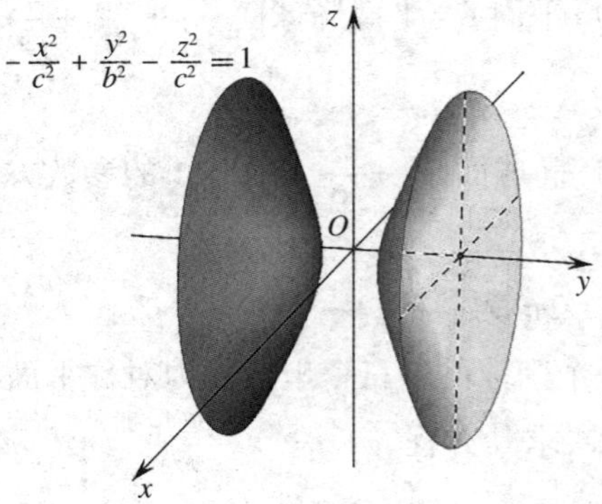

图 4-3

推广旋转单叶双曲面和旋转双叶双曲面就得到一般的单叶双曲面和双叶双曲面,下面分别加以研究。

4.2.1 单叶双曲面

定义 4.2.1 在直角坐标系下,由方程

$$\frac{x^2}{a^2}+\frac{y^2}{b^2}-\frac{z^2}{c^2}=1\ (a>0,\ b>0,\ c>0) \tag{4.2-1}$$

所表示的曲面叫**单叶双曲面**。

注 1 当 $a=b$ 时,单叶双曲面为**旋转双曲面**。

注 2 方程

$$\frac{x^2}{a^2}-\frac{y^2}{b^2}+\frac{z^2}{c^2}=1 \text{ 和 } -\frac{x^2}{a^2}+\frac{y^2}{b^2}+\frac{z^2}{c^2}=1$$

也都是单叶双曲面。

显然,单叶双曲面关于各坐标轴、坐标平面及原点都对称。

单叶双曲面与 x 轴, y 轴分别交于 $(\pm a,\ 0,\ 0)$, $(0,\ \pm b,\ 0)$,这四点称为单叶双曲面的**实顶点**,而与 z 轴无实交点。与 z 轴的交点 $(0,\ 0,\ \pm c)$ 称为它的两个**虚交点**。

由 $\frac{x^2}{a^2}+\frac{y^2}{b^2}\geqslant 1$ 及与 z 轴无交点可知曲面存在于椭圆柱面外部且沿 z 轴上下伸延到无穷远。

式(4.2-1)与三坐标平面 $z=0$, $y=0$ 和 $x=0$ 交于三条主截线

$$\begin{cases}\dfrac{x^2}{a^2}+\dfrac{y^2}{b^2}=1\\ z=0\end{cases}\tag{4.2-2}$$

$$\begin{cases}\dfrac{x^2}{a^2}-\dfrac{z^2}{c^2}=1\\ y=0\end{cases}\tag{4.2-3}$$

$$\begin{cases}\dfrac{y^2}{b^2}-\dfrac{z^2}{c^2}=1\\ x=0\end{cases}\tag{4.2-4}$$

其中式(4.2-2)叫作单叶双曲面的**腰椭圆**,式(4.2-3)和式(4.2-4)均为单叶双曲面上的双曲线,这两条双曲线有共同的虚轴与虚轴长,如图 4-4 所示。

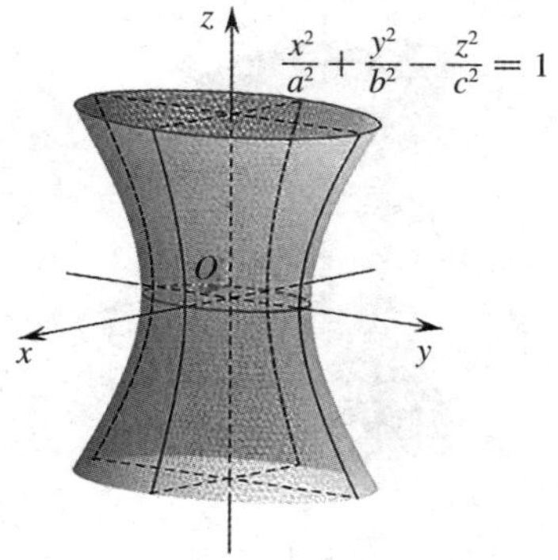

图 4-4

用一组平行于 xOy 坐标面的平面 $z=h$ 截割单叶双曲面,截口为一族椭圆

$$\begin{cases}\dfrac{x^2}{a^2}+\dfrac{y^2}{b^2}=1+\dfrac{h^2}{c^2}\\ z=h\end{cases}\tag{4.2-5}$$

并且 $|h|$ 越大,椭圆越大。两轴的**端点**分别为

$$\left(\pm a\sqrt{1+\frac{h^2}{c^2}},\ 0,\ h\right) \text{ 与 } \left(0,\ \pm b\sqrt{1+\frac{h^2}{c^2}},\ h\right)$$

它们分别在式(4.2-3)与式(4.2-4)所示的双曲线上。可见单叶双曲面可视为一个大小位置都可改变的椭圆变动而产生的,变动中保持所在平面与 xOy 面平行,且两对顶点分别沿着两个定双曲线滑动。

用一组平行于 xOz 面的平面 $y=h$ 截割,截口为一族椭圆

$$\begin{cases}\dfrac{x^2}{a^2}-\dfrac{z^2}{c^2}=1-\dfrac{h^2}{b^2}\\ y=h\end{cases}\tag{4.2-6}$$

当 $|h|<b$ 时,截线为双曲线,实轴平行于 x 轴,虚轴平行于 z 轴,顶点在式(4.2-2)所示的腰椭圆上,顶点为 $\left(\pm\frac{a}{b}\sqrt{b^2-h^2},\ h,\ 0\right)$,如图 4-5 所示。

当 $|h|>b$ 时,截线仍为双曲线,实轴平行于 z 轴,虚轴平行于 x 轴,顶点在式(4.2-4)所示的双曲线上,顶点为 $\left(0,\ h,\ \pm\frac{c}{b}\sqrt{h^2-b^2}\right)$,如图 4-6 所示。

当 $|h|=b$ 时,式(4.2-6)所示为两条相交直线

$$\begin{cases}\frac{x}{a}\pm\frac{z}{c}=0\\ y=b\end{cases} 或 \begin{cases}\frac{x}{a}\pm\frac{z}{c}=0\\ y=-b\end{cases}$$

如图 4-7 所示。

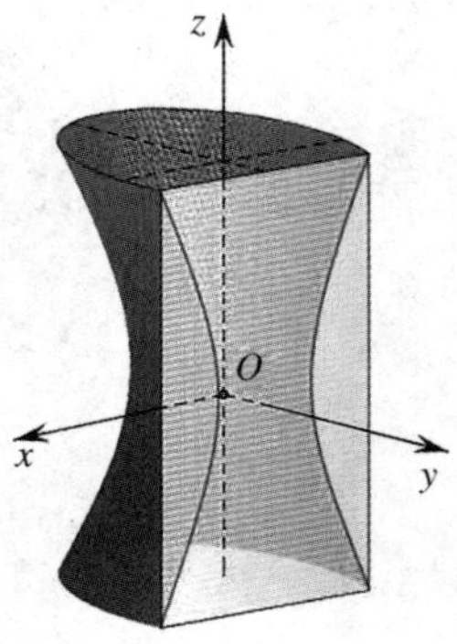

图 4-5

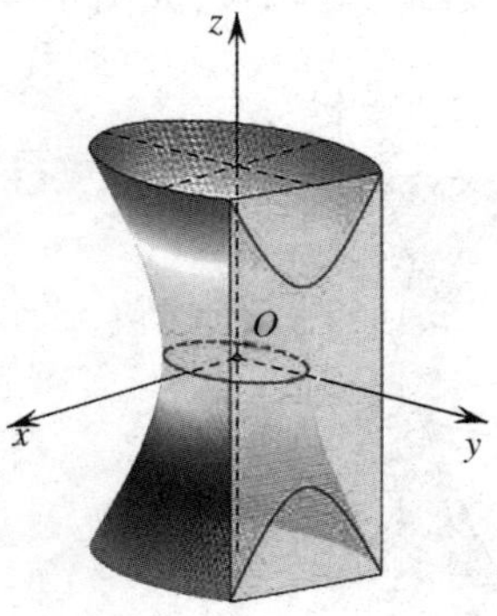

图 4-6

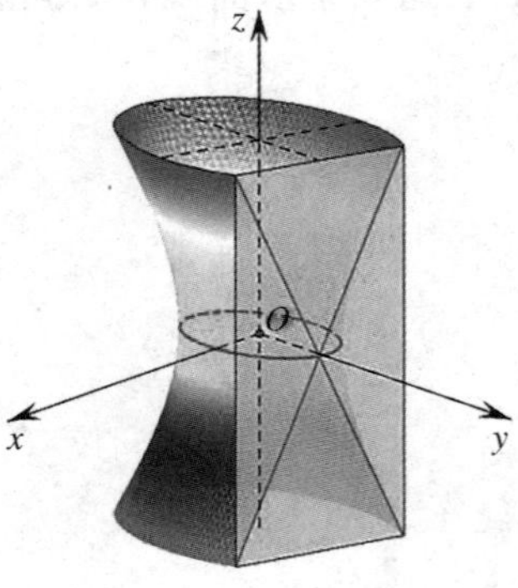

图 4-7

单叶双曲面上有直线。单叶双曲面的图形如图 4-4 所示。

4.2.2 双叶双曲面

定义 4.2.2 在直角坐标系下,由方程

$$\frac{x^2}{a^2}+\frac{y^2}{b^2}-\frac{z^2}{c^2}=-1\ (a>0,\ b>0,\ c>0) \tag{4.2-7}$$

所表示的曲面叫作**双叶双曲面**。式(4.2-7)称为**双叶双曲面的标准方程**。

因为双叶双曲面的式(4.2-7)仅含坐标的平方项,因此这个曲面关于三坐标面与三条坐标轴以及坐标原点都对称,原点为其中心,而且与 x 轴, y 轴都不相交,只与 z 轴交于点 $(0,\ 0,\ \pm c)$,此为其**实顶点**。

由 $z^2\geqslant c^2$ 知曲面分成两叶 $z\geqslant c$ 与 $z\leqslant c$,可见,双叶双曲面为**无界曲面**。

双叶双曲面(4.2-7)与三坐标面交于三条曲线

$$\begin{cases}\dfrac{x^2}{a^2}+\dfrac{y^2}{b^2}=-1\\z=0\end{cases}\tag{4.2-8}$$

$$\begin{cases}\dfrac{x^2}{a^2}-\dfrac{z^2}{c^2}=-1\\y=0\end{cases}\tag{4.2-9}$$

$$\begin{cases}\dfrac{y^2}{b^2}-\dfrac{z^2}{c^2}=-1\\x=0\end{cases}\tag{4.2-10}$$

式(4.2-8)表示一个虚椭圆,表明双叶双曲面(4.2-7)与 xOy 平面不相交(无实交点)。式(4.2-9)和式(4.2-10)表示的均为双曲线,其实轴为 z 轴,虚轴分别为 y 轴和 x 轴,其顶点为 $(0,\ 0,\ \pm c)$,如图 4-8 所示。

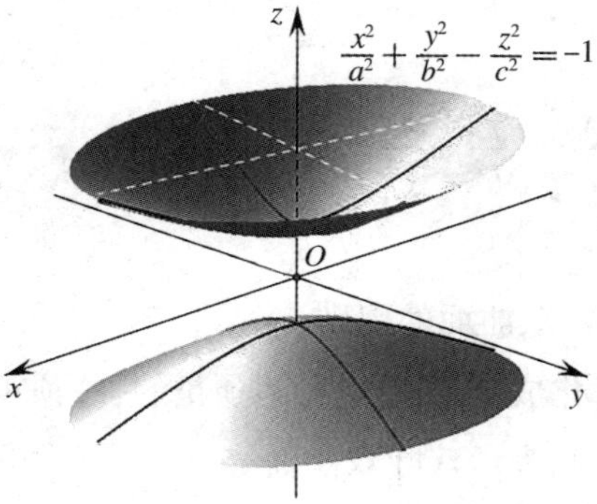

图 4-8

为考查式(4.2-7)所示双叶双曲面的形状,先用平行于 xOy 面的平面去截,其截线为

$$\begin{cases}\dfrac{x^2}{a^2}+\dfrac{y^2}{b^2}=-1+\dfrac{k^2}{c^2}\\z=k\end{cases}\tag{4.2-11}$$

当 $|k|<c$ 时,式(4.2-7)与 $z=k$ 无实交点;

当 $|k|=c$ 时,式(4.2-7)与 $z=k$ 交于 $(0,\ 0,\ \pm c)$;

当 $|k|>c$ 时,式(4.2-11)为椭圆,且 $|k|$ 越大,椭圆越大。其顶点为

$$\left(\pm a\sqrt{-1+\frac{k^2}{c^2}},\ 0,\ k\right)\text{ 与 }\left(0,\ \pm b\sqrt{-1+\frac{k^2}{c^2}},\ k\right)$$

其半轴为

$$b\sqrt{-1+\frac{k^2}{c^2}},\ a\sqrt{-1+\frac{k^2}{c^2}}$$

可见,式(4.2-7)所示的双叶双曲面是由 $z=\pm c$ 外的一系列“平行”椭圆构成的,这些

椭圆的顶点在式(4.2-9)和式(4.2-10)所示的双曲线上变化。

若用平行于 yOz 面的平面去截,其截线为

$$\begin{cases}\dfrac{y^2}{b^2}-\dfrac{z^2}{c^2}=-1-\dfrac{k^2}{a^2}\\ x=k\end{cases}\tag{4.2-12}$$

对任意实数 k ,式(4.2-12)所示均为双曲线,其实轴平行于 z 轴,虚轴平行于 y 轴,顶点为

$$\left(k,\ 0,\ \pm c\sqrt{1+\frac{k^2}{a^2}}\right)$$

双叶双曲面的示意图见图 4-8,但准确地说,图 4-8 是双叶双曲面

$$\frac{x^2}{a^2}+\frac{y^2}{b^2}-\frac{z^2}{c^2}=-1$$

的示意图。

最后,若用平行于 zOx 面的平面去截式(4.2-7)所示双叶双曲面,其截线情况与上述相仿。

在直角坐标系下,方程 $\frac{x^2}{a^2}-\frac{y^2}{b^2}+\frac{z^2}{c^2}=-1$ 和 $-\frac{x^2}{a^2}+\frac{y^2}{b^2}+\frac{z^2}{c^2}=-1$ 所表示的图形也是双叶双曲面。

注 3 单叶双曲面和双叶双曲面的识别:

把双曲面方程的右边都化成 1,若左边有两项正的,一项负的,则表示单叶双曲面;若左边有两项负的,一项正的,则表示双叶双曲面。

在绘图时注意区分"实轴"和"虚轴",对坐标轴的标注要符合右手系原则。图 4-9 为具有 0.25 透明度的单叶双曲面,图 4-10 为使用了 Wire 技术绘制的双叶双曲面。

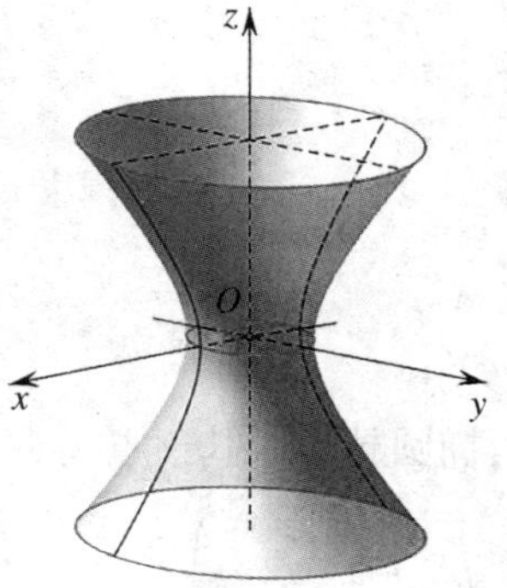

图 4-9

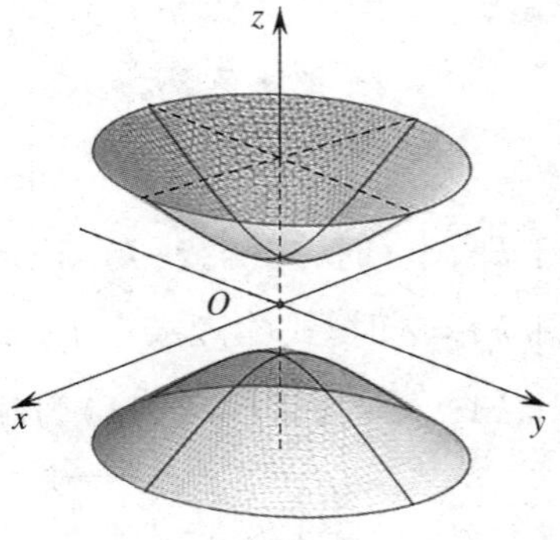

图 4-10

例 4.2.1 用一组平行平面 $z=k$ (k 为任意实数),截割双曲面

$$\frac{x^2}{a^2}+\frac{y^2}{b^2}-\frac{z^2}{c^2}=1\ (a>b)$$

得一族椭圆,求这些椭圆焦点的轨迹。

解　这一族椭圆方程为

$$\begin{cases}\dfrac{x^2}{a^2}+\dfrac{y^2}{b^2}=1+\dfrac{k^2}{c^2}\\ z=k\end{cases}$$

即

$$\begin{cases}\dfrac{x^2}{a^2\left(1+\dfrac{k^2}{c^2}\right)}+\dfrac{y^2}{b^2\left(1+\dfrac{k^2}{c^2}\right)}=1\\ z=k\end{cases}$$

因为 $a>b$，所以椭圆的长半轴为 $a\sqrt{1+\dfrac{k^2}{c^2}}$，短半轴为 $b\sqrt{1+\dfrac{k^2}{c^2}}$，从而椭圆焦点的坐标参数方程为

$$\begin{cases}x=\pm\sqrt{(a^2-b^2)\left(1+\dfrac{k^2}{c^2}\right)}\\ y=0\\ z=k\end{cases}$$

消参即得

$$\begin{cases}\dfrac{x^2}{a^2-b^2}-\dfrac{z^2}{c^2}=1\\ y=0\end{cases}$$

显然，这族椭圆焦点的轨迹是一条在坐标面 zOx 上的双曲线，双曲线的实轴为 x 轴，虚轴为 z 轴。

例 4.2.2　已知单叶双曲面 $\dfrac{x^2}{4}+\dfrac{y^2}{9}-\dfrac{z^2}{4}=1$，试求平面的方程，使这平面平行于 yOz 面(或 xOz 面)且与曲面的交线是一对相交直线。

解　设所求的平面为 $x=k$，则该平面与单叶双曲面的交线为

$$\begin{cases}\dfrac{x^2}{4}+\dfrac{y^2}{9}-\dfrac{z^2}{4}=1\\ x=k\end{cases}$$

亦即

$$\begin{cases}\dfrac{y^2}{9}-\dfrac{z^2}{4}=1-\dfrac{k^2}{4}\\ x=k\end{cases}$$

为使交线为二相交直线，只需

$$1-\frac{k^2}{4}=0$$

即

$$k=\pm 2$$

所以,要求的平面方程为

$$x=\pm 2$$

同理,平行于 xOz 的平面要满足它与单叶双曲面的交线为二相交直线,则该平面方程为

$$y=\pm 3$$

同步练习 4.2

基础题

1. 判断正误(对的在括号内打√,错误的打×)

(1)设点 (x,y,z) 为双叶双曲面 $\frac{x^2}{a^2}+\frac{y^2}{b^2}-\frac{z^2}{c^2}=-1$ 上的任一点,则 $|z|\leqslant c$。 (　　)

(2)方程 $\frac{x^2}{16}+\frac{y^2}{16}-\frac{z^2}{9}=1$ 表示一个旋转单叶双曲面。 (　　)

(3)单叶双曲面 $-\frac{x^2}{4}+\frac{y^2}{16}+\frac{z^2}{9}=1$ 与 yOz 面的交线为 $\begin{cases}\frac{y^2}{16}+\frac{z^2}{9}=1\\ x=0\end{cases}$。 (　　)

(4)平面 $z=1$ 单叶双曲面 $\frac{x^2}{16}-\frac{y^2}{9}+\frac{z^2}{4}=1$,截口为双曲线 $\frac{x^2}{16}-\frac{y^2}{9}=\frac{3}{4}$。 (　　)

(5)方程 $\frac{x^2}{16}+\frac{y^2}{16}-\frac{z^2}{9}=-1$ 表示一个旋转双叶双曲面。 (　　)

2. 画出以下双曲面的图形:

(1) $\frac{x^2}{16}-\frac{y^2}{9}+\frac{z^2}{4}=1$; (2) $\frac{x^2}{16}-\frac{y^2}{4}+\frac{z^2}{9}=-1$。

3. 已知单叶双曲面 $\frac{x^2}{4}-\frac{y^2}{9}+\frac{z^2}{4}=1$,试求平面的方程,使这平面平行于 yOz 面(或 xOy 面)且与曲面的交线是一对相交直线。

4. 设动点与 $(4,0,0)$ 的距离等于这点到平面 $x=1$ 的距离的两倍,试求这动点的轨迹。

5. 试求单叶双曲面 $\frac{x^2}{16}+\frac{y^2}{4}-\frac{z^2}{5}=1$ 与平面 $x-2z+3=0$ 的交线对 xOy 平面的射影柱面。

提高题

1. 设直线 l 与 m 为互不垂直的两条异面直线，C 是 l 与 m 的公垂线的中点，A，B 两点分别在直线 l，m 上滑动，且 $\angle ACB = 90°$，试证直线 AB 的轨迹是一个单叶双曲面。
2. 试验证单叶双曲面与双叶双曲面的参数方程分别为

$$\begin{cases} x = a\sec u\cos v \\ y = b\sec u\sin v \\ z = c\tan u \end{cases} 与 \begin{cases} x = a\tan u\cos v \\ y = b\tan u\sin v \\ z = c\sec u \end{cases}$$

3. 给定方程 $\dfrac{x^2}{A-\lambda} + \dfrac{y^2}{B-\lambda} + \dfrac{z^2}{C-\lambda} = 1(A > B > C > 0)$，试问当 λ 取异于 A，B，C 的各种数值时，它表示怎样的曲面。

§4.3　抛物面

目的与要求

1. 掌握椭圆抛物面的标准方程、性质、图形；
2. 掌握双曲抛物面的标准方程、性质、图形。

重点与难点：

重点：椭圆抛物面、双曲抛物面的图形。

难点：双曲抛物面的图形。

4.3.1　椭圆抛物面

为了方便认识抛物面，我们先研究旋转抛物面的情况。将 yOz 平面上的抛物线

$$\begin{cases} y^2 = 2pz \\ x = 0 \end{cases} \quad (p > 0)$$

绕 z 轴旋转，所得旋转面为

$$x^2 + y^2 = 2pz$$

也可写成

$$\frac{x^2}{(\sqrt{p})^2} + \frac{y^2}{(\sqrt{p})^2} = 2z$$

这是一个**旋转抛物面**。垂直于其对称轴的平面与它的交线是圆。将该曲面沿着 x 轴或 y 轴的方向进行伸缩变形，或者说通过一个压缩变换，就得到一般的椭圆抛物面。

一般地，有如下定义：

定义 4.3.1 直角坐标系下,由方程

$$\frac{x^2}{a^2}+\frac{y^2}{b^2}=2z\ (a, b \text{为任意正的常数}) \tag{4.3-1}$$

所表示的曲面叫作**椭圆抛物面**。

显然, xOz 面, yOz 面是它的对称平面; z 轴是对称轴,式(4.3-1)所示的椭圆抛物面无对称中心,称为**无心二次曲面**。

由式(4.3-1)知

$$z=\frac{1}{2}\left(\frac{x^2}{a^2}+\frac{y^2}{b^2}\right)\geqslant 0$$

所以,椭圆抛物面位于 xOy 平面的上方,且在 z 轴的正向无界。

椭圆抛物面与三坐标轴均交于原点 (0, 0, 0) ,此为其**顶点**。

椭圆抛物面与三坐标面交于三条曲线

$$\begin{cases}\dfrac{x^2}{a^2}+\dfrac{y^2}{b^2}=0\\ z=0\end{cases} \tag{4.3-2}$$

$$\begin{cases}x^2=2a^2z\\ y=0\end{cases} \tag{4.3-3}$$

$$\begin{cases}y^2=2b^2z\\ x=0\end{cases} \tag{4.3-4}$$

式(4.3-2)所示为原点。式(4.3-3)和式(4.3-4)所示曲线均为抛物线,其顶点均为原点,其开口方向均指 z 轴正向,对称轴均为 z 轴,如图 4-11 所示。

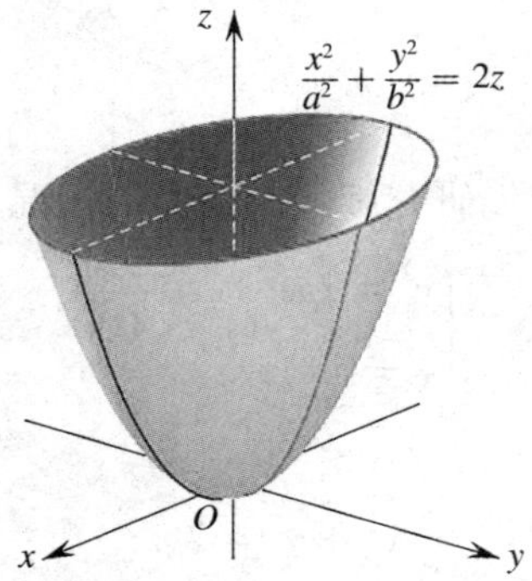

图 4-11

式(4.3-1)所示的椭圆抛物面与平行于 xOy 平面的平面 $z=k$ 交于

$$\begin{cases}\dfrac{x^2}{a^2}+\dfrac{y^2}{b^2}=2k\\ z=k\end{cases}\quad(k\geqslant 0) \tag{4.3-5}$$

当 $k=0$ 时,式(4.3-5)为原点;

当 $k > 0$ 时,式(4.3-5)为椭圆,其顶点为

$$(0,\ \pm b\sqrt{2k},\ k),\ (\pm a\sqrt{2k},\ 0,\ k)$$

可见,式(4.3-1)所示的椭圆抛物面是由 xOy 平面上方的一系列“平行”的椭圆构成的,这些椭圆的顶点在式(4.3-3)和式(4.3-4)所示的抛物线上变化。

式(4.3-1)所示椭圆抛物面与平行于 yOz 平面的平面 $x = k$ 交于抛物线

$$\begin{cases} y^2 = 2b^2\left(z - \dfrac{k^2}{2a^2}\right) \\ x = k \end{cases}$$

这些抛物线是全等的,其顶点为 $\left(k,\ 0,\ \dfrac{k^2}{2a^2}\right)$,对称轴平行于 z 轴,开口方向朝 z 轴正向。

最后,若用平行于 zOx 平面的平面去截,其截线情况与上述结论类似,由此可得椭圆抛物面的几何特征:

椭圆抛物面是由一条抛物线沿着另一条固定抛物线移动而形成的轨迹。在移动过程中,动抛物线的顶点始终在固定抛物线上,两者的开口方向一致,并且动抛物线所在平面始终与固定抛物线所在平面保持垂直,如图 4-12 所示。

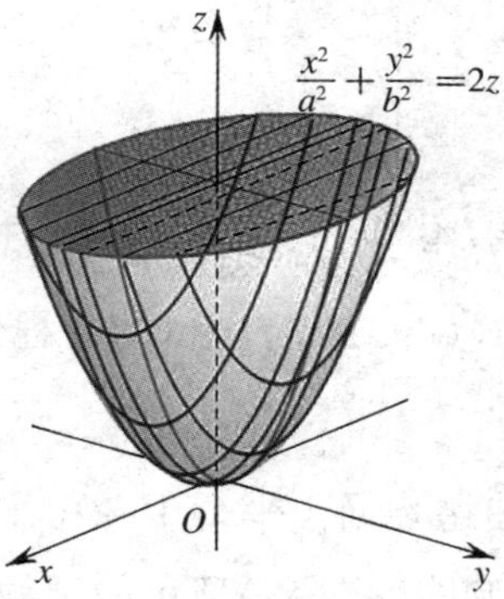

图 4-12

在直角坐标系下,由方程

$$\frac{x^2}{a^2} + \frac{z^2}{c^2} = 2y \text{ 或 } \frac{y^2}{b^2} + \frac{z^2}{c^2} = 2x$$

所表示的图形也是椭圆抛物面。作图时应确定正确的对称轴,并正确标注坐标轴。

4.3.2　双曲抛物面

定义 4.3.2　在直角坐标系下,由方程

$$\frac{x^2}{a^2} - \frac{y^2}{b^2} = 2z\ (a,\ b \text{ 为任意正常数}) \tag{4.3-6}$$

所表示的图形称为**双曲抛物面**,也叫**马鞍面**,而式(4.3-6)称为双曲抛物面的**标准方程**。

显然式(4.3-6)所示的双曲抛物面关于 z 轴, yOz 平面, zOx 平面对称,双曲抛物面无对称中心,称为**无心二次曲面**。由式(4.3-6)可知双曲抛物面是**无界曲线**。曲面与三坐标轴均交于原点 (0, 0, 0) ,即它的**顶点**;曲面与三坐标面交于以下三条曲线

$$\begin{cases}\dfrac{x^2}{a^2}-\dfrac{y^2}{b^2}=0\\ z=0\end{cases}\tag{4.3-7}$$

$$\begin{cases}x^2=2a^2z\\ y=0\end{cases}\tag{4.3-8}$$

$$\begin{cases}y^2=-2b^2z\\ x=0\end{cases}\tag{4.3-9}$$

式(4.3-7)所示的曲线为交于原点的二相交直线,式(4.3-8)和式(4.3-9)所示的曲线均为抛物线,其顶点均为原点,式(4.3-8)所示的曲线开口方向为 z 轴正向,式(4.3-9)所示的曲线开口方向为 z 轴负向,对称轴均为 z 轴。

式(4.3-6)所示的双曲抛物面与平行于 xOy 平面的平面 $z=k$ 交于

$$\begin{cases}\dfrac{x^2}{a^2}-\dfrac{y^2}{b^2}=2k\\ z=k\end{cases}\tag{4.3-10}$$

当 $k=0$ 时,式(4.3-10)即为(4.3-7);当 $k>0$ 时,式(4.3-10)为双曲线,其顶点为 $(\pm a\sqrt{2k},\ 0,\ k)$;当 $k<0$ 时,式(4.3-10)所示的方程仍为双曲线,其顶点为 $(0,\ \pm b\sqrt{-2k},\ k)$ 。

可见,式(4.3-2)所示的双曲抛物面由平行于 xOy 平面的一族“平行”双曲线构成,这些双曲线的顶点在式(4.3-7)和式(4.3-8)所示的抛物线上变化,如图 4-13 所示。式(4.3-2)所示的双曲抛物面的示意图如下。

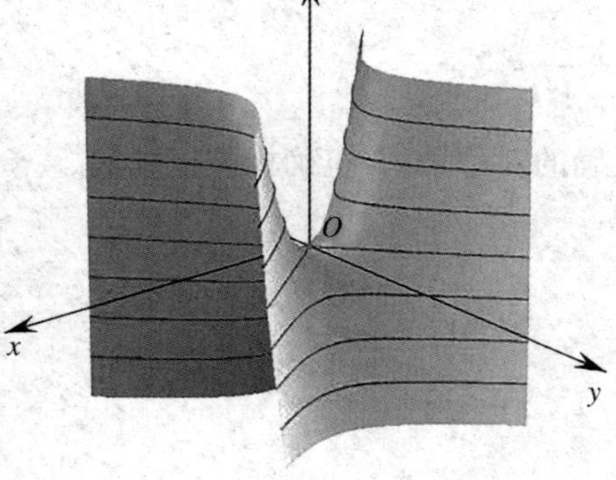

图 4-13

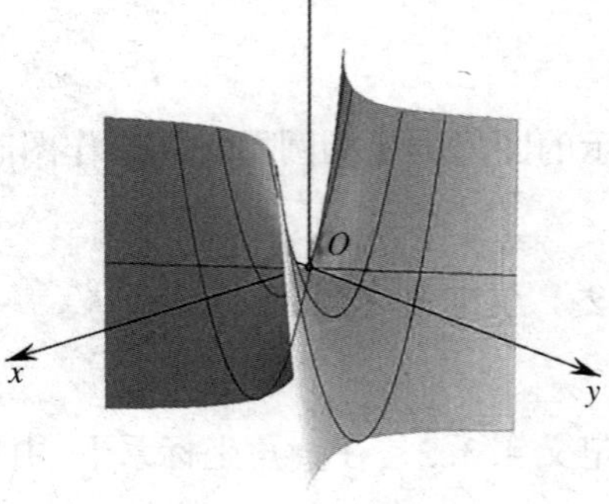

图 4-14

另外,式(4.3-6)所示的双曲抛物面与平行于 yOz 平面的平面交于抛物线

$$\begin{cases} y^2 = -2b^2\left(z - \dfrac{k^2}{2a^2}\right) \\ x = k \end{cases} \tag{4.3-11}$$

这些抛物线是全等的,其顶点为 $\left(k,\ 0,\ \dfrac{k^2}{2a^2}\right)$,在式(4.3-9)所示的抛物线上,对称轴平行于 z 轴,开口方向朝 z 轴负向,与抛物线的开口方向相反。

最后,若用平行于 zOx 平面的平面去截式(4.3-6)所示的双曲抛物面,其截线情况与上面类似,由此可得如下结论。

双曲抛物面是由一条抛物线沿着另一条固定抛物线移动而形成的轨迹。在移动过程中,动抛物线的顶点始终在固定抛物线上,动抛物线的开口方向与固定抛物线的开口方向相反,并且它们所在的平面始终保持垂直,如图 4-14 所示。

在直角坐标系下,由方程

$$\frac{x^2}{a^2} - \frac{z^2}{c^2} = 2y \text{ 或 } \frac{y^2}{b^2} - \frac{z^2}{c^2} = 2x$$

所表示的图形也是双曲抛物面。

例 4.3.1　已知椭圆抛物面的顶点在原点,对称面为 xOz 面与 yOz 面,且过点 $(1,\ 2,\ 6)$ 和 $\left(\dfrac{1}{3},\ -1,\ 1\right)$,求这个椭圆抛物面的方程。

解　据题意可设要求的椭圆抛物面的方程为

$$\frac{x^2}{a^2} + \frac{y^2}{b^2} = 2z$$

以下确定 a 与 b 。因为 $(1,\ 2,\ 6)$ 和 $\left(\dfrac{1}{3},\ -1,\ 1\right)$ 均在该曲面上,所以有

$$\begin{cases} \dfrac{1}{a^2} + \dfrac{4}{b^2} = 12 \\ \dfrac{1}{9a^2} + \dfrac{1}{b^2} = 2 \end{cases}$$

从而

$$\frac{1}{a^2} = \frac{36}{5},\ \frac{1}{b^2} = \frac{6}{5}$$

所以要求的椭圆抛物面的方程为

$$\frac{36x^2}{5} + \frac{6y^2}{5} = 2z$$

4.3.3 曲面的交线与曲面所围成的区域

在多元微积分或许多工程技术中,常常会涉及由几个曲面围成的空间区域。我们不仅需要能够想象出它的大致形状,还需画出它的简图。通常情况下,这是一个相当艰巨的任务。然而,当区域的边界仅由几个平面或二次曲面构成时,难度就会大大降低。本节的宗旨在于,通过具体的例子展示在这种简化情境下,如何绘制出空间区域的简图。

稍加分析可知,绘制空间区域简图的关键在于准确描绘区域的边界曲线。这些边界曲线是由多个曲面相交形成的。因此,为了完整呈现空间区域的形状,首先需要绘制这些边界曲线,再描绘出它们之间被曲面包围的部分,即形成空间区域的图形。

在这个过程中,绘制两个曲面交线的技巧尤为重要。要掌握这一技巧,首先需要了解并掌握空间曲线的射影式方程。利用射影式方程可以更精确地描绘出空间中的曲线,为绘制空间区域简图提供有力支持。

考虑空间曲线

$$C:\begin{cases}F(x,\ y,\ z)=0\\G(x,\ y,\ z)=0\end{cases}$$

第三章已经讲过,如果我们在上述方程组中分别消去坐标 x , y , z 后可以得到

$$W(y,\ z)=0\ ,\ V(x,\ z)=0\ ,\ H(x,\ y)=0$$

它们分别是曲线 C 对于 yOz 面、xOz 面和 xOy 面的射影柱面,将这三个射影柱面方程中任何两个联立都能得到与上述方程组同解的方程组。因此,这样的同解方程组都可作为曲线 C 的方程,称为曲线 C 的射影式方程。

基于空间曲线的射影式方程原理,两个曲面的交线往往可以表示为两个垂直于母线柱面的交线。因此,绘制两曲面的交线通常可以转化为绘制这两个垂直柱面的交线。在实践中,为了画出这两个柱面的交线,我们通常采用一个与两个柱面的直母线都平行的平面去截取这两个柱面。这样,截得的直母线的交点即为两柱面交线上的点,这种方法被称作“切片法”。接下来,我们将通过具体实例来详细阐述这一方法的应用。

例 4.3.2 作两柱面 $x^2+y^2=a^2$ 与 $y^2+z^2=a^2$ 在第一卦限内的交线图形。

解 如图 4-15 所示,作图步骤如下:

(1)作出两柱面在 xOy 面和 yOz 面上的截线 l_1 和 l_2;

(2)在 y 轴上取点 P ,过 P 作 x 轴的平行线交 l_1 于 Q ,过 P 作 z 轴平行线交 l_2 于 R ;

(3)过 Q , R 作各自柱面的直母线,相交于 S , S 即为两柱面交线上的点;

(4)在 y 轴上顺次取若干点 P_1, P_2, $\cdots$,重复步骤(2),(3)即可得很多点,把它们光滑联结起来,即得所求交线;

(5)再画出两个柱面,即得所求的柱面相交图。

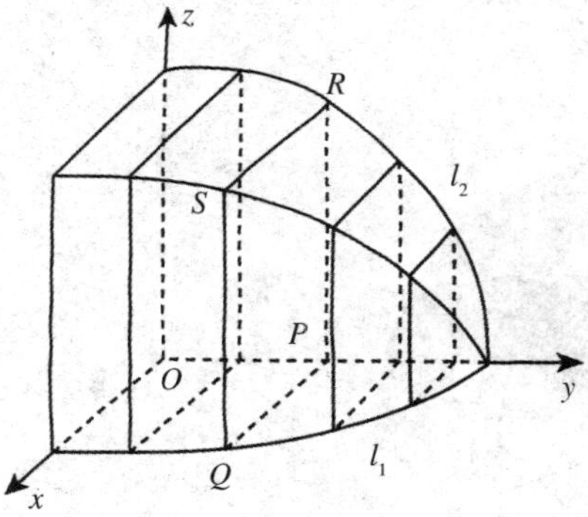

图 4-15

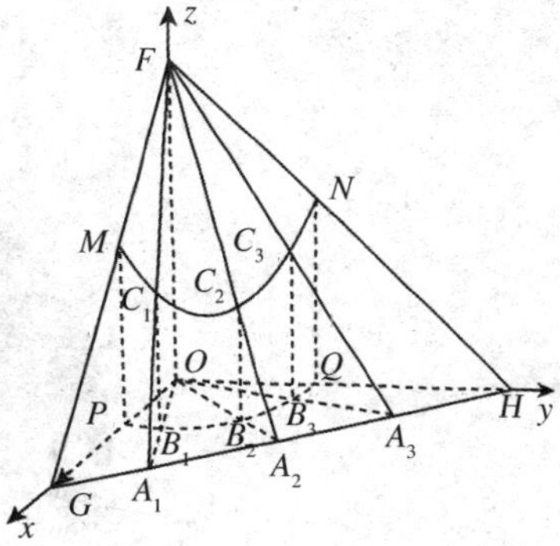

图 4-16

例 4.3.3　作出曲面 $x^2+y^2=4$ 与平面 $x+y+z=5$ 在第一卦限内的交线。

解　如图 4-16 所示,作图步骤如下:

(1)画出平面及圆柱面与 xOy 面的交线 GH 及 $\overset{\frown}{PQ}$;

(2)分别画出平面及圆柱面与 xOz 面的交线 FG 与 PM,FG 与 PM 交于 M 点,M 即为所求交线上的点;

(3)分别画出平面及圆柱面与 yOz 面的交线 FH 及 QN,FH 与 QN 交于 N,N 也是所求交线上的点;

(4)在线段 GH 上任取一点 A_1,联结 OA_1 与 $\overset{\frown}{PQ}$ 交于 B_1,联结 FA_1,过 B_1 作 z 轴的平行线交 FA_1 于 C_1 点,C_1 即为所求交线上的点;

(5)在线段 GH 上依次取若干点 $A_2, A_3, \cdots$,并依步骤(4)作出交线上若干点 $C_2, C_3, \cdots$,把它们依次光滑联结起来,即得所求交线的图形。

例 4.3.4　作出球面 $x^2+y^2+z^2=8$ 与旋转抛物面 $x^2+y^2=2z$ 的交线。

解　方程 $x^2+y^2+z^2=8$ 表示球心在原点,半径为 $2\sqrt{2}$ 的球面,方程 $x^2+y^2=2z$ 表示一个旋转抛物面,顶点在原点,旋转轴为 z 轴,开口向上。要作出区域的简图,关键是作出两个曲面的交线。

考虑 $z \geqslant 0$,两曲面的交线

$$\begin{cases} x^2+y^2=2z \\ x^2+y^2+z^2=8 \end{cases}$$

可化简为

$$\begin{cases} x^2+y^2=4 \\ z=2 \end{cases}$$

故曲线为平面 $z=2$ 上的一个圆,圆心为 (0, 0, 2) ,半径为2。把这个圆和球面及抛物面的图形画出来,就得到空间区域的简图,如图 4-17 所示。

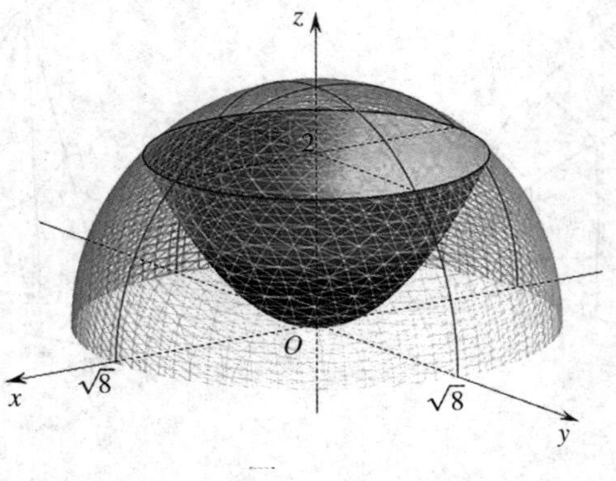

图 4-17

例 4.3.5　作出曲面 $z=4-x^2$ 与平面 $2x+y=4$ 和三坐标面所围成的立体在第一卦限部分的立体图形。

解　平面 $2x+y=4$ 与坐标面 xOy 的交线为直线

$$\Gamma_{xy}:\begin{cases}2x+y=4\\z=0\end{cases}$$

方程 $z=4-x^2$ 表示母线平行于 y 轴的抛物柱面,它与 xOz 面的交线为抛物线

$$\Gamma_{zx}:\begin{cases}x^2=-z+4\\y=0\end{cases}$$

在抛物线 Γ_{zx} 上任取一点 A ,过 A 作平行于 y 轴的射线及 A 在 xOy 面上的投影 B ,过点 B 且平行于 y 轴的射线交直线 Γ_{xy} 于点 C ,则过点 C 且平行于 z 轴的射线必与上述过 A 平行于 y 轴的射线交于一点 D ,由作法可知点 D 既在平面 $2x+y=4$ 上也在抛物柱面 $z=4-x^2$ 上,故点 D 为曲面 $z=4-x^2$ 与平面 $2x+y=4$ 交线上的点,如法炮制即可作出两曲面的交线,立体部分与解析部分的图形如图 4-18 与图 4-19 所示。

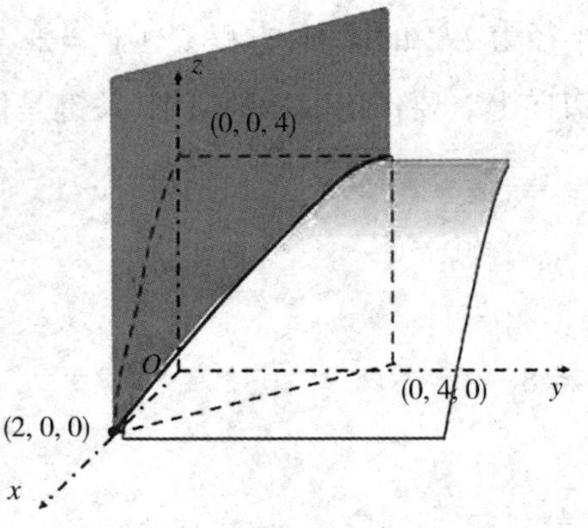

图 4-18

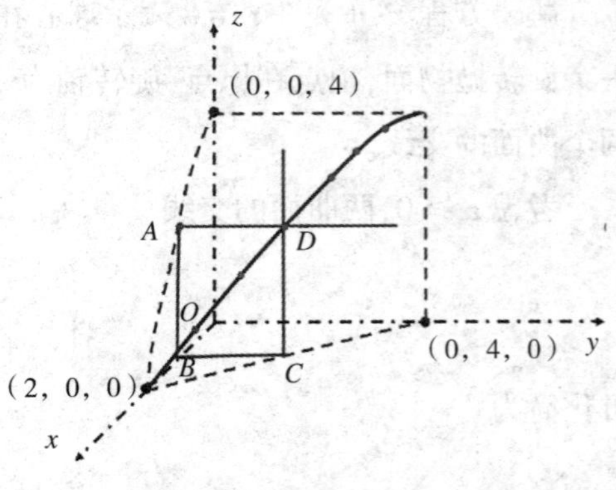

图 4-19

例 4.3.6　描绘出平面 $y=0$, $z=0$, $3x+y=6$, $3x+2y=12$ 和 $x+y+z=6$ 所围成的立体图。

解　由平面 $x+y+z=6$ 与三条坐标轴的交点 $(6, 0, 0)$, $(0, 6, 0)$, $(0, 0, 6)$ 画出该平面,再依次作出平面 $3x+y=6$ 与平面 $y=0$, $z=0$, $x+y+z=6$ 的三条交线以及平面 $3x+2y=12$ 与平面 $y=0$, $z=0$, $x+y+z=6$ 的三条交线,就可以描绘出该区域的简图,如图 4-20 所示。该图是利用了具有透明度的方法绘制的。

另外,可以利用已知的各个平面之间的关系,求出它们的交线与交点。再利用绘制空间多边形以及具有透明度的方法,可以绘制出由所给的五个平面所围成的立体图形,如图 4-21 所示。

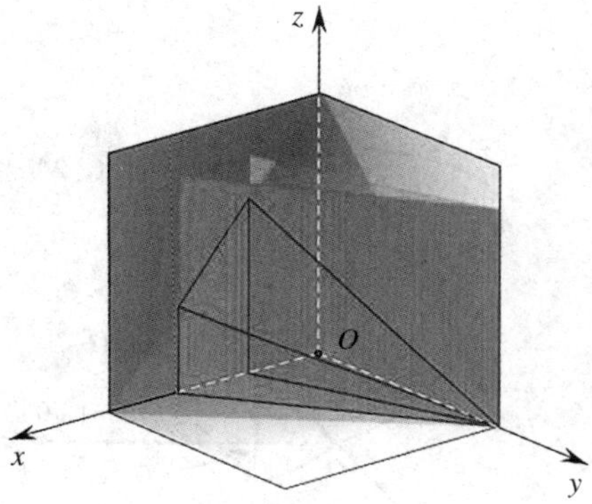

图 4-20

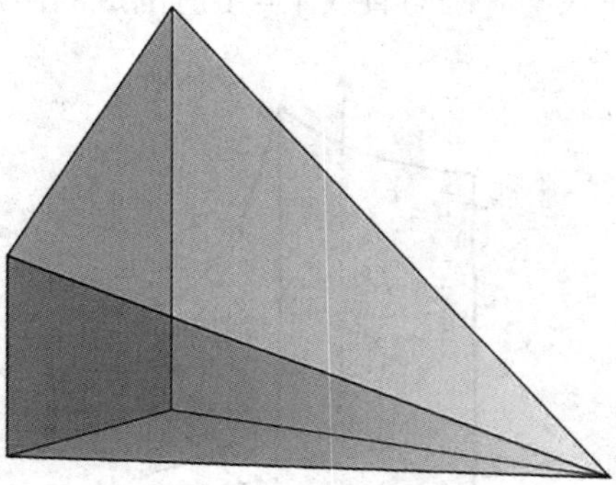

图 4-21

在数学分析中,通过累次积分法计算三重积分时,常常将其化简为一次单积分和一次二重积分。确定二重积分时,需要考虑三重积分的积分域(空间区域)在坐标平面上的射影区域。为了方便计算,有时需要绘制射影区域的图形。下面我们重点介绍了在 xOy 面上绘制空间区域射影区域的方法,其他坐标平面的射影区域绘制方法类似。

由几个曲面围成的空间区域 Ω 在 xOy 面上的射影区域是 xOy 面上由几条曲线围成的平面区域。围成这个平面区域的曲线通常是围成空间区域的曲面的交线在 xOy 面上的射影曲线。该射影曲线即投影柱面与坐标平面的交线。根据这样的分析,绘制空间区域 Ω 在 xOy 面上射影区域图形时,首先求出围成空间区域 Ω 的曲面的交线向 xOy 面的射影柱面,然后作此射影柱面与 xOy 面的交线,由这条交线围成的平面区域就是我们要作的图形。

例 4.3.7　画出由三个坐标面与 $x=8$, $y=4$ 及旋转抛物面 $z=1+\frac{1}{8}(x^2+y^2)$ 所围成的空间区域 Ω 及它在 xOy 面上的射影区域 D。

解　由于在围成区域 Ω 的曲面中,平面 $x=0$, $x=8$, $y=0$, $y=4$ 都垂直于 xOy 面,它们也就是围成空间区域 Ω 的曲面的交线向 xOy 平面的射影柱面。由此我们能画出空间

区域 Ω，它是由这四个平面为边界的图形被平面 $z=0$ 与旋转抛物面 $z=1+\frac{1}{8}(x^2+y^2)$ 所截出的部分，如图 4-22 所示。空间区域 Ω 在 xOy 面上的射影区域 D 是由 $x=0$，$x=8$，$y=0$，$y=4$ 四条直线所围成的矩形。

例 4.3.8 画出由旋转抛物面 $z=x^2+y^2$，柱面 $y=x^2$ 及两个平面 $y=1$，$z=0$ 所围成的空间区域 Ω 及 Ω 在 xOy 面上的射影区域 D。

解 显然，围成空间区域 Ω 的曲面中，$y=x^2$ 与 $y=1$ 都是直母线平行于 z 轴的柱面。由此我们能画出空间区域 Ω，它是由柱面 $y=x^2$ 与平面 $y=1$ 为边界的图形被曲面 $z=x^2+y^2$ 与平面 $z=0$ 所截出的部分，如图 4-23 所示。空间区域 Ω 在 xOy 面上的射影区域 D 是由曲线 $y=x^2$ 与直线 $y=1$ 所围成的图形。

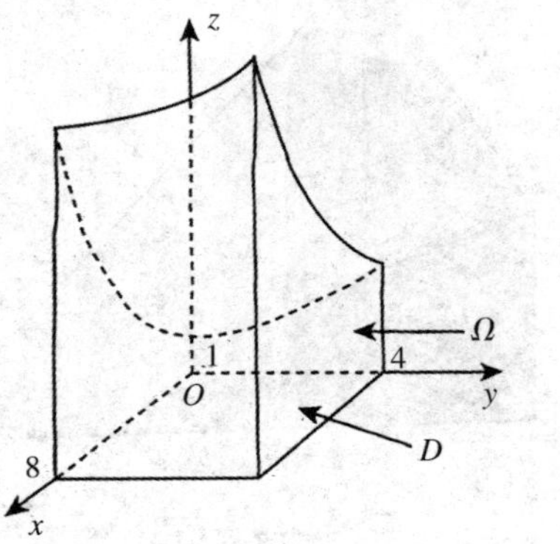

图 4-22

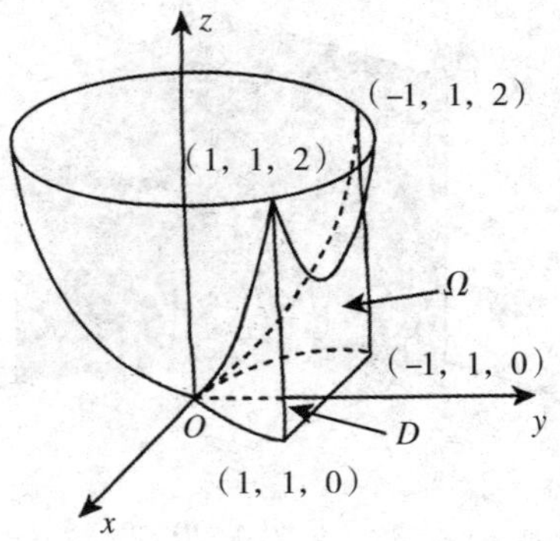

图 4-23

当空间区域由一个不等式组描述时，如何作出此空间区域的图形通常需要分析不等式的性质和解法，由这组不等式确定此空间区域是由哪些曲面所围成，确定了这些围成空间区域的曲面之后，下一步是确定这些曲面的边界，那么又如何确定它的边界曲面呢？

通常，一个二次曲面或平面[由方程 $F(x, y, z)=0$ 表示]会将三维空间划分为三个区域。这三个区域分别由不等式 $F(x, y, z)<0$，$F(x, y, z)=0$ 和 $F(x, y, z)>0$ 来表示。其中，$F(x, y, z)=0$ 代表曲面本身，而另外两个不等式则分别表示曲面两侧的空间部分。

当我们处理一个由不等式组定义的空间区域时，这个区域总是位于某个或某些曲面的某一侧。为了确定具体是哪一侧，我们可以选择在空间区域内的一个点，通常为了方便，选取原点或坐标轴上的某个点，并将其坐标代入 $F(x, y, z)$。通过观察计算结果是大于零还是小于零，我们就可以判断出该空间区域位于曲面的哪一侧。

这样，我们就能清晰地知道每个不等式所代表的空间部分，而所有这些不等式所共同定义的区域，就是由整个不等式组给出的空间区域。因此，这个空间区域的边界正是由不等式组中每个不等式取等号时所代表的曲面组成。通过这个过程，我们就能精确地确定由哪些曲面共同围成了这个特定的空间区域。

例 4.3.9　用不等式组表示出下列曲面或平面

$$x^2+y^2=2z,\ x^2+y^2=4x,\ z=0$$

所围成的区域,并画简图。

解　$x^2+y^2=2z$, $x^2+y^2=4x$, $z=0$ 分别是椭圆抛物面、圆柱面和坐标平面,要使它们围成一个空间有界区域,应该在坐标平面 $z=0$ 的上方,圆柱面与椭圆抛物面之间,如图 4-24 所示,所以用不等式组表示区域为

$$\begin{cases}x^2+y^2\geqslant 2z\\(x-2)^2+y^2\leqslant 4\\z\geqslant 0\end{cases}$$

易知此处应有

$$0\leqslant x\leqslant 4,\ -2\leqslant y\leqslant 2,\ 0\leqslant z\leqslant 8$$

当然由它们围成的区域也可表示为

$$\left\{(x,y,z)\mid \begin{cases}x^2+y^2=2z\\x^2+y^2=4x\end{cases},\ 0\leqslant x\leqslant 4,\ -2\leqslant y\leqslant 2,0\leqslant z\leqslant 8\right\}$$

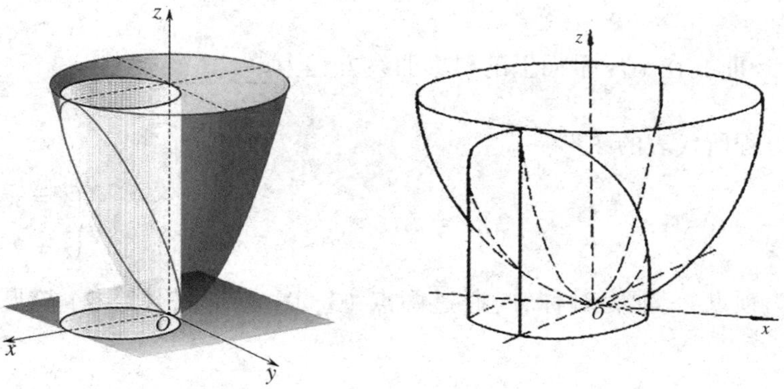

图 4-24

同步练习 4.3

基础题

1. 方程 $2x^2-y^2+2z^2=1$ 在空间所表示的图形为　(　　)

A. 双曲抛物面　B. 双叶双曲面　C. 单叶双曲面　D. 椭圆抛物面

2. 方程 $\dfrac{(x-1)^2}{a^2}+\dfrac{(y-2)^2}{b^2}-\dfrac{(z+3)^2}{c^2}=0\ (a,\ b,\ c\in\mathbf{R}^+)$ 所表示的曲面是　(　　)

A. 柱面　B. 锥面　C. 椭球面　D. 双曲面

3. 方程 $\dfrac{x^2}{a^2}+\dfrac{y^2}{b^2}-\dfrac{z^2}{c^2}=0\ (a,\ b,\ c\in\mathbf{R}^+)$ 所表示的曲面是　(　　)

A. 柱面　　B. 锥面　　C. 椭球面　　D. 双曲面

4. 曲面 $x^2+y^2+z^2=4$ 与曲面 $x^2+y^2=2z$ 的交线是一个　　(　　)

A. 抛物线　　B. 圆　　C. 双曲线　　D. 椭圆

5. 下列方程中,其图形为双曲抛物面的是　　(　　)

A. $x^2+2y^2+3z^2-1=0$　　B. $x^2-y^2+2z^2=0$

C. $\frac{x^2}{2}-y^2+\frac{z^2}{2}-1=0$　　D. $x^2-2y^2=z$

6. 下列方程中,其图形为椭圆抛物面的是　　(　　)

A. $x^2+2y^2+3z^2-1=0$　　B. $x^2-y^2+2z^2=0$

C. $\frac{x^2}{2}-y^2+\frac{z^2}{2}-1=0$　　D. $z=x^2+2y^2$

7. 方程 $4x^2+y^2-4z^2-1=0$ 在空间直角坐标系表示的曲面是　　(　　)

A. 双曲抛物面　　B 双叶双曲面　　C. 单叶双曲面　　D. 椭圆抛物面

8. 平面 $z=0$ 截曲面 $\frac{x^2}{a^2}-\frac{y^2}{b^2}=2z$ 的截口方程为________。

9. $\begin{cases} z=2x^2+y^2 \\ z=1 \end{cases}$ 曲线在 xOy 平面上的射影曲线方程为________。

10. 画出下列方程所代表的图形:

(1) $\frac{x^2}{4}+\frac{y^2}{9}+z=1$;　　(2) $z=xy$;　　(3) $\begin{cases} x=y^2+z^2 \\ z=2 \end{cases}$。

11. 求以原点为顶点, z 轴为对称轴,通过两点 (3, 0, 1), (3, 2, 2) 椭圆的抛物面的方程。

提高题

1. 适当选取坐标系,求下列轨迹的方程:

(1) 到一定点和一定平面距离之比为定常数的点的轨迹;

(2) 与两给定的异面直线等距离的点的轨迹,已知两异面直线间的距离为 $2a$,夹角为 2α 。

2. 画出下列各组曲面所围成的立体的图形:

(1) $y=0$, $z=0$, $3x+y=6$, $3x+2y=12$, $x+y+z=6$;

(2) $x^2+y^2=z$,三个坐标平面, $x+y=1$;

(3) $x=\sqrt{y-z^2}$, $\frac{1}{2}\sqrt{y}=x$, $y=1$;

(4) $x^2+y^2=1$, $y^2+z^2=1$。

3. 试验证椭圆抛物面的参数方程可以写成

$$\begin{cases} x = au\cos v \\ y = bu\sin v \\ z = \dfrac{1}{2}u^2 \end{cases}$$

双曲抛物面的参数方程可以写成

$$\begin{cases} x = a(u + v) \\ y = b(u - v) \\ z = 2uv \end{cases}$$

式中的 u，v 为参数。

4. 求通过两条抛物线 $\begin{cases} x^2 - 6y = 0 \\ z = 0 \end{cases}$ 和 $\begin{cases} z^2 + 4y = 0 \\ x = 0 \end{cases}$ 的二次曲面方程。

5. 用不等式组表达由下列平面或曲面所围成的空间区域，并作简图。

(1) $x^2 + y^2 = 1,\ z = x + 4,\ z = 0$；

(2) $x^2 + 16y^2 + 9z^2 = 36,\ x^2 + y^2 + z^2 = 16$（在第一卦限内）。

6. 求曲线 Γ

$$\begin{cases} x^2 + y^2 + z^2 = 4 \\ x^2 + y^2 - 2x = 0 \end{cases}$$

在各坐标面上的射影的方程，并且画出曲线 Γ 及其在各个坐标面上的射影（这条曲线 Γ 称为维维安尼曲线）。

7. 求曲线 Γ

$$\begin{cases} x^2 + y^2 - z^2 = 0 \\ 2x - z^2 + 3 = 0 \end{cases}$$

在 xOy 和 xOz 面上的射影的方程，并且画出这两个射影和曲线 Γ（在 xOy 面上方的部分）。

§ 4.4　单叶双曲面与双曲抛物面的直母线

目的与要求

1. 掌握直纹面的概念；
2. 掌握单叶双曲面和双曲抛物面的直母线方程；
3. 掌握单叶双曲面和双曲抛物面的直母线的性质。

重点与难点：

重点：单叶双曲面和双曲抛物面的直母线方程。

难点：单叶双曲面和双曲抛物面的直母线的性质。

已知柱面与锥面都可以由一族直线构成。我们把这种由直线族所构成的曲面叫作**直纹面**，而构成曲面的直线族叫作这曲面的一族**直母线**。因此，柱面与锥面都是直纹曲面。

由前两节可知，单叶双曲面与双曲抛物面上都包含直线。实际上，单叶双曲面与双曲抛物面不仅包含直线，还可以由直线族生成，因而它们都是直纹面。

4.4.1 直纹面的定义

定义 4.4.1 一曲面 S 是**直纹面**，如果存在一族直线使得这一族中的每一条直线全在 S 上，并且 S 上的每个点都在这一族的某一条直线上。这样一族直线称为 S 的**一族直母线**。

注 1 二次曲面按照直纹面的分类情况如下：

直纹面：二次柱面（九种）、二次锥面（一种）、单叶双曲面、双曲抛物面。

非直纹面：椭球面（三种）、双叶双曲面、椭圆抛物面。

4.4.2 单叶双曲面和双曲抛物面的直纹性

定理 4.4.1 单叶双曲面和双曲抛物面都是直纹面。

证 设单叶双曲面 S 的方程为

$$\frac{x^2}{a^2}+\frac{y^2}{b^2}-\frac{z^2}{c^2}=1 \tag{4.4-1}$$

点 $M_0(x_0,y_0,z_0)$ 在单叶双曲面 S 上的充要条件是

$$\frac{{x_0}^2}{a^2}+\frac{{y_0}^2}{b^2}-\frac{{z_0}^2}{c^2}=1$$

移项并且分解因式得

$$\left(\frac{x_0}{a}+\frac{z_0}{c}\right)\left(\frac{x_0}{a}-\frac{z_0}{c}\right)=\left(1+\frac{y_0}{b}\right)\left(1-\frac{y_0}{b}\right) \tag{4.4-2}$$

即

$$\begin{vmatrix} \frac{x_0}{a}+\frac{z_0}{c} & 1+\frac{y_0}{b} \\ 1-\frac{y_0}{b} & \frac{x_0}{a}-\frac{z_0}{c} \end{vmatrix}=0 \tag{4.4-3}$$

或

$$\begin{vmatrix} \frac{x_0}{a}+\frac{z_0}{c} & 1-\frac{y_0}{b} \\ 1+\frac{y_0}{b} & \frac{x_0}{a}-\frac{z_0}{c} \end{vmatrix}=0 \tag{4.4-4}$$

因为 $1+\frac{y_0}{b}$ 与 $1-\frac{y_0}{b}$ 不全为零,所以下述方程组

$$\begin{cases} \left(\frac{x_0}{a}+\frac{z_0}{c}\right)X+\left(1+\frac{y_0}{b}\right)Y=0 \\ \left(1-\frac{y_0}{b}\right)X+\left(\frac{x_0}{a}-\frac{z_0}{c}\right)Y=0 \end{cases} \tag{4.4-5}$$

是 X,Y 的一次齐次方程组。由式(4.4-3)知,式(4.4-5)有非零解,即有不全为零的实数 μ_0,ν_0 使得

$$\begin{cases} \mu_0\left(\frac{x}{a}+\frac{z}{c}\right)+\nu_0\left(1+\frac{y}{b}\right)=0 \\ \mu_0\left(1-\frac{y}{b}\right)+\nu_0\left(\frac{x}{a}-\frac{z}{c}\right)=0 \end{cases} \tag{4.4-6}$$

这表明点 M_0 在直线上。现在考虑一组直线

$$\begin{cases} \mu\left(\frac{x}{a}+\frac{z}{c}\right)+\nu\left(1+\frac{y}{b}\right)=0 \\ \mu\left(1-\frac{y}{b}\right)+\nu\left(\frac{x}{a}-\frac{z}{c}\right)=0 \end{cases} \tag{4.4-7}$$

其中 μ,ν 取所有不全为零的实数。若 (μ_1,ν_1) 与 (μ_2,ν_2) 成比例,则它们确定式(4.4-7)所示直线族中的同一条直线,若它们不成比例,则它们确定不同的直线。所以式(4.4-7)所示的直线族实际上只依赖于一个参数:μ 与 ν 的比值。上面证明了:单叶双曲面上的任一点在直线族的某一条直线上。现在从式(4.4-7)所示的直线族中任取一条直线 l_1,它对应于 (μ_1,ν_1),且在 l_1 上任取一点 $M_1(x_1, y_1, z_1)$,则有

$$\begin{cases} \mu_1\left(\frac{x_1}{a}+\frac{z_1}{c}\right)+\nu_1\left(1+\frac{y_1}{b}\right)=0 \\ \mu_1\left(1-\frac{y_1}{b}\right)+\nu_1\left(\frac{x_1}{a}-\frac{z_1}{c}\right)=0 \end{cases} \tag{4.4-8}$$

因为 μ_1,ν_1 不全为零,所以式(4.4-8)说明二元一次齐次方程组

$$\begin{cases} \left(\frac{x_1}{a}+\frac{z_1}{c}\right)X+\left(1+\frac{y_1}{b}\right)Y=0 \\ \left(1-\frac{y_1}{b}\right)X+\left(\frac{x_1}{a}-\frac{z_1}{c}\right)Y=0 \end{cases} \tag{4.4-9}$$

有非零解,从而式(4.4-9)的系数行列式等于零。由本证明的开始部分可知,$M_1(x_1, y_1, z_1)$ 在单叶双曲面 S 上。所以,S 是直纹面,且式(4.4-7)所示的直线族是它的一族直母线。类似地,用式(4.4-4)可得 S 的另一族直母线

$$\begin{cases}\mu\left(\dfrac{x}{a}+\dfrac{z}{c}\right)+\nu\left(1-\dfrac{y}{b}\right)=0\\ \mu\left(1+\dfrac{y}{b}\right)+\nu\left(\dfrac{x}{a}-\dfrac{z}{c}\right)=0\end{cases} \tag{4.4-10}$$

其中 μ,ν 取所有的不全为零的实数。

类似的方法可以证明双曲抛物面也是直纹面。若它的方程是

$$\frac{x^2}{p}-\frac{y^2}{q}=2z \tag{4.4-11}$$

则它有两族直母线

$$\begin{cases}\left(\dfrac{x}{\sqrt{p}}+\dfrac{y}{\sqrt{q}}\right)+2\lambda=0\\ z+\lambda\left(\dfrac{x}{\sqrt{p}}-\dfrac{y}{\sqrt{q}}\right)=0\end{cases} \tag{4.4-12}$$

和

$$\begin{cases}\lambda\left(\dfrac{x}{\sqrt{p}}+\dfrac{y}{\sqrt{q}}\right)+z=0\\ 2\lambda+\left(\dfrac{x}{\sqrt{p}}-\dfrac{y}{\sqrt{q}}\right)=0\end{cases} \tag{4.4-13}$$

其中 λ 取所有实数。

4.4.3 单叶双曲面和双曲抛物面的直母线性质

定理 4.4.2 如图 4-25 所示,单叶双曲面的直母线有如下性质:

(1)同族中任意两条直母线异面,不同族中任意两条直母线共面;

(2)经过单叶双曲面上某一点 M_0,某一族中有且仅有一条直母线;

(3)经过一条直母线的某一平面也必经过另一族的一条直母线;

(4)同族中任意三条直母线不能平行于同一平面。

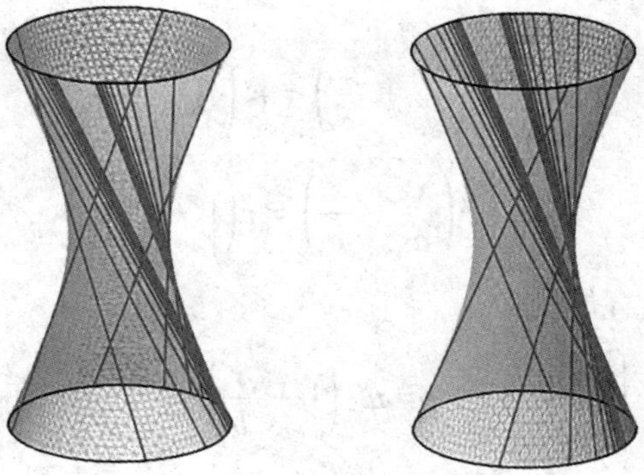

图 4-25

证 (1)任取单叶双曲面的二条 u-族直母线

$$l_i:\begin{cases} u_i\left(\dfrac{x}{a}+\dfrac{z}{c}\right)=u'_i\left(1+\dfrac{y}{b}\right) \\ u'_i\left(\dfrac{x}{a}-\dfrac{z}{c}\right)=u_i\left(1-\dfrac{y}{b}\right) \end{cases}\quad(i=1,\ 2)$$

则

$$\begin{vmatrix} \dfrac{u_1}{a} & -\dfrac{u_1'}{b} & \dfrac{u_1}{c} & -u_1' \\ \dfrac{u_1'}{a} & \dfrac{u_1}{b} & -\dfrac{u_1'}{c} & -u_1 \\ \dfrac{u_2}{a} & -\dfrac{u_2'}{b} & \dfrac{u_2}{c} & -u_2' \\ \dfrac{u_2'}{a} & \dfrac{u_2}{b} & -\dfrac{u_2'}{c} & -u_2 \end{vmatrix} = \frac{1}{abc}\begin{vmatrix} u_1 & -u_1' & u_1 & -u_1' \\ u_1' & u_1 & -u_1' & -u_1 \\ u_2 & -u_2' & u_2 & -u_2' \\ u_2' & u_2 & -u_2' & -u_2 \end{vmatrix} = -\frac{4}{abc}(u_1u'_2-u'_1u_2)\neq 0$$

所以 l_1, l_2 异面同理可证不同族中任二直母线共面。

(2)略。

(3)任取一条 u-族直母线

$$l_u:\begin{cases} u\left(\dfrac{x}{a}+\dfrac{z}{c}\right)=u'\left(1+\dfrac{y}{b}\right) \\ u'\left(\dfrac{x}{a}-\dfrac{z}{c}\right)=u\left(1-\dfrac{y}{b}\right) \end{cases}$$

则经过 l_u 的平面 π 的方程为：

$$v'\left[u\left(\frac{x}{a}+\frac{z}{c}\right)-u'\left(1+\frac{y}{b}\right)\right]+v'\left[u'\left(\frac{x}{a}-\frac{z}{c}\right)-u\left(1-\frac{y}{b}\right)\right]=0$$

即

$$u\left[v\left(\frac{x}{a}+\frac{z}{c}\right)-v'\left(1-\frac{y}{b}\right)\right]+u'\left[v'\left(\frac{x}{a}-\frac{z}{c}\right)-v\left(1+\frac{y}{b}\right)\right]=0$$

所以 π 过一条 v -族直母线

$$l_v:\begin{cases}v\left(\dfrac{x}{a}+\dfrac{z}{c}\right)=v'\left(1-\dfrac{y}{b}\right)\\ v'\left(\dfrac{x}{a}-\dfrac{z}{c}\right)=v\left(1+\dfrac{y}{b}\right)\end{cases}$$

(4)任取三条 u -族直母线

$$l_i:\begin{cases}u_i\left(\dfrac{x}{a}+\dfrac{z}{c}\right)=u'_i\left(1+\dfrac{y}{b}\right)\\ u_i'\left(\dfrac{x}{a}-\dfrac{z}{c}\right)=u_i\left(1-\dfrac{y}{b}\right)\end{cases}\quad(i=1,2,3)$$

则 l_i 的方向向量为

$$\left(\frac{1}{bc}(u_i'^2-u_i^2),\ \frac{2}{ac}u_iu_i',\ \frac{1}{ab}(u_i^2+u_i'^2)\right)$$

由行列式

$$\begin{vmatrix}\dfrac{1}{bc}(u_1'^2-u_1^2) & \dfrac{2}{ac}u_1u_1' & \dfrac{1}{ab}(u_1^2+u_1'^2)\\ \dfrac{1}{bc}(u_2'^2-u_2^2) & \dfrac{2}{ac}u_2u_2' & \dfrac{1}{ab}(u_2^2+u_2'^2)\\ \dfrac{1}{bc}(u_3'^2-u_3^2) & \dfrac{2}{ac}u_3u_3' & \dfrac{1}{ab}(u_3^2+u_3'^2)\end{vmatrix}$$

$$=\frac{2}{a^2b^2c^2}\begin{vmatrix}u_1'^2-u_1^2 & u_1u_1' & u_1'^2+u_1^2\\ u_2'^2-u_2^2 & u_2u_2' & u_2'^2+u_2^2\\ u_3'^2-u_3^2 & u_3u_3' & u_3'^2+u_3^2\end{vmatrix}$$

$$=\frac{4}{a^2b^2c^2}(u_1u_2'-u_2u_1')(u_2u_3'-u_3u_2')(u_3u_1'-u_3'u_1)\neq 0$$

所以三直线不平行于同一平面。

定理 4.4.3　如图 4-26 所示,双曲抛物面的直母线有如下性质:

(1)同族中任意两条直母线异面,不同族中任意两条直母线相交;

(2)过双曲抛物面上任意一点 M_0,每一族中有且仅有一条直母线;

(3)同族中的所有直母线均平行于一定平面。

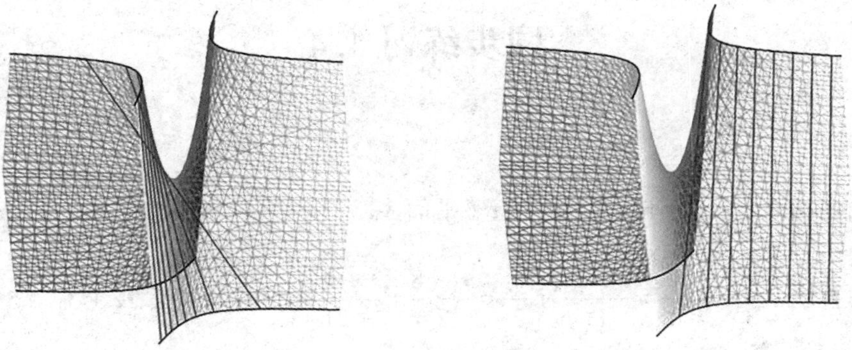

图 4-26

证　仅证(3)。对 u -族直母线

$$\begin{cases} \dfrac{x}{a}+\dfrac{y}{b}=2u \\ u\left(\dfrac{x}{a}-\dfrac{y}{b}\right)=z \end{cases}$$

其方向向量为 $\left(\dfrac{1}{b},\ -\dfrac{1}{a},\ \dfrac{2u}{ab}\right)$，所以该直母线平行于平面 $bx+ay=0$。

例 4.4.1　求过单叶双曲面 $\dfrac{x^2}{9^2}+\dfrac{y^2}{4^2}-\dfrac{z^2}{16^2}=1$ 上的点 $(6,\ 2,\ 8)$ 的直母线方程。

解　单叶双曲面 $\dfrac{x^2}{9^2}+\dfrac{y^2}{4^2}-\dfrac{z^2}{16^2}=1$ 的两组直母线方程为

$$\begin{cases} w\left(\dfrac{x}{3}+\dfrac{z}{4}\right)=u\left(1+\dfrac{y}{2}\right) \\ u\left(\dfrac{x}{3}-\dfrac{z}{4}\right)=w\left(1-\dfrac{y}{2}\right) \end{cases} \text{与} \begin{cases} t\left(\dfrac{x}{3}+\dfrac{z}{4}\right)=v\left(1-\dfrac{y}{2}\right) \\ v\left(\dfrac{x}{3}-\dfrac{z}{4}\right)=t\left(1+\dfrac{y}{2}\right) \end{cases}$$

把点 $(6,\ 2,\ 8)$ 分别代入上面两组方程，求得 $w:u=1:2$ 与 $t=0$，代入直母线方程得

$$\begin{cases} \dfrac{x}{3}+\dfrac{z}{4}=2\left(1+\dfrac{y}{2}\right) \\ 2\left(\dfrac{x}{3}-\dfrac{z}{4}\right)=1-\dfrac{y}{2} \end{cases} \text{与} \begin{cases} 1-\dfrac{y}{2}=0 \\ \dfrac{x}{3}-\dfrac{z}{4}=0 \end{cases}$$

即

$$\begin{cases} 4x-12y+3z-24=0 \\ 4x+3y-3z-6=0 \end{cases} \text{与} \begin{cases} y=2 \\ 4x-3z=0 \end{cases}$$

同步练习 4.4

基础题

1. 在双曲抛物面 $\frac{x^2}{16}-\frac{y^2}{4}=z$ 上,求平行于平面 $3x+2y-4z=0$ 的直母线。

2. 求与两直线 $\frac{x-6}{3}=\frac{y}{2}=\frac{z-1}{1}$ 与 $\frac{x}{3}=\frac{y-8}{2}=\frac{z+4}{-21}$ 相交且与平面 $2x+3y-5=0$ 平行的直线的轨迹。

3. 求单叶双曲面 $\frac{x^2}{4}+\frac{y^2}{9}-\frac{z^2}{16}=1$ 上过点 $(2, 3, -4)$ 的直母线。

4. 求直线族 $\frac{x-\lambda^2}{2}=\frac{y-\lambda}{1}=\frac{z-1}{-1}$ 所形成的直纹面方程。

5. 求与以下三直线

$$l_1:\begin{cases}x=1\\y=z\end{cases},\ l_2:\begin{cases}x=-1\\y=-z\end{cases},\ l_3:\frac{x-2}{-3}=\frac{y+1}{4}=\frac{z+2}{5}$$

同时共面的直线所产生的曲面。

6. 求下列直纹面的直母线族方程:

(1) $x^2+y^2-z^2=0$;　　　　(2) $z=axy$。

7. 求下列直线族所成的曲面(式中的 λ 为参数)

(1) $\frac{x-\lambda^2}{1}=\frac{y}{-1}=\frac{z-\lambda}{0}$;　　　　(2) $\begin{cases}x+2\lambda y+4z=4\lambda\\\lambda x-2y-4\lambda z=4\end{cases}$。

8. 在双曲抛物面 $\frac{x^2}{16}-\frac{y^2}{4}=z$ 上,求平行于平面 $3x+2y-4z=0$ 的直母线。

9. 试证单叶双曲面 $\frac{x^2}{a^2}+\frac{y^2}{b^2}-\frac{z^2}{c^2}=1$ 的任意一条直母线在 xOy 面上的射影一定是其腰圆的比线。

10. 求与两直线 $\frac{x-6}{3}=\frac{y}{2}=\frac{z-1}{1}$ 和 $\frac{x}{3}=\frac{y-8}{2}=\frac{z+4}{-21}$ 相交,而且与平面 $2x+3y-5=0$ 平行的直线的轨迹。

提高题

1. 证明单叶双曲面的同族中的任意两条直母线异面;异族中的任意两条直母线共面。

2. 设 S 是马鞍面,证明:

(1)同族中的任意两条直母线异面;

(2)异族中的任意两条直母线相交;

(3)同族中的全体直母线平行于同一个平面。

3. 求与下列三条直线

$$\begin{cases} x = 1 \\ y = z \end{cases},\ \begin{cases} x = -1 \\ y = -z \end{cases} \text{与} \frac{x-2}{-3} = \frac{y+1}{4} = \frac{z+2}{5}$$

都共面的直线所构成的曲面。

4. 试证明经过单叶双曲面的一直母线的每个平面一定经过属于另一族直母线的一条直母线,并举一反例,说明这个命题在双曲抛物面的情况下不一定成立。

5. 试求单叶双曲面 $\frac{x^2}{a^2} + \frac{y^2}{b^2} - \frac{z^2}{c^2} = 1$ 上互相垂直的两条直母线交点的轨迹方程。

§4.5　应用举例

例 4.5.1　火力发电厂的供水塔。

解　火力发电厂的供水塔(冷却塔)的横截面曲线均为圆,其半径 R 与塔高 H 的关系为 $125R^2 - (H - 50)^2 = 50^2$,如图 4-27 所示。

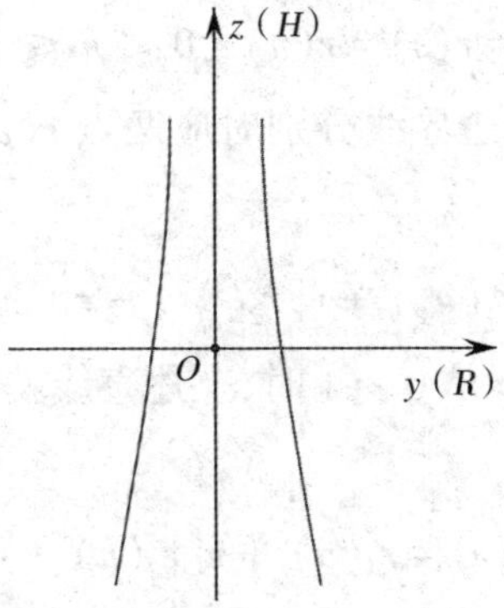

图 4-27

度量单位为 m 。令冷却塔的中心轴为 z 轴, z 轴与地面的交点为原点,在地面上选一个方向 y 轴,则有 $y = R$, $z = H$ 。冷却塔半径 R 与塔高 H 的关系式可以改写为

$$125y^2 - (z - 50)^2 = 50^2$$

冷却塔的外形曲面的方程可以表示为

$$125(x^2 + y^2) - (z - 50)^2 = 50^2$$

即

$$\frac{x^2}{20} + \frac{y^2}{20} - \frac{(z - 50)^2}{2500} = 1$$

这正是旋转单叶双曲面。

例 4.5.2 飞机机翼的外形曲面。

解 我们来看飞机机翼的外形曲面,两个平行横截面之间的机翼外形如图 4-28 所示。

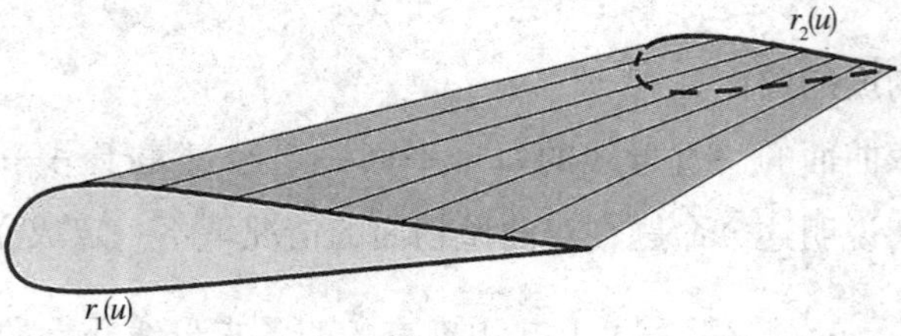

图 4-28

横截面的边界是两条参数闭曲线,其方程为

$$\boldsymbol{r}_1=\boldsymbol{r}_1(t)\ (0\leqslant t\leqslant l_1)$$

$$\boldsymbol{r}_2=\boldsymbol{r}_2(s)\ (0\leqslant s\leqslant l_2)$$

作参数变换 $u=\dfrac{t}{l_1}$ 和 $u=\dfrac{s}{l_2}$,这样有

$$\boldsymbol{r}_1=\boldsymbol{r}(t)=\boldsymbol{r}(u)\ (0\leqslant u\leqslant 1)$$

和

$$\boldsymbol{r}_2=\boldsymbol{r}(s)=\boldsymbol{r}(u)\ (0\leqslant u\leqslant 1)$$

对于同一参数 u_1,在两横截面的边界线分别对应两点 $\boldsymbol{r}(u_1)$,$\boldsymbol{r}_2(u_1)$。这两点的直线向量式参数方程为

$$\boldsymbol{r}=\boldsymbol{r}_1(u_1)+v[\boldsymbol{r}_2(u_1)-\boldsymbol{r}_1(u_1)]$$

其中 $(0\leqslant v\leqslant 1)$ 为参数。当 u_1 从 $0\to 1$ 时,上述直线就连续地描出一张直纹曲面,此直纹曲面的方程可以写为

$$\boldsymbol{r}=\boldsymbol{r}(u,v)=\boldsymbol{r}_1(u)+v[\boldsymbol{r}_2(u)-\boldsymbol{r}_1(u)]$$

其中 $0\leqslant u,v\leqslant 1$ 为曲面的参数。

例 4.5.3 飞机机翼的整流面。

解 某型号飞机的机翼为直纹面,机翼表面上的信号灯(或称航向灯)突出部分的曲面称为整流面,是由两组不同方向的直母线相交织构成的曲面。整流面上四个不重合的点 P_{00},P_{10},P_{01},P_{11} 可以确定整流面上的一小片曲面的方程。

设四个点 P_{00},P_{10},P_{01},P_{11} 对应的向径分别表示为 r_{00},r_{10},r_{01},r_{11}。这块整流曲面 Σ 的边界线均为直线,四条直线的方程可以表示为

$$L_1(P_{00},\ P_{10})=ur_{00}+(1-u)r_{10}(0\leqslant u\leqslant 1)$$

$$L_2(P_{00},\ P_{01})=vr_{00}+(1-v)r_{01}(0\leqslant v\leqslant 1)$$

$$L_3(P_{01}, P_{11}) = ur_{01} + (1-u)r_{11}(0 \leqslant u \leqslant 1)$$

$$L_4(P_{10}, P_{11}) = vr_{10} + (1-v)r_{11}(0 \leqslant v \leqslant 1)$$

由直线 L_1 和直线 L_3 确定的直纹曲面可以表示为

$$\begin{aligned}\Sigma_1: r_1(u,v) &= [ur_{00} + (1-u)r_{10}]v + [ur_{10} + (1-u)r_{11}](1-v) \\ &= [u \quad 1-u]\begin{bmatrix} r_{00} & r_{01} \\ r_{10} & r_{11}\end{bmatrix}\begin{bmatrix} u \\ 1-u\end{bmatrix} \ (0 \leqslant u, v \leqslant 1)\end{aligned}$$

由直线 L_2 和 L_4 确定的直纹曲面可以表示为

$$\Sigma_2: r_2(u,v) = [vr_{00} + (1-v)r_{01}]u + [vr_{10} + (1-v)r_{11}](1-u) \ (0 \leqslant u,v \leqslant 1)$$

显然两直纹曲面 Σ_1 和 Σ_2 在四个角点 $P_{00}, P_{10}, P_{01}, P_{11}$ 处的函数值相等。因此这块整流曲面的方程可以表示为

$$\begin{aligned}\Sigma: r(u,v) &= [u \quad 1-u]\begin{bmatrix} r_{00} & r_{01} \\ r_{10} & r_{11}\end{bmatrix}\begin{bmatrix} v \\ 1-v\end{bmatrix} + [v \quad 1-v]\begin{bmatrix} r_{00} & r_{01} \\ r_{10} & r_{11}\end{bmatrix}\begin{bmatrix} u \\ 1-u\end{bmatrix} - \begin{bmatrix} r_{00} & r_{01} \\ r_{10} & r_{11}\end{bmatrix} \\ &= [v \quad 1-v]\begin{bmatrix} r_{00} & r_{01} \\ r_{10} & r_{11}\end{bmatrix}\begin{bmatrix} u \\ 1-u\end{bmatrix} \ (0 \leqslant u,v \leqslant 1)\end{aligned}$$

§4.6　用 Maple 软件判定曲面间的位置关系

4.6.1　平面与二次曲面的位置关系

在解析几何中,一些复杂的平面与二次曲面的位置关系很难准确手工绘制出来,借助 Maple 软件的绘图和修饰函数,可将平面与二次曲面的位置关系直观形象地展现出来。

例 4.6.1　判断平面 $2x - 3y + 8z + 12 = 0$ 与球面 $(x-7)^2 + (y+9)^2 + (z+5)^2 = 50^2$ 的位置关系。

解　编写相关 Maple 程序代码如下:

```
>with(plots):
>a:=implicitplot3d(2*x-3*y+8*z+12=0,x=-70..70,y=-70..70,z=-70..70,Style=patchnogrid);
>b:=implicitpl3d( (x - 7)^2 +(y + 9)^2 +(z + 5)^2 =50^2,x=-70..70,y=-70..70,z=-70..70,grid=[100,100,100],style=patchnogrid);
>display(a,b,axes=frame,orientation=[50,70,0]);
```

程序运行结果如图 4-29 所示。

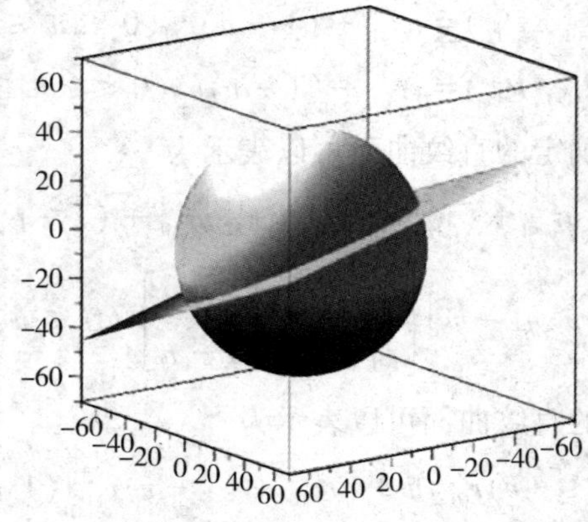

图 4-29

4.6.2 二次曲面间的位置关系

在解析几何中,手工绘制二次曲面本身的图形就非常难,要研究它们间的位置关系难度会更大,借助 Maple 软件的绘图和修饰函数,可将这些图形的位置关系立体地展现出来。

例4.6.2 已知柱面 $\frac{(x+2)^2}{4^2}+\frac{(y-1)^2}{3^2}=1$ 和马鞍面 $z=\frac{x^2}{8}-\frac{y^2}{6}$,判断二者的位置关系。

解 编写绘图程序代码如下:

```
>with(plots):
>a:=implicitplot3d((x+2)^/4^2+(y-1)^2/3^2=1,x=-8..8,y=-7..7,z=-8..8,grid=[100,100,100],style=patchnogrid);
>b:=implicitplot3d(z=x^2/8-y^2/6,x=-8..8,y=-7..7,z=-8..8,grid=[100,100,100],style=patchnogrid);
>display(a,b,axes=none);
```

程序运行结果如图 4-30 所示。

图 4-30

第 4 章知识结构图

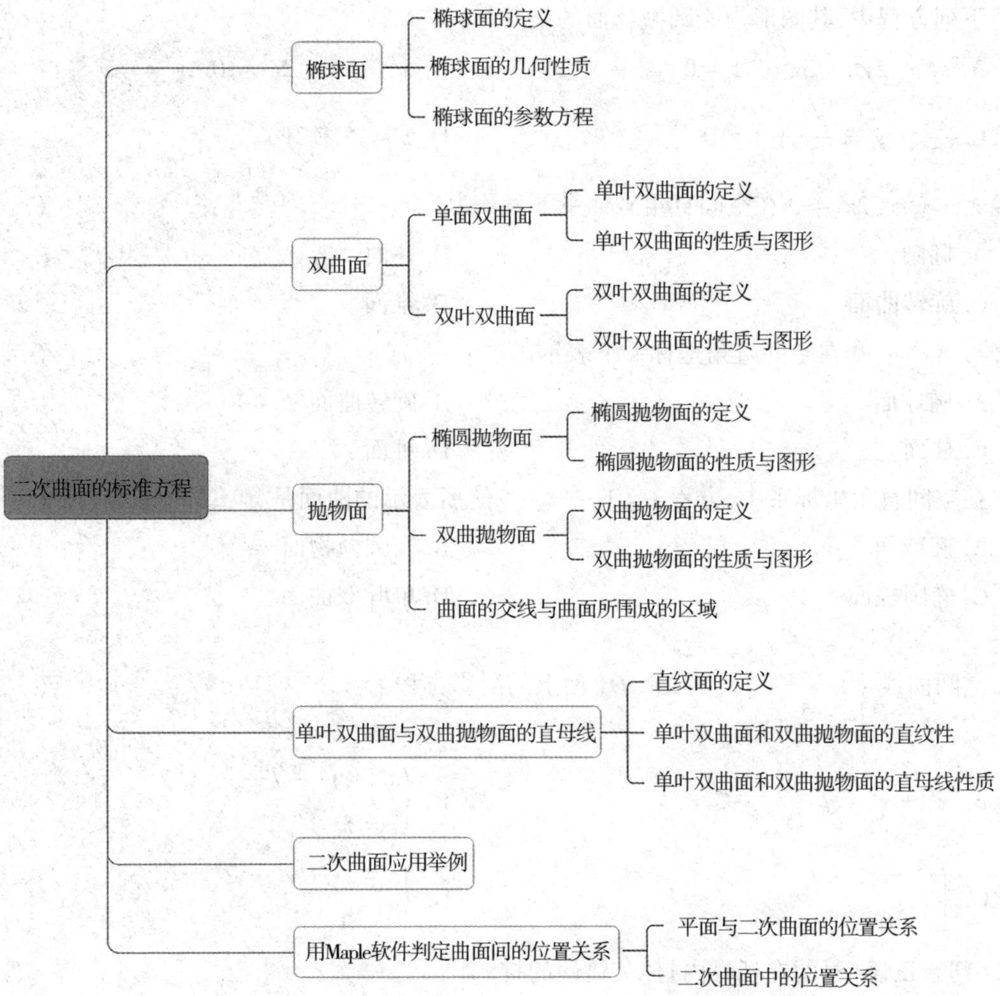
二次曲面的标准方程
椭球面
椭球面的定义
椭球面的几何性质
椭球面的参数方程
双曲面
单面双曲面
单叶双曲面的定义
单叶双曲面的性质与图形
双叶双曲面
双叶双曲面的定义
双叶双曲面的性质与图形
抛物面
椭圆抛物面
椭圆抛物面的定义
椭圆抛物面的性质与图形
双曲抛物面
双曲抛物面的定义
双曲抛物面的性质与图形
曲面的交线与曲面所围成的区域
单叶双曲面与双曲抛物面的直母线
直纹面的定义
单叶双曲面和双曲抛物面的直纹性
单叶双曲面和双曲抛物面的直母线性质
二次曲面应用举例
用Maple软件判定曲面间的位置关系
平面与二次曲面的位置关系
二次曲面中的位置关系

第 4 章总复习题

一、选择题

1. 下列方程中,其图形为椭圆抛物面的是 ( )

A. $x^2+2y^2+3z^2-1=0$　　B. $x^2-y^2+2z^2=0$

C. $\frac{x^2}{2}-y^2+\frac{z^2}{2}+1=0$　　D. $z=x^2+2y^2$

2. $x^2+y^2-2z^2=0$ 在空间直角坐标系下表示为 ( )

A. 椭圆　　B. 柱面

C. 旋转曲面　　D. 锥面

3. $4z=x^2+y^2$ 在空间直角坐标系下表示 ( )

A. 椭球面　　B. 旋转曲面

C. 柱面　　D. 锥面

4. 在空间直角坐标系中,方程 $z=1-x^2-2y^2$ 所表示的曲面是 ( )

A. 椭球面　　B. 椭圆抛物面

C. 椭圆柱面　　D. 单叶双曲面

5. 空间曲线 $\begin{cases} z=x^2+y^2-2 \\ z=5 \end{cases}$ 在 xOy 面上的射影方程为 ( )

A. $x^2+y^2=7$　　B. $\begin{cases} x^2+y^2=7 \\ z=5 \end{cases}$

C. $\begin{cases} x^2+y^2=7 \\ z=0 \end{cases}$　　D. $\begin{cases} z=x^2+y^2-2 \\ z=0 \end{cases}$

二、判断正误(对的在括号内打√,错误的打×)

1. 方程 $3x^2-y^2+2z^2=1$ 在空间所表示的图形为单叶双曲面。 ( )

2. 曲线 $\begin{cases} 2x^2+y^2-z-2=0 \\ z=1 \end{cases}$ 在 xOy 上的射影柱面方程为 $\begin{cases} 2x^2+y^2-3=0 \\ z=0 \end{cases}$。 ( )

3. 方程 $2x^2-y^2+3z^2=0$ 在空间所表示的图形名称为单叶双曲面。 ( )

4. 曲线 $\begin{cases} x^2+2y^2+z^2-3=0 \\ z=1 \end{cases}$ 在 xOy 上的射影曲线方程为 $\begin{cases} x^2+2y^2-2=0 \\ z=0 \end{cases}$。 ( )

5. 曲线 $\begin{cases} x^2+y^2+z^2-2xz+yz-2=0 \\ z=0 \end{cases}$ 在 xOy 上的射影柱面为 $x^2+y^2=2$。 ( )

6. 方程 $z = x^2 - y^2$ 表示椭圆曲线。　　(　　)

三、证明题

在空间直角坐标系中,设 p 是椭球面 $\frac{x^2}{a^2}+\frac{y^2}{b^2}+\frac{z^2}{c^2}=1$ 上一点,向量 $\overrightarrow{OP}$ 的方向余弦为 l, m, n,并且 $|\overrightarrow{OP}|=r$,试证:

$$\frac{1}{r^2}=\frac{l^2}{a^2}+\frac{m^2}{b^2}+\frac{n^2}{c^2}$$

四、解答题

1. 指出下列方程表示的图形名称:

(1) $x^2+4y^2+z^2=1$;　(2) $x^2+y^2=2z$;　(3) $z=\sqrt{x^2+y^2}$;

(4) $x^2-y^2=0$;　(5) $x^2-y^2=1$;　(6) $\begin{cases} z=x^2+y^2 \\ z=2 \end{cases}$。

2. 写出下列曲面的名称,并画出相应的图形:

(1) $16x^2-9y^2-9z^2=-25$;　(2) $16x^2-9y^2-9z^2=25$;

(3) $\frac{x^2+y^2}{4}+\frac{z^2}{25}=1$;　(4) $x^2-y^2=9x$;

(5) $y^2+z^2=9x$;　(6) $4(x-1)^2+(y-2)^2-(z-3)^2=0$。

3. 试求到定点与定直线的距离之比等于常数 $\lambda(\lambda>0)$ 的点的轨迹方程,并根据 λ 的取值范围说明轨迹的形状(注:假定定点不在定直线上)。

4. 根据 k 的不同取值,说明 $(9-k)x^2+(4-k)y^2+(1-k)z^2=1$ 表示的各是什么图形。

5. 求空间曲线 C: $\begin{cases} z=x^2+y^2 \\ z=2-(x^2+y^2) \end{cases}$ 在 xOy 面上的射影曲线方程并作其图形。

6. 给定方程

$$\frac{x^2}{a^2-k}+\frac{y^2}{b^2-k}+\frac{x^2}{c^2-k}=1(a>b>c>0)$$

当 k 取异于 a^2, b^2, c^2 的各种实数值时,它表示怎样的曲面?

7. 适当选取坐标系,求下列轨迹方程:

(1)到两定点距离之差等于常数的点的轨迹;

(2)到一定点和一个定平面(定点不在定平面上)距离之比等于常数的点的轨迹;

(3)设有一个定平面和垂直于它的一条定直线,求到定平面与到定直线的距离相等的点的轨迹;

(4)求与两给定直线等距离的点的轨迹,已知两直线之间的距离为 a,夹角为 α。

8. 求与椭圆抛物面 $10x^2+2y^2=z$ 的交线为圆的平面。

9. 证明马鞍面的正交直母线的交点在一条双曲线上。

10. 已知平面 $ax + by + cz = 0$ ($abc \neq 0$) 与锥面 $xy + yz + zx = 0$ 的交线是两条正交的直线,证明:$\frac{1}{a} + \frac{1}{b} + \frac{1}{c} = 0$。

第 5 章　二次曲线的一般理论

本章导读

在平面上,二元一次方程 $ax+by+c=0$ 代表直线,因此直线也称为一次曲线。而由二元二次方程

$$a_{11}x^2+2a_{12}xy+a_{22}y^2+2a_{13}x+2a_{23}y+a_{33}=0\ (a_{11},a_{12},a_{13}\text{ 不同时为 }0)\quad (*)$$

表示的曲线,叫作二次曲线。二次曲线是一类重要的平面曲线。在平面直角坐标系下,二次曲线的方程是一个关于 x 和 y 的二元二次方程,因此统称为二次曲线。二次曲线分为退化和非退化两大类,其中非退化的实曲线包括椭圆(圆)、双曲线和抛物线三种。由于这三种曲线可以看作平面与圆锥面的交线,因此也称为圆锥曲线或圆锥截线。

在这一章里,我们将讨论二次曲线的几何性质以及二次曲线的化简,最后对二次曲线进行分类。

一般的二元二次方程比中学阶段介绍的平面解析几何中的椭圆、双曲线、抛物线方程要复杂。当二次曲线的对称轴不与坐标轴平行,且二次曲线的中心或顶点不在坐标原点时,方程通常不是标准的,形式比较复杂,表现为方程中的各系数全不为零或很少为零。这些复杂的方程不一定只代表椭圆、双曲线和抛物线三种典型二次曲线。但对这三种典型二次曲线知识的认识足以帮助我们分析和讨论一般二次曲线问题。例如,方程

$$x^2+4xy+4y^2+12x-y+1=0$$

表示一条抛物线,图形虽然简单,但方程很复杂,只需作适当坐标变换,就能化为标准方程,从而认识它。

如何适当选择坐标系呢?有对称中心的,就把坐标原点放在对称中心(如椭圆和双曲线),没有对称中心的(如抛物线),就把坐标原点放在顶点,而把一个坐标轴放在对称轴上,另外一个坐标轴与选定的坐标轴垂直即可。

一般二次曲线是否有对称中心或顶点呢?是否有互相垂直的对称轴呢?怎样找到对称中心或顶点以及对称轴,从而把二次曲线的方程简化呢?

本章就是按照这样的思路展开讨论的,但是将二次曲线方程简化为标准方程并不是我们的全部目标。我们还希望结合方程简化,对二次曲线的几何性质作更一般的分析。

我们将从研究直线与二次曲线的相交问题入手,来认识二次曲线的某些几何性质。为了求直线与二次曲线的交点,必然涉及解二次方程的问题。然而,二次方程的根可能是虚数(形如 $a+bi$ 的数),为了在讨论问题时不受限制,在这里我们将像代数中引进虚数那样把实数扩充成复数,在平面上引进虚点,把实图像扩充成复图像。这样做可以帮助我们更全面地分析直线与二次曲线相交的情况,包括那些在实平面上没有交点的情况。

下面,我们概要地叙述有关虚点和虚图像的问题。由于推导过程跟实点的情况无异,这里略去详细推导和证明。

当平面上建立了笛卡尔坐标系之后,一对有序实数 (x, y) 就表示平面上的一个点。如果 x 和 y 中至少有一个是虚数(形如 $x+yi$,且 $y\neq 0$),那么,我们仍认为 (x, y) 表示平面上的一个点。我们把这样的点叫作平面上的虚点,x,y 叫作这一虚点的坐标。我们把坐标是一对实数的点叫作平面上的实点。若两个虚点的对应坐标都是共轭复数,则这两点叫作一对共轭虚点。实点与虚点统称为复点。

当平面上引进了虚点之后,我们仍可以讨论向量、直线等概念。

设 $M_1(x_1, y_1)$,$M_2(x_2, y_2)$ 为平面上的两复点,称 $\overrightarrow{M_1M_2} \triangleq \{x_2-x_1, y_2-y_1\}$ 为以 M_1 为起点,M_2 为终点的复向量,若 x_2-x_1 与 y_2-y_1 中至少有一个为虚数时,称其为虚向量。

设 $M_1(x_1, y_1)$,$M_2(x_2, y_2)$ 为复点,称

$$\begin{cases} x = x_1 + (x_2 - x_1)t \\ y = y_1 + (y_2 - y_1)t \end{cases}$$

为由两点 $M_1(x_1, y_1)$,$M_2(x_2, y_2)$ 决定的直线的参数方程,式中 t 为参数,它可取任意的复数。消去参数 t 得

$$Ax + By + c = 0$$

其中 $A=y_2-y_1$,$B=-(x_2-x_1)$,$C=y_1(x_2-x_1)-x_1(y_2-y_1)$。方程 $Ax+By+C=0$ 叫作直线的一般方程。若 A,B,C 与三个实数成比例,则直线叫**实直线**,否则叫**虚直线**。

设 $M_1(x_1, y_1)$,$M_2(x_2, y_2)$ 为复点,若复点 $M(x, y)$ 的坐标满足

$$x=\frac{x_1+\lambda x_2}{1+\lambda},\ y=\frac{y_1+\lambda y_2}{1+\lambda}$$

其中 λ 为复数,我们就称 M 分 M_1M_2 成定比 λ。

特别地把点 $M\left(\frac{x_1+x_2}{2}, \frac{y_1+y_2}{2}\right)$ 叫作**中点**。

注 1 由于共轭复数的和为实数,所以联结两个共轭虚点的线段的中点是实点。同

样的道理,有时两条相交的虚直线的交点也是实点。

注 2　平面上引进虚点之后,曲线方程中可能会出现虚分数,不过以后我们讨论的时候,只考虑实分数的曲线方程,但是,由于引进了虚点,实分数方程所表示的曲线上将含有许多虚点,甚至有的实分数方程所表示的曲线上只有虚点而无实点。

为了以后讨论问题和书写方便,引用下面的一些记号:

$$F(x,\ y) \triangleq a_{11}x^2 + 2a_{12}xy + a_{22}y^2 + 2a_{13}x + 2a_{23}y + a_{33}$$

这样式(*)可写为 $F(x,y)=0$。并且

$$\begin{aligned} F(x,y) &= a_{11}x^2 + 2a_{12}xy + a_{22}y^2 + 2a_{13}x + 2a_{23}y + a_{33} \\ &= (a_{11}x^2 + a_{12}xy + a_{13}x) + (a_{12}xy + a_{22}y^2 + a_{23}y) + (a_{13}x + \\ &\quad a_{23}y + a_{33}) \\ &= x(a_{11}x + a_{12}y + a_{13}) + y(a_{12}x + a_{22}y + a_{23}) + a_{13}x + a_{23}y + a_{33} \end{aligned}$$

如果定义

$$F_1(x,\ y) \triangleq a_{11}x + a_{12}y + a_{13} = \frac{1}{2}\frac{\partial F}{\partial x}(x,\ y)$$

$$F_2(x,\ y) \triangleq a_{12}x + a_{22}y + a_{23} = \frac{1}{2}\frac{\partial F}{\partial y}(x,\ y)$$

$$F_3(x,\ y) \triangleq a_{13}x + a_{23}y + a_{33}$$

$$\Phi(x,y) \triangleq a_{11}x^2 + 2a_{12}xy + a_{22}y^2$$

根据这些记号的含义,可验证下面的恒等式成立

$$F(x,\ y) \equiv xF_1(x,\ y) + yF_2(x,\ y) + F_3(x,\ y)$$

我们把 $F(x,y)$ 的系数所排成的矩阵

$$\boldsymbol{A} = \begin{pmatrix} a_{11} & a_{12} & a_{13} \\ a_{12} & a_{22} & a_{23} \\ a_{13} & a_{23} & a_{33} \end{pmatrix}$$

称为式(*)所式的**二次曲线的矩阵**或称为 $F(x,y)$ 的矩阵,而将 $\Phi(x,\ y)$ 的系数所排成的矩阵

$$\boldsymbol{A}^* = \begin{pmatrix} a_{11} & a_{12} \\ a_{12} & a_{22} \end{pmatrix}$$

称为 $\Phi(x,\ y)$ 的矩阵。

显然,二次曲线的矩阵 $\boldsymbol{A}$ 的第一行、第二行与第三行(或列)的元素分别为 $F_1(x,\ y)$, $F_2(x,\ y)$, $F_3(x,\ y)$ 的系数。

$\boldsymbol{A}$ 和 $\boldsymbol{A}^*$ 都是实对称矩阵。

为了方便今后的讨论,再引进下面几个行列式

$$I_1 \triangleq a_{11}+a_{22},\ I_2 \triangleq |A^*| = \begin{vmatrix} a_{11} & a_{12} \\ a_{12} & a_{22} \end{vmatrix},\ I_3 \triangleq |A| = \begin{vmatrix} a_{11} & a_{12} & a_{13} \\ a_{12} & a_{22} & a_{23} \\ a_{13} & a_{23} & a_{33} \end{vmatrix},$$

$$K \triangleq \begin{vmatrix} a_{11} & a_{13} \\ a_{13} & a_{33} \end{vmatrix} + \begin{vmatrix} a_{22} & a_{23} \\ a_{23} & a_{33} \end{vmatrix}$$

这里的 I_1 是矩阵 A^* 的迹(主对角线元素的和), $I_2=\det(A^*)$(矩阵 A^* 的行列式), $I_3=\det(A)$(矩阵 A 的行列式),而 K 的两项分别是 I_3 中元素 a_{22} 和 a_{11} 的代数余子式。

§5.1 二次曲线与直线的相关位置

目的与要求:

掌握二次曲线与直线的相关位置的判定。

重点与难点:

重点:二次曲线与直线的相关位置。

难点:二次曲线与直线的相关位置的判定。

设有二次曲线 Γ:

$$F(x,y)=a_{11}x^2+2a_{12}xy+a_{22}y^2+2a_{13}x+2a_{23}y+a_{33} \tag{5.1-1}$$

过点 (x_0,y_0) 且具有方向 $X:Y$ 的直线

$$L:\begin{cases} x=x_0+Xt \\ y=y_0+Yt \end{cases} \tag{5.1-2}$$

(这里 x_0, y_0, X, Y 均为实数)。讨论 Γ 与 L 的交点,为此把式(5.1-2)代入式(5.1-1),整理得关于 t 的方程

$$(a_{11}x^2+2a_{12}xy+a_{22}y^2)t^2+2\{(a_{11}x_0+a_{12}y_0+a_{13})x+(a_{12}x_0+a_{12}y_0+a_{23})y\}t+$$
$$(a_{11}{x_0}^2+2a_{12}x_0y_0+a_{22}{y_0}^2+2a_{13}x_0+2a_{23}y_0+a_{33})=0$$

利用前面的记号,上式可写成:

$$\Phi(x,y)t^2+2[F_1(x_0,y_0)x+F_2(x_0,y_0)y]t+F(x_0,y_0)=0 \tag{5.1-3}$$

当 $\Phi(x,y)\neq 0$ 时,此时式(5.1-3)是关于 t 的二次方程,其判别式为

$$\Delta=[F_1(x_0,y_0)x+F_2(x_0,y_0)y]^2-\Phi(x,y)\cdot F(x_0,y_0)$$

(1) $\Delta>0$ 时,式(5.1-3)有两个不等的实根 t_1 与 t_2,将其代入式(5.1-2)便得 L 与 Γ 的两个不同的实交点。

(2) $\Delta=0$ 时,式(5.1-3)有两个相等的实根 t_1 与 t_2,此时 L 与 Γ 有两个相互重合的

实交点。

(3) $\Delta < 0$ 时,式(5.1-3)有两个共轭的复根,此时 L 与 Γ 交于两个共轭的虚点。

当 $\Phi(x, y) = 0$ 时:

(1) $F_1(x_0, y_0)x + F_2(x_0, y_0)y \neq 0$。此时式(5.1-3)是关于 t 的一次方程,它有唯一的一个实根,因此, L 与 Γ 有唯一的实交点。

例如:对于抛物线 $y^2 - 2px = 0$ 与直线 $y = 2$,有 $a_{11} = a_{12} = a_{23} = a_{33} = 0$; $a_{22} = 1$, $a_{13} =- p$, $a_{11} = a_{12} = a_{23} = a_{33} = 0$; $y = 2$ 的方向为 $1:0$,过点 $(0, 2)$ 。

$$\Phi(1, 0) = (a_{11}x^2 + 2a_{12}xy + a_{22}y^2)\Big|_{\substack{x=1\\y=0}} = 0 \cdot 1^2 + 2 \cdot 0 \cdot 1 \cdot 0 + 0 \cdot 0^2 = 0$$

$$F_1(0, 2) = (a_{11}x + a_{12}y + a_{13})\Big|_{\substack{x=0\\y=2}} = 0 \cdot 0 + 0 \cdot 2 + (-p) =- p$$

$$F_2(0, 2) = (a_{12}x + a_{22}y + a_{23})\Big|_{\substack{x=0\\y=2}} = 0 \cdot 0 + 1 \cdot 2 + 0 = 2$$

$$F_1(0, 2) \cdot 1 + F_2(0, 2) \cdot 0 =- p \neq 0$$

因此, $y = 2$ 与 $y^2 - 2px = 0$ 交于一点。

(2) $F_1(x_0, y_0)x + F_2(x_0, y_0)y = 0$ 且 $F(x_0, y_0) \neq 0$。这时式(5.1-3)无解,因此 L 与 Γ 没有交点。

例如:双曲线 $\dfrac{x^2}{a^2} - \dfrac{y^2}{b^2} = 1$ 与它的渐近线 $\dfrac{x}{a} \pm \dfrac{y}{b} = 0$ 就是这种情况,它们没有交点。

(3) $F_1(x_0, y_0)x + F_2(x_0, y_0)y = F(x_0, y_0) = 0$。此时式(5.1-3)是关于 t 的恒等式,即它被任何的 t (实的或虚的)满足,因此, L 上的一切点都是 L 与 Γ 的公共点,即 L 全部在 Γ 上。

例如:直线 $x + y = 0$ 或 $x - y = 0$ 上的点就全部在二次曲线 $x^2 - y^2 = 0$ 上。

注 1　过点 (x_0, y_0) 且具有方向 $X:Y$ 的直线 l 的一般方程为

$$\frac{x - x_0}{X} = \frac{y - y_0}{Y}$$

将其写成参数方程,就是式(5.1-2)。

$X \neq 0$ 时,直线 L 的方向是 $X:Y$ 当且仅当 L 的斜率是 $Y:X$ 。当 $X = 0$ 时,直线 L 的斜率不存在,或者说是正无穷,但 L 的方向却可以表示成 $0:1$,因而用 $X:Y$ 表示直线方向比用斜率表示显得更方便一些。

例 5.1.1　求二次曲线 $x^2 - 2xy - 3y^2 - 4x - 6y + 3 = 0$ 与下列直线的交点:

(1) $5x - y - 5 = 0$;　　　　(2) $x - 3y = 0$。

解　(1)由 $5x - y - 5 = 0$ 得 $y = 5x - 5$,代入二次曲线方程,得

$$x^2 - 2x(5x - 5) - 3(5x - 5)^2 - 4x - 6(5x - 5) + 3 = 0$$

整理得

$$2x^2 - 3x + 1 = 0$$

即

$$(2x-1)(x-1)=0$$

所以 $x=\frac{1}{2}$ 或 $x=1$,从而 $y=-\frac{5}{2}$ 或 $y=0$。故二次曲线与直线的交点为 $\left(\frac{1}{2},-\frac{5}{2}\right)$ 与 $(1,0)$。

(2)直线方程可改写为

$$\begin{cases}x=3t\\y=t\end{cases}$$

则

$$X=3,\ Y=1,\ x_0=y_0=0$$

所以

$$\Phi(X,Y)=0$$

$$F_1(x_0,y_0)=-2,\ F_2(x_0,y_0)=-3,\ F_3(x_0,y_0)=3$$

所以得方程

$$2(-6-3)t+3=0$$

得

$$t=\frac{1}{6}$$

从而得二次曲线与直线的交点为 $\left(\frac{1}{2},\frac{1}{6}\right)$。

例 5.1.2 求直线 $x-y-1=0$ 与二次曲线 $2x^2-xy-y^2-x-2y-1=0$ 的交点。

解 直线方程可改写为

$$\begin{cases}x=1+t\\y=t\end{cases}$$

则

$$X=Y=1,\ x_0=1,\ y_0=0$$

所以

$$\Phi(1,1)=0,\ F_1(1,0)=\frac{3}{2},\ F_2(1,0)=-\frac{3}{2},\ F_3(1,0)=0$$

所以得方程 $0=0$。此为恒等式,从而直线在二次曲线上,所以直线上的每一点都是直线与二次曲线的交点。

例 5.1.3 试决定 k 的值,使得直线 $x-y+5=0$ 与二次曲线 $x^2-3x+y+k=0$ 交于两个不同的点。

解 由 $x-y+5=0$ 得 $y=x+5$,代入二次曲线方程得

$$x^2 - 3x + (x + 5) + k = 0$$

即

$$x^2 - 2x + 5 + k = 0$$

因为直线与二次曲线交于两个不同的实点,所以有

$$\Delta = 4 - 4(5 + k) > 0$$

得

$$k < -4$$

同步练习 5.1

基础题

1. 写出下列二次曲线的矩阵 $\boldsymbol{A}$ 以及 $F_1(x, y)$，$F_2(x, y)$，$F_3(x, y)$。

(1) $\dfrac{x^2}{a^2} + \dfrac{y^2}{b^2} = 1$；　　(2) $\dfrac{x^2}{a^2} - \dfrac{y^2}{b^2} = 1$。

2. 求二次曲线 $x^2 - 2xy - 3y^2 - 4x - 6y + 3 = 0$ 与下列直线的交点：

(1) $x + 2y + 2 = 0$；　　(2) $x + 4y - 1 = 0$。

3. 试确定 k 的值,使得直线 $\begin{cases} x = 1 + t \\ y = 1 - t \end{cases}$ 与二次曲线 $2x^2 + 4xy + ky^2 - x - 2y = 0$ 交于：

(1)两个不同的实点;(2)两个相互重合的实交点;(3)两个共轭虚点。

提高题

1. 试决定 k 的值,使得

(1)直线 $\begin{cases} x = 1 + kt \\ y = k + t \end{cases}$ 与二次曲线 $x^2 + 3y^2 - 4xy - y = 0$ 交于一点；

(2)直线 $x - ky - 1 = 0$ 与二次曲线 $y^2 - 2xy - (k-1)y - 1 = 0$ 交于两个相互重合的点。

§5.2　二次曲线的渐近方向与中心及渐近线

目的与要求：

1. 二次曲线的渐近方向、中心、渐近线的概念及求法；

2. 掌握二次曲线的分类。

重点与难点：

重点：二次曲线的渐近方向、中心、渐近线的概念及求法。

难点:关于二次曲线的渐近方向、中心、渐近线的讨论。

5.2.1 二次曲线的渐近方向

设二次曲线 Γ :

$$F(x,\ y)=0 \tag{5.2-1}$$

直线 L :

$$\begin{cases}x=x_0+Xt\\ y=y_0+Yt\end{cases} \tag{5.2-2}$$

(其具有方向 $X:Y$)。由5.1节可知,当 $\Phi(X,\ Y)=0$ 时, L 与 p 或者只有一个实交点,或者没有交点,或者 L 全部在 p 上。

定义 5.2.1 满足 $\Phi(X,\ Y)=0$ 的方向 $X:Y$ 叫作式(5.2-1)所示的二次曲线的**渐近方向**,否则叫作**非渐近方向**。

显然式(5.2-1)的二次项系数不能全为零,否则式(5.2-1)就不是二次曲线了。设 $X:Y$ 为二次曲线的渐进方向,则

$$\Phi(X,\ Y)=a_{11}X^2+2a_{12}XY+a_{22}Y^2=0 \tag{5.2-3}$$

若将式(5.2-3)改写为

$$a_{11}\left(\frac{X}{Y}\right)^2+2a_{12}\frac{X}{Y}+a_{22}=0$$

(由 $\Phi(X,\ Y)=0$ 和 $a_{11}\neq 0$ 可知 $Y\neq 0$,否则 $a_{11}X^2=0$,由 X , Y 不全为零可知 $X\neq 0$,从而 $a_{11}=0$,矛盾)可得

$$\frac{X}{Y}=\frac{-a_{12}\pm\sqrt{a_{12}{}^2-a_{11}a_{22}}}{a_{11}}=\frac{-a_{12}\pm\sqrt{-I_2}}{a_{11}}$$

若 $a_{22}\neq 0$,把式(5.2-3)改写为

$$a_{22}\left(\frac{Y}{X}\right)^2+2a_{12}\frac{Y}{X}+a_{11}=0$$

(由 $\Phi(X,\ Y)=0$ 和 $a_{22}\neq 0$ 可推知 $X\neq 0$)可得

$$\frac{Y}{X}=\frac{-a_{12}\pm\sqrt{a_{12}{}^2-a_{11}a_{22}}}{a_{22}}=\frac{-a_{12}\pm\sqrt{-I_2}}{a_{22}}$$

若 $a_{11}=a_{22}=0$,则 $a_{12}\neq 0$(二次曲线方程中 a_{11}, a_{12}, a_{22} 不全为零),此时式(5.2-3)成为

$$2a_{12}XY=0$$

因此 $XY=0$。$X:Y=1:0$ 或 $0:1$(方向数不全为零),这时

$$I_2 = \begin{vmatrix} 0 & a_{12} \\ a_{12} & 0 \end{vmatrix} = -a_{12}^{\ 2} < 0$$

从以上讨论可见：当且仅当 $I_2 > 0$ 时，式(5.2-1)所示的二次曲线有一对共轭的虚渐近方向；$I_2 = 0$ 时，二次曲线有一个实渐近方向；$I_2 < 0$ 时，二次曲线有两个实渐近方向。

注 2　由以上讨论可见，二次曲线的渐近方向最多有两个。显然二次曲线的非渐近方向有无数个(任一不是渐近方向的方向都为非渐近方向)。

例如，对于椭圆 $\frac{x^2}{a^2} + \frac{y^2}{b^2} = 1$，因为

$$I_2 = \begin{vmatrix} \frac{1}{a^2} & 0 \\ 0 & \frac{1}{b^2} \end{vmatrix} = \frac{1}{a^2 b^2} > 0$$

所以该椭圆有一对共轭的虚渐近方向。解

$$\Phi(X, Y) = \frac{X^2}{a^2} + \frac{Y^2}{b^2} = 0$$

得

$$\frac{X}{Y} = \pm \frac{a}{b} i$$

这就是椭圆的一对共轭的虚渐近方向。

又如，对于抛物线 $y^2 = 2px$，有 $I_2 = \begin{vmatrix} 0 & 0 \\ 0 & 1 \end{vmatrix} = 0$。解

$$\Phi(X, Y) = Y^2 = 0$$

得

$$X : Y = 1 : 0$$

这是一个实渐近方向。

再如，对于双曲线 $\frac{x^2}{a^2} - \frac{y^2}{b^2} = 1$，有 $I_2 = -\frac{1}{a^2 b^2} < 0$。解

$$\Phi(X, Y) = \frac{X^2}{a^2} - \frac{Y^2}{b^2} = 0$$

得

$$\frac{X}{Y} = \pm \frac{a}{b}$$

这是一对实渐近方向。这恰为双曲线的两条渐近线的方向。

定义 5.2.2　没有实渐进方向的二次曲线叫**椭圆型的**，有一个实渐进方向的二次曲线叫**抛物型的**；有两个实渐近方向的二次曲线叫**双曲型的**。

由以上定义及讨论可知,二次曲线按其渐近线方向可分为三类:

(1)椭圆型曲线:$I_2 > 0$;

(2)抛物型曲线:$I_2 = 0$;

(3)双曲型曲线:$I_2 < 0$。

5.2.2 二次曲线的中心

由 5.1 节可知,当式(5.2-2)所示直线的方向 $X: Y$ 为式(5.2-1)所示二次曲线的非渐进方向时,即当

$$\Phi(X, Y) = a_{11}X^2 + 2a_{12}XY + a_{22}Y^2 \neq 0$$

时,直线与二次曲线总交于两点(两不同实的、两重合实的或一对共轭虚的)。我们把由这两点决定的线段叫作**二次曲线的弦**。

定义 5.2.3 若点 C 是二次曲线通过它的所有弦的中点(因而 C 是二次曲线的对称中心),则 C 称为二次曲线的**中心**(如圆的圆心为它的中心)。

定理 5.2.1 点 $C(x_0, y_0)$ 是二次曲线的中心的充要条件是

$$\begin{cases} F_1(x_0, y_0) = a_{11}x_0 + a_{12}y_0 + a_{13} = 0 \\ F_2(x_0, y_0) = a_{12}x_0 + a_{22}y_0 + a_{23} = 0 \end{cases} \tag{5.2-4}$$

推论 5.2.1 坐标原点是二次曲线的中心的充要条件为曲线方程里不含 x 与 y 的一次项。

由定理 5.2.1 可知,二次曲线的中心的坐标由下列方程所决定

$$\begin{cases} F_1(x, y) = a_{11}x + a_{12}y + a_{13} = 0 \\ F_2(x, y) = a_{12}x + a_{22}y + a_{23} = 0 \end{cases} \tag{5.2-5}$$

若 $I_2 = \begin{vmatrix} a_{11} & a_{12} \\ a_{12} & a_{22} \end{vmatrix} \neq 0$,则式(5.2-2)有唯一解。此时二次曲线有唯一中心,式(5.2-5)的解即为中心的坐标。

若 $I_2 = \begin{vmatrix} a_{11} & a_{12} \\ a_{12} & a_{22} \end{vmatrix} = 0$,即 $\dfrac{a_{11}}{a_{12}} = \dfrac{a_{12}}{a_{22}}$,则当

$$\frac{a_{11}}{a_{12}} = \frac{a_{12}}{a_{22}} \neq \frac{a_{13}}{a_{23}}$$

时,式(5.2-5)无解,因为此时,式(5.2-5)的系数矩阵的秩为 1,增广矩阵的秩为 2,二次曲线没有中心;而当

$$\frac{a_{11}}{a_{12}} = \frac{a_{12}}{a_{22}} = \frac{a_{13}}{a_{23}}$$

时，式(5.2-5)有无数个解。这时直线 $a_{11}x+a_{12}y+a_{13}=0$(或 $a_{12}x+a_{22}y+a_{23}=0$)上的所有的点都是二次曲线的中心。这条直线叫作**中心直线**。

定义 5.2.4　有唯一中心的二次曲线叫作**中心二次曲线**，没有中心的二次曲线叫作**无心二次曲线**，有一条中心直线的二次曲线叫作**线心二次曲线**，无心二次曲线与线心二次曲线统称为**非中心二次曲线**。

据以上定义，二次曲线按其中心可分为：

(1)中心曲线：$I_2=\begin{vmatrix} a_{11} & a_{12} \\ a_{12} & a_{22} \end{vmatrix}\neq 0$；

(2)非中心曲线：$\dfrac{a_{11}}{a_{12}}=\dfrac{a_{12}}{a_{22}}$；

(3)无心曲线：$\dfrac{a_{11}}{a_{12}}=\dfrac{a_{12}}{a_{22}}\neq\dfrac{a_{13}}{a_{23}}$；

(4)线心曲线：$\dfrac{a_{11}}{a_{12}}=\dfrac{a_{12}}{a_{22}}=\dfrac{a_{13}}{a_{23}}$。

注 3　至此我们已经给出了二次曲线的两种分类，一种是按渐近方向分类，一种是按中心分类。易见，椭圆型曲线 ($I_2>0$) 与双曲线型曲线 ($I_2<0$) 都是中心曲线，而抛物型曲线 ($I_2=0$) 是非中心型曲线，它包括无心曲线与线心曲线。

例 5.2.1　椭球面 $\dfrac{x^2}{a^2}+\dfrac{y^2}{b^2}+\dfrac{z^2}{c^2}=1$ 与双曲面 $\dfrac{x^2}{a^2}+\dfrac{y^2}{b^2}-\dfrac{z^2}{c^2}=\pm 1$ 的 I_3 分别为

$$\begin{vmatrix} \dfrac{1}{a^2} & 0 & 0 \\ 0 & \dfrac{1}{b^2} & 0 \\ 0 & 0 & \dfrac{1}{c^2} \end{vmatrix}=\frac{1}{a^2b^2c^2}\neq 0$$

与

$$\begin{vmatrix} \dfrac{1}{a^2} & 0 & 0 \\ 0 & \dfrac{1}{b^2} & 0 \\ 0 & 0 & -\dfrac{1}{c^2} \end{vmatrix}=-\frac{1}{a^2b^2c^2}\neq 0$$

所以椭球面与双曲面都是中心曲面，它们的中心方程组分别为

$$\begin{cases} F_1(x,y,z) \equiv \dfrac{x}{a^2} = 0 \\ F_2(x,y,z) \equiv \dfrac{y}{b^2} = 0 \\ F_3(x,y,z) \equiv \dfrac{z}{c^2} = 0 \end{cases}$$

与

$$\begin{cases} F_1(x,y,z) \equiv \dfrac{x}{a^2} = 0 \\ F_2(x,y,z) \equiv \dfrac{y}{b^2} = 0 \\ F_3(x,y,z) \equiv -\dfrac{z}{c^2} = 0 \end{cases}$$

因此,它们的中心都是坐标原点 (0, 0, 0) 。

例 5.2.2 对于抛物面 $\dfrac{x^2}{a^2} \pm \dfrac{y^2}{b^2} = 2z$,因为

$$I_3 = \begin{vmatrix} \dfrac{1}{a^2} & 0 & 0 \\ 0 & \pm\dfrac{1}{b^2} & 0 \\ 0 & 0 & 0 \end{vmatrix} = 0$$

所以抛物面为非中心二次曲面,它的 $F_3(x, y, z) = -1$,中心方程组有矛盾,因此抛物面为无心二次曲面。

例 5.2.3 对于曲面 $y^2 + z^2 - c^2 = 0$,因为

$$I_3 = \begin{vmatrix} 0 & 0 & 0 \\ 0 & 1 & 0 \\ 0 & 0 & 1 \end{vmatrix} = 0$$

所以它是非中心二次曲面,但由于

$$F_1(x,y,z) \equiv 0\ ,\ F_2(x,y,z) \equiv y\ ,\ F_3(x,y,z) \equiv z$$

所以曲面有一条中心直线

$$\begin{cases} y = 0 \\ z = 0 \end{cases}$$

所给曲面为线心曲面(曲面实际上是一个圆柱面,中心直线就是它的对称轴)。

5.2.3　二次曲线的渐近线

定义 5.2.5　过二次曲线的中心,而且以渐进方向为方向的直线叫作该二次曲线的**渐近线**。

注 4　因为椭圆型曲线是中心曲线且只有一对共轭的虚渐进方向,故该类曲线只有两条虚渐近线而无实渐近线。

双曲型曲线有两条实渐近线;抛物型曲线中的无心曲线无渐近线(因为无中心);抛物型曲线中的线心曲线,它有中心且有一实渐近方向,故它有一实渐近线,就是它的中心直线(因为渐近线过中心)。

定理 5.2.2　二次曲线的渐近线与这二次曲线或者没有交点,或者整体直线在这二次曲线上,或为二次曲线的组成部分。

假设式(5.2-2)所示直线是式(5.2-1)所示二次曲线的渐近线,这里 (x_0, y_0) 为二次曲线的中心,$X : Y$ 为二次曲线的渐近方向,则

$$F_1(x_0, y_0) = F_2(x_0, y_0) = 0 , \Phi(X, Y) = 0$$

由 5.1 节中直线与二次曲线的相交特点的讨论知,点 (x_0, y_0) 不在二次曲线上时,即 $F(x_0, y_0) \neq 0$ 时,由

$$\Phi(X, Y) = 0 , F_1(x_0, y_0)X + F_2(x_0, y_0)Y = 0 , F(x_0, y_0) \neq 0$$

知渐近线与二次曲线没有交点;当点 (x_0,y_0) 在二次曲线上时,即 $F(x_0, y_0) = 0$ 时,由

$$\Phi(X, Y) = 0 , F_1(x_0, y_0)X + F_2(x_0, y_0)Y = F(x_0, y_0) = 0$$

知渐近线全部在二次曲线上,成为二次曲线的组成部分。

例 5.2.4　已知 Γ:$F(x,y) = x^2 - 3xy + 2y^2 + x - 3y + 4 = 0$,请完成下列任务:

(1)判断 Γ 的类型;(2) Γ 的渐近方向;(3)求 Γ 的中心;(4)求 Γ 的渐近线。

解　Γ 的矩阵

$$\boldsymbol{A} = \begin{pmatrix} 1 & -\dfrac{3}{2} & \dfrac{1}{2} \\ -\dfrac{3}{2} & 2 & -\dfrac{3}{2} \\ \dfrac{1}{2} & -\dfrac{3}{2} & 4 \end{pmatrix}$$

(1)因为

$$I_2 = \begin{vmatrix} 1 & -\dfrac{3}{2} \\ -\dfrac{3}{2} & 2 \end{vmatrix} = 2 - \frac{9}{4} = -\frac{1}{4} < 0$$

所以，Γ 为双曲型中心曲线。

(2)因为

$$\Phi(X,\ Y)=X^2-3XY+2Y^2=0$$

所以渐近方向为 $X:Y=1:1$ 或 $X:Y=2:1$。

(3)因为

$$\begin{cases}F_1(x,\ y)=x-\dfrac{3}{2}y+\dfrac{1}{2}=0\\F_2(x,\ y)=-\dfrac{3}{2}x+2y-\dfrac{3}{2}=0\end{cases}$$

解之得中心为 $(-5,\ -3)$。

(4) Γ 的渐近线为

$$\frac{x+5}{1}=\frac{y+3}{1} \text{ 或 } \frac{x+5}{2}=\frac{y+3}{1}$$

即

$$x-y+2=0 \text{ 或 } x-2y-1=0$$

例 5.2.5　设二次曲线 Γ：

$$a_{11}x^2+2a_{12}xy+a_{22}y^2+2a_{13}x+2a_{23}y+a_{33}=0$$

是中心型二次曲线，$(x_0,\ y_0)$ 是 Γ 的中心，则 Γ 的两条渐近线的方程为

$$a_{11}(x-x_0)^2+2a_{12}(x-x_0)(y-y_0)+a_{22}(y-y_0)^{22}=0 \tag{5.2-6}$$

假设 $X:Y$ 是 Γ 的渐近方向，则 $X:Y$ 必满足

$$a_{11}X^2+2a_{12}XY+a_{22}Y^2=0$$

即

$$a_{11}\left(\frac{X}{Y}\right)^2+2a_{12}\frac{X}{Y}+a_{22}=0$$

当 $(x_0,\ y_0)$ 是 Γ 的中心时，Γ 的渐近线的方程可写为

$$\begin{cases}x=x_0+tX\\y=y_0+tY\end{cases}$$

由此即得 $X:Y=(x-x_0):(y-y_0)$，代入

$$a_{11}\left(\frac{X}{Y}\right)^2+2a_{12}\frac{X}{Y}+a_{22}=0$$

即得式(5.2-6)，它恰好表示 Γ 的两条渐近线。当 Γ 为双曲型曲线时，式(5.2-6)的 $a_{11}a_{22}-a_{12}^2<0$，方程可在实数范围内分解成两个一次方程，表示两条实渐近线；当 Γ 为椭圆型曲线时，$a_{11}a_{22}-a_{12}^2>0$，方程表示两条虚渐近线。

注 5　作为例 5.2.4 的直接推论，我们可以直接写出椭圆和双曲线

$$\frac{x^2}{a^2}\pm\frac{y^2}{b^2}=1$$

的渐近线方程为

$$\frac{x^2}{a^2}\pm\frac{y^2}{b^2}=0$$

同步练习 5.2

基础题

1. 求下列二次曲线的渐近方向,并指出曲线是属于何种类型的。

(1) $x^2+2xy+y^2+3x+y=0$;

(2) $3x^2+4xy+2y^2-6x-2y+5=0$。

2. 判断下列二次曲线是中心曲线、无心曲线,还是线心曲线。

(1) $x^2-2xy+2y^2-4x-6y+3=0$;

(2) $x^2-4xy+4y^2+2x-2y-1=0$。

3. 求下列二次曲线的中心:

(1) $5x^2-2xy+3y^2-2x+3y-6=0$;

(2) $2x^2+5xy+2y^2-6x-3y+5=0$。

4. 求下列二次曲线的渐近线:

(1) $6x^2-xy-y^2+3x+y-1=0$;

(2) $x^2-3xy+2y^2+x-3y+4=0$。

提高题

1. 当 a, b 满足什么条件时,二次曲线

$$x^2=6xy+ay^2+3x+by-4=0$$

(1)有唯一中心;(2)没有中心;(3)有一条中心直线。

2. 证明以直线 $A_1x+B_1y+C_1=0$ 为渐近线的二次曲线方程总能写成

$$(A_1x+B_1y+C_1)(Ax+By+C)+D=0$$

3. 试证如果二次曲线 $F(x, y)=a_{11}x^2+2a_{12}xy+a_{22}y^2+2a_{13}x+2a_{23}y+a_{33}=0$ 有渐进线, (x_0, y_0) 为二次曲线的中心。那么它的两个渐进线方程为

$$\Phi(x-x_0,y-y_0)=a_{11}(x-x_0)^2+2a_{12}(x-x_0)(y-y_0)+a_{22}(y-y_0)^{22}=0$$

§5.3 二次曲线的切线

目的与要求：

1. 理解二次曲线的切线及奇异点和正常点概念；

2. 掌握求二次曲线的切线方程的方法。

重点与难点：

重点：二次曲线的切线概念及求法。

难点：过二次曲线外一点求二次曲线的切线方程。

定义 5.3.1 如果直线与二次曲线交于相互重合的两个点，那么这条直线就叫作二次曲线的**切线**，重合的交点叫作**切点**。如果直线全部在二次曲线上，也称其为二次曲线的切线，此时直线上的每一点都可以看作切点。

设 $M_0(x_0, y_0)$ 是二次曲线

$$\Gamma: F(x,y) = a_{11}x^2 + 2a_{12}xy + a_{22}y^2 + 2a_{13}x + 2a_{23}y + a_{33}$$

上的一点，则过 $M_0(x_0, y_0)$ 的直线 L 的方程总可以写成

$$\begin{cases} x = x_0 + Xt \\ y = y_0 + Yt \end{cases}$$

由 5.1 节的讨论知，欲使 L 成为 Γ 的切线，当 $\Phi(X, Y) \neq 0$ 时，必须使判别式

$$\Delta = [XF_1(x_0, y_0) + YF_2(x_0, y_0)]^2 - F(X, Y)F(x_0, y_0) = 0 \qquad (5.3-1)$$

因为 $M_0(x_0, y_0)$ 在二次曲线 Γ 上，$F(x_0, y_0) = 0$，因而式(5.3-1)变为

$$XF_1(x_0,y_0) + YF_2(x_0,y_0) = 0 \qquad (5.3-2)$$

当 $\Phi(X, Y) = 0$ 时，若直线 L 是二次曲线 Γ 的切线，则必定整条直线都在二次曲线上，因而除了 $F(x_0, y_0) = 0$ 外，唯一的条件仍然是式(5.3-2)。

如果 $F_1(x_0, y_0)$ 和 $F_2(x_0, y_0)$ 不全为零，那么由式(5.3-2)有

$$X: Y = F_2(x_0, y_0) : -F_1(x_0, y_0)$$

因此过二次曲线 Γ 上的点 $M_0(x_0,y_0)$ 的切线方程为

$$\begin{cases} x = x_0 + F_2(x_0, y_0)t \\ y = y_0 - F_1(x_0, y_0)t \end{cases}$$

即

$$\frac{x - x_0}{F_2(x_0, y_0)} = \frac{y - y_0}{-F_1(x_0, y_0)}$$

亦即

$$(x-x_0)F_1(x_0,\ y_0)+F_2(x_0,\ y_0)(y-y_0)=0 \tag{5.3-3}$$

如果 $F_2(x_0,\ y_0)=F_1(x_0,\ y_0)=0$,那么式(5.3-2)变为恒等式,任意的方向 $X:Y$ 都是二次曲线 Γ 的渐近方向,从而切线不确定,通过点 $M_0(x_0,\ y_0)$ 的任意直线都是二次曲线 Γ 的切线。

定义 5.3.2 二次曲线 Γ 上满足条件

$$F_2(x_0,\ y_0)=F_1(x_0,\ y_0)=0$$

的点 $(x_0,\ y_0)$ 叫作二次曲线的**奇异点**,简称为**奇点**。二次曲线上的非奇异点叫作二次曲线的**正常点(正则点)**。

定理 5.3.1 如果 $(x_0,\ y_0)$ 是二次曲线 Γ 的正常点,那么二次曲线通过点 $(x_0,\ y_0)$ 的切线方程是

$$(x-x_0)F_1(x_0,\ y_0)+F_2(x_0,\ y_0)(y-y_0)=0$$

$(x_0,\ y_0)$ 是它的切点。如果 $(x_0,\ y_0)$ 是二次曲线 Γ 的奇点,那么二次曲线通过点 $(x_0,\ y_0)$ 的切线不确定,或者说通过点 $(x_0,\ y_0)$ 的每一条直线都是二次曲线 Γ 的切线。

推论 如果 $(x_0,\ y_0)$ 是二次曲线 Γ 的正常点,那么二次曲线通过点 $(x_0,\ y_0)$ 的切线方程是

$$a_{11}xx_0+a_{12}(x_0y+xy_0)+a_{22}yy_0+a_{13}(x+x_0)+a_{23}(y+y_0)+a_{33}=0 \tag{5.3-4}$$

证 把式(5.3-3)改写为

$$xF_1(x_0,\ y_0)+yF_2(x_0,\ y_0)-[x_0F_1(x_0,\ y_0)+y_0F_2(x_0,\ y_0)]=0$$

上式就是

$$xF_1(x_0,\ y_0)+yF_2(x_0,\ y_0)+F_3(x_0,\ y_0)=0 \tag{5.3-5}$$

即

$$x(a_{11}x_0+a_{12}y_0+a_{13})+y(a_{12}x_0+a_{22}y_0+a_{23})+(a_{13}x_0+a_{23}y_0+a_{33})=0$$

整理即得式(5.3-4)。

式(5.3-4)具有便于记忆的特点。若确定了点 $(x_0,\ y_0)$ 是二次曲线 Γ 的正常点,在式(5.3-1)中把 x^2 用 x_0x 代替,把 y^2 用 y_0y 代替,把 xy 用 $(x_0y+xy_0)/2$ 代替,把 x 用 $(x_0+x)/2$ 代替,把 y 用 $(y_0+y)/2$ 代替,最后得到的就是二次曲线过正常点 $(x_0,\ y_0)$ 的切线方程。

容易证明,椭圆、抛物线和双曲线上没有奇点。因而对于椭圆和双曲线 $\dfrac{x^2}{a^2}\pm\dfrac{y^2}{b^2}=1$ 以及抛物线 $y^2=2px$ 上的一个正常点 $(x_0,\ y_0)$,这几种曲线过 $(x_0,\ y_0)$ 的切线方程是

$$\frac{xx_0}{a^2}\pm\frac{yy_0}{b^2}=1\ ,\ yy_0=p(x_0+x)$$

我们得出的式(5.3-4)不能解决点 $(x_0,\ y_0)$ 不在二次曲线上时的切线的存在性以及切线存在时直接写出切线方程的问题。这些问题以及与切线和奇点有关的本节没有涉

及的其他问题,我们将在后面专门讨论。

在下例中,我们介绍一种间接的分析方法,以便对于给定的二次曲线 Γ ,求 Γ 外一点的切线。

例 5.3.1 求二次曲线 $x^2 - xy + y^2 - 1 = 0$ 通过点 $(0, 2)$ 的切线方程。

解 1 因为 $F(0, 2) = 3$,所以点 $(0, 2)$ 不在曲线上,因而不能直接应用本节给出的切线公式。

过点 $(0, 2)$ 的直线方程可写成

$$\begin{cases} x = Xt \\ y = 2 + Yt \end{cases}$$

其中 t 为参数, X , Y 为直线的方向数,因为

$$F_1(0, 2) = -1 , F_2(0, 2) = 2$$

根据直线与二次曲线相切的条件可得

$$[-X + 2Y]^2 - 3[X^2 - XY + Y^2] = 0$$

化简

$$2X^2 + XY - Y^2 = 0$$

即

$$(2X - Y)(X + Y) = 0$$

由此得

$$X: Y = 1: 2 \text{ 或 } X: Y = 1: -1$$

这两个方向都不是已知二次曲线的渐近方向,所以就是所给二次曲线过点 $(0, 2)$ 的切线的方向。于是所求的切线方向为

$$\frac{x}{1} = \frac{y - 2}{2} \text{ 或 } \frac{x}{1} = \frac{y - 2}{-1}$$

即

$$2x - y + 2 = 0 \text{ 或 } x + y - 2 = 0$$

解 2 设过 $(0, 2)$ 的切线与已知二次曲线相切于点 (x_0, y_0) ,那么切线方程为

$$x_0x - \frac{1}{2}(x_0y + xy_0) + y_0y - 1 = 0$$

即

$$\left(x_0 - \frac{1}{2}y_0\right)x - \left(\frac{1}{2}x_0 - y_0\right)y - 1 = 0$$

因为它通过点 $(0, 2)$,所以 $(0, 2)$ 满足方程,将 $(0, 2)$ 代入化简得

$$x_0 - 2y + 1 = 0$$

点 (x_0, y_0) 在二次曲线上,所以又有

$$x_0^2 - x_0 y_0 + y_0^2 - 1 = 0$$

联立此二式得切点坐标

$$\begin{cases} x_0 = -1 \\ y_0 = 0 \end{cases} \text{与} \begin{cases} x_0 = 1 \\ y_0 = 1 \end{cases}$$

将切点坐标分别代入

$$\left(x_0 - \frac{1}{2}y_0\right)x - \left(\frac{1}{2}x_0 - y_0\right)y - 1 = 0$$

得所求的切线方程为

$$2x - y + 2 = 0 \text{ 和 } x + y - 2 = 0$$

例 5.3.2　求二次曲线 $x^2 + xy + y^2 + x + 4y + 3 = 0$ 经过点 $(-2, -1)$ 的切线方程。

解　因为

$$F(-2, -1) = 4 + 2 + 1 - 2 - 4 + 3 = 4$$

所以点 $(-2, -1)$ 不在曲线上，经过点 $(-2, -1)$ 的直线方程为

$$\begin{cases} x = -2 + Xt \\ y = -1 + Yt \end{cases}$$

其中 t 为参数，$X : Y$ 为直线的方向，又因为

$$F_1(-2, -1) = -2 + \frac{1}{2} \cdot (-1) + \frac{1}{2} = -2$$

$$F_2(-2, -1) = \frac{1}{2} \cdot (-2) + (-1) + 2 = 0$$

所以根据直线与二次曲线相切的条件得

$$(-2X)^2 - 4(X^2 + XY + Y^2) = 0$$

所以

$$X : Y = 1 : (-1) \text{ 或 } X : Y = 1 : 0$$

显然 $1 : (-1)$ 与 $1 : 0$ 都不是已知二次曲线的渐近方向，所以切线方程为

$$x + y + 3 = 0 \text{ 与 } y + 1 = 0$$

例 5.3.3　求二次曲线 $x^2 - 2xy + y^2 - 2x + 2y + 1 = 0$ 的奇异点。

解　设 (x_0, y_0) 为二次曲线的奇异点，则

$$\begin{cases} F_1(x_0, y_0) = x_0 - y_0 - 1 = 0 \\ F_1(x_0, y_0) = -x_0 + y_0 + 1 = 0 \end{cases}$$

上述两个方程一样，而直线 $x - y - 1 = 0$ 在二次曲线上，从而直线 $x - y - 1 = 0$ 上的点都为二次曲线的奇异点。

同步练习 5.3

基础题

1. 求以下二次曲线在所给点或经过所给点的切线方程：

(1) 曲线 $3x^2+4xy+5y^2-7x-8y-3=0$ 在点 (2, 1)；

(2) 曲线 $5x^2+7xy+y^2-x+2y=0$ 在原点；

(3) 曲线 $5x^2+6xy+5y^2=8$ 经过点 $(0, 2\sqrt{2})$；

(4) 曲线 $2x^2-xy-y^2-x-2y-1=0$ 经过点 (0, 2)。

2. 曲线 $x^2+4xy+3y^2-5x-6y+3=0$ 的切线平行于直线，求此曲线的切线方程，并求出切点坐标。

3. 求二次曲线的奇异点：

(1) $3x^2-2y^2+6x+4y+1=0$；

(2) $2xy+y^2-2x+2y-1=0$

提高题

1. 试求经过原点且切直线 $4x+3y+2=0$ 于点 (1, −2) 及切直线 $x-y-1=0$ 于点 (0, −1) 的二次曲线方程。

2. 设有共焦点的曲线族 $\dfrac{x^2}{a^2+h}+\dfrac{y^2}{b^2+h}=1$，这里 h 是一个变动的参数，作平行于已知曲线 $y=mx$ 平行的曲线的切线，求这些切线的切点的轨迹方程。

§ 5.4　二次曲线的直径

目的与要求：

1. 理解二次曲线直径的定义及其在不同类型二次曲线中的表现；
2. 掌握如何利用直径的性质来解决与二次曲线相关的问题；
3. 能够熟练地求解出二次曲线的直径，并在实际问题中加以应用。

重点与难点：

重点：直径的定义与性质以及直径的求法。

难点：直径的定义、共轭方向的概念以及直径的求解方法。

5.4.1　二次曲线的直径

当直线平行于二次曲线的某一非渐近方向时，此时，直线的方向 $X:Y$ 满足 $\Phi(X,Y)\neq 0$，由 5.1 节中的讨论可知，这条直线与二次曲线总交于两点（两个不同实的、两个重合实的或一对共轭虚的）。这两点决定了二次曲线的一条弦，现在我们研究二次曲线上一族平行弦的中点的轨迹。

定理 5.4.1　二次曲线的一族平行弦的中点的轨迹是一条直线。

假设二次曲线 $\Gamma: F(x,y)=0$，$X:Y$ 为 Γ 的一个非渐近方向，(x_0,y_0) 是平行于方向 $X:Y$ 的弦的中点（以下考虑 (x_0,y_0) 满足的方程）。

过 (x_0,y_0) 平行于 $X:Y$ 的弦为

$$\begin{cases}x=x_0+Xt\\y=y_0+Yt\end{cases}$$

它与 Γ 的两交点由方程

$$\Phi(X,Y)t^2+2[XF_1(x_0,y_0)+YF_2(x_0,y_0)]t+F(x_0,y_0)=0 \tag{5.4-1}$$

的两根 t_1,t_2 所决定。因为 (x_0,y_0) 是弦的中点，所以 $t_1+t_2=0$。从而有

$$XF_1(x_0,y_0)+YF_2(x_0,y_0)=0$$

也就是说平行于方向 $X:Y$ 的弦的中点 (x_0,y_0) 的坐标满足方程

$$XF_1(x,y)+YF_2(x,y)=0 \tag{5.4-2}$$

即

$$X(a_{11}x+a_{12}y+a_{13})+Y(a_{12}x+a_{22}y+a_{23})=0 \tag{5.4-3}$$

或

$$(a_{11}X+a_{12}Y)x+(a_{12}X+a_{22}Y)y+a_{13}X+a_{23}Y=0 \tag{5.4-4}$$

反之，若点 (x_0,y_0) 满足式(5.4-2)，则式(5.4-1)的两根 t_1,t_2 满足 $t_1+t_2=0$。从而 (x_0,y_0) 为具有方向 $X:Y$ 的弦

$$\begin{cases}x=x_0+Xt\\y=y_0+Yt\end{cases}$$

的中点。

综上，式(5.4-2)或式(5.4-3)或式(5.4-4)为一族平行于某一非渐近方向 $X:Y$ 的弦的中点轨迹方程。

以下说明平行于某一非渐近方向 $X:Y$ 的弦的中点的轨迹为直线，只要说明它的方程为二元一次方程。

式(5.4-4)的一次项系数不能全为零，否则，若

$$a_{11}X + a_{12}Y = a_{12}X + a_{22}Y = 0$$

则

$$\Phi(X,Y) = a_{11}X^2 + 2a_{12}XY + a_{22}Y^2 = (a_{11}X + a_{12}Y)X + (a_{12}X + a_{22}Y)Y = 0$$

这与 $X:Y$ 是非渐近方向矛盾。故式(5.4-4)即式(5.4-2),是一个二元一次方程,它表示的是一条直线。

定义 5.4.1 二次曲线的平行弦中点的轨迹叫作这个二次曲线的**直径**,它所对应的平行弦叫作共轭于这条直线的**共轭弦**,而直径也叫作**共轭于平行弦方向的直径**。

由定理 5.4.1 的证明及以上定义可知二次曲线 Γ 的共轭于平行弦方向 $X:Y$ 的直径的方程为式(5.4-2)或式(5.4-4)。

若二次曲线 $F(x, y)=0$ 的一族平行弦的斜率为 k,那么共轭于这族平行弦的直线方程是

$$F_1(x, y) + kF_2(x, y) = 0 \tag{5.4-5}$$

这只要在式(5.4-2)中令 $\dfrac{Y}{X}=k$ 即得。

定义 5.4.2 平面上通过一点的所有直线的集合叫作中心直线束,那个点叫作直线束的中心;具有固定方向的所有直线的集合叫作平行直线束,固定方向叫作直线束的方向。

结论 若给定平面上的两直线 $l_1:A_1x + B_1y + C_1 = 0$, $l_2:A_2x + B_2y + C_2 = 0$,则方程

$$l(A_1x + B_1y + C_1) + m(A_2x + B_2y + C_2) = 0$$

(其中 l, m 为不全为零的两任意实数)。当 l_1, l_2 相交时,即 $\dfrac{A_1}{A_2} \neq \dfrac{B_1}{B_2}$ 时,表示以 l_1, l_2 的交点为中心的中心直线束;当 l_1, l_2 平行时,即 $\dfrac{A_1}{A_2} = \dfrac{B_1}{B_2} \neq \dfrac{C_1}{C_2}$ 时,表示平行直线束,它的方向与 l_1, l_2 的方向相同。

设 Γ: $F(x, y)=0$,考虑方程

$$XF_1(x, y) + YF_2(x, y) = 0 \tag{5.4-6}$$

这里 X, Y 为不全为零的任意实数

$$F_1(x, y) = a_{11}x + a_{12}y + a_{13} = 0 \tag{5.4-7}$$

$$F_2(x, y) = a_{12}x + a_{22}y + a_{23} = 0 \tag{5.4-8}$$

(Ⅰ)当 Γ 为中心曲线时,$I_2 = \begin{vmatrix} a_{11} & a_{12} \\ a_{12} & a_{22} \end{vmatrix} \neq 0$,即 $\dfrac{a_{11}}{a_{12}} \neq \dfrac{a_{12}}{a_{22}}$,此时 a_{11}, a_{12} 不全为零,式(5.4-7)和式(5.4-8)表示不同的两直线,由直线束的结论可知此时式(5.4-6)表示的为中心直线束。另外,Γ 的全部直径为

$$XF_1(x, y) + YF_2(x, y) = 0$$

这里 X, Y 是不全为零的任意实数, $\Phi(x,\ y)\neq 0$。

与式(5.4-6)比较可知, Γ 的全部直径都在式(5.4-6)所示的中心直线束中,即 Γ 的全部直径属于一个中心直线束。这个直线束的中心就是 Γ 的中心。因为由直线束的结论可知,这个直线束的中心为式(5.4-7)与式(5.4-8)所示直线的交点,即该中心的坐标满足

$$\begin{cases}F_1(x,\ y)=0\\F_2(x,\ y)=0\end{cases}$$

而满足这个方程组的点为 Γ 的中心。

(Ⅱ)当 Γ 为无心曲线时, $\dfrac{a_{11}}{a_{12}}=\dfrac{a_{12}}{a_{22}}\neq\dfrac{a_{13}}{a_{23}}$。

(1)当式(5.4-7)与式(5.4-8)表示不同的两平行直线时,由直线束的结论可知,此时式(5.4-6)表示的为平行直线束。与(Ⅰ)中的讨论类似,可知此时 Γ 的全部直线属于一个平行直线束。

(2)当式(5.4-7)与式(5.4-8)中有一个为矛盾方程时[因为 $a_{11}a_{12}$, $a_{11}a_{12}$, a_{22} 不全为零,所以式(5.4-7)与式(5.4-8)不可能都为矛盾方程],比如式(5.4-7)为矛盾方程,此时 $a_{11}a_{12}$, $a_{13}\neq 0$,这时 Γ 的全部直径为

$$Xa_{13}+YF_2(x,\ y)=0$$

它仍然属于一个平行直线束,该平行直线束的方向为直线 $F_2(x,\ y)=0$ 的方向。由直线束的结论可知,此时 Γ 的全部直径所属的平行直线束的方向 $X':Y'$ 为式(5.4-7)所示直线或式(5.4-7)所示直线的方向,即

$$X_1:Y_1=-a_{12}:a_{11}\ \text{或}\ -a_{22}:a_{12}$$

(由 $\dfrac{x-x_0}{X}=\dfrac{y-y_0}{Y}$ 化为 $Yx-Xy+C=0$ 可知,直线 $ax+by+c=0$ 的方向为 $-b:a$)。

该方向为 Γ 的渐近方向(因为由 $\dfrac{a_{11}}{a_{12}}=\dfrac{a_{12}}{a_{22}}$ 得 ${a_{12}}^2=a_{11}a_{12}$),由此可得

$$\begin{aligned}\Phi(-a_{12},\ a_{11})&=a_{11}(-a_{12})^2+2a_{12}(-a_{12})a_{11}+a_{22}{a_{11}}^2\\&=a_{11}{a_{12}}^2-2{a_{12}}^2a_{11}+a_{22}{a_{11}}^2\\&=-a_{11}{a_{12}}^2+a_{22}{a_{11}}^2\\&=-a_{11}a_{22}a_{11}+a_{22}{a_{11}}^2=0\end{aligned}$$

总之,无心曲线的直径属于一个平行直线束,它的方向为渐近方向。

(Ⅲ)当 Γ 为线性曲线时, $\dfrac{a_{11}}{a_{12}}=\dfrac{a_{12}}{a_{22}}=\dfrac{a_{13}}{a_{23}}$。

(1)若式(5.4-7)与式(5.4-8)表示同一直线,此时, Γ 的直径只有一条为

$$(X+Yb)F_1(x,y)=0$$

$$XF_1(x,y)+YF_2(x,y)=XF_1(x,y)+YbF_1(x,y)=(X+Yb)F_1(x,y)=0$$

即

$$F_1(x,y)=0$$

也就是

$$a_{11}x+a_{12}y+a_{13}=0\ (\text{或}\ a_{12}x+a_{22}y+a_{23}=0)$$

由 5.2 节的讨论可知,它是线心曲线 Γ 的中心直线。

(2)若式(5.4-7)与式(5.4-8)中有一个为恒等式,比如式(5.4-7)中 $a_{11}=a_{12}=a_{13}=0$(此时,也有 $\frac{a_{11}}{a_{12}}=\frac{a_{12}}{a_{22}}=\frac{a_{13}}{a_{23}}$),则 Γ 的直径为 $YF_2(x_0,y_0)=0$,即 $a_{12}x+a_{22}y+a_{23}=0$,此时 Γ 的直径也只有一条,它是 Γ 的中心直线。

总之当 Γ 为线心曲线时,Γ 的直径只有一条,就是曲线的中心曲线。

由以上的讨论,我们得到以下的定理 5.4.2。

定理 5.4.2　中心二次曲线的直径经过曲线的中心,无心二次曲线的直径平行于曲线的渐近方向,无心二次曲线的直径只有一条,就是曲线的中心曲线。

例 5.4.1　求椭圆或双曲线 $\frac{x^2}{a^2}\pm\frac{y^2}{b^2}=1$ 的直径(这个曲线的 $I_2\neq 0$,故为中心曲线)。

解

$$A=\begin{pmatrix}\frac{1}{a^2} & 0 & 0\\ 0 & \pm\frac{1}{b^2} & 0\\ 0 & 0 & 1\end{pmatrix}$$

$$F(x,y)=\frac{x^2}{a^2}\pm\frac{y^2}{b^2}-1=0,\ F_1(x,y)=\frac{x}{a^2},\ F_2(x,y)=\pm\frac{y}{b^2}$$

共轭于非渐近方向 $X:Y$ 的直径为

$$\frac{x}{a^2}\pm\frac{y}{b^2}=0$$

由直径的方程可见,直径通过曲线的中心 $(0,0)$。

例 5.4.2　求抛物线 $y^2=2px$ 的直径。

解

$$A=\begin{pmatrix}0 & 0 & -p\\ 0 & 1 & 0\\ -p & 0 & 0\end{pmatrix}$$

$$F(x, y) = y^2 - 2px = 0, \quad F_1(x, y) = -p, \quad F_2(x, y) = y$$

共轭于非渐近方向 $X : Y$ 的直径为

$$-Xp + Yy = 0$$

即

$$y = p\frac{X}{Y}$$

注 1　由所求方程可见,抛物线的直径确实平行于它的渐近方向 $1:0$。

注 2　这里的 $X:Y$ 是抛物线 $y^2 = 2px$ 的任一非渐近方向。抛物线 $y^2 = 2px$ 的渐近方向是满足齐次方程 $Y'^2 = 0$ 的解。当 $Y' = 0$ 时, $X' \neq 0$,因而解是 $1:0$。而直径 $y = p\frac{X}{Y}$ 的方向恰是 $1:0$,这也是 x 轴的方向。

例 5.4.3　求二次曲线 $\Gamma: x^2 - 2xy + y^2 + 2x - 2y - 3 = 0$ 的共轭于非渐近方向 $X:Y$ 的直径。

解　$\boldsymbol{A} = \begin{pmatrix} 1 & -1 & 1 \\ -1 & 1 & -1 \\ 1 & -1 & -3 \end{pmatrix}$, $F_1(x, y) = x - y + 1$, $F_2(x, y) = -x + y - 1$

直径方程为

$$X(x - y + 1) + Y(-x + y - 1) = 0$$

即

$$(X - Y)(x - y + 1) = 0$$

设 $X'_1 : Y'_1$ 为 Γ 的渐近方向,则

$$\Phi(X', Y') = 0$$

即

$$X'^2 - 2X'Y' + Y'^2 = 0, \quad (X' - Y')^2 = 0, \quad X' : Y' = 1 : 1$$

因为 $X:Y$ 为非渐近方向,所以 $X \neq Y$,故由 $(X - Y)(x - y + 1) = 0$ 得 Γ 的共轭于非渐近方向 $X:Y$ 的直径为 $x - y + 1 = 0$。

5.4.2　共轭方向与共轭直径

设二次曲线 $\Gamma: F(x, y) = 0$, $X:Y$ 为 Γ 的非渐近方向。由前面所讲的第一部分可知,共轭于平行弦方向 $X:Y$ 的直径方程为式(5.4-4),即

$$(a_{11}X + a_{12}Y)x + (a_{12}X + a_{22}Y)y + (a_{13}X + a_{23}Y) = 0$$

该直径的方向

$$X_1 : Y_1 = -(a_{12}X + a_{22}Y) : (a_{11}X + a_{12}Y)$$

定义 5.4.3　共轭于 Γ 的非渐近方向 $X:Y$ 的直径的方向,即满足

$$X_1:Y_1=-(a_{12}X+a_{22}Y):(a_{11}X+a_{12}Y) \tag{5.4-9}$$

的方向 $X_1:Y_1$ 称为 $X:Y$ 的**共轭方向**。

令

$$X_1=-(a_{12}X+a_{22}Y)t\ ,\ t\neq 0$$

则

$$Y_1=(a_{11}X+a_{12}Y)t$$

从而有

$$\begin{aligned}\Phi(X_1,\ Y_1)&=a_{11}{X_1}^2+2a_{12}X_1Y_1+a_{22}{Y_1}^2\\&=a_{11}(a_{12}X+a_{22}Y)^2t^2-2a_{12}(a_{12}X+a_{22}Y)(a_{11}X+a_{12}Y)t^2a_{22}+\\&\quad a_{22}(a_{11}X+a_{22}Y)^2t^2\\&=(a_{11}a_{22}-{a_{12}}^2)(a_{11}X^2+2a_{12}XY+a_{22}Y^2)t^2\\&=I_2\Phi(X,\ Y)t^2\end{aligned}$$

因为 $X:Y$ 为非渐近方向,所以 $\Phi(X,\ Y)\neq 0$。又 $t\neq 0$,故当 $I_2\neq 0$,即 Γ 为中心曲线时,$\Phi(X_1,\ Y_1)\neq 0$;当 $I_2=0$,即 Γ 为非中心曲线时,$\Phi(X_1,\ Y_1)=0$。即中心二次曲线的非渐近方向的共轭方向仍然是非渐近方向,而非中心曲线的非渐近方向的共轭方向是渐近方向。

由于对中心曲线来说,非渐近方向 $X:Y$ 的共轭方向 $X_1:Y_1$ 是非渐近方向。从而可考虑 $X_1:Y_1$ 的共轭方向。由方程(5.4-9)可得,曲线的非渐近方向 $X:Y$ 与它的共轭方向 $X_1:Y_1$ 之间的关系为

$$X_1(a_{11}X+a_{12}Y)+Y_1(a_{12}X+a_{22}Y)=0$$

即

$$a_{11}XX_1+a_{12}(XY_1+X_1Y)+a_{22}YY_1=0 \tag{5.4-10}$$

(这表明 $X:Y$ 与它的共轭方向 $X_1:Y_1$ 是对称的),亦即

$$X(a_{11}X_1+a_{12}Y_1)+Y(a_{12}X_1+a_{22}Y_1)=0$$

即

$$X:Y=-(a_{12}X_1+a_{22}Y_1):(a_{11}X_1+a_{12}Y_1)$$

由定义 $X:Y$ 是 $X_1:Y_1$ 的共轭方向。

总之,中心二次曲线的非渐近方向 $X:Y$ 及其共轭方向 $X_1:Y_1$ 是相互共轭的方向。由共轭方向的概念及这两个相互共轭的方向,就有两条分别取这两个方向之一的直径。

定义 5.4.4　中心曲线的一对具有相互共轭方向的直径叫作一对**共轭直径**。

注 3　设 $\dfrac{Y}{X}=k$, $\dfrac{Y_1}{X_1}=k'$,代入式(5.4-5)得

$$a_{22}kk' + a_{12}(k + k') + a_{11} = 0 \tag{5.4-11}$$

这是一对共轭直径的斜率满足的关系式。

例如,椭圆 $\frac{x^2}{a^2} + \frac{y^2}{b^2} = 1$ 的一对共轭直径的斜率 k 与 k' 有着关系

$$\frac{1}{b^2}kk' + \frac{1}{a^2} = 0$$

即

$$k \cdot k' = -\frac{b^2}{a^2}$$

而双曲线 $\frac{x^2}{a^2} - \frac{y^2}{b^2} = 1$ 的一对共轭直径的斜率 k 与 k' 有关系

$$k \cdot k' = \frac{b^2}{a^2}$$

我们可将二次曲线的非渐近方向的共轭方向的概念推广为任一方向的共轭方向的概念。

定义 5.4.5　设 $X: Y$ 为二次曲线 $F(x, y) = 0$ 的任一方向(不要求 $X: Y$ 为非渐近方向),满足下列关系:

$$a_{11}XX_1 + a_{12}(XY_1 + X_1Y) + a_{22}YY_1 = 0$$

的方向 $X_1 : Y_1$ 称为 $X: Y$ 的**共轭方向**。

设 $X: Y$ 为二次曲线 $F(x, y) = 0$ 的渐近方向,则

$$a_{11}XX + 2a_{12}XY + a_{22}YY = 0$$

即

$$a_{11}XX + a_{12}(XY + XY) + a_{22}YY = 0$$

由上式及定义 5.4.5 可知,对二次曲线的渐近方向 $X: Y$ 来说,$X: Y$ 与 $X: Y$ 共轭(为与自己共轭的方向)。

由于渐近线是通过二次曲线的中心且以渐近方向 $X: Y$ 为方向的直线。所以,渐近线也可看成与自己共轭的直径。因此,利用直径的方程公式,中心二次曲线渐近线的方程可写为式(5.4-6),即

$$XF_1(x, y) + YF_2(x, y) = 0$$

其中 $X: Y$ 为二次曲线的渐近方向。

注 4　由定义 $X_1 : Y_1$ 为二次曲线 $F(x,y) = 0$ 的非渐近方向 $X: Y$ 的共轭方向的充要条件为式(5.4-9)成立,即

$$a_{11}XX_1 + a_{12}(XY_1 + X_1Y) + a_{22}YY_1 = 0$$

由此,可求得 $X: Y$ 共轭方向 $X_1 : Y_1$。

例 5.4.4 求二次曲线 $\Gamma: 3x^2-2xy+3y^2+4x+4y-4=0$ 的一对共轭直径,使其中一条直径过点 $(1,-2)$。

解: 设 L 为 Γ 的过 $(1,-2)$ 的一条直径,共轭于 L 的共轭弦的方向为 $X:Y$。

$$A=\begin{pmatrix}3 & -1 & 2\\ -1 & 3 & 2\\ 2 & 2 & -4\end{pmatrix},\ F_1(x,y)=3x-y+2,\ F_2(x,y)=-x+3y+2$$

L 的方程为

$$X(3x-y+2)+Y(-x+3y+2)=0$$

因为 $(1,-2)\in L$,所以将 $(1,-2)$ 代入上式得

$$7X-5Y=0,\ X:Y=5:7$$

L 的方程为

$$5(3x-y+2)+7(-x+3y+2)=0$$

即

$$x+2y+3=0$$

设 L' 为与 L 共轭的直径,则 L 的方向为 L' 的共轭弦的方向,L 的方向为 $-2:1$,所以 L' 的方程为

$$-2(3x-y+2)+(-x+3y+2)=0$$

即

$$7x-5y+2=0$$

同步练习 5.4

基础题

1. 已知二次曲线 $3x^2+7xy+5y^2+4x+5y+1=0$,求它
   (1) 与 x 轴平行的弦的中点的轨迹;
   (2) 与 y 轴平行的弦的中点的轨迹;
   (3) 与直线 $x+y+1=0$ 平行的弦的中点的轨迹。
2. 求曲线 $x^2+2y^2-4x-2y-6=0$ 通过点 $(8,0)$ 的直径方程,并求其共轭直径。
3. 已知曲线 $xy-y^2-2x+3y-1=0$ 的直径与 y 轴平行,求它的方程,并求出这直径的共轭直径。
4. 已知抛物线 $y^2=-8x$,通过点 $(-1,1)$ 引一弦,使它在这点被平分。
5. 求双曲线 $\frac{x^2}{6}-\frac{y^2}{4}=1$ 的一对共轭直径方程,已知两共轭直径间的角是 $45°$。

提高题

1. 试证:通过中心二次曲线中心的直线,一定是中心二次曲线的直径,平行于无心二次曲线渐近方向的直线,一定是无心二次曲线的直径。

2. 求下列两条二次曲线的公共直径:

(1) $3x^2 - 2xy + 3y^2 + 4x + 4y - 4 = 0$ 与 $2x^2 - 3xy - y^2 + 3x + 2y = 0$;

(2) $x^2 - xy - y^2 - x - y = 0$ 与 $x^2 + 2xy + y^2 - x + y = 0$。

3. 已知二次曲线通过原点,并且以下列两对直线

$$\begin{cases} x - 3y - 2 = 0 \\ 5x - 5y - 4 = 0 \end{cases} \text{与} \begin{cases} 5y + 3 = 0 \\ 2x - y - 1 = 0 \end{cases}$$

为它的两对共轭直径,求这二次曲线的方程。

§5.5　二次曲线的主直径与主方向

目的与要求:

1. 理解二次曲线的主直径与主方向概念;
2. 掌握求二次曲线主方向与主直径方程的方法;
3. 掌握二次曲线特征根的概念及性质。

重点与难点:

重点:二次曲线的主直径与主方向概念及求法。

难点:二次曲线的特征根与主方向和主直径的关系。

定义 5.5.1　二次曲线的垂直于其共轭弦的直径叫作二次曲线的**主直径**,主直径的方向与垂直于主直径的方向都叫作二次曲线的**主方向**。

我们也可以定义二次曲线的主方向为一对既正交,又共轭的方向。

显然,主直径是二次曲线的对称轴,因此主直径也叫作二次曲线的**轴**,轴与曲线的交点叫作**曲线的顶点**。

现在我们来求二次曲线

$$F(x, y) = a_{11}x^2 + 2a_{12}xy + a_{22}y^2 + 2a_{13}x + 2a_{23}y + a_{33} \tag{5.5-1}$$

的主方向与主直径。

如果二次曲线为中心曲线,那么与二次曲线的非渐近方向 $X:Y$ 共轭的直径方程为式(5.4-2)或式(5.4-3)。设直径的方向为 $X_1:Y_1$,则由于两方向共轭,有

$$X_1 : Y_1 = -(a_{12}X + a_{22}Y) : (a_{11}X + a_{12}Y) \tag{5.5-2}$$

由于方向 $X:Y$ 和 $X_1:Y_1$ 垂直,在直角坐标系下,两向量 $\{X:Y\}$ 和 $\{X_1:Y_1\}$ 垂直,

故其内积为零,即 $X_1Y + XY_1 = 0$,或写成

$$X_1 : Y_1 = -Y : X \tag{5.5-3}$$

将式(5.5-3)代入式(5.5-2)得

$$X : Y = (a_{11}X + a_{12}Y) : (a_{12}X + a_{22}Y) \tag{5.5-4}$$

因此 $X : Y$ 成为中心二次曲线的主方向的条件是

$$\begin{cases} a_{11}X + a_{12}Y = \lambda X \\ a_{12}X + a_{22}Y = \lambda Y \end{cases} \tag{5.5-5}$$

成立,其中 $\lambda \neq 0$,式(5.5-5)可改写成

$$\begin{cases} (a_{11} - \lambda)X + a_{12}Y = 0 \\ a_{12}X + (a_{22} - \lambda)Y = 0 \end{cases} \tag{5.5-6}$$

这是一个关于 X,Y 的齐次线性方程组。因为 X,Y 不能全为零,此齐次线性方程组有非零解,所以其系数行列式

$$\begin{vmatrix} a_{11} - \lambda & a_{12} \\ a_{12} & a_{22} - \lambda \end{vmatrix} = 0 \tag{5.5-7}$$

即

$$\lambda^2 - I_1\lambda + I_2 = 0 \tag{5.5-8}$$

因此对于中心二次曲线来说,只要由式(5.5-8)解出 λ,再代入式(5.5-5)或式(5.5-6),就能得到它的主方向。

如果二次曲线为非中心二次曲线,那么它的任何直径的方向总是它的唯一的渐近方向

$$X_1 : Y_1 = -a_{12} : a_{11} = a_{22} : -a_{12}$$

而垂直于它的方向显然为

$$X_2 : Y_2 = a_{11} : a_{12} = a_{12} : a_{22}$$

所以非中心二次曲线的主方向有下面两种:

渐近主方向

$$X_1 : Y_1 = -a_{12} : a_{11} = a_{22} : -a_{12} \tag{5.5-9}$$

非渐近主方向

$$X_2 : Y_2 = a_{11} : a_{12} = a_{12} : a_{22} \tag{5.5-10}$$

在式(5.5-8)中令 $I_2 = 0$,得其两根为

$$\lambda_1 = 0,\ \lambda_2 = I_1 = a_{11} + a_{22}$$

将这两个根代入式(5.5-5)或式(5.5-6),得到的主方向恰好为非中心二次曲线的渐近主方向与非渐近主方向。

这样,我们就把根据式(5.5-7)的根和式(5.5-6)求二次曲线的主方向的方法推广

到了非中心二次曲线。

因此，一个方向 $X:Y$ 成为二次曲线的主方向的条件是式(5.5-6)成立，这里的 λ 是式(5.5-7)的根。

定义 5.5.2　式(5.5-7)或式(5.5-8)叫作二次曲线的**特征方程**，特征方程的根叫作二次曲线的**特征根**。

从二次曲线的特征方程式(5.5-7)求出特征根 λ，把它代入式(5.5-7)或式(5.5-8)，就得到相应的主方向。如果主方向为非渐近方向，那么根据

$$XF_1(x,\ y)+YF_2(x,\ y)=0$$

就能得到共轭于此主方向的主直径。

至此，我们需要解决特征根的存在问题，这有下面的定理保证。

定理 5.5.1　二次曲线的特征根都是实数。

证　因为特征方程的判别式

$$\Delta=I_1{}^2-4I_2=(a_{11}+a_{12})^2-4(a_{11}a_{22}-a_{12}{}^2)=(a_{11}-a_{22})^2+4a_{12}{}^2\geqslant 0$$

所以二次曲线的特征根都是实数。

定理 5.5.2　二次曲线的特征根不能全为零。

证　如果二次曲线的特征根 $\lambda_1=\lambda_2=0$，那么由式(5.5-8)及韦达定理得

$$I_1=I_2=0$$

即

$$a_{11}+a_{22}=0\ ,\ a_{11}a_{22}-a_{12}{}^2=0$$

从而得

$$a_{11}=a_{12}=a_{22}=0$$

这与二次曲线的定义矛盾，所以二次曲线的特征根不能全为零。

定理 5.5.3　由二次曲线的特征根确定的主方向 $X:Y$，当 $\lambda\neq 0$ 时，为二次曲线的非渐近主方向；当 $\lambda=0$ 时，为二次曲线的渐近主方向。

证　首先

$$\Phi(X,Y)=a_{11}X^2+2a_{12}XY+a_{22}Y^2=(a_{11}X+a_{22}Y)X+(a_{12}X+a_{22}Y)Y$$

所以由式(5.5-5)得

$$\Phi(X,Y)=\lambda X^2+\lambda Y^2=\lambda(X^2+Y^2)$$

因 X, Y 不全为零，故当 $\lambda\neq 0$ 时，$\Phi(X,Y)\neq 0$，$X:Y$ 为二次曲线的非渐近主方向；当 $\lambda=0$ 时，$\Phi(X,\ Y)\neq 0$，$X:Y$ 为二次曲线的渐近主方向。

定理 5.5.4　中心二次曲线至少有两条主直径，非中心二次曲线只有一条主直径。

证　由二次曲线的特征方程式(5.5-8)解得两特征根为

$$\lambda_{1,2}=\frac{I_1\pm\sqrt{I_1{}^2-4I_2}}{2}$$

(1)当二次曲线为中心曲线时, $I_2 \neq 0$。如果特征方程的判别式 $\Delta = I_1^2 - 4I_2 = (a_{11} - a_{22})^2 + 4a_{12}^2 = 0$,那么 $a_{11} = a_{22}$, $a_{12} = 0$,这时的中心曲线为圆(包括点圆和虚圆),它的特征根为一对二重根

$$\lambda = a_{11} = a_{22} \neq 0$$

把它代入式(5.5-5)或式(5.5-6),则得到两个恒等式,它被任何方向 $X : Y$ 满足,所以任何实方向都是圆的非渐近主方向,从而通过圆心的任何直线不仅都是直径,而且都是圆的主直径,于是圆有无数多条对称轴。

如果特征方程的判别式 $\Delta = I_1^2 - 4I_2 = (a_{11} - a_{22})^2 + 4a_{12}^2 > 0$,那么特征根为两个不等的非零实根 λ_1, λ_2,将它们分别代入式(5.5-6),得到相应的两个非渐近主方向

$$X_1 : Y_1 = a_{12} : (\lambda_1 - a_{11}) = (\lambda_1 - a_{22}) : a_{12} \tag{5.5-11}$$

$$X_2 : Y_2 = a_{12} : (\lambda_2 - a_{11}) = (\lambda_2 - a_{22}) : a_{12} \tag{5.5-12}$$

这两个主方向是共轭的,现证明它们也是垂直的。

由式(5.5-11)和式(5.5-12),存在非零实数 t 使

$$\begin{aligned}\{X_1 : Y_1\} \cdot \{X_2 : Y_2\} &= \{a_{12}t : (\lambda_1 - a_{11})t\}\{a_{12}t : (\lambda_2 - a_{11})t\} \\ &= a_{12}^2t^2 + (\lambda_1 - a_{11})(\lambda_2 - a_{11})t^2 \\ &= [a_{12}^2 + \lambda_1\lambda_2 - (\lambda_1 + \lambda_2)a_{11} + a_{11}^2]t^2 \\ &= [a_{12}^2 + I_2 - I_1a_{11} + a_{11}^2]t^2 \\ &= [a_{12}^2 + a_{11}a_{22} - a_{12}^2 - (a_{11} + a_{22})a_{11} + a_{11}^2]t^2 \\ &= 0\end{aligned}$$

所以这两个主方向也相互垂直,因此非圆的中心二次曲线有且只有一对互相垂直又互相共轭的主直径。

(2)当二次曲线为非中心曲线时, $I_2 = 0$,这时两个特征根为

$$\lambda_1 = a_{11} + a_{22}\lambda_2 = 0$$

所以它只有一个非渐近的主方向,即与 $\lambda_1 = a_{11} + a_{22}$ 对应的主方向,从而非中心二次曲线只有一条主直径。

例 5.5.1 求二次曲线 $F(x,y) = x^2 - xy + y^2 - 1$ 的主方向与主直径。

解 因为

$$I_1 = 1 + 1 = 2\ ,\ I_2 = \begin{vmatrix} 1 & -\frac{1}{2} \\ -\frac{1}{2} & 1 \end{vmatrix} = \frac{3}{4} \neq 0$$

所以曲线为中心曲线,它的特征方程为

$$\lambda^2 - 2\lambda + \frac{3}{4} = 0$$

解此方程得到的两个特征根为

$$\lambda_1=\frac{1}{2},\lambda_2=\frac{3}{2}$$

将 $\lambda_1=\frac{1}{2}$ 代入式(5.6-6),得

$$\begin{cases}\left(1-\frac{1}{2}\right)X-\frac{1}{2}Y=0\\-\frac{1}{2}X+\left(1-\frac{1}{2}\right)Y=0\end{cases}$$

即

$$\begin{cases}X-Y=0\\-X+Y=0\end{cases}$$

此方程组的解就是由特征根 $\lambda_1=\frac{1}{2}$ 确定的主方向 $X_1:Y_1=1:1$。

将 $\lambda_2=\frac{3}{2}$ 代入式(5.6-6),得

$$\begin{cases}X+Y=0\\-X-Y=0\end{cases}$$

故由特征根 $\lambda_2=\frac{3}{2}$ 确定的主方向为 $X_2:Y_2=-1:1$。

因为 $F_1(x,y)=x-\frac{1}{2}y$, $F_2(x,y)=-\frac{1}{2}x+y$,所以二次曲线共轭于主方向 1∶1 的主直径为

$$\left(x-\frac{1}{2}y\right)+\left(-\frac{1}{2}x+y\right)=0$$

即

$$x+y=0$$

所给二次曲线共轭于主方向 -1∶1 的主直径为

$$-\left(x-\frac{1}{2}y\right)+\left(-\frac{1}{2}x+y\right)=0$$

即

$$x-y=0$$

例 5.5.2　求二次曲线 $9x^2-24xy+16y^2-18x-101y+19=0$ 的主方向与主直径。

解

$$I_1=9+16=25\ ,\ I_2=\begin{vmatrix}9&-12\\-12&16\end{vmatrix}=0$$

所以二次曲线为非中心曲线,它的特征方程为

$$\lambda^2 - 25\lambda = 0$$

解得两个特征根

$$\lambda_1 = 25,\ \lambda_2 = 0$$

由这两个特征根确定的主方向为

非渐近方向

$$X_1 : Y_1 = -(-12) : (9-25) = 3 : (-4)$$

渐近方向

$$X_2 : Y_2 = -(-12) : (9-0) = 4 : 3$$

又因为 $F_1(x,y) = 9x - 12y - 9$, $F_2(x,y) = -12x + 16y - \frac{101}{2}$,所以曲线的唯一的主直径为

$$3(9x - 12y - 9) - 4\left(-12x + 16y - \frac{101}{2}\right) = 0$$

即

$$3x - 4y + 7 = 0$$

同步练习 5.5

基础题

1. 求椭圆 $\frac{x^2}{a^2} + \frac{y^2}{b^2} = 1$,双曲线 $\frac{x^2}{a^2} - \frac{y^2}{b^2} = 1$,抛物线 $y^2 = 2px$ 的主方向与主直径。

2. 求下列二次曲线的主方向与主直径:

(1) $5x^2 + 8xy + 5y^2 - 18x - 18y + 9 = 0$;

(2) $2xy - 2x + 2y - 1 = 0$;

(3) $x^2 - 2xy + y^2 - 4x = 0$;

(4) $x^2 + y^2 + 4x - 2y + 1 = 0$。

提高题

1. 直线 $x + y + 1 = 0$ 是二次曲线的主直径(对称轴),点 $(0,0)$, $(1,-1)$, $(2,1)$ 在曲线上,求曲线的方程。

2. 证明二次曲线不同的特征根确定的主方向相互垂直。

§5.6　二次曲线方程的化简与分类

目的与要求：

1. 理解平面直角坐标变换（移轴变换和转轴变换）概念；

2. 掌握其对二次曲线方程系数的影响规律及其在简化二次曲线方程中所起的作用（与主方向和主直径的关系）；

3. 熟练掌握二次曲线方程的化简和作图方法；

4. 能根据化简的标准方程对二次曲线进行分类。

重点与难点：

重点：二次曲线方程的化简和作图方法及二次曲线的分类。

难点：移轴变换和转轴变换在化简二次曲线方程中所起的作用。

这一节，我们将在直角坐标系下，利用坐标变换使二次曲线的方程在新坐标系下具有最简形式。然后在此基础上进行二次曲线的分类。

5.6.1　平面直角坐标变换

把坐标轴平行移动的变换叫作**平移变换**（或称为**移轴**）。

设 P 在旧坐标系 $O-xy$ 下的坐标为 (x, y)，设 P 在新坐标系 $O_1-x_1y_1$ 下的坐标为 (x_1, y_1)，新坐标系原点 O_1 在旧坐标系里的坐标为 (x_0, y_0)。

如图 5-1 所示，因为 $\overrightarrow{OP}=\overrightarrow{OO_1}+\overrightarrow{O_1P}$，所以

$$\{x, y\}=\{x_0, y_0\}+\{x-x_0, y-y_0\}=\{x_0, y_0\}+\{x_1, y_1\}=\{x_0+x_1, y_0+y_1\}$$

因此

$$\begin{cases} x=x_1+x_0 \\ y=y_1+y_0 \end{cases} \tag{5.6-1}$$

或

$$\begin{cases} x_1=x-x_0 \\ y_1=y-y_0 \end{cases} \tag{5.6-2}$$

式(5.6-1)或式(5.6-2)表示同一点关于新旧坐标系的新旧坐标的关系，称为**移轴公式**。

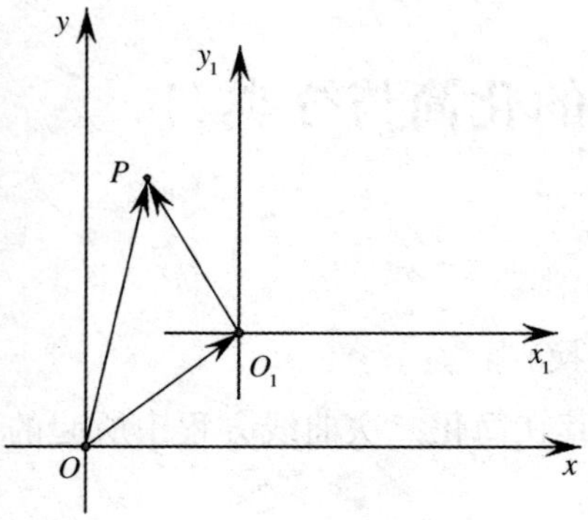

图 5-1

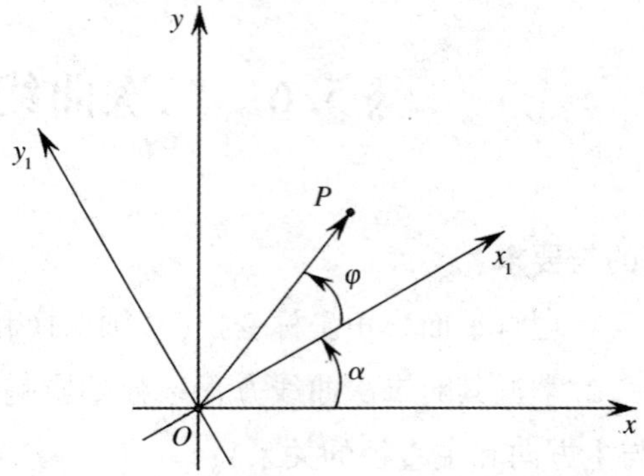

图 5-2

设平面内有一点 P，图 5-2 所示，把 x 轴和 y 轴同时按逆时针方向转过同一个角 α，Ox 转到 Ox_1 的位置，Oy 转到 Oy_1 的位置，坐标系的这种变换称为**旋转变换**(或称为**转轴**)。

设 P 在旧坐标系 $O-xy$ 中的坐标为 $(x,\ y)$，在新坐标系 $O_1-x_1y_1$ 中的坐标为 $(x_1,\ y_1)$，则有

$$\begin{cases} x = |\overrightarrow{OP}|\ \cos\angle(\overrightarrow{OP},\boldsymbol{i}) = |\overrightarrow{OP}|\ \cos\angle(\varphi+\alpha) = |\overrightarrow{OP}|\ (\cos\varphi\cos\alpha - \sin\varphi\sin\alpha) \\ y = |\overrightarrow{OP}|\ \cos\angle(\overrightarrow{OP},\boldsymbol{j}) = |\overrightarrow{OP}|\ \sin\angle(\varphi+\alpha) = |\overrightarrow{OP}|\ (\sin\varphi\cos\alpha + \cos\varphi\sin\alpha) \end{cases} \tag{5.6-3}$$

即

$$\begin{cases} x_1 = |\overrightarrow{OP}|\ \cos\angle(\overrightarrow{OP},\boldsymbol{i}_1) = |\overrightarrow{OP}|\ \cos\varphi \\ y_1 = |\overrightarrow{OP}|\ \cos\angle(\overrightarrow{OP},\boldsymbol{j}_1) = |\overrightarrow{OP}|\ \sin\varphi \end{cases} \tag{5.6-4}$$

将式(5.6-4)代入式(5.6-3)得

$$\begin{cases} x = x_1\cos\alpha - y_1\sin\alpha \\ y = x_1\sin\alpha + y_1\cos\alpha \end{cases} \tag{5.6-5}$$

或

$$\begin{cases} x_1 = x\cos\alpha + y\sin\alpha \\ y_1 = -x\sin\alpha + y\cos\alpha \end{cases} \tag{5.6-6}$$

上式称为**旋转(或转轴)公式**。

在一般情况下，由旧坐标系 $O-xy$ 变成新坐标系 $O_1-x_1y_1$ 可分两步完成。先移轴使坐标原点与新坐标系的原点 O_1 重合，变成坐标系 $O_1-x_2y_2$，然后由辅助坐标系 $O_1-x_2y_2$ 再旋转而成新坐标系 $O_1-x_1y_1$，如图 5-3 所示。

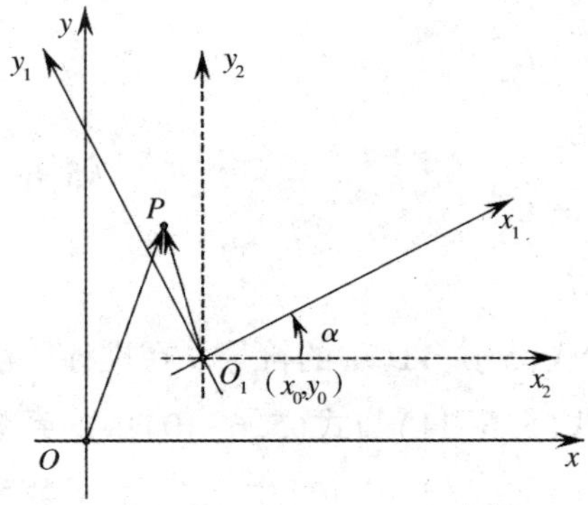

图5-3

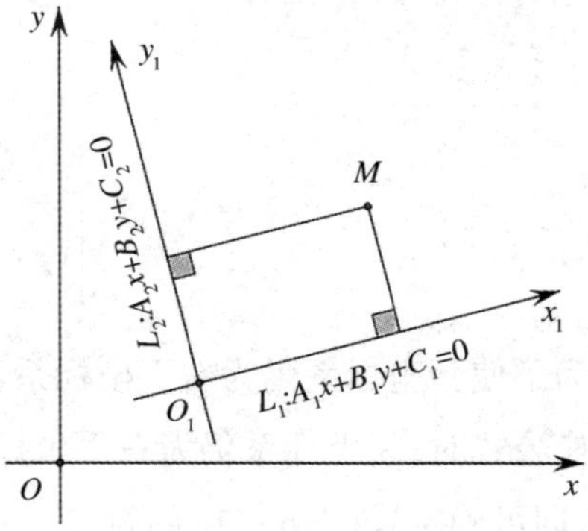

图5-4

设平面上任意点 P 的新旧坐标分别为 (x_1, y_1) 与 (x, y)，由式(5.6-1)得

$$\begin{cases} x = x_2 + x_0 \\ y = y_2 + y_0 \end{cases} \tag{5.6-7}$$

由式(5.6-5)得

$$\begin{cases} x_2 = x_1\cos\alpha - y_1\sin\alpha \\ y_2 = x_1\sin\alpha + y_1\cos\alpha \end{cases} \tag{5.6-8}$$

将式(5.6-8)代入式(5.6-7)得

$$\begin{cases} x = x_1\cos\alpha - y_1\sin\alpha + x_0 \\ y = x_1\sin\alpha + y_1\cos\alpha + y_0 \end{cases} \tag{5.6-9}$$

式(5.6-9)称为**一般坐标变换公式**。

由式(5.6-9)解出 x_1, y_1 便得**逆变换公式**

$$\begin{cases} x_1 = x\cos\alpha + y\sin\alpha - (x_0\cos\alpha + y_0\sin\alpha) \\ y_1 = - x\sin\alpha + y\cos\alpha + (- x_0\sin\alpha + y_0\cos\alpha) \end{cases} \tag{5.6-10}$$

设在直角坐标系 $O - xy$ 里给定了两条相互垂直的直线

$$L_1: A_1x + B_1y + C_1 = 0,\ L_2: A_2x + B_2y + C_2 = 0$$

因为 $L_1 \perp L_2$，所以 L_1 与 L_2 的方向向量 $\{- B_1, A_1\}$ 与 $\{- B_2, A_2\}$ 相互垂直，所以 $A_1A_2 + B_1B_2 = 0$。

如图 5-4 所示，若取 L_1 为新坐标系中的横轴 O_1x_1，L_2 为纵轴 O_1y_1，并设平面上任意点 M，M 的新旧坐标分别为 (x_1, y_1) 与 (x, y)，则 $|x_1|$ 为点 $M(x, y)$ 到 O_1y_1 轴的距离

$$|x_1| = \frac{A_2x + B_2y + C_2}{\sqrt{A_2^{\ 2} + B_2^{\ 2}}}$$

同理

$$|y_1| = \frac{A_1x + B_1y + C_1}{\sqrt{A_1^{\ 2} + B_1^{\ 2}}}$$

去掉绝对值符号后,便有

$$\begin{cases} x_1 = \pm \dfrac{A_2x + B_2y + C_2}{\sqrt{A_2^{\ 2} + B_2^{\ 2}}} \\ y_1 = \pm \dfrac{A_1x + B_1y + C_1}{\sqrt{A_1^{\ 2} + B_1^{\ 2}}} \end{cases} \tag{5.6-11}$$

为了使新坐标系仍为右手坐标系,我们来决定式(5.6-11)中的符号。在推导一般坐标变换公式时,新坐标系仍为右手坐标系,因此将式(5.6-11)与式(5.6-10)中的系数相比较,即可确定式(5.6-11)的符号。将式(5.6-11)与式(5.6-10)中 x, y 的系数相比较得

$$\pm \frac{A_2}{\sqrt{A_2^{\ 2} + B_2^{\ 2}}} = -\cos\alpha\ ,\quad \pm \frac{B_2}{\sqrt{A_2^{\ 2} + B_2^{\ 2}}} = \sin\alpha$$

$$\pm \frac{A_1}{\sqrt{A_1^{\ 2} + B_1^{\ 2}}} = -\sin\alpha\ ,\quad \pm \frac{B_1}{\sqrt{A_1^{\ 2} + B_1^{\ 2}}} = \cos\alpha$$

因此,式(5.6-11)中的第一式右端的系数应与第二式右端的系数相等,从而式(5.6-11)的符号选取要使这两项的系数是同号的。

这种坐标变换的方法常用来在求得一般中心二次曲线的主直径的情况下,用两条主直径作为新坐标轴,把二次曲线的方程化为标准方程。

例 5.6.1 已知两垂直的直线 L_1: $2x - y + 3 = 0$ 与 L_2: $x + 2y - 2 = 0$,取 L_1 为 O_1x_1 轴, L_2 为 O_1y_1 轴,求坐标变换公式。

解 设 $M(x, y)$ 的新坐标为 (x_1, y_1) ,那么有

$$x_1 = \pm \frac{x + 2y - 2}{\sqrt{5}}\ ,\ y_1 = \pm \frac{2x - y + 3}{\sqrt{5}}$$

根据上面的符号选取法则的变换公式为

$$\begin{cases} x_1 = \dfrac{x + 2y - 2}{\sqrt{5}} \\ y_1 = -\dfrac{2x - y + 3}{\sqrt{5}} \end{cases} \text{或} \begin{cases} x_1 = -\dfrac{x + 2y - 2}{\sqrt{5}} \\ y_1 = \dfrac{2x - y + 3}{\sqrt{5}} \end{cases}$$

前一公式由于取的 $\sin\alpha = \dfrac{2}{\sqrt{5}} > 0$,所以旋转角为小于 π 的正角,而后一个公式取的 $\sin\alpha = -\dfrac{2}{\sqrt{5}} < 0$,所以旋转角为绝对值小于 π 的负角。

5.6.2　二次曲线方程的化简

设二次曲线

$$\Gamma:F(x,y)=a_{11}x^2+2a_{12}xy+a_{22}y^2+a_{13}x+a_{23}y+a_{33}$$

在移轴

$$\begin{cases}x=x_1+x_0\\ y=y_1+y_0\end{cases}$$

下，Γ 的新方程为

$$F(x_1+x_0,y_1+y_0)=0$$

即

$a_{11}(x_1+x_0)^2+2a_{12}(x_1+x_0)(y_1+y_0)+a_{22}(y_1+y_0)^2+a_{13}(x_1+x_0)+a_{23}(y_1+y_0)+a_{33}=0$ 化简整理得

$$b_{11}{x_1}^2+2b_{12}x_1y_1+b_{22}{y_1}^2+2b_{13}x_1+2b_{23}y_1+b_{33}=0$$

这里

$$\begin{cases}b_{11}=a_{11},b_{12}=a_{12},b_{22}=a_{22}\\ b_{13}=a_{11}x_0+a_{12}y_0+a_{13}=F_1(x_0,\ y_0)\\ b_{23}=a_{12}x_0+a_{22}y_0+a_{23}=F_2(x_0,\ y_0)\\ b_{33}=a_{11}{x_0}^2+2a_{12}x_0y_0+a_{22}{y_0}^2+2a_{13}x_0+2a_{23}y_0+a_{33}=F(x_0,\ y_0)\end{cases}\tag{5.6-12}$$

因此在移轴公式式(5.6-1)下，二次曲线方程系数的变换规律为：

(1)二次项系数不变；

(2)一次项系数变为 $2F_1(x_0,y_0)$ 与 $2F_2(x_0,y_0)$；

(3)常数项变为 $F(x_0,y_0)$。

因为当 $(x_0,\ y_0)$ 为二次曲线的中心时，有

$$F_1(x_0,\ y_0)=0\ ,\ F_2(x_0,\ y_0)=0$$

所以当二次曲线有中心时，作移轴，使原点与二次曲线的中心重合，那么在新坐标系下二次曲线的新方程中一次项消失。把转轴公式式(5.6-5)

$$\begin{cases}x=x_1\cos\alpha-y_1\sin\alpha\\ y=x_1\sin\alpha+y_1\cos\alpha\end{cases}$$

代入二次曲线方程式(5.6-1)中，得在转轴公式式(5.6-5)下二次曲线的新方程为

$$c_{11}{x_1}^2+2c_{12}x_1y_1+c_{22}{y_1}^2+2c_{13}x_1+2c_{23}y_1+c_{33}=0$$

这里

$$\begin{cases} c_{11} = a_{11}\cos^2\alpha + 2a_{12}\sin\alpha\cos\alpha + a_{22}\sin^2\alpha \\ c_{12} = (a_{22} - a_{11})\sin\alpha\cos\alpha + a_{12}(\cos^2\alpha - \sin^2\alpha) \\ c_{22} = a_{11}\sin^2\alpha - 2a_{12}\sin\alpha\cos\alpha + a_{22}\cos^2\alpha \\ c_{13} = a_{13}\cos\alpha + a_{23}\sin\alpha \\ c_{23} = - a_{13}\sin\alpha + a_{23}\cos\alpha \\ c_{33} = a_{33} \end{cases} \tag{5.6-13}$$

因此,在转轴下二次曲线方程式(5.6-1)的系数变换规律为:

(1)二次项系数一般要改变。新方程的二次项系数仅与原方程的二次项系数及旋转角有关,而与一次项系数及常数项无关。

(2)一次项系数一般要改变。新方程的一次项系数

$$\begin{cases} c_{13} = a_{13}\cos\alpha + a_{23}\sin\alpha \\ c_{23} = - a_{13}\sin\alpha + a_{23}\cos\alpha \end{cases}$$

解出 a_{13}, a_{23} 得

$$\begin{cases} a_{13} = c_{13}\cos\alpha - c_{23}\sin\alpha \\ a_{23} = c_{13}\sin\alpha + c_{23}\cos\alpha \end{cases}$$

可以进一步看到,在转轴下,二次曲线方程式(5.6-1)的一次项系数 a_{13}, a_{23} 的变换规律与点的坐标 x , y 的变换规律完全一样,当原方程有一次项时,通过转轴不能完全消去一次项,当原方程无一次项时,通过转轴也不会产生一次项。

(3)常数项不变

在二次曲线方程式(5.6-1)中,如果 $a_{12} \neq 0$,我们往往使用转轴使新方程中的 $c_{12} = 0$。为此,我们只有取旋转角 α ,使得

$$c_{12} = (a_{22} - a_{11})\sin\alpha\cos\alpha + a_{12}(\cos^2\alpha - \sin^2\alpha) = 0$$

即

$$(a_{22} - a_{11})\sin 2\alpha + 2a_{12}\cos 2\alpha = 0$$

所以

$$\cot 2\alpha = \frac{a_{11} - a_{22}}{2a_{12}} \tag{5.6-14}$$

因为余切的值可以是任意的实数,所以总有 α 满足式(5.6-14),也就是说总可以经过适当的转轴消去式(5.6-1)的 xy 项。

注 1　确定坐标变换步骤的基本原则。

对任何一条二次曲线的方程,我们都可以先移轴,后转轴进行坐标变换,也可以先转轴,后移轴进行坐标变换,两种方法都可以将方程化简。

如果决定先转轴,则根据式(5.6-14)可以确定坐标系的旋转角。因而无论对于何种

类型的二次曲线,先转轴总是可行的。

如果决定先平移,就得先确定把旧坐标系的原点移到何处。对于中心二次曲线,我们一般把新坐标系的中心定为曲线的中心,而中心可以先求出。但对于无心二次曲线,为了得到曲线的标准方程,应该把新坐标系的中心定为曲线的顶点,而顶点却不易先求出。

于是,我们在利用坐标变换对二次曲线的方程进行简化时,一般都按照下面的原则进行:

先根据 I_2 判断曲线的类型。

如果 $I_2 \neq 0$,说明曲线是中心型的。应先求出中心,再移轴,然后转轴。

如果 $I_2 = 0$,说明曲线是非中心型的,先转轴,消去交叉项 xy 后把所得的方程配方,一般可以先确定新坐标系的原点,再移轴。

经验证明,这里给出的原则可以在一定程度上减少方程化简的运算量。

例 5.6.2　化简二次曲线方程 $x^2 + 4xy + 4y^2 + 12x - y + 1 = 0$,并画出它的图形。

解　因为二次曲线的方程含有 xy 项,因此我们可以先通过转轴消去 xy 项。设旋转角为 α ,那么由式(5.6-14)得

$$\cot 2\alpha = -\frac{3}{4}$$

即

$$\frac{1-\tan^2\alpha}{2\tan\alpha} = -\frac{3}{4}$$

所以

$$2\tan^2\alpha - 3\tan\alpha - 2 = 0$$

从而得

$$\tan\alpha = -\frac{1}{2} \text{ 或 } \tan\alpha = 2$$

取 $\tan\alpha = 2$,那么

$$\sin\alpha = \frac{2}{\sqrt{5}},\ \cos\alpha = \frac{1}{\sqrt{5}}$$

所以得转轴公式为

$$\begin{cases} x = \dfrac{1}{\sqrt{5}}(x_1 - 2y_1) \\ y = \dfrac{1}{\sqrt{5}}(2x_1 + y_1) \end{cases}$$

代入原方程化简整理得转轴后的新方程为

$$5x_1^2+2\sqrt{5}x_1-5\sqrt{5}y_1+1=0$$

利用配方使上式化为

$$\left(x_1+\frac{\sqrt{5}}{5}\right)^2-\sqrt{5}y_1=0$$

再作平移变换

$$\begin{cases}x_1=x_2-\dfrac{\sqrt{5}}{5}\\ y_1=y_2\end{cases}$$

曲线方程化为最简形式

$$x_2^2-\sqrt{5}y_2=0$$

或写成标准方程为 $x_2^2=\sqrt{5}y_2$。这是一条抛物线,它的顶点是新坐标系 $O_2-x_2y_2$ 的原点。原方程的图形可以根据它在坐标系 $O_2-x_2y_2$ 中的标准方程作出,它的图形如图 5-5 所示。

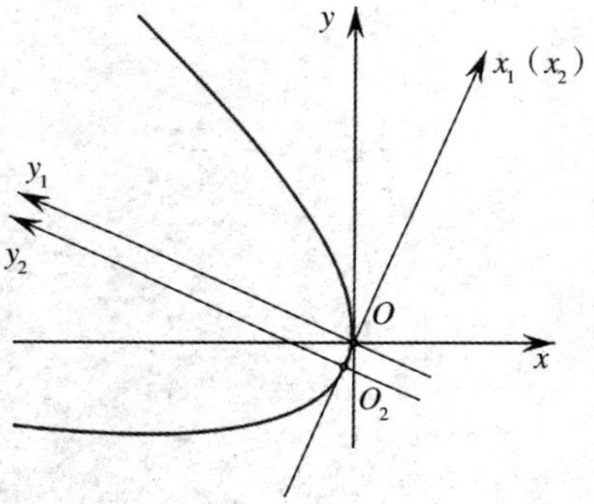

图 5-5

利用坐标变换简化二次曲线的方程,如果曲线有中心,那么为了计算方便,往往先移轴后转轴。

注 2 利用转轴来消去二次曲线方程的 xy 项,实际上是把坐标轴旋转到与二次曲线的主方向平行的位置。

事实上,若二次曲线的特征根确定的主方向为 $X:Y$,则由主方向满足的条件

$$\begin{cases}a_{11}X+a_{12}Y=\lambda X\\ a_{12}X+a_{22}Y=\lambda Y\end{cases}$$

得到

$$\tan\beta=\frac{Y}{X}=\frac{\lambda-a_{11}}{a_{12}}=\frac{a_{12}}{\lambda-a_{22}}$$

因此

$$\cot 2\beta = \frac{1-\tan^2\beta}{2\tan\beta} = \frac{1-\left(\dfrac{a_{12}}{\lambda - a_{22}}\right)^2}{\dfrac{2a_{12}}{\lambda - a_{22}}} = \frac{1-\dfrac{a_{12}}{\lambda - a_{22}}\cdot\dfrac{\lambda - a_{11}}{a_{12}}}{\dfrac{2a_{12}}{\lambda - a_{22}}} = \frac{a_{11}-a_{22}}{2a_{12}}$$

而消去 xy 项所需转轴的转角 α 满足

$$\cot 2\alpha = \frac{a_{11}-a_{22}}{2a_{12}} = \cot 2\beta$$

从而有

$$\beta = \alpha \text{ 或 } \beta = \alpha + \pi$$

二次曲线的方程除了用转轴与移轴的方法外,还可利用二次曲线的主直径做坐标变换来达到。

例 5.6.3　化简二次曲线方程 $x^2 - xy + y^2 + 2x - 4y = 0$,并画出它的图形。

解　因为

$$I_2 = \begin{vmatrix} 1 & -\dfrac{1}{2} \\ -\dfrac{1}{2} & 1 \end{vmatrix} = 1 - \frac{1}{4} = \frac{3}{4} \neq 0$$

所以曲线为中心二次曲线,解方程组

$$\begin{cases} F_1(x,y) \equiv x - \dfrac{1}{2}y + 1 = 0 \\ F_2(x,y) \equiv -\dfrac{1}{2}x + y - 2 = 0 \end{cases}$$

得中心的坐标为 (0, 2) ,取 (0, 2) 为新坐标系的原点,作移轴

$$\begin{cases} x = x_1 \\ y = y_1 + 2 \end{cases}$$

原方程变为 $x_1^{\,2} - x_1y_1 + y_1^{\,2} - 4 = 0$,再转轴消去 x_1y_1 项,由式(5.6-14)得 $\cot 2\alpha = 0$,从而可取 $\alpha = \dfrac{\pi}{4}$,故转轴公式为

$$\begin{cases} x_1 = \dfrac{1}{\sqrt{2}}(x_2 - y_2) \\ y_1 = \dfrac{1}{\sqrt{2}}(x_2 + y_2) \end{cases}$$

经转轴后曲线的方程化为

$$\frac{1}{2}x_2^{\,2} + \frac{3}{2}y_2^{\,2} - 4 = 0$$

或写成标准形式

$$\frac{x_2^{\ 2}}{8}+\frac{y_2^{\ 2}}{\frac{8}{3}}=1$$

这是一个椭圆,它的图形如图 5-6 所示。

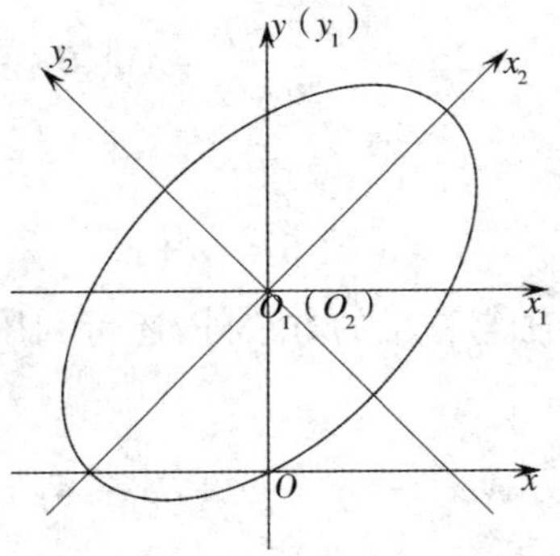

图 5-6

5.6.3　二次曲线的分类

定理 5.6.1　适当选取坐标系,二次曲线的方程总可化成下列三个简化方程中的一个:

(1) $a_{11}x^2 + a_{22}y^2 + a_{33} = 0\ (a_{11}a_{22} \neq 0)$;

(2) $a_{22}y^2 + 2a_{13}x = 0\ (a_{13}a_{22} \neq 0)$;

(3) $a_{22}y^2 + a_{33} = 0\ (a_{22} \neq 0)$ 。

证　(1)当已知二次曲线 Γ 为中心曲线时,此时,由定理 5.5.4 及其证明知 Γ 至少有一对互相垂直从而又互相共轭的主直径。取 Γ 得一对既共轭又相互垂直的主直径作为坐标轴建立直角坐标系 $O-xy$,设 Γ 在这样的坐标系下的方程为

$$a_{11}x^2 + 2a_{12}xy + a_{22}y^2 + 2a_{13}x + 2a_{23}y + a_{33} = 0$$

因为 Γ 为中心二次曲线,所以 Γ 的直径过曲线的中心。所以,以两条主直径为坐标轴的坐标系的原点就是 Γ 的中心。由定理 5.2.1 的推论(坐标原点是二次曲线的中心的充要条件是曲线方程不含 x 与 y 的一次项)知 $a_{13}=a_{23}=0$ 。Γ 的两条主直径(即坐标轴)的方向为 1∶0 与 0∶1。因为这两条主直径共轭,所以它们的方向相互共轭。所以,由二次曲线的非渐近方向 $X:Y$ 与它的共轭方向 $X_1:Y_1$ 之间的关系

$$a_{11}XX_1 + a_{12}(XY_1 + X_1Y) + a_{22}YY_1 = 0$$

知

$$a_{11}\times 1\times 0 + a_{12}(1\times 1 + 0\times 0) + a_{22}\times 0\times 1 = 0$$

即

$$a_{12}=0$$

故 Γ 的方程为

$$a_{11}x^2+a_{22}y^2+a_{33}=0\ ,\ a_{11}a_{22}\neq 0$$

因为 Γ 为中心曲线,所以 $I_2=a_{11}a_{22}-a_{12}{}^2=a_{11}a_{22}\neq 0$。

(2)当已知二次曲线 Γ 为无心曲线时,此时,由定理 5.5.4 可知 Γ 有唯一一条主直径。取 Γ 的唯一主直径为 x 轴,取过 Γ 的顶点(即主直径与 Γ 的交点)且以非渐近主方向为方向的直线(即过 Γ 的顶点垂直于主直径的直线)为 y 轴建立坐标系。设 Γ 在该坐标系下的方程为

$$a_{11}x^2+2a_{12}xy+a_{22}y^2+2a_{13}x+2a_{23}y+a_{33}=0$$

因为这时主直径的共轭方向为:$X:Y=0:1$,所以主直径的方程为

$$0\cdot F_1(x,y)+1\cdot F_2(x,y)=0$$

即

$$a_{12}x+a_{22}y+a_{23}=0$$

因为 Γ 的唯一主直径为 x 轴,故上式即为 $y=0$,所以 $a_{12}=a_{23}=0,\ a_{22}\neq 0$,因为 Γ 的顶点与坐标原点重合,所以 $(0,\ 0)$ 满足曲线方程,从而将 $(0,\ 0)$ 代入上述二次曲线的方程内得 $a_{33}=0$。另外,由于 Γ 为无心曲线,所以

$$\frac{a_{11}}{a_{12}}=\frac{a_{12}}{a_{22}}\neq\frac{a_{13}}{a_{23}}$$

因为 $a_{12}=0,\ a_{22}\neq 0$,所以 $a_{11}=0$。故 Γ 的方程为

$$a_{22}y^2+2a_{13}x=0\ (a_{22}a_{13}\neq 0)$$

(3)当已知二次曲线 Γ 为线心曲线时,取它的中心直线(即曲线的唯一直径也是主直径)为 x 轴,任意垂直于它的直线为 y 轴,建立坐标系,设 Γ 在该坐标系下的方程为 $a_{11}x^2+2a_{12}xy+a_{22}y^2+2a_{13}x+2a_{23}y+a_{33}=0$。因为线心曲线的中心直线的方程为

$$a_{11}x+a_{12}y+a_{13}=0\text{ 与 }a_{12}x+a_{22}y+a_{23}=0$$

中任何一个,第二个方程表示 x 轴的条件是 $a_{12}=a_{23}=0,\ a_{22}\neq 0$,而第一个方程在 $a_{12}=0$ 的条件下,不可能再表示 x 轴,所以它必须是恒等式。因而有 $a_{11}=a_{13}=0$。故 Γ 的方程为

$$a_{22}y^2+a_{33}=0\ (a_{22}\neq 0)$$

注 3　由定理 5.6.1 可知二次曲线总可化成三种简化方程之一。

注 4　由定理 5.6.1 的证明可知,要简化二次曲线的方程,可把坐标轴变换到与二次曲线的主直径(即对称轴)重合的位置,若是中心曲线,新坐标原点与曲线的中心重合;若是无心曲线,新坐标原点与曲线的顶点重合;若是线心曲线,新坐标原点可以与曲线的任

何一个中心重合。在这样的坐标变换下,可得二次曲线的化简方程。具体的方法以下面三个例子说明

例 5.6.4 化简二次曲线方程 $\Gamma: x^2-3xy+y^2+10x-10y+21=0$,并作出它的图形。

解 1 Γ 的矩阵

$$A=\begin{pmatrix}1 & -\frac{3}{2} & 5\\ -\frac{3}{2} & 1 & -5\\ 5 & -5 & 21\end{pmatrix},\ I_1=1+1=2,\ I_2=\begin{vmatrix}1 & -\frac{3}{2}\\ -\frac{3}{2} & 1\end{vmatrix}=-\frac{5}{4}\neq 0$$

所以 Γ 为中心曲线。

Γ 的特征方程为

$$\lambda^2-2\lambda-\frac{5}{4}=0$$

Γ 的特征根为

$$\lambda_1=-\frac{1}{2},\ \lambda_2=\frac{5}{2}$$

Γ 的两个主方向为

$$X_1:Y_1=-\frac{3}{2}:\left(-\frac{1}{2}-1\right)=1:1,\ X_2:Y_2=-\frac{3}{2}:\left(-\frac{5}{2}-1\right)=-1:1$$

又因为

$$F_1(x,y)=x-\frac{3}{2}y+5,\ F_2(x,y)=-\frac{3}{2}x+y+5$$

共轭于主方向 1 : 1 的主直径为

$$1\cdot\left(x-\frac{3}{2}y+5\right)+1\cdot\left(-\frac{3}{2}x+y-5\right)=0$$

即

$$x+y=0$$

共轭于主方向 − 1 : 1 的主直径为

$$-1\cdot\left(x-\frac{3}{2}y+5\right)+1\cdot\left(-\frac{3}{2}x+y-5\right)=0$$

即

$$x-y+4=0$$

取两条主直径为新坐标轴,并取 $x-y+4=0$ 为 x_1 轴,则坐标变换公式为

$$\begin{cases} x_1 = \pm \dfrac{A_2x + B_2y + C_2}{\sqrt{A_2{}^2 + B_2{}^2}} = \dfrac{x + y}{\sqrt{2}} \\ y_1 = \pm \dfrac{A_1x + B_1y + C_1}{\sqrt{A_1{}^2 + B_1{}^2}} = \dfrac{x - y + 4}{-\sqrt{2}} \end{cases}$$

解出 x 与 y 得

$$\begin{cases} x = \dfrac{\sqrt{2}}{2}x_1 - \dfrac{\sqrt{2}}{2}y_1 - 2 \\ y = \dfrac{\sqrt{2}}{2}x_1 + \dfrac{\sqrt{2}}{2}y_1 + 2 \end{cases}$$

代入 Γ 的方程得

$$-\frac{1}{2}x_1{}^2 + \frac{5}{2}y_1{}^2 + 1 = 0$$

Γ 的标准方程为

$$\frac{x_1{}^2}{2} - \frac{y_1{}^2}{\frac{2}{5}} = 1 \text{（这是一条双曲线）}$$

作图时,先在旧坐标系中画出两条主直径作为新坐标轴。再确定 x_1 轴(这里为 $x - y + 4 = 0$) 的正向。设 x 轴到 x_1 轴的转角为 α（变换公式中 x_1 表达式的右端, x 项的系数为 $\frac{1}{\sqrt{2}}$, y 项的系数为 $\frac{1}{\sqrt{2}}$ ）。由一般坐标变换公式式(5.6-4)中 x_1 表达的 x 项的系数, y 项的系数相比较可知, $\sin\alpha = \frac{1}{\sqrt{2}}$, $\cos\alpha = \frac{1}{\sqrt{2}}$。因此 x 轴到 x_1 轴的转角为 $\frac{\pi}{4}$。由此即可确定 x_1 的正向。再按右手法则可确定 y_1 轴的正向。即得新坐标系,在新坐标系中,按 Γ 的标准方程即可作出 Γ 的图形,如图 5-7 所示。

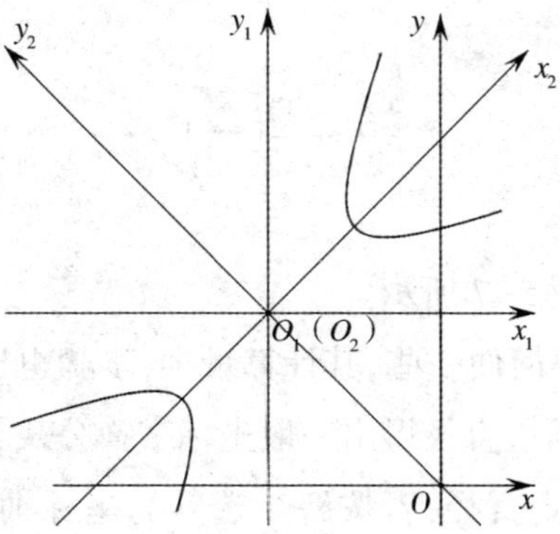

图 5-7

解 2

$$I_2=\begin{vmatrix}1 & -\frac{3}{2}\\ -\frac{3}{2} & 1\end{vmatrix}=-\frac{5}{4}\neq 0$$

所给的二次曲线是双曲型的。令

$$\begin{cases}2x-3y+10=0\\ -3x+2y-10=0\end{cases}$$

解得中心坐标为（-2，2）。

作坐标平移

$$\begin{cases}x=x_1-2\\ y=y_1+2\end{cases}$$

就将原方程化为

$$x_1^{\,2}-3x_1y_1+y_1^{\,2}+1=0$$

令

$$\cot 2\alpha=\frac{1-1}{-3}$$

得转轴应取的旋转角为 $\frac{\pi}{4}$。故转轴

$$\begin{cases}x_1=\frac{1}{\sqrt{2}}(x_2-y_2)\\ y_1=\frac{1}{\sqrt{2}}(x_2+y_2)\end{cases}$$

把二次曲线的方程化简为

$$-\frac{1}{2}x_2^{\,2}+\frac{5}{2}y_2^{\,2}+1=0$$

即

$$\frac{x_2^{\,2}}{2}-\frac{y_2^{\,2}}{\frac{2}{5}}=1$$

这是一条双曲线,其图形如图 5-7 所示。

两种解法相比,解 2 显得简便一些,其计算量小,步骤也比较规范,具有较强的“可操作性”。但解 1 强调直接根据主直径得出一般坐标变换公式,在理论上有一定的价值。

无心二次曲线只有一条主直径,若按解 2 选其为坐标轴后,另一条坐标轴如何确定呢？我们可以求出这条主直径与二次曲线的交点——二次曲线的顶点,然后取过顶点垂

直于已知主直径的直线作为另一条坐标轴,则可写出一般坐标变换公式,进而将二次曲线的方程化简。

例 5.6.5　化简二次曲线方程 $x^2+2xy+y^2+2x+y=0$,并作出它的图形。

解　已知二次曲线的矩阵是

$$A=\begin{pmatrix}1 & 1 & 1\\ 1 & 1 & \frac{1}{2}\\ 1 & \frac{1}{2} & 0\end{pmatrix},\ I_1=1+1=2\ ,\ I_2=\begin{vmatrix}1 & 1\\ 1 & 1\end{vmatrix}=0$$

曲线为非中心曲线,它的特征方程为 $\lambda^2-2\lambda=0$,特征根为 $\lambda_1=2,\ \lambda_2=0$,曲线的非渐近主方向为对应于 $\lambda_1=2$ 的主方向

$$X:Y=1:1$$

所以曲线的主直径为

$$(x+y+1)+\left(x+y+\frac{1}{2}\right)=0$$

即 $x+y+\frac{3}{4}=0$。求出主直径于曲线的交点,即曲线的顶点为 $\left(\frac{3}{16},\ -\frac{15}{16}\right)$,所以过曲线顶点且以非渐近主方向为方向的直线为

$$\frac{x-\frac{3}{16}}{1}=\frac{y+\frac{15}{16}}{1}$$

即

$$x-y-\frac{9}{8}=0$$

这也是过顶点垂直于主直径的直线,取主直径

$$x+y+\frac{3}{4}=0$$

为新坐标系的 x_1 轴,而过曲线的顶点且垂直于主直径的直线

$$x-y-\frac{9}{8}=0$$

为 y_1 轴,作坐标变换,它的变换公式为

$$\begin{cases}x_1=\dfrac{x-y-\frac{9}{8}}{\sqrt{2}}\\[2ex] y_1=\dfrac{x+y+\frac{3}{4}}{\sqrt{2}}\end{cases}$$

解出 x 与 y

$$\begin{cases} x = \dfrac{\sqrt{2}}{2}x_1 + \dfrac{\sqrt{2}}{2}y_1 + \dfrac{3}{16} \\ y = -\dfrac{\sqrt{2}}{2}x_1 + \dfrac{\sqrt{2}}{2}y_1 - \dfrac{15}{16} \end{cases}$$

代入已知方程,经过整理得

$$2{y_1}^2 + \frac{\sqrt{2}}{2}x_1 = 0$$

化为标准方程 ${y_1}^2 = -\dfrac{\sqrt{2}}{4}x_1$,这是一条抛物线,如图 5-8 所示。

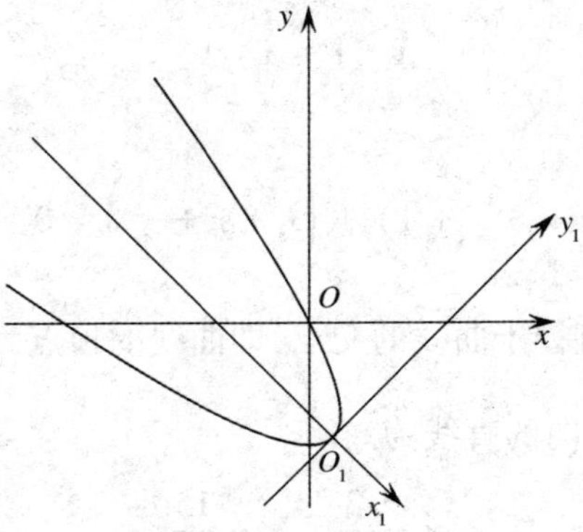

图 5-8

例 5.6.6 化简 $x^2 - 2xy + y^2 + 2x - 2y - 3 = 0$。

解 已知曲线的矩阵为

$$\boldsymbol{A} = \begin{pmatrix} 1 & -1 & 1 \\ -1 & 1 & -1 \\ 1 & -1 & -3 \end{pmatrix}$$

它的第一,第二两行成比例,曲线为线心曲线,它有唯一的直径即中心线,也是曲线的主直径,其方程是 $x - y + 1 = 0$,取它为新坐标系的 x_1 轴,再取任意垂直于这中心线的直线,比如 $x + y = 0$, 为新坐标系的 y_1 轴作坐标变换,这时的变换公式为

$$\begin{cases} x_1 = \dfrac{x + y}{\sqrt{2}} \\ y_1 = \dfrac{x - y + 1}{-\sqrt{2}} \end{cases}$$

解出 x 与 y ,得

$$\begin{cases} x = \dfrac{\sqrt{2}}{2}x_1 - \dfrac{\sqrt{2}}{2}y_1 - \dfrac{1}{2} \\ y = \dfrac{\sqrt{2}}{2}x_1 + \dfrac{\sqrt{2}}{2}y_1 + \dfrac{1}{2} \end{cases}$$

代入已知方程,经过整理得

$$y_1^{\ 2} = 2 \text{ 或 } y_1 = \pm\sqrt{2}$$

这是两条平行直线,如图 5-9 所示。

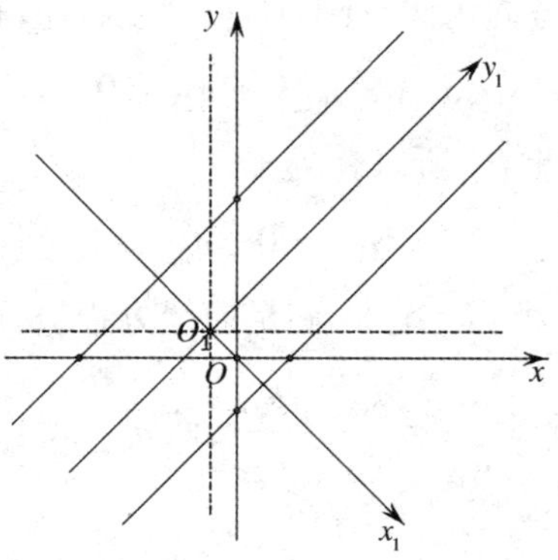

图 5-9

当二次曲线的方程表示两条实直线时,直接分解得到两个一次方程通常是最简单有效的简化方法,因为这样可避免进行坐标变换。除了线心曲线外,中心二次曲线是两条相交直线时,也可对原方程直接分解。

通过上面的例子,我们可以得出下面的一般结论。

定理 5.6.2　通过适当的坐标变换,二次曲线的方程总可以化成下面三个简化方程中的一个:

(Ⅰ) $a_{11}x^2 + a_{22}y^2 + a_{33} = 0,\ a_{11}a_{22} \neq 0$;

(Ⅱ) $a_{22}y^2 + 2a_{13}x = 0,\ a_{22}a_{13} \neq 0$;

(Ⅲ) $a_{22}y^2 + a_{33} = 0,\ a_{22} \neq 0$。

证　二次曲线可分为中心曲线、无心曲线与线心曲线三类,现按这三种情况来讨论。

(1) 当已知二次曲线为中心曲线时,取它的一对既共轭又相互垂直的主直径作为坐标轴建立直角坐标系。设二次曲线在这样的坐标系下的方程为

$$a_{11}x^2 + 2a_{12}xy + a_{22}y^2 + 2a_{13}x + 2a_{22}y + a_{33} = 0$$

因为这时原点就是曲线的中心,所以方程中没有一次项,即

$$a_{13} = a_{23} = 0$$

二次曲线的两条主直径(即坐标轴)的方向为 1∶0 与 0∶1,它们互相共轭,因此必有 $a_{12} = 0$。所以曲线的方程为

$$(\text{I})\ a_{11}x^2+a_{22}y^2+a_{33}=0$$

又因为它是中心曲线,所以又有

$$I_2=a_{11}a_{22}-a_{12}{}^2=a_{11}a_{22}\neq 0$$

(2)当已知二次曲线为无心曲线时,取它的唯一主直径为 x 轴,取过顶点(即主直径与曲线的交点)且以非渐近主方向为方向的直线(即过顶点垂直于主直径的直线)为 y 轴建立坐标系,这时假设曲线的方程为

$$a_{11}x^2+2a_{12}xy+a_{22}y^2+2a_{13}x+2a_{22}y+a_{33}=0$$

因为这时主直径的共轭方向为 $X:Y=0:1$,所以主直径的方程为

$$a_{12}x+a_{22}y+a_{23}=0$$

它就是 x 轴,即与直线 $y=0$ 重合,所以有

$$a_{12}=a_{23}=0\ ,\ a_{22}\neq 0$$

又因为顶点与坐标原点重合,所以 $(0,0)$ 满足曲线方程,从而又有 $a_{33}=0$。

由于曲线为无心曲线,所以 $\frac{a_{11}}{a_{12}}=\frac{a_{12}}{a_{22}}\neq\frac{a_{13}}{a_{23}}$,而 $a_{12}=0$, $a_{22}\neq 0$,所以有 $a_{11}=0$, $a_{13}\neq 0$。因而曲线的方程为

$$(\text{II})\ a_{22}y^2+2a_{13}x=0\ ,\ a_{22}a_{13}\neq 0$$

(3)当已知二次曲线为线心曲线时,取它的中心直线(即曲线的唯一直径,也是主直径)为 x 轴,任意垂直于中心直线的直线为 y 轴建立坐标系,设曲线的方程为

$$a_{11}x^2+2a_{12}xy+a_{22}y^2+2a_{13}x+2a_{22}y+a_{33}=0$$

因为线心曲线的中心直线的方程为

$$a_{11}x+a_{12}y+a_{13}=0 \text{ 与 } a_{12}x+a_{22}y+a_{23}=0$$

中的任何一个,而第二个方程表示 x 轴的条件为

$$a_{12}=a_{23}=0\ ,\ a_{22}\neq 0$$

但第一个方程在 $a_{12}=0$ 的条件下,不可能再表示 x 轴,所以它必须是恒等式,因而有 $a_{11}=a_{13}=0$,所以线性曲线的简化方程为

$$(\text{III})\ a_{22}y^2+a_{33}=0\ ,\ a_{22}\neq 0$$

定理证毕。

根据定理 5.6.3 中二次曲线的三种简化方程系数的各种不同情况,我们可以写出二次曲线的各种标准方程,从而得出二次曲线的分类。

(Ⅰ)中心曲线

$$a_{11}x^2+a_{22}y^2+a_{33}=0\ ,\ a_{11}a_{22}\neq 0$$

当 $a_{33}\neq 0$ 时,方程可化为

$$Ax^2+By^2=1$$

其中 $A=-\dfrac{a_{11}}{a_{33}}$，$B=-\dfrac{a_{22}}{a_{33}}$。

如果 $A>0$，$B>0$，那么设

$$A=\frac{1}{a^2}\,,\ B=\frac{1}{b^2}$$

得到方程

(1)椭圆：$\dfrac{x^2}{a^2}+\dfrac{y^2}{b^2}=1$

如果 $A<0$，$B<0$，那么设

$$A=-\frac{1}{a^2}\,,\ B=-\frac{1}{b^2}$$

得到方程

(2)虚椭圆：$\dfrac{x^2}{a^2}+\dfrac{y^2}{b^2}=-1$

若 A，B 异号，不失一般性，可设 $A>0$，$B<0$(在相反情况下，只要把两坐标轴 x 和 y 对调)，设

$$A=\frac{1}{a^2}\,,\ B=-\frac{1}{b^2}$$

得到方程

(3)双曲线：$\dfrac{x^2}{a^2}-\dfrac{y^2}{b^2}=1$

当 $a_{33}=0$ 时，如果 a_{11} 与 a_{22} 同号，可以假设 $a_{11}>0$，$a_{22}>0$(在相反情况只要在方程两边同乘-1)，再设

$$a_{11}=\frac{1}{a^2}\,,\ a_{22}=\frac{1}{b^2}$$

得到方程

(4)点椭圆：$\dfrac{x^2}{a^2}+\dfrac{y^2}{b^2}=0$

如果 a_{11} 与 a_{22} 异号，那么类似的有

(5)两相交直线：$\dfrac{x^2}{a^2}-\dfrac{y^2}{b^2}=0$

(Ⅱ)无心曲线

$$a_{22}y^2+2a_{13}x=0\,,\ a_{22}a_{13}\neq 0$$

不妨设 a_{13} 与 a_{22} 异号(同号时令 $x=-x_1$，$y=y_1$ 即异号)，令 $-\dfrac{a_{13}}{a_{22}}=p$，即得

(6)抛物线：$y^2 = 2px$

(Ⅲ)线心曲线

$$a_{22}y^2 + a_{33} = 0 \text{ , } a_{22} \neq 0$$

方程可以改写为

$$y^2 = -\frac{a_{33}}{a_{22}}$$

当 a_{22} 与 a_{33} 异号时,设 $-\frac{a_{33}}{a_{22}} = a^2$,得到方程

(7)两平行实直线：$y^2 = a^2$

当 a_{22} 与 a_{33} 同号时,设 $\frac{a_{33}}{a_{22}} = a^2$,得到方程

(8)两平行共轭虚直线：$y^2 = -a^2$

当 $a_{33} = 0$ 时,得到方程为

(9)两重合实直线：$y^2 = 0$

于是我们就得到了下面的结论：

定理 5.6.3 通过适当选取坐标系,二次曲线方程总可以写成上面九种标准方程的一种形式。

同步练习 5.6

基础题

1. 利用移轴与转轴,化简下列二次曲线的方程,并画出它们的图形：

(1) $5x^2 + 4xy + 2y^2 - 24x - 12y + 18 = 0$;

(2) $x^2 + 2xy + y^2 - 4x + y - 1 = 0$;

(3) $5x^2 + 12xy - 22x - 12y - 19 = 0$;

(4) $x^2 + 2xy + y^2 + 2x + 2y = 0$。

2. 以二次曲线的主直径为新坐标轴化简下列方程,写出相应的坐标变换公式并画出它们的图形：

(1) $8x^2 + 4xy + 5y^2 + 8x - 16y - 16 = 0$;

(2) $x^2 - 4xy - 2y^2 + 10x + 4y = 0$;

(3) $4x^2 - 4xy + y^2 + 6x - 8y + 3 = 0$;

(4) $4x^2 - 4xy + y^2 + 4x - 2y = 0$。

提高题

1. 试证中心二次曲线 $ax^2+2hxy+ay^2=d$ 的两条主直径为 $x^2-y^2=0$,曲线的两半轴的长分别是 $\sqrt{\left|\frac{d}{a+h}\right|}$ 及 $\sqrt{\left|\frac{d}{a-h}\right|}$。

§5.7　应用不变量化简二次曲线的方程

目的与要求:

1. 理解二次曲线的不变量和半不变量;
2. 掌握三类二次曲线简化方程的形式;
3. 了解用不变量和半不变量判断二次曲线类型的方法。

重点与难点:

重点:三类二次曲线简化方程的形式。

难点:不变量和半不变量的证明。

在许多情况下,我们并不需要确定二次曲线在原坐标系下的位置,而只需要确定其形状与类型。应用不变量化简二次曲线的方程就可以简单地做到这一点。同一二次曲线在不同的坐标系下有不同的方程,但是,由方程的系数确定的几何量(如圆锥曲线的焦参数、长短轴、离心率等)却不因坐标系的改变而改变,或者说不因坐标变换而改变,这些量就是不变量。

我们研究的不变量和半不变量是方程的某些系数的函数,它们与这些不变的几何量具有密切的关系。下面给出不变量和半不变量的确切定义。

5.7.1　不变量与半不变量

设二次曲线在任意给定的直角坐标系中的方程为

$$F(x,\ y)\equiv a_{11}x^2+2a_{12}xy+a_{22}y^2+2a_{13}x+2a_{23}y+a_{33}=0 \qquad (5.7\text{-}1)$$

设在直角坐标变换公式

$$\begin{cases} x=x_1\cos\alpha-y_1\sin\alpha+x_0 \\ y=x_1\sin\alpha+y_1\cos\alpha+y_0 \end{cases}$$

下,上式左端变为

$$F(x_1,\ y_1)\equiv b_{11}{x_1}^2+2b_{12}x_1y_1+b_{22}{y_1}^2+2b_{13}x_1+2b_{23}y_1+b_{33}$$

那么多项式 $F(x_1,\ y_1)$ 也是二元二次多项式,它的每一个系数都可以用多项式 $F(x,\ y)$

的系数和坐标变换公式的系数表示出。

定义 5.7.1　由式(5.7-1)的左端 $F(x, y)$ 的系数组成的一个非常数函数,如果经过直角坐标变换公式, $F(x, y)$ 变为 $F(x_1, y_1)$ 时,有

$$f(a_{11}, a_{12}, \cdots, a_{33}) = f(b_{11}, b_{12}, \cdots, b_{33})$$

那么这个函数 f 就叫作二次曲线在直角坐标变换下的**不变量**。如果这个函数 f 只是经过转轴变换不变,那么这个函数就叫作二次曲线在直角坐标变换下的**半不变量**。

定理 5.7.1　二次曲线在直角坐标变换下,有三个不变量

$$I_1 = a_{11} + a_{22}, \ I_2 = \begin{vmatrix} a_{11} & a_{12} \\ a_{12} & a_{22} \end{vmatrix}, \ I_3 = \begin{vmatrix} a_{11} & a_{12} & a_{13} \\ a_{12} & a_{22} & a_{23} \\ a_{13} & a_{23} & a_{33} \end{vmatrix}$$

与一个半不变量

$$K = \begin{vmatrix} a_{11} & a_{13} \\ a_{13} & a_{33} \end{vmatrix} + \begin{vmatrix} a_{22} & a_{23} \\ a_{23} & a_{33} \end{vmatrix}$$

证　因为直角坐标变换公式总可以通过移轴和转轴两步完成,因此证明也分移轴与转轴两种情况。

先证明在移轴下 I_1, I_2, I_3 不变,而 K 一般要改变。

由于在移轴下,二次曲线的二次项系数不变,所以

$$I'_1 = b_{11} + b_{22} = a_{11} + a_{22} = I_1$$

$$I'_2 = \begin{vmatrix} b_{11} & b_{12} \\ b_{12} & b_{22} \end{vmatrix} = \begin{vmatrix} a_{11} & a_{12} \\ a_{12} & a_{22} \end{vmatrix} = I_2$$

$$I'_3 = \begin{vmatrix} b_{11} & b_{12} & b_{13} \\ b_{12} & b_{22} & b_{23} \\ b_{13} & b_{23} & b_{33} \end{vmatrix}$$

$$= \begin{vmatrix} a_{11} & a_{12} & a_{11}x_0 + a_{12}y_0 + a_{13} \\ a_{12} & a_{22} & a_{12}x_0 + a_{22}y_0 + a_{23} \\ a_{11}x_0 + a_{12}y_0 + a_{13} & a_{12}x_0 + a_{22}y_0 + a_{23} & F(x_0, y_0) \end{vmatrix}$$

$$= \begin{vmatrix} a_{11} & a_{12} & a_{13} \\ a_{12} & a_{22} & a_{23} \\ a_{11}x_0 + a_{12}y_0 + a_{13} & a_{12}x_0 + a_{22}y_0 + a_{23} & a_{13}x_0 + a_{23}y_0 + a_{33} \end{vmatrix}$$

$$= \begin{vmatrix} a_{11} & a_{12} & a_{13} \\ a_{12} & a_{22} & a_{23} \\ a_{13} & a_{23} & a_{33} \end{vmatrix}$$

$$= I_3$$

K 在移轴下一般是要改变的，例如 $F(x,y)=2xy$，它的 $K=0$，而通过移轴，$F(x,y)$ 变为 $F(x_1,y_1)=2x_1y_1+2y_0x_1+2x_0y_1+2x_0y_0$，而这时

$$K'=\begin{vmatrix}0 & y_0\\ y_0 & 2x_0y_0\end{vmatrix}+\begin{vmatrix}0 & x_0\\ x_0 & 2x_0y_0\end{vmatrix}=-x_0^2-y_0^2\neq 0$$

故 $K'\neq K$。

现证明在转轴下 I_1,I_2,I_3 与 K 都不变。对于 I_1 与 I_2 只要考虑方程的二次项系数就够了，在转轴下有

$$\begin{cases}c_{11}=a_{11}\cos^2\alpha+2a_{12}\sin\alpha\cos\alpha+a_{22}\sin^2\alpha\\ c_{22}=a_{11}\sin^2\alpha-2a_{12}\sin\alpha\cos\alpha+a_{22}\cos^2\alpha\\ c_{12}=(a_{22}-a_{11})\sin\alpha\cos\alpha+a_{12}(\cos^2\alpha-\sin^2\alpha)\end{cases}\tag{5.7-2}$$

利用三角函数关系

$$\cos^2\alpha=\frac{1+\cos2\alpha}{2},\ \sin^2\alpha=\frac{1-\cos2\alpha}{2},\ \sin\alpha\cos\alpha=\frac{\sin2\alpha}{2}$$

可将式(5.7-2)化为

$$\begin{cases}c_{11}=\dfrac{a_{11}+a_{22}}{2}+\dfrac{a_{11}-a_{22}}{2}\cos2\alpha+a_{12}\sin2\alpha\\ c_{22}=\dfrac{a_{11}+a_{22}}{2}-\dfrac{a_{11}-a_{22}}{2}\cos2\alpha-a_{12}\sin2\alpha\\ c_{12}=\dfrac{a_{11}-a_{22}}{2}\sin2\alpha+a_{12}\cos2\alpha\end{cases}\tag{5.7-3}$$

故

$$I''_1=c_{11}+c_{22}=a_{11}+a_{22}=I_1$$

$$I''_2=\begin{vmatrix}c_{11} & c_{12}\\ c_{12} & c_{22}\end{vmatrix}=c_{11}c_{22}-c_{12}{}^2$$

$$=\frac{(a_{11}+a_{22})^2}{2}-\left(\frac{a_{11}-a_{22}}{2}\cos2\alpha+a_{12}\sin2\alpha\right)^2-\left(\frac{a_{22}-a_{11}}{2}\sin2\alpha+a_{12}\cos2\alpha\right)^2$$

$$=\frac{(a_{11}+a_{22})^2}{2}-\frac{(a_{11}-a_{22})^2}{2}-a_{12}{}^2=a_{11}a_{22}-a_{12}{}^2=I_2$$

现证 I_3 在转轴下也不变。因为

$$I''_3=\begin{vmatrix}c_{11} & c_{12} & c_{13}\\ c_{12} & c_{22} & c_{23}\\ c_{13} & c_{23} & c_{33}\end{vmatrix}=c_{13}\begin{vmatrix}c_{12} & c_{22}\\ c_{13} & c_{23}\end{vmatrix}-c_{23}\begin{vmatrix}c_{11} & c_{12}\\ c_{13} & c_{23}\end{vmatrix}+c_{33}\begin{vmatrix}c_{11} & c_{12}\\ c_{12} & c_{22}\end{vmatrix}$$

而在转轴下，已证得 $I_2=\begin{vmatrix}a_{11} & a_{12}\\ a_{12} & a_{22}\end{vmatrix}$ 不变，且在转轴下二次曲线方程的常数项不变，所以又

有 $c_{33}=a_{33}$，因此

$$I''_3=c_{13}\begin{vmatrix}c_{12} & c_{22}\\ c_{13} & c_{23}\end{vmatrix}-c_{23}\begin{vmatrix}c_{11} & c_{12}\\ c_{13} & c_{23}\end{vmatrix}+a_{33}\begin{vmatrix}a_{11} & a_{12}\\ a_{12} & a_{22}\end{vmatrix}$$

将式(5.6-7)代入上式右端前两个行列式内，化简整理得

$$\begin{vmatrix}c_{12} & c_{22}\\ c_{13} & c_{23}\end{vmatrix}=\begin{vmatrix}a_{12} & a_{22}\\ a_{13} & a_{23}\end{vmatrix}\cos\alpha-\begin{vmatrix}a_{11} & a_{12}\\ a_{13} & a_{23}\end{vmatrix}\sin\alpha$$

同理可得

$$\begin{vmatrix}c_{11} & c_{12}\\ c_{13} & c_{23}\end{vmatrix}=-\begin{vmatrix}a_{12} & a_{22}\\ a_{13} & a_{23}\end{vmatrix}\sin\alpha-\begin{vmatrix}a_{11} & a_{12}\\ a_{13} & a_{23}\end{vmatrix}\cos\alpha$$

所以

$$\begin{aligned}I''_3&=c_{13}\left(\begin{vmatrix}a_{12} & a_{22}\\ a_{13} & a_{23}\end{vmatrix}\cos\alpha-\begin{vmatrix}a_{11} & a_{12}\\ a_{13} & a_{23}\end{vmatrix}\sin\alpha\right)+c_{23}\left(-\begin{vmatrix}a_{12} & a_{22}\\ a_{13} & a_{23}\end{vmatrix}\sin\alpha-\begin{vmatrix}a_{11} & a_{12}\\ a_{13} & a_{23}\end{vmatrix}\cos\alpha\right)+a_{33}\begin{vmatrix}a_{11} & a_{12}\\ a_{12} & a_{22}\end{vmatrix}\\
&=\begin{vmatrix}a_{12} & a_{22}\\ a_{13} & a_{23}\end{vmatrix}(c_{13}\cos\alpha-a_{23}\sin\alpha)-\begin{vmatrix}a_{11} & a_{12}\\ a_{13} & a_{23}\end{vmatrix}(c_{13}\sin\alpha+c_{13}\cos\alpha)+a_{33}\begin{vmatrix}a_{11} & a_{12}\\ a_{12} & a_{22}\end{vmatrix}\\
&=a_{13}\begin{vmatrix}a_{12} & a_{22}\\ a_{13} & a_{23}\end{vmatrix}-a_{23}\begin{vmatrix}a_{11} & a_{12}\\ a_{13} & a_{23}\end{vmatrix}+a_{33}\begin{vmatrix}a_{11} & a_{12}\\ a_{12} & a_{22}\end{vmatrix}\\
&=\begin{vmatrix}a_{11} & a_{12} & a_{13}\\ a_{12} & a_{22} & a_{23}\\ a_{13} & a_{23} & a_{33}\end{vmatrix}\\
&=I_3\end{aligned}$$

最后证明 K 在转轴下也是不变的。因为

$$K=\begin{vmatrix}a_{11} & a_{13}\\ a_{13} & a_{33}\end{vmatrix}+\begin{vmatrix}a_{22} & a_{23}\\ a_{23} & a_{33}\end{vmatrix}=(a_{11}+a_{22})a_{33}-(a_{13}^2+a_{23}^2)$$

而 $I_1=a_{11}+a_{22}$ 和二次曲线的常数项 a_{33} 在转轴下都是不变的，由式(5.6-7)中 c_{13} 和 c_{23} 的表达式直接计算可得

$$c_{13}^2+c_{23}^2=a_{13}^2+a_{23}^2$$

所以

$$\begin{aligned}K''&=\begin{vmatrix}c_{11} & c_{13}\\ c_{13} & c_{33}\end{vmatrix}+\begin{vmatrix}c_{22} & c_{23}\\ c_{23} & c_{33}\end{vmatrix}\\
&=(c_{11}+c_{22})c_{33}-(c^2_{13}+c^2_{23})\\
&=(a_{11}+a_{22})a_{33}-(a_{13}^2+a_{23}^2)\end{aligned}$$

$$= \begin{vmatrix} a_{11} & a_{13} \\ a_{13} & a_{33} \end{vmatrix} + \begin{vmatrix} a_{22} & a_{23} \\ a_{23} & a_{33} \end{vmatrix}$$

$$= K$$

定理证毕。

定理 5.7.2　当二次曲线为线心曲线时，K 是直角坐标变换下的不变量。

证　首先，证明当线心二次曲线的方程具有简化方程

$$(\text{Ⅲ})\ a_{22}y^2 + a_{33} = 0$$

时，K 在直角坐标变换下不变。因 K 是半不变量，所以只要证明它在移轴下不变即可。

在移轴下，式(Ⅲ)的左端变为

$$a_{22}(y_1 + y_0)^2 + a_{33} = a_{22}{y_1}^2 + 2a_{22}y_1y_0 + a_{22}{y_0}^2 + a_{33} = 0$$

此时

$$K' = \begin{vmatrix} 0 & 0 \\ 0 & a_{22}y_0^2 + a_{33} \end{vmatrix} + \begin{vmatrix} a_{22} & a_{22}y_0 \\ a_{22}y_0 & a_{22}y_0^2 + a_{33} \end{vmatrix} = a_{22}a_{33}$$

而

$$K = \begin{vmatrix} 0 & 0 \\ 0 & a_{33} \end{vmatrix} + \begin{vmatrix} a_{22} & 0 \\ 0 & a_{33} \end{vmatrix} = a_{22}a_{33}$$

故

$$K' = K$$

其次，如果 $F(x, y) = 0$ 经过移轴变成式(Ⅲ)，则反过来式(Ⅲ)经过移轴就变成 $F(x, y) = 0$，所以当线性二次曲线通过移轴其方程能化成式(Ⅲ)时，K 不变。

现设线心二次曲线 $F(x, y) = 0$ 经过任意的直角坐标变换 t 变成 $F(x_1, y_1) = 0$，我们来证明 $K' = K$。因为 $F(x, y) = 0$ 为线心二次曲线，因此总存在直角坐标变换 t_1 把 $F(x, y) = 0$ 变成式(Ⅲ)的左端，因此反过来也一定可以通过直角坐标变换 $\frac{1}{t_1}$ 把式(Ⅲ)的左端变成 $F(x, y) = 0$，再通过坐标变换 t 把 $F(x, y) = 0$ 变成 $F(x_1, y_1) = 0$，也就是存在一个直角坐标变换 $t_2 = t\frac{1}{t_1}$ 把式(Ⅲ)的左端变成 $F(x_1, y_1) = 0$。

因此，根据前面已证明的，当通过直角坐标变换 t_1 把 $F(x, y) = 0$ 变成式(Ⅲ)的左端时 K 不变，所以有 $K = K''$。

而通过直角坐标变换 $t_2 = t\frac{1}{t_1}$ 把式(Ⅲ)的左端变为 $F(x_1, y_1) = 0$ 时，又有 $K'' = K'$，所以 $K = K'$。

5.7.2 应用不变量化简二次曲线的方程

我们已经证明,任何一个二次曲线的方程总可以化成三个简化方程(Ⅰ)、(Ⅱ)、(Ⅲ)中的一个。现在我们应用二次曲线的三个不变量 $I_1 = I_2 = I_3$ 与一个半不变量 K_1 来简化二次曲线的方程。这种方法的特点是可以不必求出具体的坐标变换公式,只要计算一下这些不变量与半不变量就可以决定二次曲线的简化方程,进而写出它的标准方程。为了方便,仍然分中心曲线、无心曲线与线心曲线三种情况来讨论。

中心曲线,此时 $I_2 \neq 0$,它的简化方程为

(Ⅰ) $b_{11}x_1{}^2 + b_{22}y_1{}^2 + b_{33} = 0$

因此有

$$I'_1 = b_{11} + b_{22} = I_1\ ,\ I_2' = \begin{vmatrix} b_{11} & 0 \\ 0 & b_{22} \end{vmatrix} = b_{11}b_{22} = I_2$$

根据二次方程的根与系数的关系,b_{11} 与 b_{22} 是特征方程

$$\lambda^2 - I_1\lambda + I_2 = 0$$

的两个根,即 $b_{11} = \lambda_1$, $b_{22} = \lambda_2$ 分别是二次曲线的特征根。

又有

$$I'_3 = \begin{vmatrix} b_{11} & 0 & 0 \\ 0 & b_{22} & 0 \\ 0 & 0 & b_{33} \end{vmatrix} = b_{11}b_{22}b_{33} = I_2 b_{33}$$

而

$$I_3' = I_3$$

所以

$$b_{33} = \frac{I_3}{I_2}$$

这样我们就得到:

定理 5.7.3 如果二次曲线是中心二次曲线,那么它的简化方程为

$$\lambda_1 x^2 + \lambda_2 y^2 + \frac{I_3}{I_2} = 0 \qquad (5.7\text{-}4)$$

其中 λ_1, λ_2 是二次曲线的特征方程的两个根(方程中已略去 x, y 的足码)。

无心曲线,此时 $I_2 = 0$, $I_3 \neq 0$,它的简化方程为

(Ⅱ) $b_{22}y_1{}^2 + 2b_{13}x_1 = 0\ (b_{22} \neq 0)$

因此有

$$I'_1 = b_{22} = I_1$$

$$I'_3 = \begin{vmatrix} 0 & 0 & b_{13} \\ 0 & b_{22} & 0 \\ b_{13} & 0 & 0 \end{vmatrix} = -b_{22}b^2_{13} = -I_1 b^2_{13}$$

而

$$I_3{}' = I_3$$

所以

$$b_{13} = \pm\sqrt{-\frac{I_3}{I_1}}$$

因 $b_{13} < 0$,故 $I_1 I_3 < 0$。由此得到：

定理 5.7.4　如果二次曲线是无心曲线,那么它的简化方程为

$$I_1 y^2 \pm 2\sqrt{-\frac{I_3}{I_1}}x = 0 \tag{5.7-5}$$

这里根号前的正负号可以任意选取(方程中已略去 x,y 的足码)。

线心曲线,此时 $\frac{a_{11}}{a_{12}} = \frac{a_{12}}{a_{22}} = \frac{a_{13}}{a_{23}}$,即 $I_2 = 0$, $I_3 = 0$ 它的简化方程为

(Ⅲ) $b_{22}y_1{}^2 + b_{33} = 0$ ($b_{22} \neq 0$)

因此有

$$I'_1 = b_{22} = I_1$$

$$K' = \begin{vmatrix} 0 & 0 \\ 0 & b_{33} \end{vmatrix} + \begin{vmatrix} b_{22} & 0 \\ 0 & b_{33} \end{vmatrix} = b_{22}b_{33} = I_1 b_{33}$$

而 $K' = K$,所以

$$b_{33} = \frac{K}{I_1}$$

因此有：

定理 5.7.5　如果二次曲线是线心曲线,那么它的简化方程为

$$I_1 y^2 + \frac{K}{I_1} = 0 \tag{5.7-6}$$

(方程中的已略去 y 的足码)。

例 5.7.1　求二次曲线

$$x^2 + 6xy + y^2 + 6x + 2y - 1 = 0$$

的简化方程与标准方程。

解 因为

$$I_3 = \begin{vmatrix} 1 & 3 & 3 \\ 3 & 1 & 1 \\ 3 & 1 & -1 \end{vmatrix} = 16 \neq 0 \text{ , } I_1 = 1 + 1 = 2 \text{ , } I_1 = 1 \times 1 - 3^2 = -8 < 0$$

故所给的曲线是双曲线。其特征方程为

$$\lambda^2 - 2\lambda - 8 = 0$$

解得特征根为 $\lambda_1 = 4$, $\lambda_2 = -2$,所以曲线的简化方程为

$$4{x_1}^2 - 2{y_1}^2 + \frac{16}{-8} = 0$$

化成标准方程就是

$$\frac{{x_1}^2}{\frac{1}{2}} - \frac{{y_1}^2}{1} = 1$$

例 5.7.2 求二次曲线

$$\sqrt{x} + \sqrt{y} = \sqrt{a}$$

的简化方程与标准方程。

解 显然有 $a \geqslant 0$,且 x 和 y 均非负。

当 $a = 0$ 时,原方程表示坐标原点。此时须注意不可将原方程写成 $\sqrt{x} = -\sqrt{y}$ 两边再平方,因为这样会得出原方程表示两条相交实直线的错误结论。

当 $a > 0$ 时,原方程可变形为

$$x^2 - 2xy + y^2 - 2ax - 2ay + a^2 = 0 \ (x \geqslant 0 \text{ , } y \geqslant 0)$$

$$I_3 = \begin{vmatrix} 1 & -1 & -a \\ -1 & 1 & -a \\ -a & -a & a^2 \end{vmatrix} = -4a^2 < 0$$

因有 $I_1 = 2$, $I_2 = 0$,原方程表示仅在第一卦限有实图形的一段抛物线,其对称轴是直线 $y = x$,顶点坐标是 $\left(\frac{a}{4}, \frac{a}{4}\right)$,曲线的两个端点的坐标是 $(0, a)$ 和 $(a, 0)$ 。

简化方程为

$$2{y_1}^2 \pm 2\sqrt{\frac{4a^2}{2}}x_1 = 2$$

标准方程为

$$y^2_1 \pm \sqrt{2}ax_1 = 1$$

其简化方程再经过平移变换

$$\begin{cases} y_2 = y_1 \\ x_2 = x_1 - \dfrac{1}{\sqrt{2}a} \end{cases}$$

后可得标准方程为

$$y^2{}_2 = \sqrt{2}ax_2 \text{ 或 } y^2{}_2 = -\sqrt{2}ax_2$$

从式(5.7-4)~式(5.7-6)可得：

定理 5.7.6　如果给出了二次曲线,那么用它的不变量与半不变量来判断已知曲线为何种曲线的条件是：

(1)椭圆：$I_2 > 0,\ I_1I_3 < 0$；

(2)虚椭圆：$I_2 > 0,\ I_1I_3 > 0$；

(3)点椭圆(或称一对交于实点的共轭虚直线)：$I_2 > 0,\ I_1I_3 = 0$；

(4)双曲线：$I_2 < 0,\ I_3 \neq 0$；

(5)一对相交直线：$I_2 < 0,\ I_3 = 0$；

(6)抛物线：$I_2 = 0,\ I_3 \neq 0$；

(7)一对平行直线：$I_2 = I_3 = 0,\ K_1 < 0$；

(8)一对平行的虚直线：$I_2 = I_3 = 0,\ K_1 > 0$；

(9)一对重合的直线：$I_2 = I_3 = K_1 = 0$。

推论　二次曲线表示两条直线(实的或虚的,不同的或重合的)的充要条件为 $I_3 = 0$。

二次曲线的直角坐标变换下的不变量是一个十分重要的概念。解析几何的主要目的是通过曲线的方程来研究曲线的几何性质,而由二次曲线方程的系数所构成的不变量 I_1、I_2、I_3 以及 K_1 完全可以刻画二次曲线的形状与其他特征。不变量能够深刻地反映方程与曲线的关系,它把我们对数形结合的认识提高到了一个新的高度。

同步练习 5.7

基础题

1. 利用不变量判断下列二次曲线为何种曲线,并求出它们的简化方程与标准方程：

(1) $x^2 + 6xy + y^2 + 6x + 2y - 1 = 0$；

(2) $3x^2 - 2xy + 3y^2 + 4x + 4y - 4 = 0$；

(3) $x^2 - 4xy + 3y^2 + 2x - 2y = 0$；

(4) $x^2 - 4xy + 4y^2 + 2x - 2y - 1 = 0$；

(5) $x^2 - 2xy + 2y^2 - 4x - 6y + 29 = 0$；

(6) $\sqrt{x} + \sqrt{y} = \sqrt{a}$；

(7) $x^2+2xy+y^2+2x+2y-4=0$;

(8) $4x^2-4xy+y^2+12x-6y+9=0$。

2. 当 λ 取何值时,方程 $\lambda x^2+4xy+y^2-4x-2y-3=0$ 表示两条直线?

3. 按实数 λ 的值讨论方程 $\lambda x^2-2xy+\lambda y^2-2x+2y+5=0$ 表示什么曲线?

4. 设 $a_{11}x^2+2a_{12}xy+a_{22}y^2+2a_{13}x+2a_{23}y+a_{33}=0$ 表示两条平行直线,证明这两条直线之间的距离是 $d=\sqrt{-\frac{4K_1}{{I_1}^2}}$。

5. 试证明方程 $a_{11}x^2+2a_{12}xy+a_{22}y^2+2a_{13}x+2a_{23}y+a_{33}=0$ 确定一个实圆且需 ${I_1}^2=4I_2$,$I_1I_2<0$。

6. 试证明如果二次曲线的 $I_1=0$,那么 $I_2<0$。

提高题

1. 试证明如果二次曲线的 $I_2=0$, $I_3\neq 0$,那么 $I_1\neq 0$,而且 $I_1I_3<0$。

§5.8 应用举例

二次曲线在许多领域中都有着广泛的应用,**在桥梁和建筑物的设计中**,二次曲线被用来描述拱形和弧形结构。例如,在拱桥的设计中,二次曲线模型可以帮助工程师确定合适的拱形曲线,以及正确的弧度和支撑结构,从而确保桥梁的结构稳定。**在投掷运动中**,如投掷物体或运动员抛投物体,物体在空中的轨迹可以被二次曲线描述。例如,篮球、排球、羽毛球等球体运动路径就是一个抛物线。运动员在训练和比赛中,需要根据抛物线的特性来估计球体的运动轨迹,以提高命中率和运动成绩。**在道路和铁路的设计中**,二次曲线常用于弧线设计,能够平滑连接不同的线段或曲线,提高行车的安全性和舒适性。**在经济学中**,二次曲线可以用于分析某一变量对另一个变量的边际影响,如成本与产量、收益与销量之间的关系。通过构建二次函数模型,可以预测和优化经济决策,实现利润最大化。**在日常生活中**,二次曲线也随处可见。例如,喷泉的水流在空中形成的轨迹、投篮时篮球的飞行轨迹等,都可以用二次曲线来描述。

上述这些实例展示了二次曲线在生活中的广泛应用,体现了数学与实际生活的紧密联系。通过深入理解和应用二次曲线的性质,我们可以更好地解决生活中的实际问题。

例 5.8.1 设有一颗彗星沿一椭圆轨道绕地球运行,地球恰好位于椭圆轨道的焦点处,当此彗星离地球相距 m 万千米和 $\frac{4}{3}m$ 万千米时,经过地球和彗星的直线与椭圆的长

轴夹角分别为 $\frac{\pi}{2}$ 和$\frac{\pi}{3}$,求该彗星与地球的最近距离。

解　建立如下图所示直角坐标系,设地球位于焦点 $F(-c,\ 0)$ 处,椭圆的方程为

$$\frac{x^2}{a^2}+\frac{y^2}{b^2}=1$$

当过地球和彗星的直线与椭圆的长轴夹角为 $\frac{\pi}{3}$ 时,由椭圆的几何意义可知,彗星 A 只能满足 $\angle xFA=\frac{\pi}{3}$,或 $\angle xFA_1=\frac{\pi}{3}$,作 $AB\perp Ox$ 于 B ,则

$$|FB|=\frac{1}{2}|FA|=\frac{2}{3}m$$

故由椭圆第二定义可知

$$\begin{cases} m=\frac{c}{a}\left(\frac{a^2}{c}-c\right) \\ \frac{4}{3}m=\frac{c}{a}\left(\frac{a^2}{c}-c+\frac{2}{3}m\right) \end{cases}$$

两式相减得

$$\frac{1}{3}m=\frac{c}{a}\cdot\frac{2}{3}m$$

从而

$$a=2c$$

代入第一式得

$$m=\frac{1}{2}(4c-c)=\frac{3}{2}c$$

所以

$$c=\frac{2}{3}m,a-c=c=\frac{2}{3}m$$

彗星与地球的最近距离为 $\frac{2}{3}m$ 万千米。

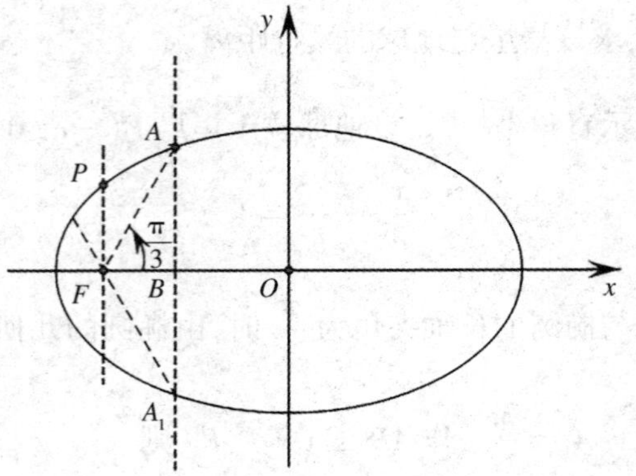

图 5-10

说明 在天体运行中,彗星绕恒星运行的轨道一般都是椭圆,而恒星正是它的一个焦点,该椭圆的两个焦点一个是近地点,另一个则是远地点,这两点到恒星的距离一个是 $a - c$,另一个是 $a + c$ 。

以上给出的解答是建立在椭圆的概念和几何意义之上的,以数学概念为根基充分体现了数形结合的思想。另外,数学应用问题的解决在数学化的过程中也要时刻不忘审题,善于挖掘隐含条件,有意识地训练数学思维的品质。

思考讨论 椭圆上任一点到焦点的距离的最大值和最小值是多少?怎样证明?

例 5.8.2 如图 5-11 所示,一根不可伸长的轻绳两端分别固定在 A、B 点,小木块上面带一个小夹子,开始时用夹子将小木块固定在图示位置,AO 段绳水平,OB 段绳与水平方向的夹角为 45°。现将夹子向左移动一小段距离,移动后小木块仍处于静止状态,关于 AO ,OB 段绳中的拉力,下列说法正确的是(　　)。

A. 移动前,AO 段绳中的拉力等于玩具所受的重力

B. 移动前,AO 段绳中的拉力小于玩具所受的重力

C. 移动后,OB 段绳中拉力的竖直分量不变

D. 移动后,OB 段绳中拉力的竖直分量变小

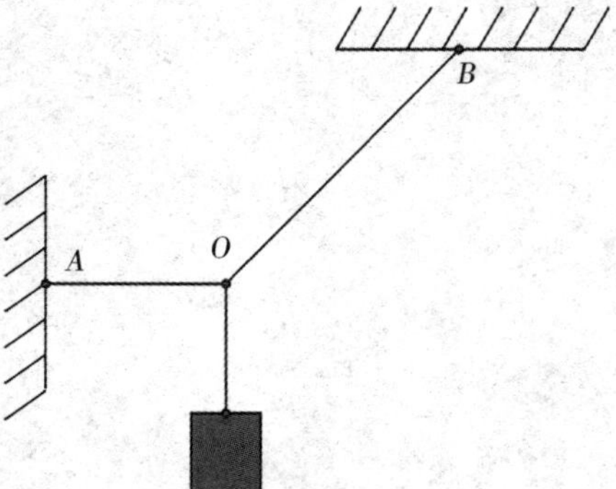

图 5-11

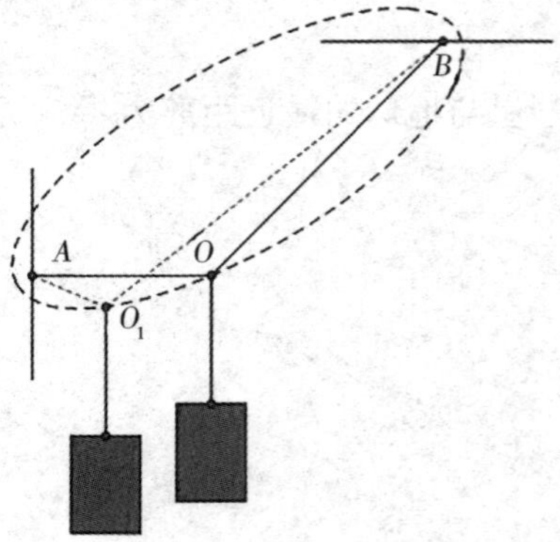

图 5-12

分析　A、B 两项的分析略。夹子作为结点，与各段绳子间均有摩擦，故各段绳中张力不一定相等。又因 A，B 两悬点距离一定，AOB 绳长一定，故结点 O 在绳上移动时其轨迹是一椭圆，如图 5-12 所示。如果 O 向 A 移动，则 AO 段绳和 OB 段绳调整后如图中 AO，OB 所示。可见，AO 段绳不再水平，对结点 O 有斜向上的拉力，OB 段绳中拉力的竖直分量小于小木块的重力。故此题答案为 A、D。

例 5.8.3　A，B，C 是我方三个炮兵阵地，A 在 B 正东 6 km，C 在 B 正北偏西 30°，相距 4 km，P 为敌炮阵地，某时刻 A 处发现敌炮阵地的某种信号，由于 B，C 两地比 A 距 P 地远，因此 4 s 后，B，C 才同时发现这一信号，此信号的传播速度为 1 km/s，A 若炮击 P 地，求炮击的方位角。

解　如图 5-13 所示，以直线 BA 为 x 轴，线段 BA 的中垂线为 y 轴建立坐标系，则 $x=8$，$B(-3,0)$，$C(-5,2\sqrt{3})$，因为 $|PB|=|PC|$，所以点 P 在线段 BC 的垂直平分线上。因为 $k_{BC}=-\sqrt{3}$，BC 中点 $D(-4,\sqrt{3})$，所以直线 PD 的方程为

$$y-\sqrt{3}=\frac{1}{\sqrt{3}}(x+4) \tag{5.8-1}$$

又因为 $|PB|-|PA|=4$，故 P 在以 A，B 为焦点的双曲线右支上。设 $P(x,y)$，则双曲线方程为

$$\frac{x^2}{4}-\frac{y^2}{5}=1\ (x\geqslant 0) \tag{5.8-2}$$

联立式(5.8-1)和式(5.8-2)，得

$$x=8,\ y=5\sqrt{3}$$

所以 $P(8,5\sqrt{3})$。因此 $k_{PA}=\dfrac{5\sqrt{3}}{8-3}=\sqrt{3}$，故炮击的方位角北偏东 30°。

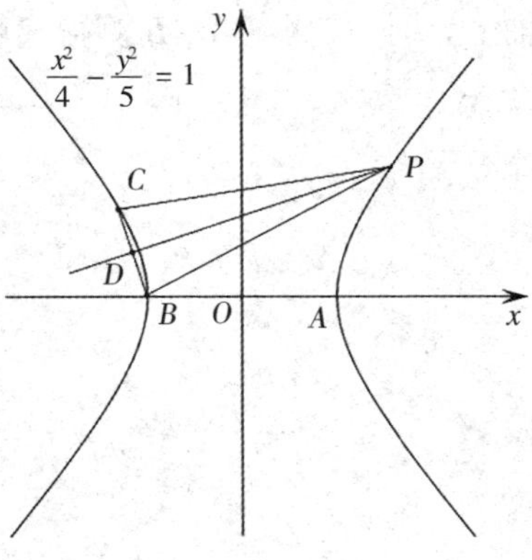

图 5-13

说明　本题的关键是确定 P 点的位置。

例 5.8.4　如图 5-14 所示，一带电粒子在固定正电荷形成的电场中，运动轨迹为如

图所示的 $abcd$ 曲线,下列判断正确的是(　　)

A. 粒子带正电

B. 粒子通过 a 点时的速度比通过 b 点时大

C. 粒子在 a 点受到的电场力比 b 点小

D. 粒子在 a 点时的电势能比 b 点大

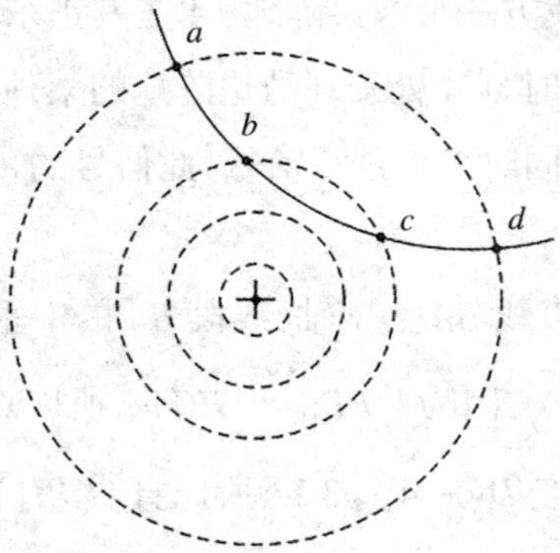

图 5-14

说明　结合曲线运动特点知,粒子受的力是斥力,背离固定正电荷,也可以证明 $abcd$ 曲线是双曲线的一支。B , C , D 分析略,此题答案是 A , B , C 。

例 5.8.5　学校科技小组在计算机上模拟航天器变轨返回试验。设计方案如图 5-15 所示,航天器运行(按顺时针方向)的轨迹方程为 $\frac{x^2}{100}+\frac{y^2}{25}=1$,变轨(即航天器运行轨迹由椭圆变为抛物线)后返回的轨迹是以 y 轴为对称轴, $M\left(0,\frac{64}{7}\right)$ 为顶点的抛物线的实线部分,降落点为 $D(8, 0)$ 。观测点 $A(4,0)$, $B(6,0)$ 同时跟踪航天器。

(1)求航天器变轨后的运行轨迹所在的曲线方程;

(2)试问:当航天器在 x 轴上方时,观测点 A , B 测得离航天器的距离分别为多少时,应向航天器发出变轨指令?

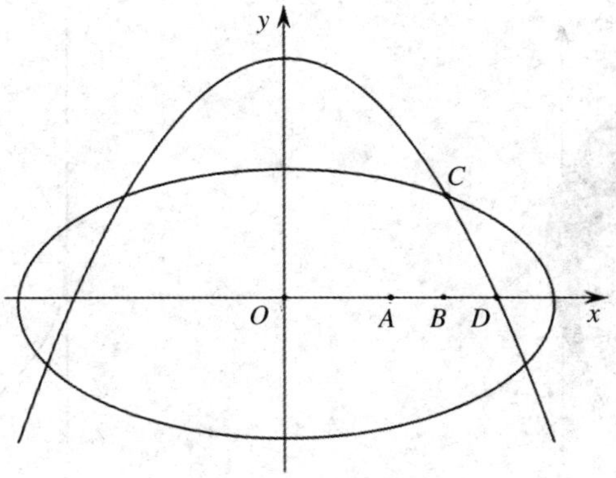

图 5-15

解　(1)设双曲线方程为 $y=ax^2+\frac{64}{7}$,由题意可知, $0=a\cdot 64+\frac{64}{7}$,所以

$$a=-\frac{1}{7}, y=-\frac{1}{7}x^2+\frac{64}{7}$$

(2)设变轨点为 $P(x,y)$,根据题意可知

$$\begin{cases}\frac{x^2}{100}+\frac{y^2}{25}=1\\ y=-\frac{1}{7}x^2+\frac{64}{7}\end{cases}$$

得

$$C(6,4), |AC|=2\sqrt{5}, |BC|=4$$

当观测点 A, B 测得 AC, BC 距离分别为 $2\sqrt{5}$, 4 时,应向航天器发出变轨指令。

例 5.8.6　探照灯反射镜的轴截面是抛物线的一部分,光源在抛物线的焦点处,已知灯口直径为 4 个长度单位,反光曲面的顶点到灯口的距离是 3 个长度单位,求光源到反射镜顶点的距离。

解　图 5-16 是某型号的探照灯的反射镜面图形,建立如图 5-17 所示的直角坐标系,设抛物线为 $y^2=2px$ ($p>0$),由题设知,点 $A(3, 4)$ 在该抛物线上,故有

$$16=2p\times 3, \frac{p}{2}=\frac{4}{3}$$

故光源到反射镜顶点的距离为 $\frac{4}{3}$ 个单位。

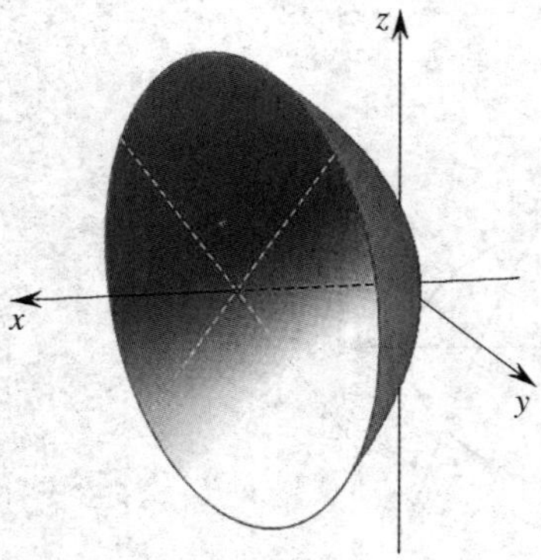

图 5-16

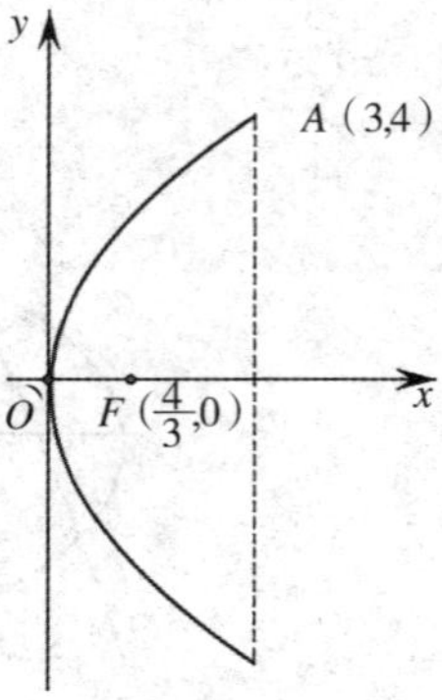

图 5-17

§5.9 用 Maple 化简二次曲线的方程及其图形绘制

对于绘制出所给一般二次曲线方程的图形,通常情况下其图形不一定是关于坐标轴或原点对称的,只有对该二次曲线方程进行旋转变换或平移变换后才能将其化为标准方程,绘制出它们的图形才能是关于坐标轴或原点对称的。

将所给的一般二次曲线方程 $f(x,y)=Ax^2+Bxy+Ay^2+Cx+Dy+E=0$ 化为标准的二次曲线方程的步骤如下:

(1)作平移变换:$x=x_1+x_0, y=y_1+y_0$;

(2)作旋转变换:$x=x_1\cos\alpha-y_1\sin\alpha$, $y=x_1\sin\alpha+y_1\cos\alpha$,常用的一般是 $\alpha=\frac{\pi}{4}$,即 $x=\frac{1}{\sqrt{2}}(x_1-y_1)$, $y=\frac{1}{\sqrt{2}}(x_1+y_1)$;

(3)配平方;

(4)最后将已化成标准的二次曲线方程的图形绘制出来。

由于二次曲线方程通常都是以隐函数形式给出的,表 5-1 为绘制二次曲线图形的一般方法。

表 5-1

指令	功能与说明
implicitplot(f, options)	绘制隐函数 f 的图形,其中 options 是可选参数

例 5.9.1 化简下列二次曲线的方程,并画出其化简前后的图形:

(1) $x^2+2xy+y^2+2x+y=0$;

(2) $x^2+6xy+y^2+6x+2y-1=0$;

（3）$4x^2 - 4xy + 4y^2 + 12x - 6y - 9 = 0$。

解　(1)首先调用绘图软件包(注:如下作旋转变换时均不再乘以系数 $\frac{1}{\sqrt{2}}$)

```
>with(plots): with(student):
>f:=x^2+2*x*y+y^2+2*x+y=0
                    f:=x^2+2*x*y+y^2+2*x+y=0
```

原方程的图形为图 5-18 所示。

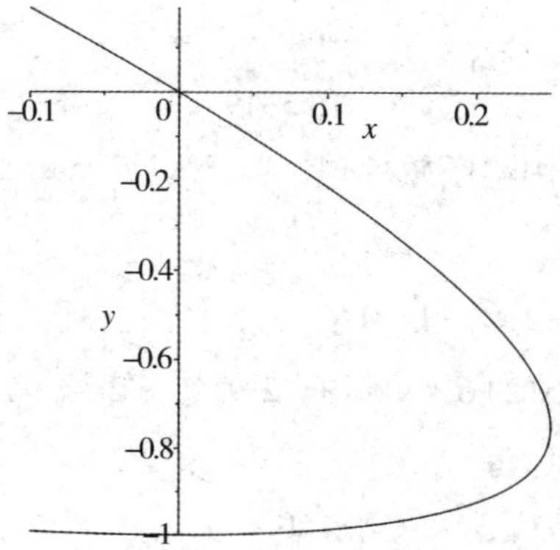

图 5-18

```
>implicitplot(f)
>f1:=simplify(subs(x= u + v, y = u - v, f));  # 作旋转变换,并将其表达式化简
                    f1:=4*u^2+3*u+v=0
>f2 :=completesquare(f1, u);  # 对化简后的表达式进行配平方
                    f2:=4(u+3/8)^2-9/16+v=0
>f3 := subs(u + 3/8 = s, v = t, f2);  # 对配方后的表达式再进行平移变换
                    f3:=4s^2-9/16+t=0
```

经化简后容易看出,此时的二次曲线是抛物线,下面绘制其图像。

```
>implicitplot(f3);  #作出化简后的标准抛物线方程进行绘图, 如图 5-19 所示。
```

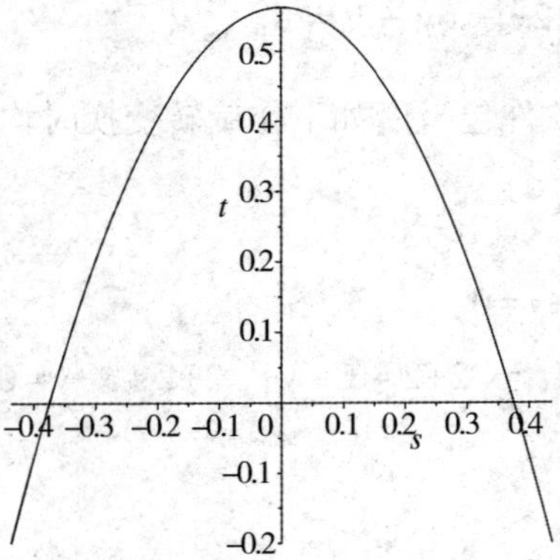

图 5-19

(2)与前面相同,首先调用绘图软件包

```
>with(plots): with(student):
>f:=x^2+6*x*y+y^2+6*x+2*y-1=0
                    f:=x^2+6*x*y+y^2+6*x+2*y-1=0
```

原方程的图形如图 5-20 所示。

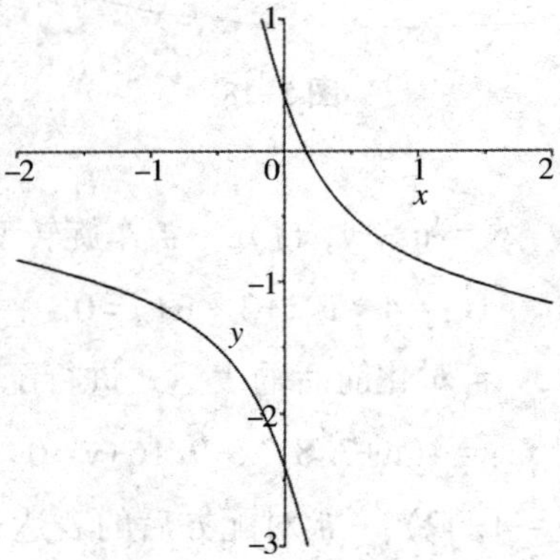

图 5-20

```
>implicitplot(f)
>f1 := expand(subs(x=u+v, y =u-v,f)) # 对原方程进行旋转变换
                    f1:=8*u^2-4*v^2+8*u+4*v-1=0
>f2 :=completesquare(f1, [u,v]) # 关于变量 u,v 进行配平方
                    f2:=-4*(v-1/2)^2-2+8*(u+1/2)^2=0
>f3 := subs(u + 1/2 = s, v - 1/2 = t, f2) # 作平移变换
                    f3:=8*s^2-4*t^2-2=0
>implicitplot(f3) # 将化为标准型的二次曲线方程的图形绘制出来,如图 5-21 所示。
```

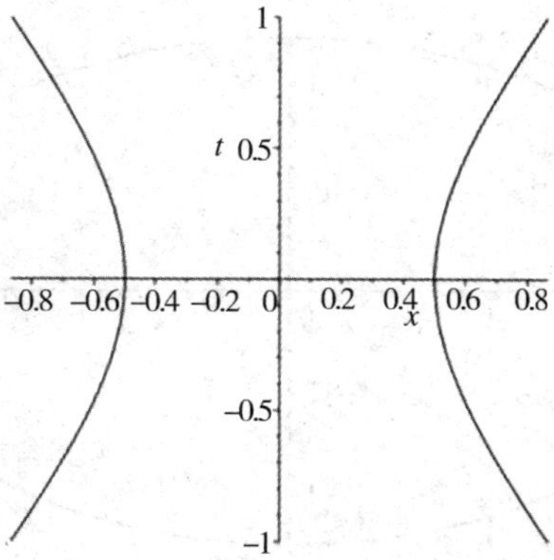

图 5-21

(3)与前面相同,首先调用绘图软件包

>with(plots) : with(student) :

>f := 4 * x^2 - 4 * x * y + 4 * y^2 + 12 * x - 6 * y - 9 = 0　# 给出已知二次曲线的方程

>f:=4 * x^2-4 * x * y+4 * y^2+12 * x-6 * y-9=0

>implicitplot(f3, scaling = constrained) # 绘制所给二次曲线方程的图形,如图 5-22 所示。

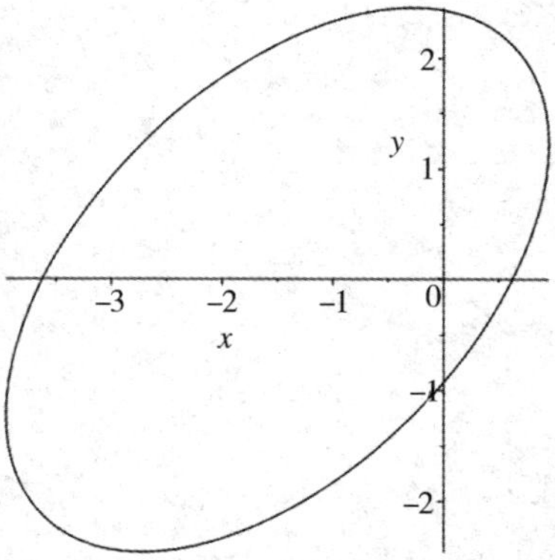

图 5-22

>f1 := expand(subs(x = u + v, y = u - v, f)) # 对所给二次曲线方程作旋转变换,并将其展开整理

>f2 :=completesquare(f1, [u, v])# 将上式进行配平方

f1:=4 * u^2+12 * v^2+12 * x+6 * u+18 * v-9=0

f2:=12 * (v+3/4)^2-18+4 * (u+3/4)^2=0

>f3 := subs(u + 3/4 = s, v + 3/4 = t, f2) # 对配平方后的二次曲线方程作平移变换

f3:=4 * s^2+12 * t^2-18=0

>implicitplot(f3, scaling = constrained) # 将化为标准的椭圆方程的图形绘制出来,并要求二坐标轴的长度单位相同,如图 5-23 所示。

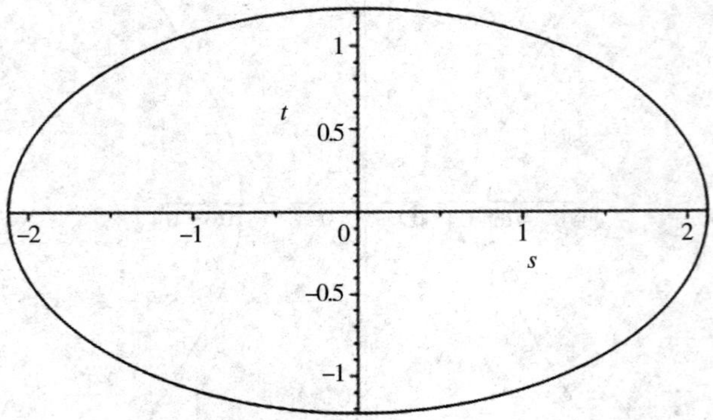

图 5-23

第 5 章知识结构图

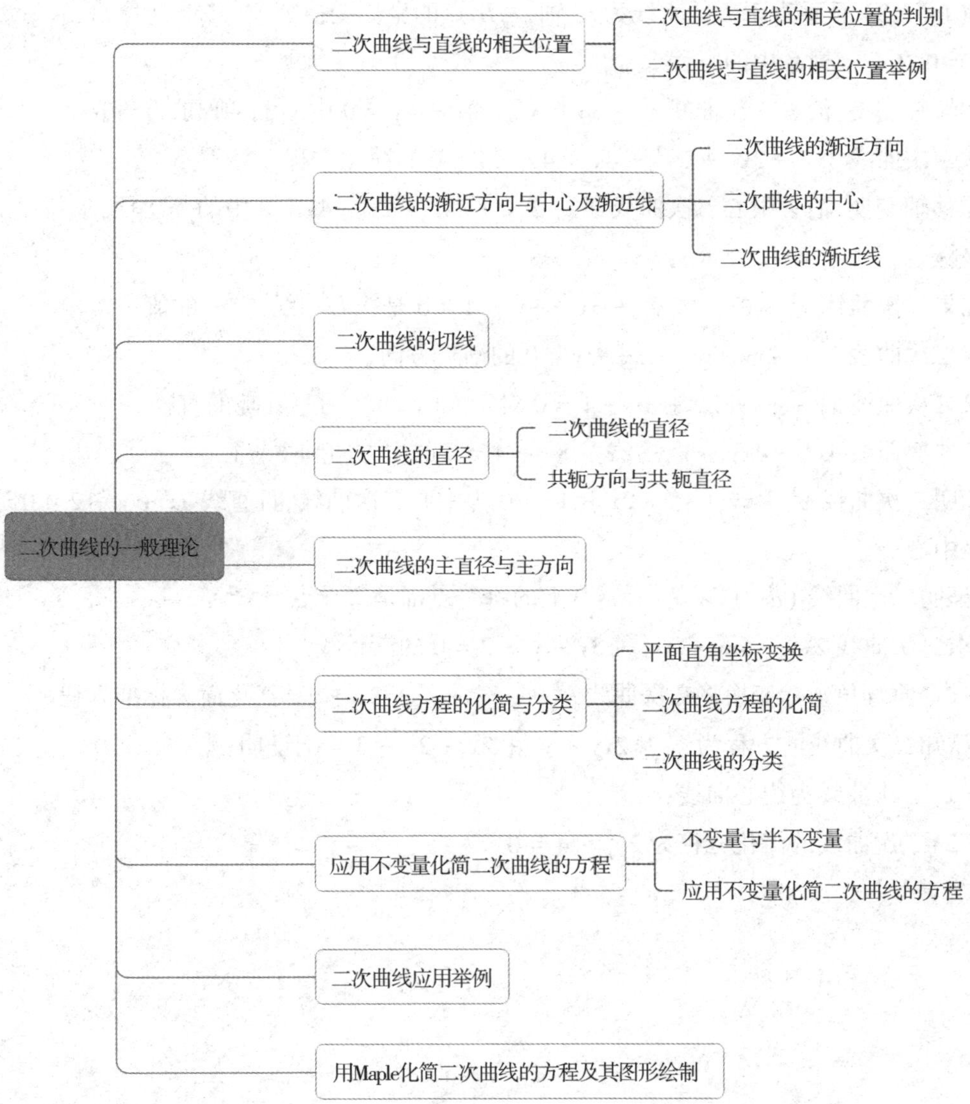
二次曲线的一般理论
二次曲线与直线的相关位置
二次曲线与直线的相关位置的判别
二次曲线与直线的相关位置举例
二次曲线的渐近方向与中心及渐近线
二次曲线的渐近方向
二次曲线的中心
二次曲线的渐近线
二次曲线的切线
二次曲线的直径
二次曲线的直径
共轭方向与共轭直径
二次曲线的主直径与主方向
二次曲线方程的化简与分类
平面直角坐标变换
二次曲线方程的化简
二次曲线的分类
应用不变量化简二次曲线的方程
不变量与半不变量
应用不变量化简二次曲线的方程
二次曲线应用举例
用Maple化简二次曲线的方程及其图形绘制

第 5 章总复习题

1. 在直角坐标系 $O-xy$ 中,以直线 $L:4x-3y+12=0$ 为新坐标系的 x' 轴,取通过 $A(1,-3)$ 且垂直于 L 的直线为 y' 轴,写出点的坐标变换公式,并求直线 $L_1:3x-2y+5=0$ 在新坐标系中的方程。
2. 作转轴变换,消去二次曲线 $x^2-xy+y^2+2x-4y=0$ 中的 xy 项,求转角 α。
3. 求二次曲线 $3x^2-2xy+3y^2+4x+4y-4=0$ 的简化方程。
4. 作移轴变换,消去中心二次曲线 $x^2-2xy+2y^2+2x-4y=0$ 中的一次项,求新原点的坐标。
5. 如果二次曲线 $x^2+6xy+ay^2+3x+9y-4=0$ 是线心曲线,求 a 的值。
6. 求二次曲线 $x^2+2xy+y^2+3x+y=0$ 的渐近方向。
7. 求二次曲线 $xy-y^2-2x+3y-1=0$ 对于方向 $\{1,-1\}$ 共轭的直径。
8. 求二次曲线 $4x^2-4xy+y^2-8x-8y+4=0$ 的主方向和主直径。
9. 证明二次曲线 $x^2-xy+y^2+2x-4y=0$ 为中心二次曲线,且直线 $7x+y-2=0$ 通过该中心。
10. 证明二次曲线 $(ax+by+c)^2=0$ 上的每一点都是奇异点。
11. 求二次曲线 $2x^2-5xy-3y^2-3x-y-2=0$ 的渐近线。
12. 求平面直角坐标变换将二次曲线 $x^2+2xy+y^2+2x+y=0$ 化简为标准方程。
13. 已知二次曲线的方程为 $x^2-2xy+y^2+2x-2y-3=0$,证明:

    (1) 二次曲线为线心曲线;

    (2) 二次曲线的简化方程为 $2y_1^2-4=0$。

参考文献

[1] 吕林根,许子道.解析几何[M].5版.北京:高等教育出版社,2019.
[2] 丘维声.解析几何[M].3版.北京:北京大学出版社,2015.
[3] 黄宣国.空间解析几何[M].2版.上海:复旦大学出版社,2019.
[4] 廖华奎,王宝富.解析几何教程[M].3版.北京:科学出版社,2015.
[5] 刘建成,贺群.空间解析几何[M].北京:科学出版社,2017.
[6] 张晗方.Maple与数学实验[M].徐州:中国矿业大学出版社,2013.
[7] 吴海燕.浅谈向量方法在实际生活中的应用[J].价值工程,2015,34(10):323-324.
[8] 董改芳.圆锥曲线在生活中的应用[J].湖南工业职业技术学院学报,2018,18(6):9-12.
[9] 胡源艳.Maple在高等代数与解析几何中的应用[J].高等函授学报(自然科学版),2012,25(6):36-39.
[10] 黄学军.运用MAPLE辅助解析几何教学[J].内江科技,2012,33(3):196.
[11] 余柏林,程虹,严文利.基于Maple的高等代数与解析几何可视化教学探索[J].教育与教学研究,2013,1:72-75.
[12] 徐华伟.Matlab在解析几何中的应用[J].科技信息,2012,20:20.
[13] 仇海全,潘花.Matlab在空间图形相关位置判定中的应用[J].重庆科技学院学报(自然科学版),2011,3:178-181.